大学生数学竞赛典型问题与综合训练

石勇国　欧阳资考　廖　为　李红霞　徐家斌　主编

科学出版社

北　京

内 容 简 介

在当今高等数学教育与学科竞赛深度融合的时代，大学生数学竞赛已成为锤炼数学思维、检验学术能力的重要试金石，更是推动数学教育创新与人才选拔的关键引擎. 本书针对大学生数学竞赛典型问题，系统展示了其各种求解方法，并且分层次分类别给出了综合训练题目. 全书共 10 章，分为四部分. 第一部分 (第 1—3 章)，给出了不同类型极限的各种求法，包括极限的基本求解方法、斯托尔茨定理及其应用，以及和式极限的求法与估计. 第二部分 (第 4, 5 章)，探讨了高阶导数的各种典型求法和微分中值定理及其应用. 第三部分 (第 6—8 章)，展示了定积分和含参量定积分的各种求解方法，以及柯西–施瓦茨积分不等式及其应用. 第四部分 (第 9, 10 章)，分别研究了级数求和的各种方法以及渐近幂级数的复合及其应用.

本书可作为大学生参加大学生数学竞赛或考研的备考辅导书，也可作为教师辅导大学生竞赛和考研的材料，还可供数学爱好者参考.

图书在版编目(CIP)数据

大学生数学竞赛典型问题与综合训练 / 石勇国等主编. -- 北京 : 科学出版社，2025. 3. -- ISBN 978-7-03-080529-4

I. O13-44

中国国家版本馆 CIP 数据核字第 2024CM5214 号

责任编辑：胡海霞　李　萍 / 责任校对：杨聪敏
责任印制：师艳茹 / 封面设计：无极书装

科学出版社 出版
北京东黄城根北街 16 号
邮政编码: 100717
http://www.sciencep.com
三河市骏杰印刷有限公司印刷
科学出版社发行　各地新华书店经销
*
2025 年 3 月第　一　版　开本：720×1000　1/16
2025 年 3 月第一次印刷　印张：23 1/2
字数：474 000

定价：79.00 元

(如有印装质量问题，我社负责调换)

前　言

在当今高等数学教育与学科竞赛深度融合的时代, 大学生数学竞赛已成为锤炼数学思维、检验学术能力的重要试金石, 更是推动数学教育创新与人才选拔的关键引擎. 为了帮助参赛者系统提升解题能力、突破思维瓶颈, 我们聚焦竞赛核心需求, 兼顾考研能力迁移, 精心编撰了这本《大学生数学竞赛典型问题与综合训练》.

本书以“问题驱动、方法贯通”为核心理念, 打破传统教材的单一视角, 通过多维知识整合与实战化训练设计, 构建起兼具深度与广度的学习框架. 在编写过程中, 我们结合近十年全国大学生数学竞赛试题, 提炼出高频考点与思维难点, 并融入一些考研数学的共性方法论, 形成了“竞赛攻坚为主轴, 考研反哺为支点”的双效学习体系. 以下是本书的核心特色.

(1) **竞赛为主, 兼顾考研**.

以数学竞赛的六大核心模块“极限求解、利用微分中值定理的辅助函数构造、高阶导数递推、定积分计算策略、积分不等式、级数求和”为主体框架, 嵌入考研数学的关联考点. 例如, 在极限部分专题中, 以数列极限求解阶的估计技巧为核心, 同步融入考研大纲新要求的泰勒展开求极限, 实现“一题双效”的能力跃迁.

(2) **题型经典, 方法多样**.

精选典型问题, 结合考研高频母题, 通过“一题多解”与“多题一解”的双向思维训练, 打破传统解题路径依赖. 例如, 在微分中值定理及其应用部分, 既保留原函数法和积分因子法两个常规方法, 又引入行列式法与常数 K 值法的创新技巧, 激发学生从常数变易、矩阵代数等多视角构造辅助函数. 在级数求和部分, 既保留构造微分方程求解的常规方法, 又引入二重积分构造的创新技巧, 激发学生从微分方程、积分运算等正反方面探索求解.

(3) **梯度进阶, 训练充分**.

书中内容由浅入深, 层次分明. 例如, 在定积分的计算部分, 既介绍了分部积分法、递推法等基础内容和常规方法, 又深入探讨了区间再现公式、级数解法等中阶方法, 还涉及求导与积分交换次序、二重积分交换次序等高阶方法. 这种层次性设计不仅适合初学者逐步提升, 也适合对数学有更高追求的学生. 同时, 书中提供专题训练素材, 满足差异化学习需求, 例如区间再现公式的练习题设计.

本书的出版得到了四川省自然科学基金项目 (2023NSFSC0065) 和内江师范

学院教改项目 (JC202203) 的资助, 同时也得到了复旦大学楼红卫教授、四川轻化工大学江治杰教授、武汉纺织大学毛耀博士以及宜宾学院张正亮老师的启发和帮助. 在此, 我们向他们表示衷心的感谢. 此外, 胡海霞和李萍两位编辑在出版工作中给予很多帮助, 让我们非常感激.

由于编者能力有限, 加之时间仓促, 书中难免存在疏漏, 恳请各位读者不吝指正.

作 者

2024 年 8 月 24 日

目　　录

第 1 章　极限的基本求解方法

内容提要

- ❏ 等价无穷小代换
- ❏ 麦克劳林 (Maclaurin) 展开
- ❏ 洛必达 (L'Hospital) 法则
- ❏ 海涅 (Heine) 定理
- ❏ 分子分母有理化
- ❏ 迫敛性
- ❏ 单调有界定理
- ❏ 欧拉 (Euler) 常数
- ❏ 泰勒 (Taylor) 展开
- ❏ 压缩映像原理
- ❏ 沃利斯 (Wallis) 公式
- ❏ 斯特林 (Stirling) 公式

在微积分中, 一般先介绍极限理论. 极限理论是现代数学的基础, 作为入门知识, 所占章节比例不大. 但实际上, 极限是微积分中最难的部分. 这是因为后续章节中函数的连续性、导数、定积分、重积分、曲线积分、曲面积分、奇异积分、无穷级数的收敛性等都是用极限来定义的. 只有把极限掌握好了, 才能够驾驭高等数学复杂的计算与理论. 总而言之, 极限是数学中极其重要的一个概念, 它是几千年人类智慧的结晶.

求解极限的基本方法很多, 例如: 定义、等价无穷小代换、洛必达法则、泰勒 (麦克劳林) 展开、分子分母有理化、迫敛性 (夹逼定理)、单调有界定理、压缩映像原理、拉格朗日中值定理等. 此外, 求极限比较高级的方法包括定积分求和式极限法、斯托尔茨 (Stolz) 定理、塔内里 (Tannery) 定理等, 我们将分章节单独重点介绍.

1.1　预备知识

除了两个重要极限外, 需要牢记以下基本的数列极限.

1. (1) $\lim\limits_{n\to\infty}\sqrt[n]{n}=1$;　(2) $\lim\limits_{n\to\infty}\sqrt[n]{a}=1(a>0)$;　(3) $\lim\limits_{n\to\infty}\dfrac{\sqrt[n]{n!}}{n}=\mathrm{e}^{-1}$.

2. (1) $\lim\limits_{x\to+\infty}\dfrac{x^k}{\mathrm{e}^x}=0$;　(2) $\lim\limits_{x\to+\infty}\dfrac{\ln x}{x^k}=0(k>0)$;　(3) $\lim\limits_{x\to0^+}x^k\ln x=0(k>0)$.

定理 1.1 (无穷大量的比较)

如果用 $f(n) \ll g(n)$ 表示 $\lim\limits_{n\to\infty}\dfrac{f(n)}{g(n)}=0$, 那么就有

$$\log_a n \ll n^\alpha \ll n^\beta \ll b^n \ll n! \ll n^n,$$

其中 $a>1, 0<\alpha<1, \beta\geqslant 1, b>1$. ♡

例题 1.1 设 $a>0$, 利用定义证明 $\lim\limits_{n\to\infty}\sqrt[n]{a}=1$.

解 对于 $a>0$, 分三种情形讨论.

(1) 当 $a=1$ 时, 等式显然成立.

(2) 当 $a>1$ 时, 利用不等式

$$(1+\varepsilon)^n > 1+n\varepsilon, \quad n>1, \quad \varepsilon>0,$$

则当 n 充分大后, 可使 $1+n\varepsilon>a$, 即 $(1+\varepsilon)^n>a$. 事实上, 只要取 $N=\left[\dfrac{a-1}{\varepsilon}\right]$, 当 $n>N$ 时, 就可保证这点. 所以 $1<\sqrt[n]{a}<1+\varepsilon$. 于是, 当 $n>N$ 时, $|\sqrt[n]{a}-1|<\varepsilon$, 即 $\lim\limits_{n\to\infty}\sqrt[n]{a}=1$.

(3) 当 $0<a<1$ 时, 则令 $a=\dfrac{1}{a'}$, 其中 $a'>1$. 于是, 当 $n\to\infty$ 时,

$$\sqrt[n]{a}=\frac{1}{\sqrt[n]{a'}}\to 1.$$

或者直接证明.

当 $0<a<1$ 时, 利用不等式

$$(1-\varepsilon)^n < 1-\frac{n}{2}\varepsilon, \quad n>1, \quad \varepsilon>0,$$

则当 n 充分大后, 可使 $1-\dfrac{n}{2}\varepsilon<a$, 即 $(1-\varepsilon)^n<a$. 事实上, 只要取 $N=\left[\dfrac{2-2a}{\varepsilon}\right]$, 当 $n>N$ 时, 就可保证这点. 所以 $1-\varepsilon<\sqrt[n]{a}<1$. 于是, 当 $n>N$ 时, $|\sqrt[n]{a}-1|<\varepsilon$, 此即 $\lim\limits_{n\to\infty}\sqrt[n]{a}=1$.

总之, 当 $a>0$ 时, $\lim\limits_{n\to\infty}\sqrt[n]{a}=1$.

1.2 等价无穷小代换

“无穷小” 指的是 “趋于零的变量”. 进一步, 两个无穷小量还可以比较阶数高低. 设函数 $f(x)$ 与函数 $g(x)$ 均为当 $x\to x_0$ 时的无穷小量.

(1) 若极限 $\lim\limits_{x\to x_0}\dfrac{f(x)}{g(x)}=0$, 则称当 $x\to x_0$ 时 $f(x)$ 是比 $g(x)$ 高阶的无穷小量, 简称 $f(x)$ 是 $g(x)$ 的高阶无穷小, 记作 $f(x)=o(g(x))$.

(2) 若极限 $\lim\limits_{x\to x_0}\dfrac{f(x)}{g(x)}=c\neq 0$, 则称当 $x\to x_0$ 时 $f(x)$ 是与 $g(x)$ 同阶的无穷小量. 特别地, 若极限 $\lim\limits_{x\to x_0}\dfrac{f(x)}{g(x)}=1$, 则称 $f(x)$ 是 $g(x)$ 的等价无穷小, 记作 $f(x)\sim g(x)$.

(3) 若极限 $\lim\limits_{x\to x_0}\dfrac{f(x)}{g(x)}=\infty$, 则称当 $x\to x_0$ 时 $f(x)$ 是比 $g(x)$ 低阶的无穷小量, 简称 $f(x)$ 是 $g(x)$ 的低阶无穷小, 记作 $f(x)=\omega(g(x))$.

(4) 设 $g(x)>0$, 若存在常数 $A>0$, 使得 $|f(x)|\leqslant Ag(x)$, $x\in(a,b)$ 成立, 则称 $g(x)$ 是 $f(x)$ 的强函数, 记为 $f(x)=O(g(x))$, $x\in(a,b)$.

记号 $f(x)=o(g(x))$ 表示 $f(x)$ “属于”“比 $g(x)$ 高阶的无穷小量构成的函数集合”. $o(g(x))$ 可以理解为由一类函数组成的集合, 也可以理解为这类集合中的某个函数.

利用等价无穷小代换, 像 $\sin(\cdot)$, $\tan(\cdot)$, $\ln(\cdot)$ 之类的函数可化为一次函数或多项式函数, 让复杂函数变成简单函数, 这是一种化繁为简的方法, 数学中称之为转化的思想. 下面介绍等价无穷小代换定理.

定理 1.2 (等价无穷小代换定理)

设函数 f,g,h 在 $U^\circ(x_0)$ 上有定义, 且有 $f(x)\sim g(x)\,(x\to x_0)$.

(i) 若 $\lim\limits_{x\to x_0}f(x)h(x)=A$, 则 $\lim\limits_{x\to x_0}g(x)h(x)=A$;

(ii) 若 $\lim\limits_{x\to x_0}\dfrac{h(x)}{f(x)}=B$, 则 $\lim\limits_{x\to x_0}\dfrac{h(x)}{g(x)}=B$.

注 以上定理说明等价无穷小在乘除法的极限里可相互替换, 但在加减法的极限中却不能. 同时, 对应数列也有相同结论.

等价无穷小代换定理可以理解为: 一个分式 $\dfrac{0}{0}$ 型的极限, 如果把分子分母都变成各自的等价无穷小, 极限值不变.

等价无穷小代换法是求极限的方法中最常用、最简单的方法.

当 $x\to 0$ 时, 有如下最基本的等价无穷小:

$$x\sim\sin x\sim\tan x\sim\arcsin x\sim\arctan x\sim\ln(1+x)\sim \mathrm{e}^x-1,$$

$$x\sim\sinh x\sim\tanh x\sim\operatorname{arsinh}x\sim\operatorname{artanh}x,$$

$$\frac{1}{2}x^2 \sim 1-\cos x \sim \sec x - 1 \sim \cosh x - 1,$$

$$\log_a(1+x) \sim \frac{x}{\ln a}, \quad a>0, a\neq 1,$$

$$a^x - 1 \sim x\ln a, \quad a>0,$$

$$x^2 - \sin^2 x \sim \frac{1}{3}x^4,$$

$$(1+x)^a - 1 \sim ax, \quad a\neq 0,$$

$$\mathrm{e} - (1+x)^{\frac{1}{x}} \sim \frac{\mathrm{e}}{2}x,$$

$$1 - \frac{\sin x}{x} \sim \frac{1}{6}x^2.$$

例题 1.2 求极限

$$\lim_{x\to 0}\frac{\sqrt[3]{1+x^2}-1}{\cos x - 1}.$$

解 当 $x\to 0$ 时, 有

$$\sqrt[3]{1+x^2}-1 \sim \frac{1}{3}x^2, \quad \cos x - 1 \sim -\frac{1}{2}x^2,$$

所以

$$\lim_{x\to 0}\frac{\sqrt[3]{1+x^2}-1}{\cos x - 1} = \lim_{x\to 0}\frac{\frac{1}{3}x^2}{-\frac{1}{2}x^2} = -\frac{2}{3}.$$

✍ **练习 1.1** 已知 $\lim\limits_{x\to\infty}\left(1+\frac{1}{x}\right)^{ax} = \lim\limits_{x\to 0}\arccos\frac{\sqrt{x+1}-1}{\sin x}$, 求 a.

下面分几种典型情形介绍等价无穷小代换在求极限中的应用.

1.2.1 化和差为乘积

化和差为乘积的目的是提出某一项, 以便化简.

✍ **练习 1.2** 求极限 $\lim\limits_{x\to 0}\frac{\tan x - \sin x}{x^3}$.

例题 1.3 计算极限 $\lim\limits_{x\to 0}\frac{\mathrm{e}^{\tan x}-\mathrm{e}^{\sin x}}{x^2\ln(1+x)}$.

解 对于分子上这种指数相减的结构, 常用的手段是把其中一个提出来.

$$\lim_{x\to 0}\frac{\mathrm{e}^{\tan x}-\mathrm{e}^{\sin x}}{x^2\ln(1+x)} = \lim_{x\to 0}\frac{\mathrm{e}^{\sin x}\left(\mathrm{e}^{\tan x-\sin x}-1\right)}{x^2\ln(1+x)}$$

$$= \lim_{x\to 0} e^{\sin x} \cdot \lim_{x\to 0} \frac{\tan x - \sin x}{x^2 \ln(1+x)}$$
$$= 1 \cdot \lim_{x\to 0} \frac{\tan x(1-\cos x)}{x^2 \cdot x}$$
$$= \lim_{x\to 0} \frac{x \cdot \frac{1}{2}x^2}{x^3} = \frac{1}{2}.$$

注 上题可以尝试使用拉格朗日中值定理求解.

1.2.2 凑成等价无穷小的形式

有些情形, 表达式不是等价无穷小, 需要进行简单转化.

例题 1.4 计算极限 $\lim\limits_{x\to\frac{\pi}{2}} \dfrac{(1-\sqrt{\sin x})(1-\sqrt[3]{\sin x})\cdots(1-\sqrt[n]{\sin x})}{(1-\sin x)^{n-1}}$.

解 当 $x \to \dfrac{\pi}{2}$ 时, 可以进行换元 $t = 1 - \sin x \to 0$, 有 $1 - \sqrt[n]{1-t} \sim \dfrac{1}{n}t$, 所以

$$\lim_{x\to\frac{\pi}{2}} \frac{(1-\sqrt{\sin x})(1-\sqrt[3]{\sin x})\cdots(1-\sqrt[n]{\sin x})}{(1-\sin x)^{n-1}}$$
$$= \lim_{x\to\frac{\pi}{2}} \frac{1-\sqrt{\sin x}}{1-\sin x} \cdot \frac{1-\sqrt[3]{\sin x}}{1-\sin x} \cdot \cdots \cdot \frac{1-\sqrt[n]{\sin x}}{1-\sin x}$$
$$= \lim_{x\to\frac{\pi}{2}} \frac{1-\sqrt{1+(\sin x-1)}}{1-\sin x} \cdot \frac{1-\sqrt[3]{1+(\sin x-1)}}{1-\sin x} \cdot \cdots \cdot \frac{1-\sqrt[n]{1+(\sin x-1)}}{1-\sin x}$$
$$= \lim_{t\to 0} \frac{1-\sqrt{1+(-t)}}{t} \cdot \frac{1-\sqrt[3]{1+(-t)}}{t} \cdot \cdots \cdot \frac{1-\sqrt[n]{1+(-t)}}{t}$$
$$= \frac{1}{2} \cdot \frac{1}{3} \cdot \cdots \cdot \frac{1}{n} = \frac{1}{n!}.$$

✍ **练习 1.3** 计算 $\lim\limits_{x\to 0} \dfrac{1-\cos x\cos 2x\cos 3x\cdots\cos nx}{x^2}$.

✍ **练习 1.4** 设 $a>0$, 求极限 $\lim\limits_{x\to 0} \dfrac{(a+x)^x - a^x}{x^2}$.

1.2.3 递推求极限

从无穷根式中寻找规律. 下面例子利用了二倍角公式进行递推求解.

例题 1.5 求极限

$$\lim_{n\to\infty} 2^n \sqrt{2-\sqrt{2+\sqrt{2+\cdots+\sqrt{2}}}}.$$

解　因为 $a_1=\sqrt{2}=2\cos\frac{\pi}{4}$, 所以

$$a_2=\sqrt{2+a_1}=\sqrt{2+2\cos\frac{\pi}{4}}=2\cos\frac{\pi}{8},$$

依次类推

$$a_{n+1}=\sqrt{2+2\cos\frac{\pi}{2^{n+1}}}=\sqrt{4\cos^2\frac{\pi}{2^{n+1}}}=2\cos\frac{\pi}{2^{n+1}}.$$

因此,

$$\begin{aligned}\lim_{n\to\infty}2^n\sqrt{2-\sqrt{2+\sqrt{2+\cdots+\sqrt{2}}}}&=\lim_{n\to\infty}2^n\sqrt{2-2\cos\frac{\pi}{2^{n+2}}}\\&=\lim_{n\to\infty}2^n\cdot 2\sin\left(\frac{\pi}{2^{n+3}}\right)\\&=\lim_{n\to\infty}2^n\cdot 2\frac{\pi}{2^{n+3}}\\&=\frac{\pi}{4}.\end{aligned}$$

✍ **练习 1.5**　设 $-1<a_0<1$, $a_{n+1}=\sqrt{\frac{1+a_n}{2}}$. 求极限

(1) $\lim\limits_{n\to+\infty}4^n(1-a_n)$;

(2) $\lim\limits_{n\to+\infty}a_1a_2\cdots a_n$.

注　等价无穷小代换法不是万能的. 我们有求极限的五种类型: 相除、相乘、相减、相加、幂指型. 用等价无穷小代换法, 相除、相乘是没有问题的, 其他类型需要谨慎使用. 下面是一个反例:

$$\lim_{x\to 0}\frac{x-\sin x}{x^3}=\lim_{x\to 0}\frac{x-x}{x^3}=0.$$

由于一次项是等价无穷小, 替换相减后, 损失了高阶项的信息, 而更高次的项或高阶无穷小最终决定极限的值.

于是, 我们需要更高阶项的信息, 进而需要更加精细的方法——泰勒 (麦克劳林) 展开.

正确的计算如下: 由于 $\sin x=x-\frac{x^3}{6}+o(x^3)$, 于是

$$\lim_{x\to 0}\frac{x-x+\frac{x^3}{6}-o(x^3)}{x^3}=\lim_{x\to 0}\frac{\frac{x^3}{6}+o(x^3)}{x^3}=\frac{1}{6}.$$

1.3 洛必达法则

如果当 $x \to a$ (或 $x \to \infty$) 时, 两个函数 $f(x)$ 与 $g(x)$ 都趋于 0 或 ∞, 那么极限

$$\lim_{x\to a(x\to\infty)} \frac{f(x)}{g(x)}$$

可能存在, 也可能不存在. 通常把这种形式叫做未定式, 并分别简记为 $\frac{0}{0}$ 或 $\frac{\infty}{\infty}$.

在未定式的条件下, 通过分子分母同时分别求导, 再求极限来确定未定式极限的值的方法, 称为洛必达 (L'Hospital) 法则.

对于 $x \to a$ 时的未定式 $\frac{0}{0}$ $\left(\text{或 } x \to a \text{ 时的未定式 } \frac{\infty}{\infty}\right)$ 的情形, 有以下定理.

定理 1.3 (洛必达法则 1)

设

(1) 当 $x \to a$ 时, 函数 $f(x)$ 及 $g(x)$ 都趋向于 0;

(2) 在点 a 的某去心邻域内, $f'(x)$ 及 $g'(x)$ 都存在, 且 $g'(x) \neq 0$;

(3) $\lim\limits_{x\to a} \frac{f'(x)}{g'(x)}$ 存在 (或为无穷大),

则

$$\lim_{x\to a} \frac{f(x)}{g(x)} = \lim_{x\to a} \frac{f'(x)}{g'(x)}.$$

♡

对于 $x \to \infty$ 时的未定式 $\frac{0}{0}$ $\left(\text{即 } x \to \infty \text{ 时的未定式 } \frac{\infty}{\infty}\right)$ 的情形, 有以下定理.

定理 1.4 (洛必达法则 2)

设

(1) 当 $x \to \infty$ 时, 函数 $f(x)$ 及 $g(x)$ 都趋向于 0;

(2) 当 $|x| > M$ 时, $f'(x)$ 及 $g'(x)$ 都存在, 且 $g'(x) \neq 0$;

(3) $\lim\limits_{x\to\infty} \frac{f'(x)}{g'(x)}$ 存在 (或为无穷大),

则

$$\lim_{x\to\infty} \frac{f(x)}{g(x)} = \lim_{x\to\infty} \frac{f'(x)}{g'(x)}.$$

♡

1.3.1 结合等价无穷小代换求解

根据题目, 可以灵活选择等价无穷小代换或洛必达法则, 以便达到迅速求解的目的.

例题 1.6 计算

$$\lim_{x\to+\infty}\ln\left(1+2^x\right)\ln\left(1+\frac{3}{x}\right).$$

解 本题利用等价无穷小代换与洛必达法则计算.

$$\begin{aligned}\lim_{x\to+\infty}\ln\left(1+2^x\right)\ln\left(1+\frac{3}{x}\right)&=\lim_{x\to+\infty}\ln\left(1+2^x\right)\cdot\frac{3}{x}\\&=\lim_{x\to+\infty}\frac{3\ln\left(1+2^x\right)}{x}\\&=\lim_{x\to+\infty}\frac{3\cdot\ln 2\cdot 2^x}{1+2^x}\\&=\lim_{x\to+\infty}\frac{3\ln 2}{\dfrac{1}{2^x}+1}=3\ln 2.\end{aligned}$$

✍ **练习 1.6** 求极限 $\lim\limits_{x\to 0}\dfrac{\displaystyle\int_{x^2}^{x}(\tan t)^3\ \mathrm{d}t}{\ln\left(1+x^2\right)\left(\mathrm{e}^{2x^2}-1\right)}$.

1.3.2 先取对数

对于 $f(x)^{g(x)}$ 函数类型的极限问题, 一般先取对数, 求解后再取指数. 基本依据是指数函数的连续性.

例题 1.7 求极限

$$\lim_{x\to0^+}(\sin x)^{\frac{1}{1+\ln x}}.$$

解 先取对数, 结合洛必达法则, 有

$$\begin{aligned}\lim_{x\to0^+}\ln(\sin x)^{\frac{1}{1+\ln x}}&=\lim_{x\to0^+}\frac{\ln\sin x}{1+\ln x}\\&=\lim_{x\to0^+}\frac{\dfrac{\cos x}{\sin x}}{\dfrac{1}{x}}\\&=\lim_{x\to0^+}\frac{x}{\sin x}\cdot\lim_{x\to0^+}\cos x=1.\end{aligned}$$

于是原极限

$$\lim_{x\to 0^+}(\sin x)^{\frac{1}{1+\ln x}}=\mathrm{e}.$$

✍ **练习 1.7** 求极限 $\lim\limits_{x\to\infty}\left(\cos\dfrac{1}{x}\right)^{x^2}$.

1.3.3 凑成分式再求导

例题 1.8 求极限

$$\lim_{x\to\infty}\left[x\mathrm{e}^{\frac{1}{x}}\arctan\frac{x^2+x-1}{(x+1)(x+2)}-\frac{\pi}{4}x\right].$$

解

$$\begin{aligned}
\text{原式}&=\lim_{x\to\infty}\frac{\arctan\dfrac{1+\dfrac{1}{x}-\dfrac{1}{x^2}}{1+\dfrac{3}{x}+\dfrac{2}{x^2}}-\dfrac{\pi}{4}\mathrm{e}^{-\frac{1}{x}}}{\dfrac{1}{x}\cdot\mathrm{e}^{-\frac{1}{x}}}\\
&=\lim_{t\to 0}\frac{\arctan\dfrac{1+t-t^2}{1+2t+2t^2}-\dfrac{\pi}{4}\cdot\mathrm{e}^{-t}}{t\cdot\mathrm{e}^{-t}}\qquad\left(t=\frac{1}{x}\right)\\
&=\lim_{t\to 0}\frac{\arctan\dfrac{1+t-t^2}{1+3t+2t^2}-\dfrac{\pi}{4}\cdot\mathrm{e}^{-t}}{t}\qquad(\text{利用洛必达法则})\\
&=\lim_{t\to 0}\frac{1}{1+\left(\dfrac{1+t-t^2}{1+3t+2t^2}\right)^2}\\
&\quad\cdot\frac{\left(1+t-t^2\right)'\left(1+3t+2t^2\right)-\left(1+t-t^2\right)\left(1+3t+2t^2\right)'}{\left(1+3t+2t^2\right)^2}+\frac{\pi}{4}\\
&=\frac{1}{1+1}\cdot\frac{1-3}{1}+\frac{\pi}{4}=-1+\frac{\pi}{4}.
\end{aligned}$$

洛必达法则是计算极限的强有力工具之一. 但洛必达法则只能应用于函数极限, 若对于数列极限想用洛必达法则, 我们可以利用海涅定理先把数列极限转化为函数极限.

1.4 海涅定理

海涅定理搭起了函数极限和数列极限之间的桥梁. 根据该定理, 求函数极限则可转化为求数列极限, 同样求数列极限也可转化为求函数极限.

定理 1.5 (海涅定理)

函数极限 $\lim\limits_{x\to a} f(x)=b$ 存在的充要条件是: 取 $f(x)$ 定义域内的任意数列 $\{a_n\}$, $\lim\limits_{n\to\infty} a_n=a$, 且 a_n 不等于 a, 有 $\lim\limits_{n\to\infty} f(a_n)=b$.

本节利用海涅定理将数列极限的问题转化为函数极限的问题来求解. 为了方便求解更加复杂的数列极限, 需要牢记以下极限.

- $\lim\limits_{n\to\infty}\sqrt[n]{n}=1$.
- $\lim\limits_{n\to\infty}\dfrac{\sqrt[n]{n!}}{n}=\mathrm{e}^{-1}$.
- $\lim\limits_{n\to\infty}\dfrac{1}{\sqrt[n]{n!}}=0$.

对于两个数列 $\{x_n\}$ 和 $\{y_n\}$, 则我们给出如下常用记号.

(i) 若 $x_n=O(y_n)$, 则当 $n\to\infty$ 时, $\left|\dfrac{x_n}{y_n}\right|$ 有界.

(ii) 若 $x_n=o(y_n)$, 则当 $n\to\infty$ 时, $\dfrac{x_n}{y_n}\to 0$.

(iii) 若 $x_n\sim y_n$, 则当 $n\to\infty$ 时, $\dfrac{x_n}{y_n}\to 1$.

例题 1.9　求极限 $\lim\limits_{n\to+\infty} n^2\ln\left(\cos\dfrac{1}{n}+\dfrac{1}{n}\sin\dfrac{1}{n}\right)$.

解　令 $x=\dfrac{1}{n}$, 我们得到

$$\begin{aligned}\lim_{n\to+\infty} n^2\ln\left(\cos\frac{1}{n}+\frac{1}{n}\sin\frac{1}{n}\right)&=\lim_{x\to0^+}\frac{\cos x+x\sin x-1}{x^2}\\&=\lim_{x\to0^+}\frac{\cos x-1}{x^2}+\lim_{x\to0^+}\frac{x\sin x}{x^2}\\&=-\frac{1}{2}+1=\frac{1}{2}.\end{aligned}$$

✍ **练习 1.8**　求极限 $\lim\limits_{n\to+\infty} n^2\ln\left(n\sin\dfrac{1}{n}\right)$.

下面介绍两种情形的数列极限. 读者可自行总结其他类型的数列极限.

1.4.1 指数对数型数列的极限

下面的例子需要取指数或取对数后, 利用等价无穷小代换或洛必达法则求解.

例题 1.10 设 $a>0$, 计算

$$\lim_{n\to+\infty}(1+a^n)^{\frac{1}{n}}.$$

解 因为

$$\begin{aligned}\lim_{n\to+\infty}(1+a^n)^{\frac{1}{n}} &= \lim_{n\to+\infty}\mathrm{e}^{\frac{1}{n}\ln(1+a^n)}\\ &= \lim_{x\to+\infty}\mathrm{e}^{\frac{1}{x}\ln(1+a^x)}\\ &= \lim_{x\to+\infty}\mathrm{e}^{\frac{(\ln(1+a^x))'}{x'}}\\ &= \lim_{x\to+\infty}\mathrm{e}^{\frac{a^x\ln a}{1+a^x}},\end{aligned}$$

所以, 当 $0<a\leqslant 1$ 时, 原极限为 1; 当 $a>1$ 时, 原极限为 a.

✍ **练习 1.9** 求极限 $\lim\limits_{n\to+\infty}\left(\dfrac{1}{\ln(n+1)-\ln n}-n\right)$.

✍ **练习 1.10** 证明 $\lim\limits_{n\to\infty}(\sqrt[n]{n}-1)^{\frac{1}{\ln n}}=\mathrm{e}^{-1}$.

✍ **练习 1.11** 求拉列斯库 (Lalescu) 数列极限 $\lim\limits_{n\to+\infty}\left(((n+1)!)^{\frac{1}{n+1}}-(n!)^{\frac{1}{n}}\right)$.

✍ **练习 1.12** 求极限 $\lim\limits_{n\to\infty}\dfrac{\sqrt[n]{n(n+1)(n+2)\cdots(2n-1)}}{n}$.

1.4.2 一类特殊平均极限的推广

下面我们利用海涅定理与洛必达法则求解一类特殊的平均极限, 并且对其进行推广. 我们先看下面两个特殊的例子.

例题 1.11 设 $a>0,b>0,c>0$, 计算

$$\lim_{n\to\infty}\left(\frac{a^{\frac{1}{n}}+b^{\frac{1}{n}}+c^{\frac{1}{n}}}{3}\right)^n.$$

解 $$\lim_{n\to\infty}\left(\frac{a^{\frac{1}{n}}+b^{\frac{1}{n}}+c^{\frac{1}{n}}}{3}\right)^n=\exp\left[\lim_{n\to\infty}n\ln\frac{a^{\frac{1}{n}}+b^{\frac{1}{n}}+c^{\frac{1}{n}}}{3}\right]$$
$$=\exp\left[\lim_{x\to0}\frac{\ln(a^x+b^x+c^x)-\ln3}{x}\right]$$
$$=\exp\left[\lim_{x\to0}\frac{a^x\ln a+b^x\ln b+c^x\ln c}{a^x+b^x+c^x}\right]$$
$$=\exp\left[\frac{\ln a+\ln b+\ln c}{3}\right]=\sqrt[3]{abc}.$$

例题 1.12　设 n 为正整数, 计算

$$\lim_{x\to0}\left(\frac{\mathrm{e}^x+\mathrm{e}^{2x}+\cdots+\mathrm{e}^{nx}}{n}\right)^{\frac{1}{x}}.$$

解　由于该题是 1^∞ 类型, 利用第二个重要极限

$$\lim_{\square\to0}(1+\square)^{\frac{1}{\square}}=\mathrm{e}$$

进行求解.

$$\lim_{x\to0}\left(\frac{\mathrm{e}^x+\mathrm{e}^{2x}+\cdots+\mathrm{e}^{nx}}{n}\right)^{\frac{1}{x}}=\lim_{x\to0}\left(1+\frac{\mathrm{e}^x+\mathrm{e}^{2x}+\cdots+\mathrm{e}^{nx}-n}{n}\right)^{\frac{1}{x}}.$$

又因为

$$\begin{aligned}&\lim_{x\to0}\frac{\mathrm{e}^x+\mathrm{e}^{2x}+\cdots+\mathrm{e}^{nx}-n}{n}\cdot\frac{1}{x}\\
=&\frac{1}{n}\lim_{x\to0}\frac{(\mathrm{e}^x-1)+(\mathrm{e}^{2x}-1)+\cdots+(\mathrm{e}^{nx}-1)}{x}\\
=&\frac{1}{n}\left[\lim_{x\to0}\frac{\mathrm{e}^x-1}{x}+\lim_{x\to0}\frac{\mathrm{e}^{2x}-1}{x}+\cdots+\lim_{x\to0}\frac{\mathrm{e}^{nx}-1}{x}\right]\\
=&\frac{1}{n}(1+2+\cdots+n)\\
=&\frac{n+1}{2},\end{aligned}$$

所以原式等于 $\mathrm{e}^{\frac{n+1}{2}}$.

对上面两个例子进行推广.

✍ **练习 1.13** 设 m 为正整数, 证明

$$\lim_{n\to+\infty}\left(\frac{a_1^{\frac{1}{n}}+a_2^{\frac{1}{n}}+\cdots+a_m^{\frac{1}{n}}}{m}\right)^n=\sqrt[m]{a_1a_2\cdots a_m}.$$

例题 1.13 设 $a_i>0,\ i=1,2,\cdots,n,\ n$ 为正整数. 求

$$\lim_{x\to+\infty}\left(\frac{a_1^x+a_2^x+\cdots+a_n^x}{n}\right)^{\frac{1}{x}}.$$

解 记 $\mu=\max\{a_1,a_2,\cdots,a_n\}$, 当 $x>0$ 时

$$a_k^x\leqslant\mu^x,\quad k=1,2,\cdots,n.$$

$$\frac{\mu^x}{n}\leqslant\frac{a_1^x+a_2^x+\cdots+a_n^x}{n}\leqslant\frac{n\mu^x}{n}=\mu^x,$$

从而

$$\frac{\mu}{n^{\frac{1}{x}}}\leqslant\left(\frac{a_1^x+a_2^x+\cdots+a_n^x}{n}\right)^{\frac{1}{x}}\leqslant\mu.$$

又 $\lim\limits_{x\to+\infty}n^{\frac{1}{x}}=1$, 由迫敛性知

$$\lim_{x\to+\infty}\left(\frac{a_1^x+a_2^x+\cdots+a_n^x}{n}\right)^{\frac{1}{x}}=\mu.$$

作为前面例子的进一步推广, 我们得到下面更一般的形式.

✍ **练习 1.14** 设 n 为正整数,

$$F(x)=\left(p_1a_1^x+p_2a_2^x+\cdots+p_na_n^x\right)^{\frac{1}{x}},$$

其中 $a_1\geqslant a_2\geqslant\cdots\geqslant a_n>0,\ p_1>p_2>\cdots>p_n,\ p_1+p_2+\cdots+p_n=1$. 证明:

(1) $a_n\leqslant F(x)\leqslant a_1$.

(2) $\lim\limits_{x\to0^+}F(x)=a_1^{p_1}a_2^{p_2}\cdots a_n^{p_n}$.

(3) $\lim\limits_{x\to\pm\infty}F(x)=a_1$.

1.5 麦克劳林公式

作为洛必达法则的推广, 麦克劳林公式或泰勒公式是适用性更加广泛的一种方法.

定义 1.1 (麦克劳林公式)

麦克劳林公式是泰勒公式 (函数在 $x_0=0$ 展开) 的一种特殊形式.

$$f(x)=\sum_{n=0}^{\infty}\frac{f^{(n)}(0)}{n!}x^n=f(0)+f'(0)x+\frac{f''(0)}{2!}x^2+\cdots+\frac{f^{(n)}(0)}{n!}x^n+o\left(x^n\right).$$

♣

几个常见函数的带佩亚诺余项的麦克劳林公式:

$$\mathrm{e}^x=1+x+\frac{x^2}{2!}+\cdots+\frac{x^n}{n!}+o\left(x^n\right),$$

$$a^x=\mathrm{e}^{x\ln a}=1+x\ln a+\frac{(x\ln a)^2}{2!}+\cdots+\frac{(x\ln a)^n}{n!}+o\left(x^n\right),\quad a>0,$$

$$\sin x=x-\frac{x^3}{3!}+\frac{x^5}{5!}-\frac{x^7}{7!}+\cdots+(-1)^n\frac{x^{2n+1}}{(2n+1)!}+o\left(x^{2n+1}\right),$$

$$\cos x=1-\frac{x^2}{2!}+\frac{x^4}{4!}-\frac{x^6}{6!}+\cdots+(-1)^n\frac{x^{2n}}{(2n)!}+o\left(x^{2n}\right),$$

$$\tan x=x+\frac{1}{3}x^3+\frac{2}{15}x^5+o\left(x^5\right),$$

$$\arcsin x=x+\frac{1}{6}x^3+\frac{3}{40}x^5+o\left(x^5\right),$$

$$\arctan x=x-\frac{1}{3}x^3+\frac{1}{5}x^5+\cdots+\frac{(-1)^{m-1}}{2m-1}x^{2m-1}+o\left(x^{2m-1}\right),$$

$$\frac{1}{1-x}=1+x+x^2+\cdots+x^n+o\left(x^n\right),$$

$$\frac{1}{1+x}=1-x+x^2+\cdots+(-1)^nx^n+o\left(x^n\right),$$

$$\ln(1-x)=-x-\frac{x^2}{2}-\frac{x^3}{3}-\cdots-\frac{x^n}{n}+o\left(x^n\right),$$

$$\ln(1+x)=x-\frac{x^2}{2}+\frac{x^3}{3}+\cdots+(-1)^{n-1}\frac{x^n}{n}+o\left(x^n\right),$$

$$(1+x)^\alpha=1+\alpha x+\frac{\alpha(\alpha-1)}{2!}x^2+\cdots+\frac{\alpha(\alpha-1)\cdots(\alpha-n+1)}{n!}x^n+o\left(x^n\right),$$

$$\frac{1}{\sqrt{1-x}}=1+\frac{1}{2}x+\frac{3\cdot 1}{4\cdot 2}x^2+\cdots+\frac{(2n-1)!!}{(2n)!!}x^n+o\left(x^n\right).$$

为了便于应用, 以下麦克劳林公式非常实用:

$$\sin x=x-\frac{1}{6}x^3+o\left(x^3\right), \qquad \cos x=1-\frac{1}{2}x^2+\frac{1}{24}x^4+o\left(x^4\right),$$

$$\arcsin x=x+\frac{1}{6}x^3+o\left(x^3\right), \quad \ln(1+x)=x-\frac{1}{2}x^2+\frac{1}{3}x^3+o\left(x^3\right),$$

$$\tan x=x+\frac{1}{3}x^3+o\left(x^3\right), \qquad \mathrm{e}^x=1+x+\frac{x^2}{2}+\frac{x^3}{6}+o\left(x^3\right),$$

$$\arctan x=x-\frac{1}{3}x^3+o\left(x^3\right), \quad (1+x)^\alpha=1+\alpha x+\frac{\alpha(\alpha-1)}{2}x^2+o\left(x^2\right).$$

竞赛、考研中常见函数的带佩亚诺余项的麦克劳林公式:

$$\tan x=x+\frac{x^3}{3}+\frac{2x^5}{15}+\frac{17x^7}{315}+\frac{62x^9}{2836}+o\left(x^9\right),$$

$$\cot x=\frac{1}{x}-\frac{x}{3}-\frac{x^3}{45}-\frac{2x^5}{945}-\frac{x^7}{4725}-\frac{2x^9}{93555}+o\left(x^9\right),$$

$$\sec x=1+\frac{x^2}{2}+\frac{5x^4}{24}+\frac{61x^6}{720}+\frac{277x^8}{8064}+\frac{50521x^{10}}{3628800}+o\left(x^{10}\right),$$

$$\begin{aligned}(1+hx)^p=&1+p\cdot hx+\frac{p(p-1)}{2!}\cdot(hx)^2+\frac{p(p-1)(p-2)}{3!}\cdot(hx)^3\\&+\cdots+\frac{p(p-1)(p-2)\cdots(p-k+1)}{k!}\cdot(hx)^k+\cdots+o\left(x^k\right),\end{aligned}$$

$$(1+x)^x=1+x^2-\frac{x^3}{2}+\frac{5x^4}{6}-\frac{3x^5}{4}+\frac{33x^6}{40}-\frac{5x^7}{6}+\frac{2159x^8}{2520}+o\left(x^8\right),$$

$$(1+x)^{\frac{1}{x}}=\mathrm{e}-\frac{\mathrm{e}x}{2}+\frac{11\mathrm{e}x^2}{24}-\frac{7\mathrm{e}x^3}{16}+\frac{2447\mathrm{e}x^4}{5760}-\frac{959\mathrm{e}x^5}{2304}+o\left(x^5\right).$$

几个重要的展开式:

(1) 当 $x\to 0$ 时, $\arctan x=\sum\limits_{n=0}^{\infty}\frac{(-1)^n x^{2n+1}}{2n+1}$,

(2) 当 $x\to+\infty$ 时, $\arctan x=\frac{\pi}{2}-\sum\limits_{n=0}^{\infty}\frac{(-1)^n\left(\frac{1}{x}\right)^{2n+1}}{2n+1}$,

(3) 当 $x\to 0$ 时, $\ln\left(x+\sqrt{1+x^2}\right)=x-\frac{1}{6}x^3+o\left(x^3\right)$,

(4) 当 $x\to 0$ 时, $(1+x)^{\frac{1}{x}}=\mathrm{e}\left(1-\frac{1}{2}x+\frac{11}{24}x^2-\frac{7}{16}x^3\right)+o\left(x^3\right)$.

利用级数逐项求导或逐项积分的方法可以得到极限 (1), (3). 正常代入展开可以得到极限 (4). 对于极限 (2), 则是利用恒等式 $\arctan x+\arctan\frac{1}{x}=\frac{\pi}{2}(x>0)$,

这个式子非常有意义, 它给出了 $\arctan x$ 在 x 趋近于无穷时函数趋近于 $\dfrac{\pi}{2}$ 的速度.

1.5.1 相减的形式

例题 1.14 求极限

$$\lim_{x\to 0}\frac{\tan x-\sin x}{x^3}.$$

解 由

$$\tan x=x+\frac{1}{3}x^3+o\left(x^3\right),\quad \sin x=x-\frac{x^3}{3!}+o\left(x^3\right),$$

可得

$$\lim_{x\to 0}\frac{\tan x-\sin x}{x^3}=\lim_{x\to 0}\frac{\dfrac{1}{2}x^3+o(x^3)}{x^3}=\frac{1}{2}.$$

✍ **练习 1.15** 求极限 $\lim\limits_{x\to 0}\dfrac{\mathrm{e}^{x^2}-x\sin x-1}{x^4}$.

✍ **练习 1.16** 求极限 $\lim\limits_{x\to 0}\dfrac{\tan x-\arctan x}{\sin x-\arcsin x}$.

✍ **练习 1.17** 求极限 $\lim\limits_{x\to 0}\dfrac{\cos x-\mathrm{e}^{-\frac{x^2}{2}}}{x^2[2x+\ln(1-2x)]}$.

✍ **练习 1.18** 求极限 $I=\lim\limits_{x\to+\infty}\sqrt{x^3}(\sqrt{x+1}+\sqrt{x-1}-2\sqrt{x})$.

✍ **练习 1.19** 求极限 $\lim\limits_{n\to\infty}\left(\dfrac{1}{\ln(n+1)-\ln n}-n\right)$.

根据正项级数贝特朗 (Bertrand) 判别法的证明, 我们构建一道极限题目, 可以运用麦克劳林展开或泰勒展开求解.

✍ **练习 1.20** 求极限 $\lim\limits_{n\to\infty}((n+1)\ln(n+1)-(n+1)\ln n-1)\cdot n$.

例题 1.15 设 $\alpha\in(0,1)$, 求极限

$$\lim_{n\to+\infty}\left((n+1)^{\alpha}-n^{\alpha}\right).$$

解 法 1: 由于

$$\left(1+\frac{1}{n}\right)^{\alpha}<\left(1+\frac{1}{n}\right),$$

则

$$(n+1)^{\alpha}-n^{\alpha}=n^{\alpha}\left(\left(1+\frac{1}{n}\right)^{\alpha}-1\right)<n^{\alpha}\left(\left(1+\frac{1}{n}\right)-1\right)=\frac{1}{n^{1-\alpha}},$$

于是

$$0 < (n+1)^{\alpha} - n^{\alpha} < \frac{1}{n^{1-\alpha}},$$

应用迫敛性,

$$\lim_{n \to +\infty} ((n+1)^{\alpha} - n^{\alpha}) = 0.$$

法 2: 由于

$$(n+1)^{\alpha} - n^{\alpha} = n^{\alpha}\left(\left(1+\frac{1}{n}\right)^{\alpha} - 1\right) = n^{\alpha}\left(\frac{\alpha}{n} + o\left(\frac{1}{n^2}\right)\right),$$

于是令 $x = \dfrac{1}{n}$, 得到

$$\lim_{n \to +\infty} [(n+1)^{\alpha} - n^{\alpha}] = \lim_{x \to 0^+} \frac{(1+x)^{\alpha} - 1}{x^{\alpha}} = \lim_{x \to 0^+} \frac{\alpha x}{x^{\alpha}} = \alpha \lim_{x \to 0^+} x^{1-\alpha} = 0.$$

所以

$$\lim_{n \to +\infty} ((n+1)^{\alpha} - n^{\alpha}) = 0.$$

注 更进一步, 我们有下面更加精细的比较. 对于 $\alpha \in \mathbb{R}$, 考虑极限

$$\begin{aligned}
\lim_{n \to \infty} n^{2-\alpha}\left((n+1)^{\alpha} - n^{\alpha} - \alpha n^{\alpha-1}\right) &= \lim_{n \to \infty} n^{2-\alpha} \cdot n^{\alpha}\left(\left(1+\frac{1}{n}\right)^{\alpha} - 1 - \frac{\alpha}{n}\right) \\
&= \lim_{n \to \infty} n^2 \cdot \left(\frac{\alpha(\alpha-1)}{2n^2} + o\left(\frac{1}{n^2}\right)\right) \\
&= \frac{\alpha(\alpha-1)}{2}.
\end{aligned}$$

方法的本质是泰勒展开. 根据上面的结论, 有一个常见的等价无穷大关系

$$(n+1)^{\alpha} - n^{\alpha} \sim \alpha n^{\alpha-1},$$

以及不常见的高阶等价无穷大关系

$$(n+1)^{\alpha} - n^{\alpha} - \alpha n^{\alpha-1} \sim \frac{\alpha(\alpha-1)}{2} n^{\alpha-2}.$$

1.5.2 凑成无穷小的情形

有些情形, 表达式不是等价无穷小, 需要进行简单转化.

例题 1.16 求

$$\lim_{x\to 0}\frac{\sqrt{\cos x}-\sqrt[3]{\cos x}}{\ln\left(x^2+1\right)}.$$

解 由于

$$\sqrt{\cos x}=\sqrt{1+(\cos x-1)}=1+\frac{1}{2}(\cos x-1)+o(\cos x-1),$$

$$\sqrt[3]{\cos x}=\sqrt[3]{1+(\cos x-1)}=1+\frac{1}{3}(\cos x-1)+o(\cos x-1),$$

$$\ln\left(x^2+1\right)=x^2+o(x^2),$$

$$\cos x-1=-\frac{1}{2}x^2+o(x^2),$$

所以,

$$\lim_{x\to 0}\frac{\sqrt{\cos x}-\sqrt[3]{\cos x}}{\ln\left(x^2+1\right)}=\lim_{x\to 0}\frac{-\frac{1}{12}x^2+o(x^2)}{x^2+o(x^2)}=-\frac{1}{12}.$$

✍ **练习 1.21** 求极限 $\lim\limits_{x\to 0}\dfrac{\ln(1+x)^{\frac{1}{x}}-1}{\mathrm{e}^{\sin x}-1}$.

✍ **练习 1.22** 求极限 $\lim\limits_{x\to 0^+}\dfrac{4}{x}\left(\mathrm{e}^x-\sqrt{\dfrac{\sin x}{\ln(1+x)}}\right)$.

1.5.3 复合函数的麦克劳林展开

通过整体代入, 可以解决复合函数的麦克劳林展开的问题.

例题 1.17 求极限

$$\lim_{x\to 0}\frac{\tan(\tan x)-\sin(\sin x)}{\tan x-\sin x}.$$

解 由 $\tan x=x+\dfrac{x^3}{3}+o\left(x^3\right)$, $\sin x=x-\dfrac{x^3}{6}+o\left(x^3\right)$, 可得

$$\begin{aligned}\tan(\tan x)&=\tan\left(x+\frac{x^3}{3}+o\left(x^3\right)\right)\\&=x+\frac{x^3}{3}+o\left(x^3\right)+\frac{x^3}{3}+o\left(x^3\right)=x+\frac{2}{3}x^3+o\left(x^3\right),\end{aligned}$$

以及

$$\sin(\sin x)=\sin\left(x-\frac{x^3}{6}+o\left(x^3\right)\right)$$

$$= x - \frac{x^3}{6} + o\left(x^3\right) - \frac{1}{6}x^3 + o\left(x^3\right)$$
$$= x - \frac{1}{3}x^3 + o\left(x^3\right),$$

于是,

$$\begin{aligned}\lim_{x\to 0}\frac{\tan(\tan x)-\sin(\sin x)}{\tan x-\sin x} &= \lim_{x\to 0}\frac{x+\frac{2}{3}x^3+o\left(x^3\right)-x+\frac{1}{3}x^3+o\left(x^3\right)}{x+\frac{1}{3}x^3+o\left(x^3\right)-x+\frac{1}{6}x^3+o\left(x^3\right)}\\ &= \lim_{x\to 0}\frac{x^3+o\left(x^3\right)}{\frac{x^3}{2}+o\left(x^3\right)} = 2.\end{aligned}$$

✍ **练习 1.23** 计算 $\lim\limits_{x\to 0}\dfrac{\sin(\sin x)-\sin(\sin(\sin x))}{\sin x\cdot\sin(\sin x)\cdot\sin(\sin(\sin x))}$.

✍ **练习 1.24** 设 n 为正整数, 证明:

$$\lim_{x\to 0}\frac{\tan\tan\cdots\tan x-\sin\sin\cdots\sin x}{\tan x-\sin x}(n\ \text{重}) = n.$$

1.5.4 指数对数型函数的极限

下面的例子需要取对数后, 利用麦克劳林展开求解.

例题 1.18 计算

$$\lim_{x\to 0}\left(\frac{1+\tan x}{1+\sin x}\right)^{\frac{1}{x\sin^2 x}}.$$

解 由于

$$\begin{aligned}&\lim_{x\to 0}\frac{\ln\left(\dfrac{1+\tan x}{1+\sin x}\right)}{x\sin^2 x}\\ &= \lim_{x\to 0}\frac{\dfrac{1+\tan x}{1+\sin x}-1}{x^3} \quad (\ln(1+y)\sim y, \sin x\sim x)\\ &= \lim_{x\to 0}\frac{\tan x-\sin x}{x^3(1+\sin x)} \quad (\text{整理})\\ &= \lim_{x\to 0}\frac{\sin x(1-\cos x)}{x^3(\cos x)}\end{aligned}$$

$$
\begin{aligned}
&= \lim_{x \to 0} \frac{1 - \cos x}{x^2} \quad (\tan x \sim x) \\
&= \lim_{x \to 0} \frac{x^2}{2x^2} = \frac{1}{2},
\end{aligned}
$$

所以, 原式等于 $e^{\frac{1}{2}}$.

✍ **练习 1.25**　已知函数 $f(x)$ 在 $x = a$ 处可导, 且 $f(a) \neq 0$, 求极限

$$
\lim_{n \to +\infty} \left(\frac{f\left(a + \frac{1}{n}\right)}{f(a)} \right)^n.
$$

✍ **练习 1.26**　求极限 $\lim\limits_{n \to \infty} \dfrac{(2\sqrt[n]{n} - 1)^n}{n^2}$.

✍ **练习 1.27**　求极限 $\lim\limits_{n \to \infty} \left(\cos \dfrac{x}{n} + \lambda \sin \dfrac{x}{n}\right)^n (x \neq 0)$.

✍ **练习 1.28**　求极限 $\lim\limits_{x \to 0^+} \dfrac{x^x - (\sin x)^x}{x^2 \ln(1 + x)}$.

✍ **练习 1.29**　求极限 $\lim\limits_{x \to +\infty} e^{-x} \left(1 + \dfrac{1}{x}\right)^{x^2}$.

✍ **练习 1.30**　求极限 $\lim\limits_{x \to 0} \left[\dfrac{\tan x}{\ln(1 + x)}\right]^{\frac{1}{x}}$.

✍ **练习 1.31**　求极限 $\lim\limits_{x \to +\infty} \left(\sin \dfrac{1}{x} + \cos \dfrac{1}{x}\right)^x$.

1.5.5　指数对数型函数的渐近展开

例题 1.19　证明:

$$
\left(1 + \frac{1}{n}\right)^n = e - \frac{e}{2n} + \frac{11e}{24n^2} + o\left(\frac{1}{n^2}\right), \quad n \to \infty.
$$

解　由于

$$
\left(1 + \frac{1}{n}\right)^n - e = e^{n \ln\left(1 + \frac{1}{n}\right)} - e = e\left[e^{n \ln\left(1 + \frac{1}{n}\right) - 1} - 1\right],
$$

当 $n \to \infty$ 时, 结合

$$
n \ln\left(1 + \frac{1}{n}\right) - 1 = n\left[\frac{1}{n} - \frac{1}{2n^2} + \frac{1}{3n^3} + o\left(\frac{1}{n^3}\right)\right] - 1
$$

$$= -\frac{1}{2n} + \frac{1}{3n^2} + o\left(\frac{1}{n^2}\right),$$

为了方便, 当 $n \to \infty$ 时, 记

$$t = n\ln\left(1+\frac{1}{n}\right) - 1 = -\frac{1}{2n} + \frac{1}{3n^2} + o\left(\frac{1}{n^2}\right),$$

则有

$$\begin{aligned} \mathrm{e}^t - 1 = t + \frac{t^2}{2} + o\left(t^2\right) &= -\frac{1}{2n} + \frac{1}{3n^2} + \frac{\left(\frac{1}{2n}\right)^2}{2} + o\left(\frac{1}{n^2}\right) \\ &= -\frac{1}{2n} + \frac{11}{24n^2} + o\left(\frac{1}{n^2}\right). \end{aligned}$$

从而

$$\left(1+\frac{1}{n}\right)^n - \mathrm{e} = \mathrm{e}\left(\mathrm{e}^t - 1\right) = -\frac{\mathrm{e}}{2n} + \frac{11\mathrm{e}}{24n^2} + o\left(\frac{1}{n^2}\right),$$

即

$$\left(1+\frac{1}{n}\right)^n = \mathrm{e} - \frac{\mathrm{e}}{2n} + \frac{11\mathrm{e}}{24n^2} + o\left(\frac{1}{n^2}\right), \quad n \to \infty.$$

注 同理, 对于函数 $(1+x)^{\frac{1}{x}}$, 有

$$(1+x)^{\frac{1}{x}} = \mathrm{e} - \frac{\mathrm{e}}{2}\cdot x + \frac{11\mathrm{e}}{24}\cdot x^2 + o\left(x^2\right) \quad (x \to 0).$$

✍ **练习 1.32** 解答下列问题.

(1) 求极限 $\lim\limits_{x\to 0}\dfrac{(1+x)^{\frac{1}{x}} - \mathrm{e}}{x}$;

(2) 求极限 $\lim\limits_{x\to 0}\dfrac{(1+x)^{\frac{1}{x}} - (1+2x)^{\frac{1}{2x}}}{\sin x}$;

(3) 求极限 $\lim\limits_{x\to +\infty}\left[\dfrac{x^2}{\mathrm{e}}\left(1+\dfrac{1}{x}\right)^x - x^2 + \dfrac{x}{2}\right]$;

(4) 求函数 $f(x) = \lim\limits_{n\to\infty} n^x\left[\left(1+\dfrac{1}{n+1}\right)^{n+1} - \left(1+\dfrac{1}{n}\right)^n\right]$ 的定义域与值域.

✍ **练习 1.33** 解答下列问题.

(1) 用三种以上的方法证明: $\lim\limits_{n\to\infty}\sqrt[n]{n} = 1$.

(2) 证明: $\lim\limits_{n\to\infty}\dfrac{n(\sqrt[n]{n}-1)}{\ln n}=1$.

(3) 证明: $\lim\limits_{n\to\infty}\dfrac{n^2}{\ln^2 n}\left(\sqrt[n]{n}-1-\dfrac{\ln n}{n}\right)=\dfrac{1}{2}$.

1.6　分子、分母有理化

分子、分母有理化方法是利用平方差公式, 通常可以将差的形式转化为更容易求解的形式.

1.6.1　直接有理化

例题 1.20　求极限

$$\lim_{n\to\infty} n\left(\sqrt{n^2+1}-n\right).$$

解　本题可以使用分子有理化的方法求解. 通过有理化, 将 $\infty\cdot 0$ 的形式, 转化为 $\dfrac{\infty}{\infty}$ 的形式, 更容易求解极限.

$$\begin{aligned}\lim_{n\to+\infty} n\left(\sqrt{n^2+1}-n\right)&=\lim_{n\to+\infty}\frac{n\left(\sqrt{n^2+1}-n\right)\left(\sqrt{n^2+1}+n\right)}{\sqrt{n^2+1}+n}\\&=\lim_{n\to+\infty}\frac{n}{\sqrt{n^2+1}+n}\\&=\frac{1}{2}.\end{aligned}$$

注　本题也可以使用等价无穷小代换求解.

$$\begin{aligned}\lim_{n\to\infty} n\left(\sqrt{n^2+1}-n\right)&=\lim_{n\to\infty}\left(\sqrt{n^4+n^2}-n^2\right)\\&=\lim_{n\to\infty} n^2\left[\left(1+\frac{1}{n^2}\right)^{\frac{1}{2}}-1\right]\\&=\lim_{n\to\infty} n^2\cdot\frac{1}{2n^2}=\frac{1}{2}.\end{aligned}$$

✍ **练习 1.34**　求极限 $\lim\limits_{x\to 0}\dfrac{x^2}{\sqrt{x^2+4}-2}$.

1.6.2　凑成分子有理化

例题 1.21　计算

$$\lim_{n\to\infty}\sin\left(\pi\sqrt{n^2+1}\right).$$

解 众所周知, $\lim\limits_{n\to\infty}\sin n$ 不存在. 但是本题的极限却是存在的. 利用分子有理化的技巧求解.

$$\begin{aligned}\lim_{n\to\infty}\sin\left(\pi\sqrt{n^2+1}\right)&=\lim_{n\to\infty}(-1)^n\sin\left(\pi\sqrt{n^2+1}-n\pi\right)\\&=\lim_{n\to\infty}(-1)^n\sin\frac{\pi}{\sqrt{n^2+1}+n}\\&=\sin 0=0.\end{aligned}$$

✍ **练习 1.35** 求极限 $\lim\limits_{n\to\infty}\sin^2\left(\pi\sqrt{n^2+n}\right)$.

✍ **练习 1.36** 求极限 $\lim\limits_{n\to\infty}\left(1+\sin\pi\sqrt{1+4n^2}\right)^n$.

✍ **练习 1.37** 求极限 $\lim\limits_{n\to\infty}\left[1+\dfrac{(-1)^n}{n}\right]^{\csc\left(\pi\sqrt{1+n^2}\right)}$.

1.7 迫 敛 性

函数极限或数列极限的迫敛性, 也称为夹逼定理, 是判定极限存在的准则之一. 高斯 (Gauss) 率先给出正式表述.

定理 1.6 (函数极限迫敛性)

设 I 是一个区间, 有一个极限点 a. 设函数 g, f 以及 h 定义在区间 I 上, 对于每个 $x\in I\setminus\{a\}$,

$$g(x)\leqslant f(x)\leqslant h(x),$$

并且设

$$\lim_{x\to a}g(x)=\lim_{x\to a}h(x)=L,$$

那么

$$\lim_{x\to a}f(x)=L.$$

♡

定理 1.7 (级数的迫敛性)

设 $\sum\limits_n a_n, \sum\limits_n c_n$ 是两个收敛级数, 如果存在 $N\in\mathbb{N}$ 使得 $\forall n>N$,

$$a_n\leqslant b_n\leqslant c_n,$$

那么级数 $\sum\limits_n b_n$ 也收敛.

♡

1.7.1 最大、最小放缩

在分式和式极限

$$\lim_{n\to\infty}\left[\frac{b_1}{a_1}+\frac{b_2}{a_2}+\cdots+\frac{b_n}{a_n}\right]$$

中最大分母和最小分母等价时, 可以利用迫敛性. 比如:

$$\lim_{n\to\infty}\left[\frac{\ln\left(1+\frac{1}{n}\right)}{n+\frac{1}{n}}+\frac{\ln\left(1+\frac{2}{n}\right)}{n+\frac{2}{n}}+\frac{\ln\left(1+\frac{3}{n}\right)}{n+\frac{3}{n}}+\cdots+\frac{\ln\left(1+\frac{n}{n}\right)}{n+\frac{n}{n}}\right]$$

中最大分母 $n+\dfrac{n}{n}$ 和最小分母 $n+\dfrac{1}{n}$ 等价, 那么该极限可以利用迫敛性来求解. 解题步骤如下.

第一步: 将所有分母放缩成最大分母, 并将所有分母放缩成最小分母;

第二步: 放缩的两边取极限, 再利用迫敛性.

例题 1.22　计算

$$\lim_{n\to\infty}\left[\frac{\ln\left(1+\frac{1}{n}\right)}{n+\frac{1}{n}}+\frac{\ln\left(1+\frac{2}{n}\right)}{n+\frac{2}{n}}+\frac{\ln\left(1+\frac{3}{n}\right)}{n+\frac{3}{n}}+\cdots+\frac{\ln\left(1+\frac{n}{n}\right)}{n+\frac{n}{n}}\right].$$

解　设

$$L_n=\left[\frac{\ln\left(1+\frac{1}{n}\right)}{n+\frac{1}{n}}+\frac{\ln\left(1+\frac{2}{n}\right)}{n+\frac{2}{n}}+\frac{\ln\left(1+\frac{3}{n}\right)}{n+\frac{3}{n}}+\cdots+\frac{\ln\left(1+\frac{n}{n}\right)}{n+\frac{n}{n}}\right].$$

一方面,

$$L_n<\frac{\ln\left(1+\frac{1}{n}\right)}{n+\frac{1}{n}}+\cdots+\frac{\ln\left(1+\frac{n}{n}\right)}{n+\frac{1}{n}}=\frac{1}{1+\frac{1}{n^2}}\sum_{i=1}^{n}\frac{1}{n}\ln\left(1+\frac{i}{n}\right)$$

$$\to 1\cdot\int_0^1\ln(1+x)\mathrm{d}x=2\ln 2-1.$$

另一方面,

$$L_n > \frac{\ln\left(1+\frac{1}{n}\right)}{n+1} + \cdots + \frac{\ln\left(1+\frac{n}{n}\right)}{n+1} = \frac{n}{n+1}\sum_{i=1}^{n}\frac{1}{n}\ln\left(1+\frac{i}{n}\right)$$

$$\to 1\cdot\int_0^1 \ln(1+x)\mathrm{d}x = 2\ln 2 - 1.$$

因此, 由迫敛性得到 $\lim\limits_{n\to\infty} I_n = 2\ln 2 - 1$.

例题 1.23 设 $a_n = \sum\limits_{k=1}^{n}\left(\sqrt{1+\frac{k}{n^2}}-1\right)$, 其中 $n\in\mathbb{N}^+$, 计算 $\lim\limits_{n\to\infty} a_n$.

解 一方面,

$$a_n = \sum_{k=1}^{n}\frac{\frac{k}{n^2}}{\sqrt{1+\frac{k}{n^2}}+1} \leqslant \sum_{k=1}^{n}\frac{k}{2n^2} = \frac{n+1}{4n}.$$

另一方面,

$$a_n = \sum_{k=1}^{n}\frac{\frac{k}{n^2}}{\sqrt{1+\frac{k}{n^2}}+1} \geqslant \sum_{k=1}^{n}\frac{\frac{k}{n^2}}{\sqrt{1+\frac{1}{n}}+1} = \frac{\frac{n+1}{2n}}{\sqrt{1+\frac{1}{n}}+1}.$$

故由迫敛性可知 $\lim\limits_{n\to\infty} a_n = \frac{1}{4}$.

练习 1.38 计算 $\lim\limits_{n\to\infty}\left(\frac{1}{\sqrt{n^2+1}}+\frac{1}{\sqrt{n^2+2}}+\cdots+\frac{1}{\sqrt{n^2+n}}\right)$.

练习 1.39 计算 $\lim\limits_{n\to\infty}\int_0^{10n}\left(1-\left|\sin\frac{x}{n}\right|\right)^n \mathrm{d}x$.

练习 1.40 计算 $\lim\limits_{n\to\infty}\int_{\pi}^{2\pi}\frac{|\sin nx+\cos nx|}{x}\mathrm{d}x$.

练习 1.41 计算

$$\lim_{n\to\infty}\left[\frac{2^{\frac{1}{n}}}{n+1}+\frac{2^{\frac{2}{n}}}{n+\frac{1}{2}}+\cdots+\frac{2^{\frac{n}{n}}}{n+\frac{1}{n}}\right].$$

✍ **练习 1.42**　计算

$$\lim_{n\to\infty}\left[\frac{\sin\dfrac{\pi}{n}}{n+\dfrac{1}{n}}+\frac{\sin\dfrac{2\pi}{n}}{n+\dfrac{2}{n}}+\cdots+\frac{\sin\dfrac{n\pi}{n}}{n+\dfrac{n}{n}}\right].$$

✍ **练习 1.43**　计算 $\lim\limits_{n\to\infty}\left[\dfrac{1}{n^2+n+1}+\dfrac{2}{n^2+n+2}+\cdots+\dfrac{n}{n^2+n+n}\right]$.

✍ **练习 1.44**　计算 $\lim\limits_{n\to\infty}\sum\limits_{i=1}^{n}\dfrac{n\tan\dfrac{i}{n}}{n^2+i}$.

1.7.2 达布和放缩

若根据前面最大、最小放缩, 则估计的方法太粗, 无法使用迫敛性. 下面利用积分估计或者欧拉–麦克劳林 (Euler-Maclaurin) 公式提高估计的阶数, 可以避免上述问题.

例题 1.24　计算

$$\lim_{n\to\infty}\sum_{k=1}^{n}\frac{1}{n+k}.$$

解　法 1: 达布 (Darboux) 和放缩. 一方面,

$$\ln\frac{2n+1}{n+1}=\int_1^{n+1}\frac{1}{n+x}\mathrm{d}x=\sum_{k=1}^{n}\int_k^{k+1}\frac{1}{n+x}\mathrm{d}x\leqslant\sum_{k=1}^{n}\frac{1}{n+k}.$$

另一方面,

$$\sum_{k=1}^{n}\frac{1}{n+k}\leqslant\sum_{k=1}^{n}\int_{k-1}^{k}\frac{1}{n+x}\mathrm{d}x=\int_0^n\frac{1}{n+x}\mathrm{d}x=\ln 2.$$

因此

$$\lim_{n\to\infty}\sum_{k=1}^{n}\frac{1}{n+k}=\ln 2.$$

法 2: 定积分法.

$$\lim_{n\to\infty}\sum_{k=1}^{n}\frac{1}{n+k}=\lim_{n\to\infty}\frac{1}{n}\sum_{k=1}^{n}\frac{1}{1+\dfrac{k}{n}}=\int_0^1\frac{1}{1+x}\mathrm{d}x=\ln(1+x)\Big|_0^1=\ln 2.$$

法 3: 欧拉–麦克劳林求和公式. 注意到恒等式

$$\sum_{k=1}^{n}\frac{1}{n+k}=\frac{\frac{1}{n+1}+\frac{1}{2n}}{2}+\int_1^n\frac{1}{n+x}\mathrm{d}x-\int_1^n\frac{x-[x]-\frac{1}{2}}{(n+x)^2}\mathrm{d}x.$$

于是

$$\sum_{k=1}^{n}\frac{1}{n+k}=\ln\frac{2n}{n+1}-\int_1^n\frac{x-[x]-\frac{1}{2}}{(n+x)^2}\mathrm{d}x+o(1).$$

注意到

$$\left|-\int_1^n\frac{x-[x]-\frac{1}{2}}{(n+x)^2}\mathrm{d}x\right|\leqslant\frac{1}{2}\int_0^n\frac{1}{(n+x)^2}\mathrm{d}x=\frac{1}{2n}\int_0^1\frac{1}{(1+x)^2}\mathrm{d}x=o(1),$$

于是就证明了

$$\lim_{n\to\infty}\sum_{k=1}^{n}\frac{1}{n+k}=\ln 2.$$

✍ **练习 1.45** 设

$$A_n=\frac{1}{n+1}+\frac{1}{n+2}+\cdots+\frac{1}{2n}.$$

证明: $\lim\limits_{n\to\infty}n(\ln 2-A_n)=\dfrac{1}{4}$.

✍ **练习 1.46** 求 $\lim\limits_{n\to\infty}\dfrac{\sum\limits_{k=1}^{n}\frac{1}{k}}{\ln n}$.

例题 1.25 计算

$$\lim_{n\to\infty}\sqrt{n}\left(1-\sum_{k=1}^{n}\frac{1}{n+\sqrt{k}}\right).$$

解 设

$$a_n=\sqrt{n}\left(1-\sum_{k=1}^{n}\frac{1}{n+\sqrt{k}}\right).$$

一方面,

$$a_n=\sqrt{n}\sum_{k=1}^{n}\left(\frac{1}{n}-\frac{1}{n+\sqrt{k}}\right)=\sum_{k=1}^{n}\frac{\sqrt{k}}{\sqrt{n}(n+\sqrt{k})}\leqslant\frac{1}{n\sqrt{n}}\sum_{k=1}^{n}\sqrt{k},$$

又

$$\sum_{k=1}^{n}\sqrt{k}\leqslant\sum_{k=1}^{n}\int_{k}^{k+1}\sqrt{x}\,\mathrm{d}x=\int_{1}^{n+1}\sqrt{x}\,\mathrm{d}x=\frac{2}{3}((n+1)\sqrt{n+1}-1),$$

于是

$$a_n<\frac{2}{3}\cdot\frac{(n+1)\sqrt{n+1}}{n\sqrt{n}}=\frac{2}{3}\left(1+\frac{1}{n}\right)\sqrt{1+\frac{1}{n}}.$$

另一方面,

$$\sum_{k=1}^{n}\sqrt{k}\geqslant\sum_{k=1}^{n}\int_{k-1}^{k}\sqrt{x}\,\mathrm{d}x=\int_{0}^{n}\sqrt{x}\,\mathrm{d}x=\frac{2}{3}n\sqrt{n},$$

于是

$$a_n\geqslant\frac{1}{\sqrt{n}(n+\sqrt{n})}\sum_{k=1}^{n}\sqrt{k}\geqslant\frac{2}{3}\cdot\frac{n}{n+\sqrt{n}}.$$

因此

$$\frac{2}{3}\cdot\frac{n}{n+\sqrt{n}}\leqslant a_n<\frac{2}{3}\left(1+\frac{1}{n}\right)\sqrt{1+\frac{1}{n}}.$$

利用迫敛性, 得

$$\lim_{n\to\infty}\sqrt{n}\left(1-\sum_{k=1}^{n}\frac{1}{n+\sqrt{k}}\right)=\lim_{n\to\infty}a_n=\frac{2}{3}.$$

✍ **练习 1.47** 计算 $\lim\limits_{n\to\infty}\dfrac{1}{\sqrt{n}}\left(\dfrac{n+1}{2}-\sum\limits_{i=1}^{n}\dfrac{i}{n+\sqrt{i}}\right)$.

✍ **练习 1.48** 计算

$$\lim_{n\to\infty}\left[\frac{1}{\sqrt{n^2+n+1}}+\frac{1}{\sqrt{n^2+n+2}}+\cdots+\frac{1}{\sqrt{n^2+2n}}\right]^n.$$

例题 1.26 设 $s(x)=\displaystyle\int_0^x|\cos t|\mathrm{d}t$.

(1) 求 $\lim\limits_{x\to+\infty}\dfrac{s(x)}{x}$;

(2) 问 $y=s(x)$ 是否有渐近线, 并说明理由.

解 (1) 设 $n\pi \leqslant x \leqslant (n+1)\pi$, 则

$$\int_0^{n\pi} |\cos t| \mathrm{d}t \leqslant s(x) \leqslant \int_0^{(n+1)\pi} |\cos t| \mathrm{d}t.$$

由于 $|\cos t|$ 是周期为 π 的周期函数, 故有

$$\int_0^{n\pi} |\cos t| \mathrm{d}t = n \int_0^{\pi} |\cos t| \mathrm{d}t = 2n,$$

$$\int_0^{(n+1)\pi} |\cos t| \mathrm{d}t = (n+1) \int_0^{\pi} |\cos t| \mathrm{d}t = 2n+2.$$

于是可得

$$\frac{2n}{(n+1)\pi} \leqslant \frac{s(x)}{x} \leqslant \frac{2n+2}{n\pi}.$$

故由迫敛性, 得

$$\lim_{x \to +\infty} \frac{s(x)}{x} = \frac{2}{\pi}.$$

(2) 由 $s(x)$ 的定义式可知, 函数在全体实数范围内连续, 故无垂直渐近线; 又由 (1) 可知

$$\lim_{x \to +\infty} s(x) = \infty,$$

故无水平渐近线. 由 (1), 考察极限

$$\lim_{x \to +\infty} \left[\int_0^x |\cos t| \mathrm{d}t - \frac{2}{\pi} x \right].$$

取子序列 $x_n = n\pi$, $y_n = n\pi + 1$, 则可得

$$\int_0^{x_n} |\cos t| \mathrm{d}t - \frac{2}{\pi} x_n = \int_0^{n\pi} |\cos t| \mathrm{d}t - \frac{2}{\pi} n\pi = 2n - \frac{2}{\pi} n\pi = 0,$$

以及

$$\begin{aligned}
\int_0^{y_n} |\cos t| \mathrm{d}t - \frac{2}{\pi} y_n &= \int_0^{n\pi+1} |\cos t| \mathrm{d}t - \frac{2}{\pi}(n\pi+1) \\
&= 2n + \int_{n\pi}^{n\pi+1} |\cos t| \mathrm{d}t - 2n - \frac{2}{\pi} \\
&= \sin 1 - \frac{2}{\pi},
\end{aligned}$$

故极限不存在. 类似可得

$$\lim_{x\to-\infty}\frac{s(x)}{x}=-\frac{2}{\pi}.$$

也有 $s(x)+\dfrac{2}{\pi}x$ 当 $x\to-\infty$ 时极限不存在, 故 $y=s(x)$ 不存在渐近线.

1.7.3　利用常见不等式放缩

例题 1.27　证明基本极限

$$\lim_{n\to\infty}\sqrt[n]{n}=1.$$

解　法 1: 记 $a_n=\sqrt[n]{n}=1+h_n$, 则当 $n>1$ 时 $h_n>0$, 同时由二项式展开有

$$n=(1+h_n)^n>\frac{n(n-1)}{2}h_n^2.$$

从而 $0<h_n^2<\dfrac{2}{n-1}$, 根据 $\lim\limits_{n\to\infty}\dfrac{2}{n-1}=0$ 可知 $\lim\limits_{n\to\infty}h_n^2=0$, 于是 $\lim\limits_{n\to\infty}h_n=0$, 即

$$\lim_{n\to\infty}a_n=\lim_{n\to\infty}\sqrt[n]{n}=\lim_{n\to\infty}(1+h_n)=1.$$

法 2: 当 $n\geqslant 2$ 时, 利用平均值不等式可得

$$1\leqslant\sqrt[n]{n}=\sqrt[n]{1\times\cdots\times 1\times\sqrt{n}\times\sqrt{n}}\leqslant\frac{n-2+2\sqrt{n}}{n}.$$

而显然

$$\lim_{n\to\infty}\frac{n-2+2\sqrt{n}}{n}=1,$$

所以由迫敛性可知

$$\lim_{n\to\infty}\sqrt[n]{n}=1.$$

✍ **练习 1.49**　求极限 $\lim\limits_{n\to\infty}\dfrac{1}{2}\cdot\dfrac{3}{4}\cdot\cdots\cdot\dfrac{2n-1}{2n}$.

对于复杂表达式, 先利用不等式放缩, 再化简求解, 最后利用迫敛性得到结果. 先介绍下面著名的对数不等式.

定理 1.8 (对数不等式)

关于对数函数与线性分式函数有下面关系:

(1) 当 $x \in (-1, +\infty)$ 时,

$$\frac{x}{1+x} \leqslant \ln(1+x) \leqslant x;$$

(2) 当 $x \in (-\infty, -1) \cup (0, +\infty)$ 时,

$$\frac{1}{1+x} < \ln\left(1+\frac{1}{x}\right) < \frac{1}{x}.$$

♡

容易看出 (1) 和 (2) 实际上是等价的, 只是将 x 换成了 $\dfrac{1}{x}$.

类似地, 我们还有下面不等式: 当 $x \in (0, +\infty)$ 时,

$$\frac{x-1}{x} \leqslant \ln x \leqslant x-1.$$

上面不等式 $\ln(1+x) \leqslant x$ 中, 通过取指数, 我们可以得到指数不等式. 对任意实数 x, 都有

$$1+x \leqslant \mathrm{e}^x.$$

上面的不等式可以用微分的方法很容易证明.

例题 1.28 对数正整数 n, 证明:

$$\frac{1}{n+1} \leqslant \ln\left(1+\frac{1}{n}\right) \leqslant \frac{1}{n}.$$

证明 对于 $1 \leqslant t \leqslant 1+\dfrac{1}{n}$, 我们有

$$\frac{1}{1+\dfrac{1}{n}} \leqslant \frac{1}{t} \leqslant 1,$$

于是

$$\int_1^{1+1/n} \frac{1}{1+\dfrac{1}{n}}\mathrm{d}t \leqslant \int_1^{1+1/n} \frac{1}{t}\mathrm{d}t \leqslant \int_1^{1+1/n} 1\mathrm{d}t.$$

因此

$$\frac{1}{n+1} \leqslant \ln\left(1+\frac{1}{n}\right) \leqslant \frac{1}{n}.$$

例题 1.29 设 $x_n = \left(1+\dfrac{1}{n^2}\right)\left(1+\dfrac{2}{n^2}\right)\cdots\left(1+\dfrac{n}{n^2}\right)$, 求 $\lim\limits_{n\to\infty} x_n$.

解　第一步: 化乘为和, 取对数, 即

$$\ln x_n = \sum_{k=1}^{n} \ln\left(1+\frac{k}{n^2}\right).$$

第二步: 利用下面的对数不等式进行放缩, 去掉对数函数, 即

$$\frac{x}{1+x} \leqslant \ln(1+x) \leqslant x, \quad x>-1.$$

于是, 一方面,

$$\ln x_n \geqslant \sum_{k=1}^{n} \frac{\frac{k}{n^2}}{1+\frac{k}{n^2}} \geqslant \sum_{k=1}^{n} \frac{k}{n^2+n} = \frac{n(n+1)}{2(n^2+n)} \to \frac{1}{2}, \quad n\to+\infty,$$

另一方面,

$$\ln x_n \leqslant \sum_{k=1}^{n} \frac{k}{n^2} = \frac{n(n+1)}{2n^2} \to \frac{1}{2}, \quad n\to+\infty.$$

因此, 由迫敛性知 $\lim\limits_{n\to\infty} x_n = \sqrt{\mathrm{e}}$.

注　探讨本题可否使用定积分的方法或等价无穷小代换法?

1.8　单调有界定理

对于数列极限来讲, 单调有界定理是指单调有界数列必有极限. 一般分为两种情况: 单调递增且有上界; 单调递减且有下界. 事实上, 数列不需要一直单调, 只需从某项以后开始单调即可.

定理 1.9 (单调有界定理)

单调有界数列必有极限. 具体地说:

(1) 若数列 $\{x_n\}$ 递增且有上界, 则

$$\lim_{n\to\infty} x_n = \sup\{x_n \mid n\in\mathbb{N}\};$$

(2) 若数列 $\{x_n\}$ 递减且有下界, 则

$$\lim_{n\to\infty} x_n = \inf\{x_n \mid n\in\mathbb{N}\}.$$

♡

利用均值不等式、数学归纳法、放缩法、求导数等方法, 证明迭代数列或数列的单调性与有界性.

例题 1.30 设

$$x_{n+1}=\sqrt{a+x_n},\quad n\geqslant 1,\quad x_1=\sqrt{a},$$

其中 $a>0$, 证明:

$$\lim_{n\to\infty} x_n=\frac{1+\sqrt{1+4a}}{2}.$$

证明 法 1: 利用单调有界定理.

根据初始值计算, 猜想数列 $\{x_n\}$ 单调递增且以

$$x=\frac{1+\sqrt{1+4a}}{2}>1$$

为上界, 其中 $x=\sqrt{a+x}$. 用数学归纳法来证明. 首先有 $x_1=\sqrt{a}<x$. 若设 $x_{n-1}<x$, 则

$$x_n=\sqrt{a+x_{n-1}}<\sqrt{a+x}=x,$$

可见 x 是 $\{x_n\}$ 的上界. 再证 $\{x_n\}$ 为单调递增. 先有

$$x_1=\sqrt{a}<x_2=\sqrt{a+\sqrt{a}}.$$

现假设 $x_{n-1}<x_n$, 则可以推出

$$x_n=\sqrt{a+x_{n-1}}<\sqrt{a+x_n}=x_{n+1}.$$

于是 $\{x_n\}$ 单调递增有上界, 因此收敛.

法 2: 用定义证明.

方程 $x^2-x-a=0$ 的正根为 $x=\dfrac{1+\sqrt{1+4a}}{2}>1$. 令 $q=\dfrac{1}{\sqrt{a+x}}=\dfrac{1}{x}<1$. 那么

$$\begin{aligned}
|x_{n+1}-x| &= \left|\sqrt{a+x_n}-\sqrt{a+x}\right|\\
&=\frac{|x_n-x|}{\left|\sqrt{a+x_n}+\sqrt{a+x}\right|}\\
&<\frac{|x_n-x|}{\sqrt{a+x}}=q\,|x_n-x|\\
&<\cdots\\
&<q^n\,|x_1-x|.
\end{aligned}$$

由于 $0<q<1$, 从而 $\lim\limits_{n\to\infty}|x_n-x|=0$, 故

$$\lim_{n\to\infty}x_n=\frac{1+\sqrt{1+4a}}{2}.$$

法 3: 用柯西收敛准则.

记 $x_0=0, x_1=\sqrt{a+x_0}$. 令 $q=\dfrac{1}{\sqrt{a+x}}<1$, 用"有理化分子"的方法作如下估计 (注意 $x_n>0$):

$$\begin{aligned}
|x_k-x_{k-1}|&=|x_k-x+x-x_{k-1}|\\
&<q|x_{k-1}-x|+q|x_{k-2}-x|\\
&<\cdots\\
&<q^{k-1}|x_1-x|+q^{k-2}|x_1-x|\\
&=M\cdot q^{k-1},\quad M=\frac{|x_1-x|(q-1)}{q}.
\end{aligned}$$

不妨设 $m>n$, 由上式得

$$\begin{aligned}
|x_m-x_n|&\leqslant|x_m-x_{m-1}|+|x_{m-1}-x_{m-2}|+\cdots+|x_{n+1}-x_n|\\
&<M\left(q^{m-1}+q^{m-2}+\cdots+q^n\right)\\
&<\frac{Mq^n}{1-q}\to 0\quad(n\to\infty).
\end{aligned}$$

✍ **练习 1.50**　设

$$x_n=\left(1+\frac{1}{2}\right)\left(1+\frac{1}{4}\right)\cdots\left(1+\frac{1}{2^n}\right).$$

证明数列 $\{x_n\}$ 收敛.

✍ **练习 1.51**　设 $A>0$, $a_1>0$, 对于 $n=1,2,\cdots$, 定义

$$a_{n+1}=\frac{1}{2}\left(a_n+\frac{A}{a_n}\right).$$

证明 $\lim\limits_{n\to\infty}a_n$ 存在, 并求其值.

注　练习 1.51 也可以结合 $n\geqslant 2$ 时, $a_n\geqslant\sqrt{A}>0$, 根据

$$\frac{a_{n+1}}{a_n}=\frac{1}{2}\left(1+\frac{A}{a_n^2}\right)\leqslant 1$$

来说明 $\{a_n\}$ 从第二项开始单调递减.

✍ **练习 1.52** 设 $a>0,\ x_1>0$, 对于 $n\in\mathbb{N}^+$,

$$x_{n+1}=\frac{1}{4}\left(3x_n+\frac{a}{x_n^3}\right),$$

求 $\lim\limits_{n\to\infty} x_n$.

✍ **练习 1.53** 设 $a>0$,

$$x_1>0,\quad x_{n+1}=\frac{x_n\left(x_n^2+3a\right)}{3x_n^2+a},$$

证明数列 $\{x_n\}$ 收敛, 并求 $\lim\limits_{n\to\infty} x_n$.

1.8.1 平均数列与极限

例题 1.31 若 $x_1>0,\ y_1>0$,

$$x_{n+1}=\frac{x_n+y_n}{2},\quad y_{n+1}=\frac{2x_ny_n}{x_n+y_n},\quad n=1,2,3,\cdots.$$

证明数列 $\{x_n\}$ 和 $\{y_n\}$ 收敛, 且 $\lim\limits_{n\to\infty} x_n=\lim\limits_{n\to\infty} y_n$. 这个公共极限称为 x_1 与 x_2 的算术调和平均.

证明 由数学归纳法可证 $x_n>0,\ y_n>0$. 由于

$$y_{n+1}=\frac{2x_ny_n}{x_n+y_n}=\frac{2}{\dfrac{1}{x_n}+\dfrac{1}{y_n}},$$

由均值不等式, 得

$$y_{n+1}=\frac{2}{\dfrac{1}{x_n}+\dfrac{1}{y_n}}\leqslant\sqrt{x_ny_n}\leqslant\frac{x_n+y_n}{2}=x_{n+1},$$

即对 $\forall n\in\mathbb{N}^+$, 成立 $y_n\leqslant x_n$.

对 $\forall n\in\mathbb{N}^+$,

$$x_{n+1}=\frac{x_n+y_n}{2}\leqslant\frac{x_n+x_n}{2}=x_n,$$

可见 x_n 单调递减; 对 $\forall n\in\mathbb{N}^+$,

$$y_{n+1}=\frac{2x_ny_n}{x_n+y_n}=\frac{2}{\dfrac{1}{x_n}+\dfrac{1}{y_n}}\geqslant\frac{2}{\dfrac{1}{y_n}+\dfrac{1}{y_n}}=y_n,$$

易见 y_n 单调递增. 于是得

$$y_1 \leqslant \cdots \leqslant y_n \leqslant x_n \leqslant \cdots \leqslant x_1.$$

因此, 数列 $\{x_n\}$ 递减有下界, $\{y_n\}$ 递增有上界. 由单调有界定理, $\{x_n\}$ 和 $\{y_n\}$ 收敛. 设

$$\lim_{n\to\infty} x_n = A, \quad \lim_{n\to\infty} y_n = B.$$

对式 $x_{n+1} = \dfrac{x_n + y_n}{2}$ 和 $y_{n+1} = \dfrac{2x_n y_n}{x_n + y_n}$ 两端取极限, 得

$$A = \frac{A+B}{2}, \quad B = \frac{2AB}{A+B}.$$

解得 $A = B$, 即 $\lim\limits_{n\to\infty} x_n = \lim\limits_{n\to\infty} y_n$.

1.8.2 平均值与圆周率

下面是阿基米德 (Archimedes) 求圆周率的迭代算法.

练习 1.54 设数列 $\{a_n\},\{b_n\}$ 满足

$$a_1 = 2\sqrt{3}, \quad b_1 = 3, \quad a_{n+1} = \frac{2a_n b_n}{a_n + b_n}, \quad b_{n+1} = \sqrt{a_{n+1} b_n}.$$

证明:

(1) $\tan\dfrac{\alpha}{2} = \dfrac{\tan\alpha\sin\alpha}{\tan\alpha + \sin\alpha}$ 和 $2\sin\dfrac{\alpha}{2} = \sqrt{2\tan\dfrac{\alpha}{2}\sin\alpha}$.

(2) 数列 $\{a_n\}$, $\{b_n\}$ 的通项公式为

$$a_n = 3\cdot 2^n \cdot \tan\frac{\pi}{3\cdot 2^n}, \quad b_n = 3\cdot 2^n\cdot\sin\frac{\pi}{3\cdot 2^n}.$$

(3) $\lim\limits_{n\to\infty} a_n = \lim\limits_{n\to\infty} b_n = \pi$.

1.8.3 调和数与欧拉常数

下面给出两种方法证明欧拉常数的存在性, 并且进行推广.

例题 1.32 证明 $\lim\limits_{n\to\infty}\left(1 + \dfrac{1}{2} + \dfrac{1}{3} + \cdots + \dfrac{1}{n} - \ln n\right)$ 存在. (此极限值称为欧拉常数.)

证明 法 1: 用单调有界定理证明. 通常的欧拉常数 γ 定义为 $\gamma = \lim\limits_{n\to\infty} D_n$, 其中

$$D_n = 1 + \frac{1}{2} + \frac{1}{3} + \cdots + \frac{1}{n} - \ln n.$$

应用不等式

$$\frac{x}{1+x} < \ln(1+x) < x, \quad \forall x > 0,$$

得

$$D_{n+1} - D_n = \frac{1}{n+1} - \ln(n+1) + \ln n = \frac{\frac{1}{n}}{1+\frac{1}{n}} - \ln\left(1+\frac{1}{n}\right) < 0,$$

即 $\{D_n\}$ 严格单调递减. 另外构造一个数列 $\{E_n\}$, 令

$$E_n = 1 + \frac{1}{2} + \frac{1}{3} + \cdots + \frac{1}{n} - \ln(n+1).$$

显然有 $E_n < D_n (n = 1, 2, \cdots)$, 并且

$$E_{n+1} - E_n = \frac{1}{n+1} - \ln\left(1 + \frac{1}{n+1}\right) > 0,$$

即 $\{E_n\}$ 严格单调递增. 于是

$$0 < \ln\frac{\mathrm{e}}{2} = E_1 < E_2 < E_n < D_n < \cdots < D_2 < D_1 = 1.$$

因此, 由单调有界定理可知, $\{D_n\}$ 与 $\{E_n\}$ 都收敛于 γ $(\gamma \in (0, 1))$.

法 2: 应用拉格朗日中值定理. 设

$$a_n = 1 + \frac{1}{2} + \frac{1}{3} + \cdots + \frac{1}{n} - \ln n,$$

则

$$|a_n - a_{n-1}| = \left|\frac{1}{n} - [\ln n - \ln(n-1)]\right|.$$

对函数 $y = \ln n$ 在 $[n-1, n]$ 上应用拉格朗日中值定理得

$$\ln n - \ln(n-1) = \frac{1}{n-1+\theta} \quad (0 < \theta < 1).$$

所以

$$|a_n - a_{n-1}| = \left|\frac{1}{n} - \frac{1}{n-1+\theta}\right| = \left|\frac{\theta - 1}{n(n-1+\theta)}\right| < \frac{1}{(n-1)^2}.$$

因为 $\sum_{n=2}^{\infty}\frac{1}{(n-1)^2}$ 收敛, 由比较判别法知 $\sum_{n=2}^{\infty}|a_n-a_{n-1}|$ 也收敛, 所以 $\lim_{n\to\infty}a_n$ 存在, 即

$$\lim_{n\to\infty}\left(1+\frac{1}{2}+\frac{1}{3}+\cdots+\frac{1}{n}-\ln n\right)$$

存在.

注　将 $\ln n$ 替换为 $\ln(n+a)$, 考虑上面的极限、单调性, 这里 a 为任一固定的实数.

欧拉常数是一个重要的数学常数, 迄今为止人们还不知道它是否为有理数.

练习 1.55　解答如下问题.

(1) 设

$$a_n=1+\frac{1}{\sqrt{2}}+\cdots+\frac{1}{\sqrt{n}}-2\sqrt{n},$$

证明该数列是收敛的.

(2) 设

$$a_n=1+\frac{1}{2^{\frac{1}{3}}}+\cdots+\frac{1}{n^{\frac{1}{3}}}-\frac{3}{2}n^{\frac{2}{3}},$$

证明该数列是收敛的.

(3) 设

$$a_n=\frac{1}{2\ln 2}+\frac{1}{3\ln 3}+\cdots+\frac{1}{n\ln n}-\ln\ln n,$$

证明该数列是收敛的.

1.8.4　零点的唯一性与渐近性

例题 1.33　设函数列

$$f_n(x)=x+x^2+\cdots+x^n,\quad n=2,3,\cdots.$$

证明:

(1) 方程 $f_n(x)=1$ 在 $(0,1)$ 有唯一的实根 x_n;

(2) 数列 $\{x_n\}$ 极限存在, 并求其极限.

证明　(1) 利用求导可知, $f_n(x)$ 在 $[0,1]$ 连续且单调递增, 而 $f_n(0)=0<1$, $f_n(1)=n>1$, 所以由连续函数的介值定理知方程 $f_n(x)=1$ 在 $(0,1)$ 有且仅有一个解 x_n.

(2) 首先易得 $\{x_n\} \subseteq (0,1)$ 是有界数列. 下面利用反证法说明 $\{x_n\}$ 单调递减: 若存在 $x_n < x_{n+1}$, 则

$$1 = x_n + x_n^2 + \cdots + x_n^n < x_{n+1} + x_{n+1}^2 + \cdots + x_{n+1}^n + x_{n+1}^{n+1} = 1.$$

这显然矛盾, 所以 $\{x_n\}$ 单调递减, 从而收敛, 记 $\lim\limits_{n\to\infty} x_n = a$, 则 $a \in [0,1)$. 由等比数列的求和公式可知

$$1 = x_n + x_n^2 + \cdots + x_n^n = \frac{x_n - x_n^{n+1}}{1 - x_n}.$$

注意到 $a \in [0,1)$, 任取 $q \in (a,1)$, 可知存在 $N > 0$, 使得 $n > N$ 时, 有 $0 < x_n < q$, 进而 $0 < x_n^{n+1} < q^{n+1}$. 于是由迫敛性可知 $\lim\limits_{n\to\infty} x_n^{n+1} = 0$. 所以对前面式子两端关于 $n \to \infty$ 取极限可得

$$1 = \frac{a - 0}{1 - a},$$

解得 $a = \frac{1}{2}$, 于是 $\lim\limits_{n\to\infty} x_n = \frac{1}{2}$.

将此题中的 x 替换为 $\sin x$ 或者 $\cos x$ 就有如下的两个练习题.

✍ **练习 1.56** 设函数列

$$f_n(x) = \sin x + \sin^2 x + \cdots + \sin^n x.$$

(1) 对任意的正整数 n, 证明 $f_n(x) = 1$ 在 $\left(\frac{\pi}{6}, \frac{\pi}{2}\right]$ 上有唯一解;

(2) 设 $x_n \in \left(\frac{\pi}{6}, \frac{\pi}{2}\right]$ 是 $f_n(x) = 1$ 的解, 证明 $\lim\limits_{n\to\infty} x_n = \frac{\pi}{6}$.

✍ **练习 1.57** 设函数列

$$f_n(x) = \cos x + \cos^2 x + \cdots + \cos^n x.$$

(1) 对任意的正整数 n, 证明 $f_n(x) = 1$ 在 $\left[0, \frac{\pi}{3}\right)$ 上有唯一解;

(2) 设 $x_n \in \left[0, \frac{\pi}{3}\right)$ 是 $f_n(x) = 1$ 的解, 证明 $\lim\limits_{n\to\infty} x_n = \frac{\pi}{3}$.

✍ **练习 1.58** 设函数列 $f_n(x) = x^n + x$.

(1) 对每个 $n > 1$, 证明方程 $f_n(x) = 1$ 在 $\left(\frac{1}{2}, 1\right)$ 上有唯一解;

(2) 设 $x_n \in \left(\frac{1}{2}, 1\right)$ 是 $f_n(x) = 1$ 的解, 证明 $\lim\limits_{n\to\infty} x_n$ 存在并求其极限.

1.9　压缩映像原理

对于不单调的数列, 一个较常用的方法就是压缩映像原理.

定理 1.10 (压缩序列)

对任一数列 $\{x_n\}$, 若存在 $0 \leqslant k < 1$, 使得 $|x_{n+1}-x_n| \leqslant k|x_n-x_{n-1}|$ 成立, 则 $\{x_n\}$ 一定收敛. ♡

证明　由比值判别法可得, 级数 $\sum\limits_{n=1}^{\infty}(x_{n+1}-x_n)$ 绝对收敛, 又由

$$x_n = x_1 + \sum_{k=1}^{n-1}(x_{k+1}-x_k)$$

得序列 $\{x_n\}$ 也收敛.

例题 1.34　设 $x_1=\sqrt{2}$, $x_{n+1}=\dfrac{1}{2+x_n}$, $n=1,2,3,\cdots$. 证明数列 $\{x_n\}$ 收敛, 并求极限值.

证明　法 1: 利用压缩映像原理证明. 对 $\forall n \in \mathbb{N}^+$, 我们得到 $x_n > 0$, 并且

$$|x_{n+1}-x_n| = \left|\frac{1}{2+x_n}-\frac{1}{2+x_{n-1}}\right| = \frac{|x_n-x_{n-1}|}{(2+x_n)(2+x_{n-1})} \leqslant \frac{1}{4}|x_n-x_{n-1}|.$$

数列 $\{x_n\}$ 满足压缩序列的条件, 因此收敛.

设 $x=\lim\limits_{n\to\infty}x_n$. 对式 $x_{n+1}=\dfrac{1}{2+x_n}$ 两端取极限, 得

$$x=\frac{1}{2+x},$$

解得 $x=\sqrt{2}-1$ $\left(\text{由 } x_n>0 \text{ 有 } \lim\limits_{n\to\infty}x_n \geqslant 0, \text{舍去 } x=-\sqrt{2}-1\right)$. 因此

$$\lim_{n\to\infty}x_n=\sqrt{2}-1.$$

法 2: 利用单调有界定理证明. 通过计算发现下面的性质.

(1) 迭代序列的不动点方程为 $x=\dfrac{1}{2+x}$, 根据初值, 其不动点 $x=\sqrt{2}-1$.

(2) 当 $0<x_n<x$ 时, 有 $x_{n+1}>x$; 当 $x_n>x$ 时, 有 $0<x_{n+1}<x$. 实际上,

$$\frac{1}{x_{n+1}}=2+x_n \Rightarrow \frac{1}{x_{n+1}}-\frac{1}{x}=x_n-x.$$

$$x_n < x \Rightarrow x_{n+1} > x,$$

$$x_n > x \Rightarrow x_{n+1} < x.$$

(3) 由于 $x_1 = \sqrt{2} > \sqrt{2} - 1$, 得到 $\forall n \in \mathbb{N}^+$, $x_{2n+1} > x$, $0 < x_{2n} < x$.

(4) 实际上,

$$\begin{aligned} x_{2n+1} - x_{2n-1} &= \frac{2 + x_{2n-1}}{5 + 2x_{2n-1}} - x_{2n-1} \\ &= \frac{-2\left(x_{2n-1} - \sqrt{2} + 1\right)\left(x_{2n-1} + \sqrt{2} + 1\right)}{5 + 2x_{2n-1}} < 0, \end{aligned}$$

$$x_{2n+2} - x_{2n} = \frac{2 + x_{2n}}{5 + 2x_{2n}} - x_{2n} = \frac{-2\left(x_{2n} - \sqrt{2} + 1\right)\left(x_{2n} + \sqrt{2} + 1\right)}{5 + 2x_{2n}} > 0,$$

或者由

$$x_n - x = \frac{1}{x_{n+1}} - \frac{1}{x} = \frac{-1}{x \cdot x_{n+1}}(x_{n+1} - x) \Rightarrow \frac{x_{n+1} - x}{x_n - x} = -x \cdot x_{n+1}$$

得

$$\frac{x_{n+2} - x}{x_n - x} = x^2 \cdot x_{n+2} \cdot x_{n+1} < 1,$$

其中

$$x = \sqrt{2} - 1, \quad x^2 < 1.$$

$$x_{n+2} \cdot x_{n+1} = \frac{1}{2 + x_{n+1}} \cdot x_{n+1} < 1.$$

由于数列 $\{x_{2n+1}\}$ 单调递减有下界; 数列 $\{x_{2n}\}$ 单调递增有上界, 因此数列 $\{x_{2n+1}\}$ 与数列 $\{x_{2n}\}$ 都收敛.

设 $\lim\limits_{n\to\infty} x_{2n} = a$, $\lim\limits_{n\to\infty} x_{2n-1} = b$, 对等式

$$x_{2n+1} = \frac{2 + x_{2n-1}}{5 + 2x_{2n-1}}, \quad x_{2n+2} = \frac{2 + x_{2n}}{5 + 2x_{2n}}$$

两边求极限, 得到方程 $a = \dfrac{2 + a}{5 + 2a}$ 与 $b = \dfrac{2 + b}{5 + 2b}$, 解这两个方程, 得到解 $a = \sqrt{2} - 1$ 与 $b = \sqrt{2} - 1$ (另两解 $a = -\sqrt{2} - 1$ 与 $b = -\sqrt{2} - 1$ 舍去), 因此

$$\lim_{n\to\infty} x_n = \sqrt{2} - 1.$$

定理 1.11 (双曲映射)

设 $x_{n+1}=f(x_n)$, 若存在 $0\leqslant k<1$, 使得 $|f'(x)|\leqslant k<1$ 成立, 则 $\{x_n\}$ 一定收敛. ♡

证明 法 1: 由拉格朗日中值定理,

$$|x_{n+1}-x_n|=|f(x_n)-f(x_{n-1})|=|f'(\xi_n)||x_n-x_{n-1}|\leqslant k|x_n-x_{n-1}|,$$

问题转为定理 1.10 的情形, 从而结论成立.

法 2: 先求出 $x=f(x)$ 的根 (设为 A), 则

$$\begin{aligned}|x_{n+1}-A|&=|f(x_n)-f(A)|\\&=|f'(\xi_n)||x_n-A|\\&\leqslant k|x_n-x_{n-1}|\\&\leqslant k^2|x_{n-1}-x_{n-2}|\\&\leqslant\cdots\\&\leqslant k^n|x_1-x_0|.\end{aligned}$$

又 $0<k<1$, 故 $\lim\limits_{n\to\infty}k^n|x_1-x_0|=0$, 由迫敛性可得 $\lim\limits_{n\to\infty}x_{n+1}=A$.

例题 1.35 设 $x_{n+1}=1+\dfrac{x_n^2}{1+x_n^2}$, $x_1=2$. 证明数列 $\{x_n\}$ 收敛.

证明 当 $n>1$ 时得到 $1<x_n<2$. 令 $f(x)=1+\dfrac{x^2}{1+x^2}$, 则

$$f'(x)=\frac{2x}{(1+x^2)^2}<\frac{2x}{(2x)^2}=\frac{1}{2x}<\frac{1}{2}.$$

据压缩映像原理知 $\{x_n\}$ 收敛.

✍ **练习 1.59** 已知数列 $\{x_n\}$ 满足 $x_{n+1}=\dfrac{x_n^2}{2(x_n-1)}$, $n=0,1,2,\cdots$, 且 $x_0>1$. 证明数列 $\{x_n\}$ 收敛, 并求其极限.

✍ **练习 1.60** 设 $x_0>0$, $x_{n+1}=2+\dfrac{1}{\sqrt{x_n}}$. 求 $\lim\limits_{n\to\infty}x_n$.

✍ **练习 1.61** 设 $f(x)=\dfrac{x+2}{x+1}$, 数列 $\{x_n\}$ 由如下递推公式定义:

$$x_0=1,\quad x_{n+1}=f(x_n),\quad n=0,1,2,\cdots.$$

求极限 $\lim\limits_{n\to\infty}x_n$.

例题 1.36 设 $\varepsilon \in (0,1)$, $x_0=a$, $x_{n+1}=a+\varepsilon\sin x_n (n=0,1,2,\cdots)$. 证明: $\xi=\lim\limits_{n\to+\infty} x_n$ 存在, 且 ξ 为方程 $x-\varepsilon\sin x=a$ 的唯一根.

证明 先证明存在性. 注意到 $|(\sin x)'|=|\cos x|\leqslant 1$, 由拉格朗日中值定理, 有

$$|\sin x-\sin y|\leqslant |x-y|,\quad \forall x,y\in\mathbb{R},$$

所以

$$|x_{n+2}-x_{n+1}|=|\varepsilon(\sin x_{n+1}-\sin x_n)|\leqslant \varepsilon|x_{n+1}-x_n|,\quad n=0,1,2,\cdots.$$

从而

$$|x_{n+1}-x_n|\leqslant \varepsilon^n|x_1-x_0|,\quad n=0,1,2,\cdots.$$

于是级数 $\sum\limits_{n=0}^{\infty}(x_{n+1}-x_n)$ 绝对收敛, 从而 $\xi=\lim\limits_{n\to+\infty}x_n$ 极限存在. 对于递推式 $x_{n+1}=a+\varepsilon\sin x_n$ 两边取极限得 ξ 为 $x-\varepsilon\sin x=a$ 的根.

再证明唯一性. 设 η 也为 $x-\varepsilon\sin x=a$ 的根, 则

$$|\xi-\eta|=\varepsilon|\sin\xi-\sin\eta|\leqslant\varepsilon|\xi-\eta|.$$

由 $\varepsilon\in(0,1)$ 可得 $\eta=\xi$, 即 $x-\varepsilon\sin x=a$ 的根唯一.

1.10 沃利斯公式与斯特林公式

定理 1.12 (沃利斯 (Wallis) 公式)

双阶乘有极限

$$\lim_{n\to\infty}\left[\frac{(2n)!!}{(2n-1)!!}\right]^2\frac{1}{2n+1}=\frac{\pi}{2}.$$

证明 根据后面狄利克雷 (Dirichlet) 积分的递推关系, 我们有

$$\int_0^{\frac{\pi}{2}}\sin^{2m}x\,\mathrm{d}x=\frac{(2m-1)!!}{(2m)!!}\cdot\frac{\pi}{2};\quad \int_0^{\frac{\pi}{2}}\sin^{2m+1}x\,\mathrm{d}x=\frac{(2m)!!}{(2m+1)!!}.$$

当 $x\in\left(0,\dfrac{\pi}{2}\right)$ 时, 有 $\sin^{2n+1}x<\sin^{2n}x<\sin^{2n-1}x$, 从而

$$\int_0^{\frac{\pi}{2}}\sin^{2n+1}x\,\mathrm{d}x<\int_0^{\frac{\pi}{2}}\sin^{2n}x\,\mathrm{d}x<\int_0^{\frac{\pi}{2}}\sin^{2n-1}x\,\mathrm{d}x,$$

即有

$$\frac{(2n)!!}{(2n+1)!!} < \frac{(2n-1)!!}{(2n)!!} \cdot \frac{\pi}{2} < \frac{(2n-2)!!}{(2n-1)!!}.$$

于是

$$A_n \overset{\text{def}}{=} \left[\frac{(2n)!!}{(2n-1)!!}\right]^2 \frac{1}{2n+1} < \frac{\pi}{2} < \left[\frac{(2n)!!}{(2n-1)!!}\right]^2 \frac{1}{2n} \overset{\text{def}}{=} B_n.$$

注意到

$$B_n - A_n = \left[\frac{(2n)!!}{(2n-1)!!}\right]^2 \frac{1}{2n(2n+1)} = A_n \cdot \frac{1}{2n} < \frac{\pi}{2} \cdot \frac{1}{2n} \to 0 \quad (n \to \infty),$$

所以根据极限的已知结论可知 $\lim\limits_{n\to\infty} A_n = \lim\limits_{n\to\infty} B_n = \dfrac{\pi}{2}$.

根据沃利斯公式可得

$$\frac{(2n)!!}{(2n-1)!!} \sim \sqrt{n\pi},$$

其在数项级数部分有着重要的应用.

练习 1.62　(1) 计算极限 $\lim\limits_{n\to\infty} \dfrac{(2n-1)!!}{(2n)!!}$;

(2) 证明: $\dfrac{(2n)!!}{(2n-1)!!} = \dfrac{(n!)^2 2^{2n}}{(2n)!} \sim \sqrt{\pi n}, n \to \infty$.

定理 1.13 (阿达马 (Hadamard) 不等式)

若 $f(x)$ 是 $[a,b]$ 上的连续凸函数, 则成立

$$f\left(\frac{a+b}{2}\right) \leqslant \frac{1}{b-a}\int_a^b f(x)\mathrm{d}x \leqslant \frac{f(a)+f(b)}{2}.$$

定理 1.14 (斯特林 (Stirling) 公式)

$$\lim_{n\to\infty} \frac{n!\mathrm{e}^n}{n^{n+\frac{1}{2}}} = \sqrt{2\pi}.$$

证明　定义数列

$$a_n = \frac{n!\mathrm{e}^n}{n^{n+\frac{1}{2}}}, \quad n \in \mathbb{N}^+,$$

因为

$$\frac{a_n}{a_{n+1}} = \frac{n!\mathrm{e}^n}{n^{n+\frac{1}{2}}} \cdot \frac{(n+1)^{n+\frac{3}{2}}}{(n+1)!\mathrm{e}^{n+1}} = \frac{1}{\mathrm{e}}\left(1+\frac{1}{n}\right)^{n+\frac{1}{2}},$$

根据阿达马不等式, 令 $f(x)=\frac{1}{x}$, $a=n$, $b=n+1$, 则

$$\frac{1}{n+\frac{1}{2}}\leqslant \ln\left(1+\frac{1}{n}\right)\leqslant \frac{1}{2}\left(\frac{1}{n}+\frac{1}{n+1}\right).$$

上式两边同乘以 $n+\frac{1}{2}$, 并整理得

$$0\leqslant \left(n+\frac{1}{2}\right)\ln\left(1+\frac{1}{n}\right)-1\leqslant \frac{1}{4}\left(\frac{1}{n}-\frac{1}{n+1}\right),$$

于是

$$1\leqslant \frac{a_n}{a_{n+1}}\leqslant e^{\frac{1}{4}\left(\frac{1}{n}-\frac{1}{n+1}\right)},$$

故正项数列 $\{a_n\}$ 单调减少, 且有下界, 因此收敛, 记为 $\lim\limits_{n\to\infty}a_n=\alpha$. 又由上述不等式右边得

$$a_n e^{-\frac{1}{4n}}\leqslant a_{n+1}e^{-\frac{1}{4(n+1)}}.$$

数列 $\left\{a_n e^{-\frac{1}{4n}}\right\}$ 单调增加, 且 $\lim\limits_{n\to\infty}a_n e^{-\frac{1}{4n}}=\alpha$, 因此 $\alpha>0$. 由沃利斯公式及 $n!=a_n\frac{n^{n+\frac{1}{2}}}{e^n}$ 得

$$\sqrt{\pi}=\lim_{n\to\infty}\frac{2^{2n}(n!)^2}{(2n)!\sqrt{n}}=\lim_{n\to\infty}\frac{a_n^2}{\sqrt{2}a_{2n}}=\frac{\alpha^2}{\sqrt{2}\alpha}=\frac{\alpha}{\sqrt{2}},$$

所以 $\alpha=\sqrt{2\pi}$, 即

$$\lim_{n\to\infty}\frac{n!e^n}{n^{n+\frac{1}{2}}}=\sqrt{2\pi}.$$

利用斯特林公式 $n!\approx\sqrt{2\pi n}\left(\frac{n}{e}\right)^n$ 可以计算下面含有 $n!$ 的极限.

例题 1.37 计算极限

$$\lim_{n\to\infty}\sqrt{n}\prod_{k=1}^{n}\frac{e^{1-\frac{1}{k}}}{\left(1+\frac{1}{k}\right)^k}.$$

解 由于

$$\sqrt{n}\prod_{k=1}^{n}\frac{e^{1-\frac{1}{k}}}{\left(1+\frac{1}{k}\right)^k}=\sqrt{n}\frac{e^{n-\left(1+\frac{1}{2}+\cdots+\frac{1}{n}\right)}}{\left(\frac{2}{1}\right)\left(\frac{3}{2}\right)^2\left(\frac{4}{3}\right)^3\cdots\left(\frac{n+1}{n}\right)^n}$$

$$=\frac{\sqrt{n}n!\mathrm{e}^n}{(n+1)^n\mathrm{e}^{1+\frac{1}{2}+\cdots+\frac{1}{n}}},$$

因此, 由斯特林公式 $n!=\sqrt{2\pi n}n^n\mathrm{e}^{-n+\frac{\theta_n}{12n}}\ (0\leqslant\theta_n\leqslant 1)$ 及

$$1+\frac{1}{2}+\frac{1}{3}+\cdots+\frac{1}{n}=\ln n+\gamma+o(1),$$

其中 $o(1)$ 为无穷小量, 得

$$\begin{aligned}\lim_{n\to\infty}\sqrt{n}\prod_{k=1}^{n}\frac{\mathrm{e}^{1-\frac{1}{k}}}{\left(1+\frac{1}{k}\right)^k}&=\lim_{n\to\infty}\frac{\sqrt{2\pi}n}{\left(1+\frac{1}{n}\right)^n\mathrm{e}^{\ln n+\gamma+o(1)}}\\&=\lim_{n\to\infty}\frac{\sqrt{2\pi}\mathrm{e}^{-\gamma-o(1)}}{\left(1+\frac{1}{n}\right)^n}=\sqrt{2\pi}\mathrm{e}^{-(1+\gamma)}.\end{aligned}$$

✍ **练习 1.63** 求极限 $\lim\limits_{n\to\infty}\frac{n!}{n^n}$.

第 1 章练习

第一类: 按照定义或等价条件证明

1. 利用 "ε-N" 语言证明数列极限 $\lim\limits_{n\to\infty}\frac{n^5}{2^n}=0$.

2. 设 $x_n=\frac{\sin 1}{2}+\frac{\sin 2}{2^2}+\cdots+\frac{\sin n}{2^n}$, 利用柯西收敛准则证明数列 $\{x_n\}$ 收敛.

第二类: 等价无穷小代换

3. 求极限 $\lim\limits_{x\to 0}\frac{(\tan x)^2(1-\cos x)^2}{x(\arcsin x)^3(\ln(1+x))^2}$.

4. 求极限 $\lim\limits_{x\to 0}\frac{\int_{x^2}^{x}(\tan t)^3\ \mathrm{d}t}{(\mathrm{e}^{2x^2}-1)\cdot\ln(1+x^2)}$.

   提示: 当 $t\to 0$ 时, 有 $(\tan t)^3\sim t^3$, $\mathrm{e}^{2x^2}-1\sim 2x^2$, $\ln(1+x^2)\sim x^2$.

5. 求极限 $\lim\limits_{n\to+\infty}\left(\cos\frac{1}{n}+\frac{1}{n}\sin\frac{1}{n}\right)^{n^2}$.

6. 求极限 $\lim\limits_{x\to 0^+}\frac{\sqrt{1-\mathrm{e}^{-x}}-\sqrt{1-\cos x}}{\sqrt{\sin x}}$.

第三类: 洛必达法则

7. 求极限 $\lim\limits_{x\to1}\dfrac{x^x-x}{\ln x-x+1}$.

8. 求极限 $\lim\limits_{x\to1}\dfrac{x^x-x}{\ln x-x+1}$.

9. 求极限 $\lim\limits_{x\to0}\dfrac{(1+x)^{\frac{1}{x}}-\mathrm{e}}{\sqrt{1+x}-1}$.

10. 求极限 $\lim\limits_{x\to\infty}\dfrac{1}{\ln x}\ln\left(\mathrm{e}^{\frac{\ln x}{x}}-1\right)$.

11. 求极限 $\lim\limits_{x\to0}\dfrac{(1-\sqrt{\cos x})(1-\sqrt[3]{\cos x})\cdots(1-\sqrt[n]{\cos x})}{(1-\cos x)^{n-1}}$.

12. 求极限 $\lim\limits_{n\to\infty}\left(\dfrac{\sqrt[n]{a}+\sqrt[n]{b}}{2}\right)^n=\sqrt{ab}$.

13. 设 $a>0,\ b>0$. 求极限 $\lim\limits_{n\to\infty}\left(\dfrac{\sqrt[n]{a}+\sqrt[n]{b}}{2}\right)^n=\sqrt{ab}$.

14. 设 $a_1,a_2,\cdots,a_k$ 是 k 个正数, 则

$$\lim_{n\to\infty}\left(\frac{\sqrt[n]{a_1}+\sqrt[n]{a_2}+\cdots+\sqrt[n]{a_k}}{k}\right)^n=\sqrt[k]{a_1a_2\cdots a_k}.$$

15. 已知 $a_1,a_2,\cdots,a_n$ 为 n 个正数, 且

$$f(x)=\left(\frac{a_1^x+a_2^x+\cdots+a_n^x}{n}\right)^{\frac{1}{x}}.$$

证明: (1) $\lim\limits_{x\to0}f(x)=\sqrt[n]{a_1a_2\cdots a_n}$;

(2) $\lim\limits_{x\to+\infty}f(x)=\max\{a_1,a_2,\cdots,a_n\}$.

16. 求下列极限:

(1) $\lim\limits_{x\to+\infty}\left(\cos\dfrac{1}{x}+\sin\dfrac{1}{x}\right)^x$; (2) $\lim\limits_{x\to0}\left[\dfrac{(1+x)^{\frac{1}{x}}}{\mathrm{e}}\right]^{\frac{1}{x}}$; (3) $\lim\limits_{x\to\infty}\dfrac{\left(1+\dfrac{1}{x}\right)^x-\mathrm{e}}{\sin\dfrac{1}{x}}$.

17. 求极限 $\lim\limits_{x\to\infty}\left(\dfrac{2^{\frac{1}{x}}+53^{\frac{1}{x}}+49069^{\frac{1}{x}}}{3}\right)^{3x}$.

提示: 取对数, 洛必达法则.

18. 求极限 $\lim\limits_{n\to+\infty}\left(\sqrt[6]{n^6+n^5}-\sqrt[6]{n^6-n^5}\right)$.

19. 求极限 $\lim\limits_{n\to+\infty}n\left(\sqrt{n^2+1}-n\right)$.

20. 求极限 $\lim\limits_{n\to\infty}\dfrac{\sqrt{n+4}-\sqrt{n}}{\sqrt{n+5}-\sqrt{n}}$.

21. 求极限 $\lim\limits_{n\to\infty} n\left(\dfrac{1}{n^2}+\dfrac{1}{n^2+1}+\cdots+\dfrac{1}{n^2+n}\right)$.

22. 对实数 a, 有 $\lim\limits_{n\to\infty}\sum\limits_{k=0}^{n-1}\left(1-\dfrac{k-a}{n}\right)^n=\dfrac{\mathrm{e}^{a+1}}{\mathrm{e}-1}$.

23. 求极限 $\lim\limits_{n\to\infty}\dfrac{n}{\sqrt[n]{n!}}$.

第四类: 泰勒公式或麦克劳林公式

24. 证明:

(1) $\lim\limits_{x\to 0}(1+x)^{\frac{1}{x}}=\mathrm{e}$;

(2) $(1+x)^{\frac{1}{x}}=\mathrm{e}+o(1)$;

(3) $\lim\limits_{x\to 0}\dfrac{(1+x)^{\frac{1}{x}}-\mathrm{e}}{x}=-\dfrac{\mathrm{e}}{2}$;

(4) $(1+x)^{\frac{1}{x}}=\mathrm{e}-\dfrac{\mathrm{e}}{2}x+o(x)$;

(5) $\lim\limits_{x\to\infty}\dfrac{\left(1+\dfrac{1}{x}\right)^{x^2}}{\mathrm{e}^x}=\mathrm{e}^{-\frac{1}{2}}$.

提示:

$$
\begin{aligned}
\lim_{x\to\infty}\frac{\left(1+\dfrac{1}{x}\right)^{x^2}}{\mathrm{e}^x}&=\lim_{x\to\infty}\frac{\left(\mathrm{e}\left(1-\dfrac{1}{2x}+o\left(\dfrac{1}{x}\right)\right)\right)^x}{\mathrm{e}^x}\\
&=\lim_{x\to\infty}\left(1-\frac{1}{2x}+o\left(\frac{1}{x}\right)\right)^x\\
&=\lim_{x\to\infty}\mathrm{e}^{x\left(-\frac{1}{2x}+o\left(\frac{1}{x}\right)\right)}\\
&=\mathrm{e}^{-\frac{1}{2}}.
\end{aligned}
$$

25. 求极限 $\lim\limits_{x\to 0}\dfrac{1-\cos x\cos 2x\cos 3x}{1-\cos x}$.

26. 求极限 $\lim\limits_{x\to 0}\dfrac{\left(1+\sin^2 x\right)^{1902}-(\cos x)^{2022}}{\tan^2 x}$.

27. 求极限 $\lim\limits_{x\to 0}\dfrac{\mathrm{e}^x-(1+2x)^{\frac{1}{2}}}{\ln(1+x^2)}$.

第五类: 分子有理化

28. 求极限 $\lim\limits_{n\to\infty}\left(\sqrt{n+3\sqrt{n}}-\sqrt{n-\sqrt{n}}\right)$.

29. 求极限 $\lim\limits_{x\to-\infty}x\left(\sqrt{x^2+100}+x\right)$.

30. 求极限 $\lim\limits_{x\to 1}\dfrac{\sqrt{3-x}-\sqrt{1+x}}{x^2+x-2}$.

31. 求极限 $\lim\limits_{x\to -\infty}\dfrac{\sqrt{4x^2+x-1}+x+1}{\sqrt{x^2+\sin x}}$.

第六类: 迫敛性或夹逼定理

32. 设 $a_1=1, a_2=2, a_{n+1}=3a_n-a_{n-1}(n=2,3,\cdots)$, 记 $x_n=\dfrac{1}{a_n}$, 证明 $\{x_n\}$ 收敛, 并求 $\lim\limits_{n\to\infty}x_n$, 判断级数 $\sum\limits_{n=1}^{\infty}x_n$ 的敛散性.

33. 求极限 $\lim\limits_{n\to\infty}(a^n+b^n+c^n+d^n)^{\frac{1}{n}}$, 其中 a,b,c,d 均为正数.

34. 设 $a_n=\sqrt[n]{\dfrac{1}{2}\cdot\dfrac{3}{4}\cdots\dfrac{2n-1}{2n}}$, 证明 $\lim\limits_{n\to\infty}a_n=1$.

提示: 利用迫敛性或夹逼定理、沃利斯公式.

第七类: 单调有界定理

35. 已知数列 $\{x_n\}$ 满足 $x_1=0, x_{n+1}=\cos x_n(n=1,2,\cdots)$, 证明:

(1) $\{x_{2n}\},\{x_{2n-1}\}$ 均单调;

(2) $\{x_n\}$ 收敛.

36. 已知 $f_n(x)=x^n+x, n=1,2,\cdots$.

(1) 证明: 方程 $f_n(x)=1$ 在 $\left[\dfrac{1}{2},1\right]$ 上有且仅有一个解 x_n.

(2) 证明 $\{x_n\}$ 极限存在, 并求 $\lim\limits_{n\to\infty}x_n$.

37. 求数列 $\sqrt{2},\sqrt{2+\sqrt{2}},\sqrt{2+\sqrt{2+\cdots}},\cdots$ 的极限.

38. 求极限

$$\lim_{n\to\infty}\frac{1}{2}\cdot\frac{3}{4}\cdot\cdots\cdot\frac{2n-1}{2n}.$$

提示: 参考沃利斯公式, 我们知道 $\dfrac{(2n-1)!!}{(2n)!!}\sim\dfrac{1}{\sqrt{\pi n}}(n\to\infty)$, 于是

$$\lim_{n\to\infty}\frac{(2n)!!}{(2n+1)!!}=0.$$

第八类: 压缩映像原理

39. 已知 $x_{n+1}=5+\dfrac{6}{x_n}$, 且 $x_1=5$.

(1) 证明 $\{x_n\}$ 收敛.

(2) 求极限 $\lim\limits_{n\to\infty}x_n$.

提示: 压缩映像原理.

40. 已知 $x_{n+1}=\sqrt{2+x_n}$, 且 $x_1=\sqrt{2}$.

(1) 证明 $\{x_n\}$ 收敛.

(2) 求极限 $\lim\limits_{n\to\infty} x_n$.

提示: 压缩映像原理.

41. 设 $x_1>0, x_{n+1}=\dfrac{4+x_n}{1+x_n}, n=1,2,\cdots$, 讨论数列的收敛性, 若数列收敛时求出 $\lim\limits_{n\to\infty} x_n$.

提示: 分式线性映射迭代收敛性, 特征方程.

第 2 章　斯托尔茨定理及其应用

内容提要

- ❑ 数列极限
- ❑ 和式极限
- ❑ 斯托尔茨 (斯托尔茨–切萨罗 (Stolz-Cesàro)) 定理
- ❑ 洛必达法则
- ❑ ∞/∞ 型
- ❑ 0/0 型
- ❑ 迫敛性
- ❑ 阿贝尔 (Abel) 分布求和公式
- ❑ 二项式定理
- ❑ 调和级数
- ❑ 欧拉常数
- ❑ 迭代序列
- ❑ 渐近性分析
- ❑ 均值不等式
- ❑ 单调有界定理
- ❑ 数学归纳法

斯托尔茨–切萨罗定理 (简称斯托尔茨定理) 是计算数列极限的有力工具. 与函数极限的洛必达法则类似, 它可以看成洛必达法则的离散版本. 洛必达法则是对分子、分母分别求导, 而斯托尔茨定理是对分子分母分别取了逆向的差分 (相邻两项之差叫差分). 在某种意义上, 求差分可以被理解为"离散地求导", 因此洛必达法则和斯托尔茨定理在结构上是非常相似的. 这两种方法在考研和大学生数学竞赛中都得到了广泛的应用. 本章将详细地介绍该定理及其应用.

2.1　预备知识

(1)

$$\lim_{n\to\infty}\frac{n}{\sqrt[n]{n!}}=\mathrm{e}.$$

(2)

$$\lim_{n\to\infty}\sqrt[n]{n}=\lim_{n\to\infty}\frac{n+1}{n}=1.$$

(3)

$$\lim_{n\to\infty}\left(\frac{1}{1}+\frac{1}{2}+\frac{1}{3}+\cdots+\frac{1}{n}-\ln n\right)=\lim_{n\to\infty}(H_n-\ln n)=\gamma,$$

其中 γ 是欧拉常数, 也称欧拉–马斯克若尼常数 (Euler-Mascheroni constant). 近似值为 0.5772.

(4)

$$\lim_{n\to\infty}\frac{1+\frac{1}{2}+\frac{1}{3}+\cdots+\frac{1}{n}}{\ln n}=1.$$

(5)

$$\lim_{n\to\infty}\frac{1+\frac{1}{\sqrt{2}}+\frac{1}{\sqrt{3}}+\cdots+\frac{1}{\sqrt{n}}}{\sqrt{n}}=2.$$

(6)

$$\lim_{n\to+\infty}\frac{n+n^{\frac{1}{2}}+n^{\frac{1}{3}}+\cdots+n^{\frac{1}{n}}}{n}=2,$$

$$\lim_{n\to+\infty}\frac{\sqrt[n]{1}+\sqrt[n]{\frac{1}{2}}+\sqrt[n]{\frac{1}{3}}+\cdots+\sqrt[n]{\frac{1}{n}}}{n}=0.$$

(7)

$$\lim_{n\to+\infty}\frac{1+2^{\frac{1}{2}}+3^{\frac{1}{3}}+\cdots+n^{\frac{1}{n}}}{n}=\lim_{n\to+\infty}\frac{1+\sqrt{2}+\sqrt[3]{3}+\cdots+\sqrt[n]{n}}{n}=1.$$

(8)

$$\mathrm{C}_n^k=\frac{n!}{k!\cdot(n-k)!}.$$

2.2 斯托尔茨定理

定理 2.1 $\left(\dfrac{\infty}{\infty}\right.$ **型斯托尔茨定理**$\left.\right)$

设有两个数列 $\{a_n\},\{b_n\}$, 其中 $\{b_n\}$ 是单调递增正实数数列, 而且有 $\lim\limits_{n\to\infty}b_n=+\infty$, 如果 $\lim\limits_{n\to\infty}\dfrac{a_n-a_{n-1}}{b_n-b_{n-1}}$ 存在或为无穷, 那么

$$\lim_{n\to\infty}\frac{a_n}{b_n}=\lim_{n\to\infty}\frac{a_n-a_{n-1}}{b_n-b_{n-1}}.$$

♡

评析 利用 ε-N 语言即可证明.

证明 下面给出一个直接的证明. 不妨设 $\lim_{n\to\infty} a_n = +\infty$ 且 $b_n > 0$ 严格递增趋于 $+\infty$. 如果 $\lim_{n\to\infty} \frac{a_{n+1}-a_n}{b_{n+1}-b_n} = \ell$ 为有限数, 那么, 对于任意的 ε, 存在 $N(\varepsilon) \in \mathbb{N}$, 当 $n > N(\varepsilon)$ 时, 有

$$(\ell-\varepsilon)(b_{n+1}-b_n) < a_{n+1}-a_n < (\ell+\varepsilon)(b_{n+1}-b_n).$$

对于任意的自然数 $k > n$, 对上述不等式从 n 到 k 求和,

$$(\ell-\varepsilon)\sum_{i=n}^{k}(b_{i+1}-b_i) < \sum_{i=n}^{k}(a_{i+1}-a_i) < (\ell+\varepsilon)\sum_{i=n}^{k}(b_{i+1}-b_i),$$

得到

$$(\ell-\varepsilon)\left(1-\frac{b_n}{b_{k+1}}\right) < \frac{a_{k+1}}{b_{k+1}} - \frac{a_n}{b_{k+1}} < (\ell+\varepsilon)\left(1-\frac{b_n}{b_{k+1}}\right).$$

于是

$$(\ell-\varepsilon)\left(1-\frac{b_n}{b_{k+1}}\right) + \frac{a_n}{b_{k+1}} < \frac{a_{k+1}}{b_{k+1}} < (\ell+\varepsilon)\left(1-\frac{b_n}{b_{k+1}}\right) + \frac{a_n}{b_{k+1}}.$$

存在 $K > 0$ 使得当 $k > K$ 时, 我们有

$$\ell-\varepsilon \leqslant \frac{a_{k+1}}{b_{k+1}} \leqslant \ell+\varepsilon,$$

根据极限的迫敛性, 我们得到

$$\lim_{n\to\infty}\frac{a_n}{b_n} = \ell.$$

当数列满足斯托尔茨定理中的两个条件时, 我们可以同时从分子和分母中减去数列的前一项, 然后求极限. 这样, 问题往往可以得到简化和解决. 此定理在处理涉及数列极限有和式的情形时尤为有用.

例题 2.1 利用斯托尔茨定理计算 $\lim_{n\to\infty} \frac{n}{\sqrt[n]{n!}}$.

评析 当考察的极限式中分母呈现为连乘结构时, 这可能会带来一些计算上的困难, 因为我们通常更熟悉处理求和结构的极限. 为了简化这种情况, 我们可以考虑对问题进行转换. 具体地说, 对两端取对数, 这样连乘结构就会转变为和式.

解 取对数

$$\ln\frac{n}{\sqrt[n]{n!}} = \ln n - \frac{1}{n}\ln(n!) = \frac{n\ln n - (\ln 1 + \ln 2 + \cdots + \ln n)}{n}.$$

令 $x_n = n\ln n - (\ln 2 + \cdots + \ln n)$, $y_n = n$, 于是

$$\begin{aligned} x_{n+1} - x_n &= (n+1)\ln(n+1) - n\ln n - \ln(n+1) \\ &= n[\ln(n+1) - \ln n] \\ &= n\ln\frac{n+1}{n} \\ &= \ln\left(1+\frac{1}{n}\right)^n. \end{aligned}$$

并且数列 $\{y_n\}$ 严格单调递增, $\lim\limits_{n\to\infty} y_n = +\infty$, 所以由斯托尔茨定理, 有

$$\begin{aligned} \lim_{x\to\infty} \ln\frac{n}{\sqrt[n]{n!}} &= \lim_{n\to\infty} \frac{x_{n+1}-x_n}{y_{n+1}-y_n} \\ &= \lim_{n\to\infty} \frac{\ln\left(1+\dfrac{1}{n}\right)^n}{(n+1)-n} \\ &= \lim_{n\to\infty} \ln\left(1+\frac{1}{n}\right)^n \\ &= \ln \mathrm{e} = 1. \end{aligned}$$

所以原数列的极限

$$\lim_{n\to\infty} \frac{n}{\sqrt[n]{n!}} = \mathrm{e}.$$

练习 2.1　计算 $\lim\limits_{n\to\infty} (n!)^{\frac{1}{n\ln n}}$.

定理 2.2 $\left(\dfrac{0}{0}\right.$ **型斯托尔茨定理**$\left.\right)$

设 $\{a_n\}, \{b_n\}$ 是实数数列, 并且使得

(1) $\lim\limits_{n\to\infty} b_n = \lim\limits_{n\to\infty} a_n = 0$;

(2) $\{b_n\}$ 严格递减;

(3) $\lim\limits_{n\to\infty} \dfrac{a_n - a_{n-1}}{b_n - b_{n-1}} = \ell \in \mathbb{R}$,

那么

$$\lim_{n\to\infty} \frac{a_n}{b_n} = \ell.$$

评析　利用 ε-N 语言即可证明.

证明 由于 b_n 单调递减趋于 0, 于是 $b_n > 0$ 且 $b_n - b_{n+1} > 0$. 如果

$$\lim_{n\to\infty} \frac{a_n - a_{n+1}}{b_n - b_{n+1}} = \ell,$$

则对于任意给定的 $\varepsilon > 0$, 存在自然数 N 使得当 $n > N$ 时

$$(\ell - \varepsilon)(b_n - b_{n+1}) < a_n - a_{n+1} < (\ell + \varepsilon)(b_n - b_{n+1}).$$

设对任意的自然数 $k > n$, 对上述不等式从 n 到 k 求和, 我们得到

$$(\ell - \varepsilon)\sum_{i=n}^{k}(b_i - b_{i+1}) < \sum_{i=n}^{k}(a_i - a_{i+1}) < (\ell + \varepsilon)\sum_{i=n}^{k}(b_i - b_{i+1}),$$

于是

$$(\ell - \varepsilon)(b_n - b_{k+1}) < a_n - a_{k+1} < (\ell + \varepsilon)(b_n - b_{k+1}).$$

在这个不等式中, 固定 n, 且令 k 趋向于无穷大, 我们得到

$$(\ell - \varepsilon)b_n \leqslant a_n \leqslant (\ell + \varepsilon)b_n,$$

即, 对于所有的 $n > N$, 均有

$$\ell - \varepsilon \leqslant \frac{a_n}{b_n} \leqslant \ell + \varepsilon.$$

因此

$$\lim_{n\to\infty} \frac{a_n}{b_n} = \ell.$$

值得注意的是 $\frac{\infty}{\infty}$ 型斯托尔茨定理与 $\frac{0}{0}$ 型斯托尔茨定理在应用条件上有所不同. 前者只要求 b_n 趋于 ∞, 而不对 a_n 的性质有任何要求, 后者则要求 a_n 也趋于 0. 这种差异使得 $\frac{\infty}{\infty}$ 型斯托尔茨定理在实际应用中具有更广泛的适用性, 因此我们在解题时更常用 $\frac{\infty}{\infty}$ 型斯托尔茨定理.

上述斯托尔茨定理的逆命题不一定成立, 如果需要逆命题成立, 需要增加条件, 可以参见相关的文献. 下面是增加一个条件的斯托尔茨定理的逆定理.

定理 2.3 (斯托尔茨定理的逆定理)

设 $\{a_n\},\{b_n\}$ 是实数数列, 并且使得

(1) $0 < b_1 < b_2 < b_3 < \cdots < b_n < \cdots$, 且 $\lim\limits_{n\to\infty} b_n = +\infty$;

(2) $\lim\limits_{n\to\infty}\dfrac{a_n}{b_n}=\ell\in\mathbb{R}$;

(3) $\dfrac{b_n}{b_{n+1}}=\ell\in\mathbb{R}\backslash\{1\}$,

那么

$$\lim_{n\to\infty}\frac{a_{n+1}-a_n}{b_{n+1}-b_n}=\ell.$$

定理 2.4 (斯托尔茨定理的一般形式)

设 $\{a_n\}$ 是实数数列, $\{b_n\}$ 是正的实数数列, 且 b_n 严格递增趋于 ∞, 那么

$$\lim_{n\to\infty}\inf\frac{a_n}{b_n}\geqslant\lim_{n\to\infty}\inf\frac{a_{n+1}-a_n}{b_{n+1}-b_n},$$

$$\lim_{n\to\infty}\sup\frac{a_n}{b_n}\leqslant\lim_{n\to\infty}\sup\frac{a_{n+1}-a_n}{b_{n+1}-b_n}.$$

证明　我们只证明情形 $\lim\limits_{n\to\infty}\inf$; 情形 $\lim\limits_{n\to\infty}\sup$ 是类似的. 取

$$\alpha<\lim_{n\to\infty}\inf\frac{a_{n+1}-a_n}{b_{n+1}-b_n}.$$

根据极限的定义, 存在一个正整数 N 使得对于所有 $k\geqslant 0$,

$$\alpha<\frac{a_{N+k}-a_{N+k-1}}{b_{N+k}-b_{N+k-1}}.$$

由于 $b_{n+1}>b_n$, 对于 $k\geqslant 0$, 我们有

$$\alpha\left(b_{N+k}-b_{N+k-1}\right)<a_{N+k}-a_{N+k-1}.$$

于是, 对于任意 $m\geqslant 0$, 对上述不等式从 0 到 m 求和, 得到

$$\alpha\sum_{k=0}^{m}\left(b_{N+k}-b_{N+k-1}\right)<\sum_{k=0}^{m}\left(a_{N+k}-a_{N+k-1}\right).$$

由此

$$\alpha\left(b_{N+m}-b_{N-1}\right)<a_{N+m}-a_{N-1}.$$

两边同时除以 b_{N+m}, 得到

$$\alpha\left(1-\frac{b_{N-1}}{b_{N+m}}\right)<\frac{a_{N+m}}{b_{N+m}}-\frac{a_{N-1}}{b_{N+m}}.$$

取 $m\to\infty$, 得到

$$\alpha\leqslant\lim_{n\to\infty}\inf\frac{a_m}{b_m}.$$

因此, 对于每个 $\alpha<\lim\limits_{n\to\infty}\inf\dfrac{a_{n+1}-a_n}{b_{n+1}-b_n}$, 我们有 $\alpha\leqslant\lim\limits_{m\to\infty}\inf\dfrac{a_m}{b_m}$, 这意味着

$$\lim_{n\to\infty}\inf\frac{a_{n+1}-a_n}{b_{n+1}-b_n}\leqslant\lim_{m\to\infty}\inf\frac{a_m}{b_m}.$$

例题 2.2

$$\lim_{n\to+\infty}\left(\frac{2}{3}\right)^{\frac{1}{2^{n-1}}}\left(\frac{4}{7}\right)^{\frac{1}{2^{n-2}}}\cdots\left(\frac{2^{n-1}}{2^n-1}\right)^{\frac{1}{2}}.$$

评析 考察极限式为连乘结构, 两端取对数后变为和式极限, 然后再使用斯托尔茨定理.

解 令

$$x_n=\left(\frac{2}{3}\right)^{\frac{1}{2^{n-1}}}\left(\frac{4}{7}\right)^{\frac{1}{2^{n-2}}}\cdots\left(\frac{2^{n-1}}{2^n-1}\right)^{\frac{1}{2}},$$

则

$$\begin{aligned}\ln x_n&=\frac{1}{2^{n-1}}\ln\frac{2}{3}+\frac{1}{2^{n-2}}\ln\frac{4}{7}+\cdots+\frac{1}{2}\ln\frac{2^{n-1}}{2^n-1}\\&=\frac{1}{2^{n-1}}\left(\ln\frac{2}{3}+2\ln\frac{4}{7}+\cdots+2^{n-2}\ln\frac{2^{n-1}}{2^n-1}\right).\end{aligned}$$

应用斯托尔茨定理求极限

$$\begin{aligned}\lim_{n\to\infty}\ln x_n&=\lim_{n\to\infty}\frac{2^{n-2}\ln\dfrac{2^{n-1}}{2^n-1}}{2^{n-1}-2^{n-2}}\\&=\lim_{n\to\infty}\ln\frac{1}{2-\dfrac{1}{2^{n-1}}}\\&=\ln\frac{1}{2}.\end{aligned}$$

所以 $\lim\limits_{n\to\infty}x_n=\dfrac{1}{2}$.

✍ **练习 2.2** 求极限

$$\lim_{n\to\infty}\frac{\sqrt[n]{n(n+1)(n+2)\cdots(2n-1)}}{n}.$$

2.3 与均值相关的极限

根据斯托尔茨定理, 我们可以直观地得出以下结论: 一个收敛数列的前 n 项的算术平均值构成的数列同样收敛, 并且其极限值与原数列的极限相同.

推论 2.1 (数列算术平均值的极限)

设 $\{x_n\}$ 是任意实数数列, 而且有 $\lim\limits_{n\to\infty} x_n=\ell$, 那么

$$\lim_{n\to\infty}\frac{1}{n}\sum_{k=1}^{n}x_k=\ell.$$

♡

证明 考虑数列 $\{a_n\}$, 其中 $a_n=\sum\limits_{k=1}^{n}x_k$. 定义另一个数列 $\{b_n\}$ 为 $b_n=n$. 首先, 我们注意到

$$a_{n+1}-a_n=x_{n+1}.$$

由题设, 我们知道 $\lim\limits_{n\to\infty} x_{n+1}=\ell$. 因此, 我们有

$$\lim_{n\to\infty}\frac{a_{n+1}-a_n}{b_{n+1}-b_n}=\lim_{n\to\infty}x_{n+1}=\ell.$$

根据斯托尔茨定理, 我们得到

$$\lim_{n\to\infty}\frac{a_n}{b_n}=\lim_{n\to\infty}\frac{1}{n}\sum_{k=1}^{n}x_k=\ell.$$

✍ **练习 2.3** 证明: 如果 $\lim\limits_{n\to\infty} a_n=a$, 那么

$$\lim_{n\to+\infty}\frac{a_1+2a_2+\cdots+na_n}{n^2}=\frac{a}{2}.$$

✍ **练习 2.4** 证明: 如果 $\lim\limits_{n\to\infty} a_n=a$, 那么

$$\lim_{n\to\infty}\frac{na_1+(n-1)a_2+\cdots+1\cdot a_n}{n^2}=\frac{a}{2}.$$

练习 2.5 设 $0<\lambda<1$, $\lim\limits_{n\to\infty} a_n = a$, 证明:

$$\lim_{n\to\infty}\left(a_n+\lambda a_{n-1}+\lambda^2 a_{n-2}+\cdots+\lambda^n a_0\right)=\frac{a}{1-\lambda}.$$

练习 2.6 设非负实数序列 $\{a_n\}$ 满足不等式

$$a_{n+2}\leqslant(1-p)a_{n+1}+pa_n,\quad n\in\mathbb{N},$$

其中 $p\in[0,1)$. 证明序列 $\{a_n\}$ 收敛, 并求其极限.

练习 2.7 若 $\lim\limits_{n\to\infty} a_n = A$, $\lim\limits_{n\to\infty} b_n = B$, 证明:

$$\lim_{n\to\infty}\frac{a_1b_n+a_2b_{n-1}+\cdots+a_nb_1}{n}=AB.$$

推论 2.2 (数列调和平均值的极限)

设有数列 $\{x_n\}$, 若 $\lim\limits_{n\to\infty} x_n$ 存在或为 $\pm\infty$, 则

$$\lim_{n\to\infty}\frac{n}{\sum\limits_{k=1}^{n}\frac{1}{x_k}}=\lim_{n\to\infty}x_n.$$

评析 和式极限使用斯托尔茨定理.

证明 由斯托尔茨定理得到

$$\lim_{n\to\infty}\frac{n}{\sum\limits_{k=1}^{n}\frac{1}{x_k}}=\frac{1}{\lim\limits_{n\to\infty}\frac{\sum\limits_{k=1}^{n}\frac{1}{x_k}}{n}}=\frac{1}{\lim\limits_{n\to\infty}\frac{\sum\limits_{k=1}^{n+1}\frac{1}{x_k}-\sum\limits_{k=1}^{n}\frac{1}{x_k}}{n+1-n}}=\lim_{n\to\infty}x_n.$$

推论 2.3 (数列几何平均值的极限)

设有正数数列 $\{x_n\}$, 且 $\lim\limits_{n\to\infty} x_n$ 存在或为 $+\infty$, 则

$$\lim_{n\to\infty}\sqrt[n]{x_1x_2\cdots x_n}=\lim_{n\to\infty}x_n.$$

评析 可以考虑两种方法. 根据均值不等式和迫敛性, 确定极限. 取对数, 利用斯托尔茨定理.

证明 法 1: 根据均值不等式有

$$\frac{n}{\sum\limits_{k=1}^{n}\frac{1}{x_k}}\leqslant\sqrt[n]{x_1x_2\cdots x_n}\leqslant\frac{x_1+x_2+\cdots+x_n}{n}.$$

由前面推论与迫敛性得

$$\lim_{n\to\infty}\sqrt[n]{x_1x_2\cdots x_n}=\lim_{n\to\infty}x_n.$$

法 2: 由 $x_n>0$, 设 $\lim\limits_{n\to\infty}x_n=L$, 可以得出 $\lim\limits_{n\to\infty}\ln x_n=\ln L$ (当 L 等于 $0,+\infty$ 时, $\ln L$ 分别等于 $-\infty,+\infty$). 利用斯托尔茨定理, 有

$$\begin{aligned}\lim_{n\to\infty}\ln\sqrt[n]{x_1x_2\cdots x_n}&=\lim_{n\to\infty}\frac{\ln x_1+\ln x_2+\cdots+\ln x_n}{n}\\&=\lim_{n\to\infty}\ln x_n=\ln L.\end{aligned}$$

定理 2.5 (乘法性质)

设有正数数列 $\{x_n\}$, 且 $\lim\limits_{n\to\infty}\dfrac{x_n}{x_{n-1}}$ 存在, 则

$$\lim_{n\to\infty}\sqrt[n]{x_n}=\lim_{n\to\infty}\frac{x_n}{x_{n-1}}=\lim_{n\to\infty}\frac{x_{n+1}}{x_n}.$$

♡

评析 这是一个奇妙的定理, 说明了数列根式和比值极限之间的关系. 由数列根式的极限可以推出比值极限, 反之则不然. 读者可以考虑相关的反例.

证明 由题设, 设

$$\lim_{n\to\infty}\frac{x_n}{x_{n-1}}=L.$$

将 x_n 表示为其前面元素的连乘形式, 我们有

$$x_n=x_1\cdot\frac{x_2}{x_1}\cdot\frac{x_3}{x_2}\cdot\cdots\cdot\frac{x_{n-1}}{x_{n-2}}\cdot\frac{x_n}{x_{n-1}}.$$

于是

$$\lim_{n\to\infty}\sqrt[n]{x_n}=\lim_{n\to\infty}\sqrt[n]{x_1\cdot\frac{x_2}{x_1}\cdot\frac{x_3}{x_2}\cdot\cdots\cdot\frac{x_{n-1}}{x_{n-2}}\cdot\frac{x_n}{x_{n-1}}}.$$

根据前面的数列几何平均值的极限, 得到

$$\lim_{n\to\infty}\sqrt[n]{x_n}=L.$$

上面的定理有下面两个简单的应用.

✍ **练习 2.8** 证明: $\lim\limits_{n\to\infty}\sqrt[n]{n}=1$.

✍ **练习 2.9** 证明: $\lim\limits_{n\to\infty}\dfrac{\sqrt[n]{n!}}{n}=\dfrac{1}{\mathrm{e}}$.

练习 2.10 设 $\{a_n\}$ 为正项数列, $\lim\limits_{n\to\infty} a_n = a$, 证明:

$$\lim_{n\to\infty}\left(\frac{\sqrt[n]{a_1}+\sqrt[n]{a_2}+\cdots+\sqrt[n]{a_n}}{n}\right)^n = a.$$

2.4 与欧拉常数类似的和式极限

下面例子可以考虑推广欧拉常数. 得到某些新的常函数.

例题 2.3 求极限 $\lim\limits_{n\to\infty}\dfrac{1+\dfrac{1}{2}+\dfrac{1}{3}+\cdots+\dfrac{1}{n}}{\sqrt{n}}$.

解 设

$$x_n = 1+\frac{1}{2}+\frac{1}{3}+\cdots+\frac{1}{n},\quad y_n=\sqrt{n}.$$

由于 y_n 严格递增趋于 ∞, 利用斯托尔茨定理得

$$\begin{aligned}\lim_{n\to\infty}\frac{x_n}{y_n} &= \lim_{n\to\infty}\frac{x_n-x_{n-1}}{y_n-y_{n-1}}\\ &= \lim_{n\to\infty}\frac{\left(1+\dfrac{1}{2}+\cdots+\dfrac{1}{n}\right)-\left(1+\dfrac{1}{2}+\cdots+\dfrac{1}{n-1}\right)}{\sqrt{n}-\sqrt{n-1}}\\ &= \lim_{n\to\infty}\frac{\dfrac{1}{n}}{\sqrt{n}-\sqrt{n-1}}.\end{aligned}$$

对分母有理化, 我们得到

$$\lim_{n\to\infty}\frac{x_n}{y_n}=\lim_{n\to\infty}\frac{\dfrac{1}{n}}{\sqrt{n}-\sqrt{n-1}}\times\frac{\sqrt{n}+\sqrt{n-1}}{\sqrt{n}+\sqrt{n-1}}=\lim_{n\to\infty}\frac{\sqrt{n}+\sqrt{n-1}}{n}=0.$$

因此

$$\lim_{n\to\infty}\frac{1+\dfrac{1}{2}+\dfrac{1}{3}+\cdots+\dfrac{1}{n}}{\sqrt{n}}=0.$$

练习 2.11 求极限 $\lim\limits_{n\to\infty}\dfrac{1+\dfrac{1}{\sqrt{2}}+\dfrac{1}{\sqrt{3}}+\cdots+\dfrac{1}{\sqrt{n}}}{\sqrt{n}}$.

练习 2.12 求极限 $\lim\limits_{n\to\infty}\dfrac{1+\dfrac{1}{2}+\dfrac{1}{3}+\cdots+\dfrac{1}{n}}{\ln n}$.

✍ **练习 2.13**　求极限 $\lim\limits_{n\to\infty}\dfrac{1+\dfrac{1}{3}+\dfrac{1}{5}+\cdots+\dfrac{1}{2n-1}}{\ln n}$.

✍ **练习 2.14**　求极限 $\lim\limits_{n\to\infty}\dfrac{\sum\limits_{k=1}^{n}\ln \mathrm{C}_n^k}{n^2}$.

2.5　与整数幂和相关的极限

考虑极限

$$\lim_{n\to\infty}\frac{1^k+2^k+3^k+\cdots+n^k}{n^{k+1}}.$$

利用定积分的方法, 得到

$$\lim_{n\to\infty}\frac{1^k+2^k+3^k+\cdots+n^k}{n^{k+1}}=\lim_{n\to\infty}\frac{1}{n}\sum_{i=1}^{n}\left(\frac{i}{n}\right)^k=\int_0^1 x^k\mathrm{d}x=\frac{1}{k+1}.$$

下面例子利用斯托尔茨定理, 可以避免使用定积分的方法和欧拉–麦克劳林求和公式.

更进一步, 还可以求数列

$$u_n=\frac{1^k+2^k+3^k+\cdots+n^k}{n^k}-\frac{n}{k+1}$$

的极限.

例题 2.4　设 k 为自然数, 证明:

(1) $\lim\limits_{n\to+\infty}\dfrac{1^k+2^k+\cdots+n^k}{n^{k+1}}=\dfrac{1}{k+1}$;

(2) $\lim\limits_{n\to+\infty}n\left(\dfrac{1^k+2^k+\cdots+n^k}{n^{k+1}}-\dfrac{1}{k+1}\right)=\dfrac{1}{2}$.

证明　(1) 根据斯托尔茨定理和二项式定理, 可得

$$\begin{aligned}\lim_{n\to+\infty}\frac{1^k+2^k+\cdots+n^k}{n^{k+1}}&=\lim_{n\to+\infty}\frac{n^k}{n^{k+1}-(n-1)^{k+1}}\\&=\lim_{n\to+\infty}\frac{n^k}{\mathrm{C}_{k+1}^1 n^k-\mathrm{C}_{k+1}^2 n^{k-1}+\cdots+(-1)^{k+1}}\\&=\frac{1}{\mathrm{C}_{k+1}^1}=\frac{1}{k+1}.\end{aligned}$$

(2) 根据斯托尔茨定理和二项式定理, 可得

$$\begin{aligned}
&\lim_{n\to+\infty} n\left(\frac{1^k+2^k+\cdots+n^k}{n^{k+1}}-\frac{1}{k+1}\right)\\
=&\lim_{n\to+\infty}\frac{(k+1)\left(1^k+2^k+\cdots+n^k\right)-n^{k+1}}{(k+1)n^k}\\
=&\lim_{n\to+\infty}\frac{(k+1)n^k-\left[n^{k+1}-(n-1)^{k+1}\right]}{(k+1)\left[n^k-(n-1)^k\right]}\\
=&\lim_{n\to+\infty}\frac{\dfrac{k(k+1)}{2}n^{k-1}}{(k+1)\cdot kn^{k-1}}=\frac{1}{2}.
\end{aligned}$$

✍ **练习 2.15** 求极限 $\lim\limits_{n\to\infty}\dfrac{1+\sqrt{2}+\sqrt[3]{3}+\cdots+\sqrt[n]{n}}{n}$.

✍ **练习 2.16** 求极限 $\lim\limits_{n\to+\infty}\dfrac{n+n^{\frac{1}{2}}+n^{\frac{1}{3}}+\cdots+n^{\frac{1}{n}}}{n}$.

✍ **练习 2.17** 求极限 $\lim\limits_{n\to\infty}\dfrac{1+2^2\sqrt{2}+3^2\sqrt[3]{3}+\cdots+n^2\sqrt[n]{n}}{n^3}$.

✍ **练习 2.18** 证明:

(1) $\lim\limits_{n\to+\infty}\dfrac{\sum\limits_{k=1}^{n}\sqrt{k}}{n^{\frac{3}{2}}}=\dfrac{2}{3}$;

(2) $\lim\limits_{n\to+\infty} n\left[\dfrac{\sum\limits_{k=1}^{n}\sqrt{k}}{n^{\frac{3}{2}}}-\dfrac{2}{3}\right]=\dfrac{1}{2}$.

2.6 与分部求和公式相关的极限

引理 2.1 (阿贝尔分部求和公式)

设 $\{a_k\},\{b_k\}$ 是两列实数, 则对任意的正整数 n, 有

$$\sum_{k=1}^{n} a_k b_k=\sum_{k=1}^{n-1} S_k\left(b_k-b_{k+1}\right)+S_n b_n,$$

这里 $S_k=\sum\limits_{j=1}^{k} a_j$. ♡

证明　记 $S_0=0$, 那么 $a_k=S_k-S_{k-1}\ (k=1,2,\cdots,n)$. 于是

$$\begin{aligned}\sum_{k=1}^{n}a_kb_k&=\sum_{k=1}^{n}\left(S_k-S_{k-1}\right)b_k=\sum_{k=1}^{n}S_kb_k-\sum_{k=1}^{n}S_{k-1}b_k\\&=\sum_{k=1}^{n}S_kb_k-\sum_{k=0}^{n-1}S_kb_{k+1}=\sum_{k=1}^{n-1}S_k\left(b_k-b_{k+1}\right)+S_nb_n.\end{aligned}$$

如果记 $\Delta S_k=S_k-S_{k-1}=a_k,\Delta b_k=b_{k+1}-b_k$, 那么上面式子可改写成

$$\sum_{k=1}^{n}b_k\Delta S_k=S_kb_k\Big|_0^n-\sum_{k=1}^{n-1}S_k\Delta b_k.$$

这个形式与分部积分公式很相似, 所以引理中的公式称为分部求和公式.

例题 2.5　设级数 $\sum\limits_{n=1}^{\infty}a_n$ 收敛, 证明:

$$\lim_{n\to\infty}\frac{a_1+2a_2+\cdots+na_n}{n}=0.$$

评析　设

$$x_n=a_1+2a_2+\cdots+na_n,\quad y_n=n,$$

那么 $\{y_n\}$ 是严格递增趋于 $+\infty$ 的数列, 直接应用斯托尔茨定理,

$$\lim_{n\to\infty}\frac{x_n-x_{n-1}}{y_n-y_{n-1}}=\lim_{n\to\infty}\frac{na_n}{1}=\lim_{n\to\infty}na_n,$$

此极限不存在, 例如 $\sum\limits_{n=1}^{\infty}a_n=\sum\limits_{n=1}^{\infty}\dfrac{1}{n^2}$ 收敛, 此时 $\lim\limits_{n\to\infty}na_n=0$; 而 $\sum\limits_{n=1}^{\infty}a_n=\sum\limits_{n=1}^{\infty}\dfrac{(-1)^n}{n}$ 收敛, 此时 $\lim\limits_{n\to\infty}na_n$ 不存在. 由此, 直接应用斯托尔茨定理遇到了障碍.

下面应用阿贝尔分部求和公式与斯托尔茨定理解决这个困难.

证明　设级数 $\sum\limits_{n=1}^{\infty}a_n$ 收敛于 s, 即 $\lim\limits_{n\to\infty}S_n=s$, 其中 $S_n=a_1+\cdots+a_n$, $n\in\mathbb{N}$. 令 $b_n=n,n\in\mathbb{N}$, 应用阿贝尔分部求和公式得

$$a_1+2a_2+\cdots+na_n=\sum_{k=1}^{n-1}\left(b_k-b_{k+1}\right)S_k+b_nS_n=nS_n-\left(S_1+S_2+\cdots+S_{n-1}\right).$$

因而

$$\frac{a_1+2a_2+\cdots+na_n}{n}=S_n-\frac{S_1+\cdots+S_{n-1}}{n}.$$

应用斯托尔茨定理, 得

$$\begin{aligned}\lim_{n\to\infty}\frac{a_1+2a_2+\cdots+na_n}{n}&=\lim_{n\to\infty}S_n-\lim_{n\to\infty}\frac{S_1+\cdots+S_{n-1}}{n}\\&=s-\lim_{n\to\infty}\frac{S_{n-1}}{1}\\&=s-s=0.\end{aligned}$$

它的结果强于: 由 $\sum\limits_{n=1}^{\infty}a_n$ 收敛, 推出 $\lim\limits_{n\to\infty}a_n=0$.

✍ **练习 2.19** 设 $\{b_n\}$ 是正的递增趋于 $+\infty$ 的数列, 如果级数 $\sum\limits_{n=1}^{\infty}a_n$ 收敛, 证明:

$$\lim_{n\to\infty}\frac{a_1b_1+a_2b_2+\cdots+a_nb_n}{b_n}=0.$$

✍ **练习 2.20** 证明: 如果 $\sum\limits_{n=1}^{\infty}a_n$ 收敛, 令

$$b_n=\frac{a_1+2a_2+\cdots+na_n}{n(n+1)},$$

那么 $\sum\limits_{n=1}^{\infty}b_n$ 也收敛, 且 $\sum\limits_{n=1}^{\infty}b_n=\sum\limits_{n=1}^{\infty}a_n$.

2.7 无穷小迭代序列的渐近性

考虑形如

$$x_{n+1}=x_n-f(x_n)$$

产生的迭代序列的渐近性.

例题 2.6 设 $0<x_1<1$, $x_{n+1}=x_n(1-x_n)\,(n=1,2,3,\cdots)$. 证明:

(1) $\lim\limits_{n\to\infty}x_n=0$;

(2) $\lim\limits_{n\to\infty}nx_n=1$;

(3) $\lim\limits_{n\to\infty}\dfrac{n(1-nx_n)}{\ln n}=1$.

证明 法 1: 利用单调有界定理和斯托尔茨定理.

(1) 易见 $0 < x_n < 1$, 且

$$x_{n+1} = x_n(1 - x_n) < x_n.$$

于是 $\{x_n\}$ 单调减少且有界, 从而 $\{x_n\}$ 收敛, 设其极限为 ℓ. 对递推公式取极限得到 $\ell = \ell(1-\ell)$. 因此, $\ell = 0$, 即 $\lim\limits_{n\to\infty} x_n = 0$.

(2) 由斯托尔茨定理, 有

$$\begin{aligned}\lim_{n\to+\infty}\frac{x_n^{-1}}{n} &= \lim_{n\to+\infty}\left(x_{n+1}^{-1} - x_n^{-1}\right)\\ &= \lim_{n\to+\infty}\frac{x_n - x_{n+1}}{x_n x_{n+1}}\\ &= \lim_{n\to+\infty}\frac{x_n^2}{x_n^2(1-x_n)} = 1.\end{aligned}$$

因此

$$\lim_{n\to\infty} n x_n = 1.$$

(3) 由 (2) 知 $x_n \sim \dfrac{1}{n}(n\to\infty)$, 所以

$$\lim_{n\to\infty}\frac{n(1-nx_n)}{\ln n} = \lim_{n\to\infty}\frac{\dfrac{1-nx_n}{x_n}}{\ln n} = \lim_{n\to\infty}\frac{\dfrac{1}{x_n} - n}{\ln n}.$$

另外, 由 $x_{n+1} = x_n(1-x_n)$ 可知

$$\frac{1}{x_{n+1}} = \frac{1}{x_n(1-x_n)} = \frac{1}{x_n} + \frac{1}{1-x_n}.$$

于是再次由斯托尔茨定理可知

$$\begin{aligned}\lim_{n\to\infty}\frac{n(1-nx_n)}{\ln n} &= \lim_{n\to\infty}\frac{\dfrac{1}{x_n} - n}{\ln n} = \lim_{n\to\infty}\frac{\left[\dfrac{1}{x_{n+1}} - (n+1)\right] - \left(\dfrac{1}{x_n} - n\right)}{\ln(n+1) - \ln n}\\ &= \lim_{n\to\infty}\frac{\dfrac{1}{1-x_n} - 1}{\ln\left(1 + \dfrac{1}{n}\right)} = \lim_{n\to\infty}\frac{\dfrac{x_n}{1-x_n}}{\dfrac{1}{n}} = \lim_{n\to\infty}\frac{nx_n}{1-x_n} = 1.\end{aligned}$$

法 2: 利用后继迭代法展开. 对于二次递推 $x_{n+1}=x_n-x_n^2$, 进行变量替换, 设 $a_n=\dfrac{1}{x_n}$, 于是对于任意正整数 $n\geqslant 2$, 有 $a_n>n$. 则由

$$\frac{1}{x_{n+1}}=\frac{1}{x_n-x_n^2}=\frac{1}{x_n}+1+\frac{x_n}{1-x_n},$$

得到

$$a_{n+1}-a_n=1+\frac{1}{a_n-1}.$$

于是, 设 $a_n=n+r_n$. 代入上式, 得到

$$r_{n+1}-r_n=\frac{1}{n+r_n-1}=\frac{1}{n}\cdot\frac{1}{1+\dfrac{r_n}{n}-\dfrac{1}{n}}=\frac{1}{n}+O\left(\frac{r_n}{n^2}\right).$$

于是, 运用叠加求和, 得到

$$r_n=\sum_{k=1}^{n-1}(r_{k+1}-r_k)+r_1=\sum_{k=1}^{n-1}\frac{1}{k}+O(1).$$

由于 $\sum\limits_{k=1}^{n-1}\dfrac{1}{k}\sim\ln n$, 得到 $r_n=\ln n+O(1)$. 于是 $a_n=n+\ln n+O(1)$, 进而

$$\begin{aligned}x_n&=a_n^{-1}\\&=\frac{1}{n}\cdot\left(1+\frac{\ln n}{n}+O\left(\frac{1}{n}\right)\right)^{-1}\\&=\frac{1}{n}\cdot\left(1-\frac{\ln n}{n}+O\left(\frac{1}{n}\right)\right)\\&=\frac{1}{n}-\frac{\ln n}{n^2}+O\left(\frac{1}{n^2}\right).\end{aligned}$$

✍ **练习 2.21** 设 $0<x_1<\dfrac{1}{q}$, 其中 $0<q\leqslant 1$, 并且 $x_{n+1}=x_n(1-qx_n), n\in\mathbb{N}$, 证明: $\lim\limits_{n\to\infty}nx_n=\dfrac{1}{q}$.

✍ **练习 2.22** 设 $x_1=\sin x_0>0, x_{n+1}=\sin x_n(n=1,2,\cdots)$, 证明:

(1) $\lim\limits_{n\to\infty}x_n=0$;

(2) $\lim\limits_{n\to\infty}x_n\sqrt{\dfrac{n}{3}}=1$.

✍ **练习 2.23** 设实数列 $\{x_n\}$ 满足 $0 < x_1 < \dfrac{\pi}{2}, x_{n+1} = \sin x_n$, 证明: $\sum\limits_{n=1}^{\infty} x_n^p$ 在 $p > 2$ 时收敛, 在 $p \leqslant 2$ 时发散.

✍ **练习 2.24** 设 $x_0 > 0, x_n = \arctan x_{n-1}, n \geqslant 1$, 证明:

(1) $\lim\limits_{n\to\infty} x_n = 0$;

(2) 数列 $\{\sqrt{n}x_n\}$ 收敛, 并求其极限.

✍ **练习 2.25** 设 $x_1 > 0, x_{n+1} = \ln(1 + x_n)\,(n = 1, 2, \cdots)$, 证明:

(1) $\lim\limits_{n\to\infty} x_n = 0$;

(2) $x_n \sim \dfrac{2}{n}(n \to +\infty)$;

(3) $\lim\limits_{n\to\infty} \dfrac{n(nx_n - 2)}{\ln n} = \dfrac{2}{3}$.

✍ **练习 2.26** 设数列 $\{a_n\}$ 有递推公式

$$a_{n+1} = a_n - f(a_n), \quad n = 0, 1, 2, \cdots,$$

其中 $0 < a_0 < 1$. $f(x)$ 是 $(0,1)$ 内的正连续函数, 并且满足下列条件:

(1) $f(x) < x$, $x \in (0,1)$;

(2) 存在一正数 l, 使得 $\lim\limits_{x\to 0} \dfrac{f(x)}{x^{l+1}} = c > 0$. 那么

$$\lim_{n\to+\infty} na_n^l = \frac{1}{cl} \quad 或 \quad \lim_{n\to+\infty} \sqrt[l]{n}a_n = \frac{1}{\sqrt[l]{cl}}.$$

✍ **练习 2.27** 设数列 $\{a_n\}$ 满足上题的所有条件, 记 $b_n = n\left(f(a_n)/a_n^{l+1} - c\right)$, 若 $\lim\limits_{n\to\infty} b_n = b$, 则

$$\lim_{n\to+\infty} \frac{n\left[1 - c\ln a_n^l\right]}{\ln n} = \frac{l+1}{2l} + \frac{b}{c}.$$

✍ **练习 2.28** 设正项数列 $\{a_n\}$ 满足 $a_n = \dfrac{a_{n+1}^2}{n} + a_{n+1}, n \in \mathbb{N}^+$, 求极限 $\lim\limits_{n\to\infty} a_n \ln n$.

✍ **练习 2.29** 设 $0 < x_0 < \dfrac{\pi}{2}, x_{n+1} = \sin x_n (n \geqslant 0)$, 则

(1) $\lim\limits_{n\to\infty} nx_n^2 = 3$;

(2) $\lim\limits_{n\to\infty} \dfrac{n}{\ln n}(nx_n^2 - 3) = -\dfrac{9}{5}$;

(3) $\lim\limits_{n\to\infty} \dfrac{n\left(1 - \sqrt{\dfrac{n}{3}}x_n\right)}{\ln n} = \dfrac{3}{10}$.

2.8 无穷大迭代序列的渐近性

考虑形如

$$x_{n+1}=x_n+f\left(\frac{1}{x_n}\right)$$

产生的迭代序列的渐近性.

例题 2.7 设 $a_1=1$, $a_n=a_{n-1}+\dfrac{1}{a_{n-1}}$, $n\geqslant 2$. 证明:

(1) $\lim\limits_{n\to\infty}\dfrac{a_n}{\sqrt{n}}=\sqrt{2}$;

(2) $\lim\limits_{n\to\infty}\dfrac{\sqrt{n}\left(a_n-\sqrt{2n}\right)}{\ln n}=\dfrac{\sqrt{2}}{8}$.

证明 (1) 利用反证法和斯托尔茨定理. 显然 $\{a_n\}$ 严格单调递增, 故要么 $\{a_n\}$ 存在有限极限, 要么 $\lim\limits_{n\to\infty}a_n=+\infty$, 若 $\{a_n\}$ 存在有限极限 $\ell(\ell>0)$, 则在递推公式两边取极限得

$$\ell=\ell+\frac{1}{\ell}.$$

这对任何有限数 ℓ 都不可能成立, 矛盾, 则有 $\lim\limits_{n\to\infty}a_n=+\infty$, 于是

$$\lim_{n\to\infty}\frac{a_n^2}{n}=\lim_{n\to\infty}\frac{a_n^2-a_{n-1}^2}{n-(n-1)}=\lim_{n\to\infty}\left(2+\frac{1}{a_{n-1}^2}\right)=2.$$

故 $\lim\limits_{n\to\infty}\dfrac{a_n}{\sqrt{n}}=\sqrt{2}$.

(2) 法 1: 利用斯托尔茨定理可得

$$\begin{aligned}\lim_{n\to\infty}\frac{\sqrt{n}\left(a_n-\sqrt{2n}\right)}{\ln n}&=\lim_{n\to\infty}\frac{\sqrt{n}}{a_n+\sqrt{2n}}\lim_{n\to\infty}\frac{a_n^2-2n}{\ln n}\\&=\frac{1}{2\sqrt{2}}\lim_{n\to\infty}\frac{\left(a_n^2-2n\right)-\left(a_{n-1}^2-2n+2\right)}{\ln n-\ln(n-1)}\\&=\frac{1}{2\sqrt{2}}\lim_{n\to\infty}\frac{2+\dfrac{1}{a_{n-1}^2}-2}{\dfrac{1}{n}}=\frac{\sqrt{2}}{8}.\end{aligned}$$

法 2: 利用后继迭代法展开. 先作变换 $b_n=\dfrac{a_n^2}{2}$, 代入递推式 $a_n^2=a_{n-1}^2+2+\dfrac{1}{a_{n-1}^2}$, 得到

$$b_n - b_{n-1} = 1 + \frac{1}{4b_{n-1}}.$$

利用归纳法可证明 $b_n > n$. 运用叠加求和, 得到

$$b_n = n + b_1 - 1 + \sum_{k=1}^{n-1} \frac{1}{4b_k}.$$

不妨设 $b_n = n + r_n$. 代入 $b_n - b_{n-1} = 1 + \dfrac{1}{4b_{n-1}}$ 得到

$$r_n - r_{n-1} = \frac{1}{4(n-1+r_{n-1})} = \frac{1}{4n} \cdot \frac{1}{1 + \frac{r_n}{n} - \frac{1}{n}} = \frac{1}{4n} + O\left(\frac{r_n}{n^2}\right).$$

于是, 运用叠加求和, 得到

$$r_n = \sum_{k=1}^{n-1}(r_{k+1} - r_k) + r_1 = -\sum_{k=1}^{n-1} \frac{1}{4k} + O(1).$$

由于 $\sum\limits_{k=1}^{n-1} \dfrac{1}{k} \sim \ln n$, 因此 $r_n = \dfrac{\ln n}{4} + O(1)$. 因而

$$b_n = n + \frac{\ln n}{4} + O(1).$$

利用二项式展开 $(1+x)^\alpha = 1 + \alpha x + \dfrac{\alpha(\alpha-1)}{2}x^2 + O\left(x^3\right)$, 我们得到

$$\begin{aligned} a_n &= \sqrt{2b_n} \\ &= \sqrt{2n}\left(1 + \frac{\ln n}{4n} + O\left(\frac{1}{n}\right)\right)^{\frac{1}{2}} \\ &= \sqrt{2n}\left(1 + \frac{\ln n}{8n} + O\left(\frac{1}{n}\right)\right) \\ &= \sqrt{2n} + \frac{\sqrt{2}}{8}\frac{\ln n}{\sqrt{n}} + O\left(\frac{1}{\sqrt{n}}\right). \end{aligned}$$

于是得到结论.

✍ **练习 2.30**　对于上述递推式, 有 $\lim\limits_{n\to+\infty} \dfrac{a_n}{\sqrt{n}} = \sqrt{2}$. 如果数列递推式改为 $a_{n+1} = a_n + \dfrac{1}{a_n^2}$, 则有以下估计:

$$\lim_{n\to+\infty} \frac{a_n}{\sqrt[3]{n}} = \sqrt[3]{3}.$$

✍ **练习 2.31** 设

$$a_1 = 1, \quad a_n = a_{n-1} + \frac{1}{2a_{n-1}}, \quad n \geqslant 2.$$

(1) 证明: 数列 $\{a_n\}$ 严格单调增加趋于正无穷大.

(2) 试求

$$\lim_{n\to\infty} \frac{a_n^2 - n}{\ln n}.$$

✍ **练习 2.32** 考虑数列

$$a_1 = 1, \quad a_n = a_{n-1} + \frac{1}{ma_{n-1}}, \quad n \geqslant 2, \quad m > 0.$$

给出其前几项的渐近展开.

✍ **练习 2.33** 设 $a_1 = 2, a_2 = 3, a_{n+2} = a_{n+1} + \dfrac{1}{\ln a_n}$ $(n \geqslant 1)$. 求证 $\lim\limits_{n\to\infty} \dfrac{a_n \ln a_n}{n}$ 存在, 并求出极限值.

✍ **练习 2.34** 设数列 $\{a_n\}$ 满足

$$a_{n+1} = a_n + f\left(\frac{1}{a_n}\right), \quad a_0 > 0, \quad n \geqslant 0,$$

其中 $f(x)$ 为 $(0, +\infty)$ 内的正的连续函数且满足条件: 存在常数 $l \geqslant -1$, 使得 $\lim\limits_{x\to 0} f(x)/\ x^l = c > 0$. 那么

$$\lim_{n\to+\infty} \frac{a_n^{l+1}}{n} = c(l+1) \quad 或 \quad \lim_{n\to+\infty} \frac{a_n}{\sqrt[l+1]{n}} = (c(l+1))^{\frac{1}{l+1}}.$$

✍ **练习 2.35** 设 $\{a_n\}$ 满足上题的条件, 如果

$$\lim_{x\to+\infty} n \left[\frac{a_n^{l+1} f\left(\dfrac{1}{a_n}\right)}{a_n + f\left(\dfrac{1}{a_n}\right)} - c\right] = b,$$

那么

$$\lim_{n\to+\infty} \frac{a_n^{l+1} - c(l+1)n}{\ln n} = \frac{c(l+2)}{2} + b(l+1).$$

✍ **练习 2.36** 设 $a_{n+1} = a_n + \ln a_n$, $a_1 = 2$, 计算 $\lim\limits_{n\to+\infty} \dfrac{a_n - n\ln n}{n \ln\ln n}$.

2.9　递推数列的渐近性

例题 2.8　设 $a_n>0$, 且 $a_{n+1}-\frac{1}{a_{n+1}}=a_n+\frac{1}{a_n}(n\geqslant 1)$. 求

$$\lim_{n\to\infty}\frac{1}{\sqrt{n}}\sum_{j=1}^{n}\frac{1}{a_j}.$$

解　由斯托尔茨定理,

$$\lim_{n\to\infty}\frac{\sum\limits_{i=1}^{n}\frac{1}{a_i}}{\sqrt{n}}=\lim_{n\to\infty}\frac{\sqrt{n}+\sqrt{n+1}}{a_{n+1}}.$$

因此需要估计 a_{n+1}. 将 $a_{n+1}-\frac{1}{a_{n+1}}=a_n+\frac{1}{a_n}$ 两边平方得

$$a_{n+1}^2+\frac{1}{a_{n+1}^2}=a_n^2+\frac{1}{a_n^2}+4=4n+a_1^2+\frac{1}{a_1^2}.$$

从而

$$a_{n+1}+\frac{1}{a_{n+1}}=\sqrt{4n+a_1^2+\frac{1}{a_1^2}+2}.$$

显然 a_n 递增, 且 $a_n\to\infty$. 由斯托尔茨定理可得

$$\lim_{n\to\infty}\frac{\sum\limits_{j=1}^{n}\frac{1}{a_j}}{\sqrt{n}}=\lim_{n\to\infty}\frac{\sqrt{n}+\sqrt{n+1}}{a_{n+1}}=\lim_{n\to\infty}\frac{\sqrt{n}+\sqrt{n+1}}{\sqrt{4n+a_1^2+\frac{1}{a_1^2}+2}-\frac{1}{a_{n+1}}}=1.$$

练习 2.37　设数列 $\{a_n\}$ 满足 $a_1=1,a_{n+1}=a_n+\frac{1}{a_1+a_2+\cdots+a_n}$.

(1) 证明数列 $\{a_n\}$ 严格递增且趋于无穷大.

(2) 求 $\lim\limits_{n\to\infty}\frac{a_n}{\sqrt{2\ln n}}$.

通过结合取对数、变量替换、泰勒展开、均值不等式、阿贝尔部分求和公式和适当的放缩技巧, 斯托尔茨定理为我们提供了一种强大的方法, 使得复杂的极限问题得以简化并更容易求解. 本章中的实例与习题清晰地展示了斯托尔茨定理在求解极限问题中的巧妙应用, 证明了它是数学中的一个非常有用的工具.

第 2 章练习

第一类: 斯托尔茨定理

1. 利用斯托尔茨定理证明: $\lim\limits_{n\to\infty}\sqrt[n]{n}=1$. 进而证明 $\lim\limits_{n\to\infty}\dfrac{1}{\sqrt[n]{n!}}=0$.

2. 利用斯托尔茨定理证明 $\lim\limits_{n\to\infty}\dfrac{\sqrt[n]{n!}}{n}=\mathrm{e}^{-1}$.

3. 求极限 $\lim\limits_{n\to\infty}\dfrac{(1+\cos 1)^3+(2+\cos 2)^3+\cdots+(n+\cos n)^3}{n^4}$.

第二类: 均值相关的极限

4. 求极限 $\lim\limits_{n\to\infty}\dfrac{\sqrt[n]{(n+1)(n+2)\cdots 2n}}{n}$.

5. 对于正数列 $\{a_n\}$, 证明: 如果 $\lim\limits_{n\to\infty}\dfrac{a_{n+1}}{a_n}=a$, 那么 $\lim\limits_{n\to\infty}\sqrt[n]{a_n}=a$. 逆命题是否处理? 有何反例.

6. 设 $\lim\limits_{n\to\infty}a_n=a$, $\lim\limits_{n\to\infty}b_n=b$. 证明 $\lim\limits_{n\to\infty}\dfrac{a_1b_n+a_2b_{n-1}+\cdots+a_nb_1}{n}=ab$.

7. 设 $\{a_n\}$ 和 $\{b_n\}$ 是数列使得

(1) $b_n>0, n\in\mathbb{N}$, 且 $\lim\limits_{n\to\infty}(b_1+b_2+\cdots+b_n)=+\infty$;

(2) $\lim\limits_{n\to\infty}a_n=a$.

证明 $\lim\limits_{n\to\infty}\dfrac{a_1b_1+a_2b_2+\cdots+a_nb_n}{b_1+b_2+\cdots+b_n}=a$.

8. 计算 $\lim\limits_{n\to\infty}\dfrac{n}{a^{n+1}}\left(a+\dfrac{a^2}{2}+\cdots+\dfrac{a^n}{n}\right), a>1$.

9. 计算 $\lim\limits_{n\to\infty}\dfrac{1}{n^{k+1}}\left(k!+\dfrac{(k+1)!}{1!}+\cdots+\dfrac{(k+n)!}{n!}\right), k\in\mathbb{N}$.

10. 计算 $\lim\limits_{n\to\infty}\dfrac{1}{\sqrt{n}}\left(\dfrac{1}{\sqrt{n}}+\dfrac{1}{\sqrt{n+1}}+\cdots+\dfrac{1}{\sqrt{2n}}\right)$.

11. 计算 $\lim\limits_{n\to\infty}\dfrac{1+1\cdot a+2\cdot a^2+\cdots+n\cdot a^n}{n\cdot a^{n+1}}, a>1$.

12. 设 $\lim\limits_{n\to\infty}a_n=a$. 求 $\lim\limits_{n\to\infty}\dfrac{1}{\sqrt{n}}\left(a_1+\dfrac{a_2}{\sqrt{2}}+\dfrac{a_3}{\sqrt{3}}+\cdots+\dfrac{a_n}{\sqrt{n}}\right)$.

13. 求极限 $\lim\limits_{n\to\infty}\dfrac{1}{n^2}\sum\limits_{k=1}^{n}\sqrt{kn}$.

第三类: 迭代渐近性

14. 数列 $\{a_n\}$ 满足 $a_1=1$, $a_{n+1}=a_n+\dfrac{1}{a_n}$, 若 $a_{2017}\in(k,k+1)$, 其中 $k\in$

$\mathbb{N}^+$, 则 k 的值是多少?

提示: 对于上述递推式, 有 $\lim\limits_{n\to+\infty}\dfrac{a_n}{\sqrt{n}}=\sqrt{2}$.

如果数列递推式改为 $a_{n+1}=a_n+\dfrac{1}{a_n^2}$, 则有以下估计:

$$\lim_{n\to+\infty}\frac{a_n}{\sqrt[3]{n}}=\sqrt[3]{3}.$$

15. 证明: 设 $a>0,p>1$, 取 x_0 为正数使得 $0<ax_0^{p-1}<1$, 令 $x_{n+1}=x_n-ax_n^p$, 则

$$\lim_{n\to\infty}\frac{x_n^{-p+1}}{n}=(p-1)a.$$

16. 设 $f(x)$ 是一个正的连续函数, 常数 $p>1$ 满足 $\lim\limits_{x\to0}\dfrac{f(x)}{x^p}=a\neq0$, 令 $x_{n+1}=x_n-f(x_n)$, 如果 $\{x_n\}$ 为正数列且收敛于 0, 有

$$\lim_{n\to\infty}nx_n^{p-1}=\frac{1}{a(p-1)}.$$

17. 证明: 设 $a>0,p>1$, 取 x_0 为正数使得 $0<ax_0^{p-1}<1$, 令 $x_{n+1}=x_n-ax_n^p$, 则

$$\lim_{n\to\infty}\frac{n\left[1-a(p-1)nx_n^{p-1}\right]}{\ln n}=\frac{p}{2(p-1)}.$$

18. 设

$$a_1=1,\quad a_n=a_{n-1}+\frac{1}{ma_{n-1}},\quad n\geqslant2,\quad m>0.$$

(1) 证明: 数列 $\{a_n\}$ 严格单调增加趋于正无穷大.

(2) 探讨数列 $\{a_n\}$ 的渐近性、渐近展开以及不等式控制.

19. 若 $a_1=1$, $s_n=\sum\limits_{j=1}^{n}a_j$, $a_{n+1}=a_n+\dfrac{1}{s_n^p}$, $0<p\leqslant1$.

(1) 证明: 数列 $\{a_n\}$ 严格单调增加趋于正无穷大.

(2) 探讨数列 $\{a_n\}$ 的渐近性、渐近展开以及不等式控制.

20. 求极限 $\lim\limits_{n\to\infty}\dfrac{1}{n^{2015}}\sum\limits_{k=1}^{n}(k+2015)^{2014}$.

21. 设正数列 $(x_n)_{n=1}^{\infty}$ 满足 $\lim\limits_{n\to\infty}\dfrac{x_n\cdot x_{n+2}}{x_{n+1}^2}=4$. 求 $\lim\limits_{n\to\infty}\sqrt[n^2]{x_n}$.

22. 设 a_k 表示 2^k 数字位数. 例如, $2^4=16$, 于是 $a_4=2$. 计算

$$\lim_{n\to\infty}\frac{1}{n^2}\sum_{k=1}^{n}a_k.$$

23. 计算 $\lim\limits_{n\to\infty}\dfrac{2016\left(1^{2015}+2^{2015}+\cdots+n^{2015}\right)-n^{2016}}{2016\left(1^{2014}+2^{2014}+\cdots+n^{2014}\right)}$.

24. 设 $S_n=\dfrac{n+1}{2^{n+1}}\sum\limits_{i=1}^{n}\dfrac{2^i}{i}$, 求 $\lim\limits_{n\to\infty}S_n$.

25. 对正项级数 $\sum\limits_{n=1}^{\infty}a_n$, 如果 $\lim\limits_{n\to\infty}n\left(\dfrac{a_n}{a_{n+1}}-1\right)=\alpha$, 则

$$\lim_{n\to\infty}\left(1-\sqrt[n]{a_n}\right)\frac{n}{\ln n}=\alpha.$$

第 3 章　和式极限的求法与估计

内容提要

- ❑ 黎曼积分
- ❑ 放缩法
- ❑ 迫敛性
- ❑ 取指数对数
- ❑ 控制收敛定理 (dominated convergence theorem)
- ❑ 和式极限
- ❑ 一致等价
- ❑ 塔内里定理
- ❑ 特普利茨 (Toeplitz) 定理
- ❑ 等价无穷小代换
- ❑ 渐近估计
- ❑ 欧拉–麦克劳林公式

先求部分和再求极限的形式简称为和式极限.

在历年的考研数学与竞赛数学中, 多次出现过求解和式极限的题目. 这类问题有一定的难度. 本章将分析这类典型问题, 提炼总结方法与技术手段, 方便初学者迅速掌握.

求和式极限有各种各样的方法, 包括求和公式法、初等变形先求和再求极限、迫敛性或夹逼定理、斯托尔茨定理、定积分的定义法、级数方法、欧拉公式法、塔内里定理等.

首先, 本章给出和式极限与定积分的相互转化的过程. 其次, 利用放缩和迫敛性求解和式极限. 再次, 利用求和与极限交换次序, 求解和式极限的相关竞赛题; 对于乘积形式的和式极限, 给出著名的特普利茨定理. 接着, 对于离散和的渐近估计, 介绍著名的欧拉定理; 我们利用微分中值定理、欧拉–麦克劳林公式, 给出离散和更精细的渐近估计. 最后, 利用一致等价无穷小代换, 探讨了和式极限的渐近估计.

3.1　预 备 知 识

✍ **练习 3.1**　证明: $\lim\limits_{n\to\infty}\sqrt{n}\left(1-\sum\limits_{k=1}^{n}\dfrac{1}{n+\sqrt{k}}\right)=\dfrac{2}{3}$.

✍ **练习 3.2** 证明:

$$\lim_{n\to\infty}\left(\frac{1}{4n+1}+\frac{1}{4n+2}+\cdots+\frac{1}{4n+2n}\right)=\ln 3-\ln 2.$$

✍ **练习 3.3** 证明:

$$\lim_{n\to\infty}\left(\frac{1}{\sqrt{n^2+4}}+\frac{1}{\sqrt{n^2+16}}+\cdots+\frac{1}{\sqrt{n^2+4n^2}}\right)=\frac{\ln(2+\sqrt{5})}{2}.$$

✍ **练习 3.4** 证明: $\lim\limits_{n\to\infty}\sum\limits_{k=1}^{n}\dfrac{\mathrm{e}^{\frac{k}{n}}}{n+\dfrac{1}{k}}=\mathrm{e}-1.$

✍ **练习 3.5** 证明:

$$\lim_{n\to\infty}\left(\frac{\sin\dfrac{1}{n}}{n^2+1}+\frac{2\sin\dfrac{2}{n}}{n^2+2}+\cdots+\frac{n\sin\dfrac{n}{n}}{n^2+n}\right)=\sin 1-\cos 1.$$

3.2 和式极限的定积分求法

求和式极限最简洁的方法就是化为定积分来求解. 这是一种非常精彩的方法, 它将离散的问题转化为连续的问题, 利用黎曼积分理论, 迅速求解. 这种方法可以解决较多较复杂的问题.

3.2.1 和式极限与定积分转化的原理

和式极限与定积分之间的联系就是将和式极限凑成定积分定义的特殊情况, 转化为定积分的问题求解. 具体如下:

定义 3.1 (定积分的和式极限)

设函数 $f(x)$ 在闭区间 $[a,b]$ 上连续, 由定积分的定义, 如果将区间分成 n 等份, 且取 $\xi_k=x_k$, 于是有

$$\int_a^b f(x)\mathrm{d}x=\lim_{\lambda\to 0}\sum_{k=1}^{n}f(\xi_k)\Delta x_k=\lim_{n\to+\infty}\sum_{k=1}^{n}f\left(a+k\frac{b-a}{n}\right)\frac{b-a}{n}.$$

♣

若 $\displaystyle\int_a^b f(x)\mathrm{d}x$ 的值容易找到, 该公式便可用来求和式的极限. 但在实际应用中, 初学者通常会遇到一个难题: 如何确定被积函数以及积分的上下限. 为了解决这个问题, 下面将通过实例详细展示相关的求解方法.

例题 3.1　计算极限

$$\lim_{n\to\infty}\left(\frac{n}{n^2+1^2}+\frac{n}{n^2+2^2}+\cdots+\frac{n}{n^2+n^2}\right).$$

解　先把每一项都拆出一个 $\frac{1}{n}$, 那么第 k 项就可以拆成 $\frac{n^2}{n^2+k^2}\times\frac{1}{n}$. 前面的 $\frac{n^2}{n^2+k^2}$ 上下同除以 n^2 就可以出现 $\frac{k}{n}$, 这样原式就会变成

$$\lim_{n\to\infty}\sum_{k=1}^{n}\frac{1}{1+\left(\frac{k}{n}\right)^2}\times\frac{1}{n}.$$

把 $\frac{k}{n}$ 换成 x, 所以被积函数就是 $f(x)=\frac{1}{1+x^2}$. 至此我们就能成功地把它转化成一个定积分了. 故原极限等于

$$\int_0^1\frac{1}{1+x^2}\,\mathrm{d}x=\arctan x\Big|_0^1=\frac{\pi}{4}.$$

✍ **练习 3.6**　计算极限 $\lim\limits_{n\to+\infty}\left[\frac{n}{(n+1)^2}+\frac{n}{(n+2)^2}+\cdots+\frac{n}{(n+n)^2}\right]$.

✍ **练习 3.7**　计算极限 $\lim\limits_{n\to\infty}\sum\limits_{k=1}^{2n}\frac{1}{n+k}$.

以上详细展示了如何找到被积函数的过程. 下面我们将介绍一种更为简单直观的思考方法. 实际上, 在使用定积分定义来计算极限时, 被积区间通常可以看作 $[0,1]$, 这是因为将区间视作 $[0,1]$ 是最为方便的. 此外, 我们通常需要分离出一个 $\frac{1}{n}$ 作为增量, 这意味着区间 $[0,1]$ 被分成了 n 个小区间:

$$\left[0,\frac{1}{n}\right],\left[\frac{1}{n},\frac{2}{n}\right],\cdots,\left[\frac{n-1}{n},\frac{n}{n}\right].$$

当然, 区间也可以是其他的, 划分的数量也可以是其他的. 我们可以将求解过程总结为以下四个步骤:

(1) 将问题写成包含 $\sum$ 符号的求和式, 并从每一项中分离出一个 $\frac{1}{n}$;

(2) 整理提取出 $\frac{1}{n}$ 后剩下的部分, 将其整理成一个关于 $\frac{k}{n}$ 的表达式;

(3) 用 x 替换 $\frac{k}{n}$, 得到被积函数;

(4) 计算这个被积函数在 $[0,1]$ 上的定积分, 该值即为原极限值.

通过这四个步骤, 我们可以更容易地解决类似的问题.

定理 3.1 (和式极限与定积分)

设函数 $f(x)$ 为定义在区间 $(0,1)$ 上的连续函数, 且 $\int_0^1 f(x)\mathrm{d}x$ 存在, 则

$$\lim_{n\to\infty}\frac{1}{n}\sum_{k=1}^{n} f\left(\frac{k}{n}\right)=\lim_{n\to\infty}\frac{1}{n}\sum_{k=1}^{n} f\left(\frac{2k-1}{2n}\right)=\int_0^1 f(x)\mathrm{d}x.$$

例题 3.2 求极限

$$\lim_{n\to\infty}\frac{1}{\sqrt{n}}\left(\frac{1}{\sqrt{n}+\sqrt{1}}+\frac{1}{\sqrt{n}+\sqrt{2}}+\cdots+\frac{1}{\sqrt{n}+\sqrt{n}}\right).$$

解

$$\lim_{n\to\infty}\frac{1}{\sqrt{n}}\left(\frac{1}{\sqrt{n}+\sqrt{1}}+\frac{1}{\sqrt{n}+\sqrt{2}}+\cdots+\frac{1}{\sqrt{n}+\sqrt{n}}\right)$$

$$=\lim_{n\to\infty}\frac{1}{\sqrt{n}}\sum_{k=1}^{n}\frac{1}{\sqrt{n}+\sqrt{k}}$$

$$=\lim_{n\to\infty}\frac{1}{n}\sum_{k=1}^{\infty}\frac{1}{1+\sqrt{\dfrac{k}{n}}}$$

$$=\int_0^1\frac{1}{1+\sqrt{x}}\mathrm{d}x \qquad (\text{设}t=\sqrt{x})$$

$$=\int_0^1\frac{2t}{1+t}\mathrm{d}t$$

$$=\int_0^1\frac{2+2t-2}{1+t}\mathrm{d}t$$

$$=\int_0^1 2\mathrm{d}t-2\int_0^1\frac{1}{1+t}\mathrm{d}(1+t)=2-2\ln 2.$$

✍ **练习 3.8** 设 $k>0$, 求极限 $\lim\limits_{n\to\infty}\dfrac{1^k+2^k+\cdots+n^k}{n^{k+1}}$.

✍ **练习 3.9** 设 p 是自然数, 求极限 $\lim\limits_{n\to\infty}\dfrac{1^p+3^p+\cdots+(2n-1)^p}{n^{p+1}}$.

3.2.2 乘积极限取对数转化为和式极限

在解决某些乘积形式的极限问题时, 常用的策略是通过取对数将问题转化为和式极限的问题. 这样做的目的是更方便地应用定积分的定义来求解这类问题. 通过这种转换, 我们可以将复杂的乘积形式简化, 便于分析和计算.

例题 3.3 求极限

$$\lim_{n\to\infty}\left(\left(1+\frac{1}{n}\right)\left(1+\frac{2}{n}\right)\cdots\left(1+\frac{n}{n}\right)\right)^{\frac{1}{n}}.$$

解 设

$$a_n=\left(\left(1+\frac{1}{n}\right)\left(1+\frac{2}{n}\right)\cdots\left(1+\frac{n}{n}\right)\right)^{\frac{1}{n}}=\mathrm{e}^{\frac{1}{n}\sum\limits_{i=1}^{n}\ln\left(1+\frac{i}{n}\right)}.$$

由定积分的定义

$$\lim_{\mathrm{n}\to\infty}\frac{1}{n}\sum_{i=1}^{n}\ln\left(1+\frac{i}{n}\right)=\int_0^1\ln(1+x)\,\mathrm{d}x,$$

所以

$$\lim_{n\to\infty}\left(\left(1+\frac{1}{n}\right)\left(1+\frac{2}{n}\right)\cdots\left(1+\frac{n}{n}\right)\right)^{\frac{1}{n}}=\mathrm{e}^{2\ln 2-1}.$$

✍ **练习 3.10** 求极限 $\lim\limits_{n\to\infty}\dfrac{\sqrt[n]{n(n+1)(n+2)\cdots(2n-1)}}{n}$.

✍ **练习 3.11** 求极限 $\lim\limits_{n\to\infty}\dfrac{\sqrt[n]{n!}}{n}$.

✍ **练习 3.12** 设 $x_n=\dfrac{1}{n^4}\prod\limits_{i=1}^{2n}(n^2+i^2)^{\frac{1}{n}}$, 求 $\lim\limits_{n\to\infty}x_n$.

3.2.3 放缩法结合迫敛性

在某些情况下, 和式极限可能无法直接转化为定积分. 在这种情况下, 我们可以通过适当的放缩来进行转化, 然后使用迫敛性来完成证明和求解. 通过这种方法, 即使初步的转化不可行, 我们仍然可以成功地将问题转化为定积分问题, 并找到解决方案.

例题 3.4 求极限

$$\lim_{n\to\infty}\left(\frac{\sin\frac{\pi}{n}}{n+1}+\frac{\sin\frac{2\pi}{n}}{n+\frac{1}{2}}+\cdots+\frac{\sin\pi}{n+\frac{1}{n}}\right).$$

解 利用等价无穷小适当放缩, 得到

$$\frac{1}{n+1}\sum_{i=1}^{n}\sin\frac{i\pi}{n}\leqslant\frac{\sin\frac{\pi}{n}}{n+1}+\frac{\sin\frac{2\pi}{n}}{n+\frac{1}{2}}+\cdots+\frac{\sin\pi}{n+\frac{1}{n}}\leqslant\frac{1}{n}\sum_{i=1}^{n}\sin\frac{i\pi}{n}.$$

利用迫敛性, 两端同时取极限得

$$\lim_{n\to\infty}\frac{1}{n}\sum_{i=1}^{n}\sin\frac{i\pi}{n}=\int_0^1\sin\pi x\,\mathrm{d}x=\frac{2}{\pi},$$

$$\lim_{n\to\infty}\frac{n}{n+1}\cdot\frac{1}{n}\sum_{i=1}^{n}\sin\frac{i\pi}{n}=\frac{2}{\pi}.$$

于是

$$\lim_{n\to\infty}\left(\frac{\sin\frac{\pi}{n}}{n+1}+\frac{\sin\frac{2\pi}{n}}{n+\frac{1}{2}}+\cdots+\frac{\sin\pi}{n+\frac{1}{n}}\right)=\frac{2}{\pi}.$$

✍ **练习 3.13** 计算 $\lim\limits_{n\to\infty}(n!)^{\frac{1}{n\ln n}}$.

✍ **练习 3.14** 求极限 $\lim\limits_{n\to\infty}\sum\limits_{k=1}^{n}\dfrac{a^{\frac{k}{n}}}{n+(a-1)k^{-1}}$.

✍ **练习 3.15** 计算

$$\lim_{n\to\infty}\left(\frac{n}{1^2+\sqrt{n}+n^2}+\frac{n}{2^2+2\sqrt{n}+n^2}+\cdots+\frac{n}{2n^2+n\sqrt{n}}\right).$$

✍ **练习 3.16** 证明:

$$x-\frac{x^2}{2}<\ln(1+x)<x.$$

并用以计算:

(1) $\lim\limits_{n\to\infty}\sum\limits_{k=1}^{n}\ln\left(1+\dfrac{k}{n^2}\right)$;

(2) $\lim\limits_{n\to\infty}\prod\limits_{k=1}^{n}\ln\left(1+\dfrac{k}{n^2}\right)$.

例题 3.5 求极限

$$\lim_{n\to\infty}\sqrt{n}\left(1-\sum_{k=1}^{n}\frac{1}{n+\sqrt{k}}\right).$$

解　记

$$a_n=\sqrt{n}\left(1-\sum_{k=1}^{n}\frac{1}{n+\sqrt{k}}\right),$$

于是

$$a_n=\sqrt{n}\sum_{k=1}^{n}\left(\frac{1}{n}-\frac{1}{n+\sqrt{k}}\right)=\sum_{k=1}^{n}\frac{\sqrt{k}}{\sqrt{n}(n+\sqrt{k})},$$

则有

$$\frac{1}{\sqrt{n}(n+\sqrt{n})}\sum_{k=1}^{n}\sqrt{k}\leqslant a_n=\sum_{k=1}^{n}\frac{\sqrt{k}}{\sqrt{n}(n+\sqrt{k})}\leqslant\frac{1}{n\sqrt{n}}\sum_{k=1}^{n}\sqrt{k}.$$

因为

$$\sum_{k=1}^{n}\sqrt{k}\leqslant\sum_{k=1}^{n}\int_{k}^{k+1}\sqrt{x}\,\mathrm{d}x=\int_{1}^{n+1}\sqrt{x}\,\mathrm{d}x=\frac{2}{3}((n+1)\sqrt{n+1}-1),$$

$$\sum_{k=1}^{n}\sqrt{k}\geqslant\sum_{k=1}^{n}\int_{k-1}^{k}\sqrt{x}\,\mathrm{d}x=\int_{0}^{n}\sqrt{x}\,\mathrm{d}x=\frac{2}{3}n\sqrt{n},$$

所以

$$a_n\leqslant\frac{2}{3}\cdot\frac{(n+1)\sqrt{n+1}}{n\sqrt{n}}=\frac{2}{3}\left(1+\frac{1}{n}\right)\sqrt{1+\frac{1}{n}},$$

$$a_n\geqslant\frac{1}{\sqrt{n}(n+\sqrt{n})}\sum_{k=1}^{n}\sqrt{k}\geqslant\frac{2}{3}\cdot\frac{n}{n+\sqrt{n}}.$$

于是

$$\frac{2}{3}\cdot\frac{n}{n+\sqrt{n}}\leqslant a_n<\frac{2}{3}\left(1+\frac{1}{n}\right)\sqrt{1+\frac{1}{n}}.$$

利用迫敛性, 得

$$\lim_{n\to\infty}\sqrt{n}\left(1-\sum_{k=1}^{n}\frac{1}{n+\sqrt{k}}\right)=\lim_{n\to\infty}a_n=\frac{2}{3}.$$

✍ **练习 3.17**　证明:

$$\lim_{n\to+\infty}\left(\frac{\sqrt[n]{1}+\sqrt[n]{\frac{1}{2}}+\sqrt[n]{\frac{1}{3}}+\cdots+\sqrt[n]{\frac{1}{n}}}{n}\right)^{n}=0.$$

练习 3.18 证明:

$$\lim_{n\to\infty}\sum_{k=1}^{n}\frac{n}{n^2+k^2}=\int_0^{+\infty}\frac{1}{1+x^2}\mathrm{d}x=\arctan x\Big|_0^{+\infty}=\frac{\pi}{2}.$$

练习 3.19 计算极限

$$\lim_{n\to\infty}\sum_{k=1}^{n}\sqrt[3]{n^6+k^3}\cdot\cos\frac{2k\pi}{n}.$$

3.3 求和与极限交换次序

塔内里定理是一个关于求和与极限运算交换次序的重要结果, 它是实分析中的一个基本工具.

定理 3.2 (塔内里定理)

设 $k,n\in\mathbb{N}$, $f_k(n)$ 对每一个 k 都收敛, 即

$$\lim_{n\to\infty}f_k(n)=L_k,\quad |f_k(n)|\leqslant M_k,$$

其中 M_k 与 n 无关. 若 $\sum\limits_{k=0}^{\infty}M_k$ 收敛, 则

$$\lim_{n\to\infty}\sum_{k=0}^{n}f_k(n)=\sum_{k=0}^{\infty}\lim_{n\to\infty}f_k(n)=\sum_{k=0}^{\infty}L_k.$$

♡

推论 3.1 (单调递增有极限)

设非负数列 $\{a_k(n)\}$ 关于 n 单调递增, 并且对每个 k, 有 $\lim\limits_{n\to\infty}a_k(n)=b_k$. 若 $\sum\limits_{k=0}^{\infty}b_k$ 收敛, 则

$$\lim_{n\to\infty}\sum_{k=0}^{n}a_k(n)=\sum_{k=0}^{\infty}\lim_{n\to\infty}a_k(n)=\sum_{k=0}^{\infty}b_k.$$

♡

显然, 在推论的条件下, 塔内里定理的条件是成立的, 此时可以直接取 $M_k=b_k$. 接下来, 我们将利用塔内里定理的推论来解答竞赛题目.

第八届全国大学生数学竞赛决赛 (数学类低年级组) 试题第五题如下:

例题 3.6　设 $n>1$ 为正整数. 令

$$S_n=\left(\frac{1}{n}\right)^n+\left(\frac{2}{n}\right)^n+\cdots+\left(\frac{n-1}{n}\right)^n.$$

(1) 证明数列 S_n 单调增且有界, 从而极限 $\lim\limits_{n\to\infty} S_n$ 存在.

(2) 求极限 $\lim\limits_{n\to\infty} S_n$.

解　对于结论 (1), 一方面, 由均值不等式有

$$k+1=\frac{k}{n}+\cdots+\frac{k}{n}+1>(n+1)\sqrt[n+1]{\left(\frac{k}{n}\right)^n},$$

因此

$$\left(\frac{k+1}{n+1}\right)^{n+1}>\left(\frac{k}{n}\right)^n,\quad k=1,2,\cdots,n-1.$$

于是

$$\begin{aligned}S_{n+1}&=\left(\frac{1}{n+1}\right)^{n+1}+\left(\frac{2}{n+1}\right)^{n+1}+\cdots+\left(\frac{n}{n+1}\right)^{n+1}\\&>\left(\frac{1}{n+1}\right)^{n+1}+\left(\frac{1}{n}\right)^n+\cdots+\left(\frac{n-1}{n}\right)^n>S_n,\end{aligned}$$

即 S_n 单调增.

另一方面,

$$0<S_n=n\cdot\frac{1}{n}\sum_{k=1}^{n-1}\left(\frac{k}{n}\right)^n<n\cdot\int_0^1 x^n\,\mathrm{d}x=\frac{n}{n+1}<1.$$

因此 S_n 单调增有上界, 从而极限 $\lim\limits_{n\to\infty} S_n=S$ 存在.

对于结论 (2), 注意到

$$\lim_{n\to\infty}\left(1+\frac{x}{n}\right)^n=\lim_{n\to\infty}\sum_{k=0}^{n}\mathrm{C}_n^k\frac{x^k}{n^k}.$$

设 $f_k(n)=\mathrm{C}_n^k\dfrac{x^k}{n^k}$, 其中 $|f_k(n)|\leqslant\dfrac{|x|^k}{k!}$ 有界, 并且 $\sum\limits_{k=0}^{\infty}\dfrac{|x|^k}{k!}=\mathrm{e}^{|x|}<\infty$, 运用塔内里定理

$$\lim_{n\to\infty}\sum_{k=0}^{n}\mathrm{C}_n^k\frac{x^k}{n^k}=\sum_{k=0}^{\infty}\lim_{n\to\infty}\mathrm{C}_n^k\frac{x^k}{n^k}=\sum_{k=0}^{\infty}\frac{x^k}{k!}=\mathrm{e}^x.$$

设 $a_k(n) := \left(1-\dfrac{k}{n}\right)^n$，容易验证定理均满足

$$\lim_{n\to\infty} a_k(n) = \lim_{n\to\infty}\left(1-\frac{k}{n}\right)^n = \mathrm{e}^{-k};$$

$$|a_k(n)| = \left(1-\frac{k}{n}\right)^n \leqslant \left(\mathrm{e}^{-\frac{k}{n}}\right)^n = \mathrm{e}^{-k},$$

$$\sum_{k=1}^{\infty}\mathrm{e}^{-k} = \frac{1}{\mathrm{e}-1} < \infty.$$

于是

$$\begin{aligned}\lim_{n\to\infty}\sum_{k=1}^{n-1}\left(\frac{k}{n}\right)^n &= \lim_{n\to\infty}\sum_{k=1}^{n-1}\left(\frac{n-k}{n}\right)^n = \lim_{n\to\infty}\sum_{k=1}^{n-1}\left(1-\frac{k}{n}\right)^n \\ &= \sum_{k=1}^{\infty}\lim_{n\to\infty}\left(1-\frac{k}{n}\right)^n = \sum_{k=0}^{\infty}\mathrm{e}^{-k} = \frac{1}{\mathrm{e}-1}.\end{aligned}$$

或者使用下面的估计.

一方面，当 $x \neq 0$ 时，$\mathrm{e}^x > 1+x$，则

$$\left(1-\frac{k}{n}\right)^n < \mathrm{e}^{n\cdot\left(-\frac{k}{n}\right)} = \mathrm{e}^{-k}.$$

从而

$$S_n = \sum_{k=1}^{n-1}\left(\frac{n-k}{n}\right)^n < \sum_{k=1}^{n-1}\mathrm{e}^{-k} < \sum_{k=1}^{\infty}\mathrm{e}^{-k} = \frac{1}{\mathrm{e}-1}.$$

因此

$$\lim_{n\to\infty} S_n = S \leqslant \frac{1}{\mathrm{e}-1}.$$

另一方面，对任意正整数 m，取 $n > m$，则

$$S_n \geqslant \sum_{k=1}^{m}\left(1-\frac{k}{n}\right)^n.$$

两边令 $n\to\infty$，再令 $m\to\infty$ 得

$$S \geqslant \sum_{k=1}^{m}\mathrm{e}^{-k} \to \frac{1}{\mathrm{e}-1}.$$

由迫敛性得

$$\lim_{n\to\infty} S_n = S = \frac{1}{\mathrm{e}-1}.$$

✍ **练习 3.20**　设 $a>0$, 则 $\lim\limits_{n\to\infty}\sum\limits_{k=0}^{n-1}\left(1-\dfrac{k-a}{n}\right)^n=\dfrac{\mathrm{e}^{a+1}}{\mathrm{e}-1}$.

✍ **练习 3.21**　求和式极限 $\lim\limits_{n\to\infty}\sum\limits_{k=1}^{n}\dfrac{1}{n+k^{\alpha}}$.

✍ **练习 3.22**　设 $\alpha\neq 1,\beta>0$, 计算 $\lim\limits_{n\to\infty}\sum\limits_{k=1}^{n}\dfrac{1}{n+k^{\alpha}(\ln k)^{\beta}}$.

3.4　乘积和式极限的求法

下面介绍特普利茨定理的推广和应用.

定理 3.3 (特普利茨定理)

设 $n,k\in\mathbb{N}$, $t_{nk}\geqslant 0$ 且 $\sum\limits_{k=1}^{n} l_{nk}=1$, $\lim\limits_{n\to+\infty} l_{nk}=0$. 如果 $\lim\limits_{n\to+\infty} a_n=a$, 则

$$\lim_{n\to+\infty}\sum_{k=1}^{n} t_{nk}\cdot a_k=a.$$

推广: 把和为 1 改为和的极限为 1.

定理 3.4 (特普利茨定理的推广)

设 $n,k\in\mathbb{N}$, $t_{nk}\geqslant 0$ 且 $\lim\limits_{n\to+\infty}\sum\limits_{k=1}^{n} t_{nk}=1$, $\lim\limits_{n\to+\infty} t_{nk}=0$. 如果 $\lim\limits_{n\to+\infty} a_n=a$, 则

$$\lim_{n\to+\infty}\sum_{k=1}^{n} t_{nk}\cdot a_k=a.$$

证明　设 $S_n=\sum\limits_{k=1}^{n} t_{nk}$. 因为 $\lim\limits_{n\to+\infty} S_n=1>0$, 所以 $\exists N_1\in\mathbb{N}$, 当 $n>N_1$ 时, $S_n>0$. 当 $n>N_1$ 时, 令 $b_{nk}=t_{nk}/S_n$, 则 $b_{nk}\geqslant 0$, 并且

$$\sum_{k=1}^{n} b_{nk}=1,\qquad \lim_{n\to+\infty} b_{nk}=0.$$

根据特普利茨定理,

$$\lim_{n\to+\infty}\sum_{k=1}^{n} b_{nk}\cdot a_k = a,$$

所以

$$\lim_{n\to+\infty}\sum_{k=1}^{n} t_{nk}\cdot a_k = \lim_{n\to+\infty} S_n\cdot\sum_{k=1}^{n} b_{nk}\cdot a_k = a.$$

例题 3.7 设 $\lim\limits_{n\to+\infty} a_n = a$, $\lim\limits_{n\to+\infty} b_n = b > 0$, 且 $b_n > 0, \forall n \in \mathbb{N}$, 证明:

$$\lim_{n\to+\infty}\frac{a_1b_n + a_2b_{n-1} + \cdots + a_nb_1}{n} = ab.$$

证明 设 $t_{nk} = \dfrac{b_{n-k+1}}{n\cdot b}$, 易知 $t_{nk} \geqslant 0$, $\lim\limits_{n\to+\infty} t_{nk} = 0$. 而且

$$\lim_{n\to+\infty}\sum_{k=1}^{n} t_{nk} = \lim_{n\to+\infty}\frac{1}{b}\cdot\frac{b_1+b_2+\cdots+b_n}{n} = \frac{1}{b}\cdot\lim_{n\to+\infty} b_n = 1.$$

由特普利茨定理的推广知

$$\lim_{n\to+\infty}\sum_{k=1}^{n} t_{nk}\cdot a_k = a,$$

即

$$\begin{aligned}&\lim_{n\to+\infty}\frac{b_n}{n\cdot b}\cdot a_1 + \frac{b_{n-1}}{n\cdot b}\cdot a_2 + \cdots + \frac{b_1}{n\cdot b}\cdot a_n\\ =&\lim_{n\to+\infty}\frac{a_1\cdot b_n + a_2\cdot b_{n-1}\cdots + a_n\cdot b_1}{n\cdot b} = a,\end{aligned}$$

两边同时乘以 b, 即得

$$\lim_{n\to+\infty}\frac{a_1b_n + a_2b_{n-1} + \cdots + a_nb_1}{n} = ab.$$

✍ **练习 3.23** 设 $\lim\limits_{n\to+\infty} a_n = a$, $b_n \geqslant 0$, 且 $\lim\limits_{n\to+\infty}(b_1+b_2+\cdots+b_n) = S$, 证明:

$$\lim_{n\to+\infty}(a_1\cdot b_n + a_2\cdot b_{n-1} + \cdots + a_n\cdot b_1) = a\cdot S.$$

3.5 和式极限的渐近估计

下面介绍“离散和”的渐近估计方法.

3.5.1 首次估计

定理 3.5 (欧拉定理)

设 $f(x) \in C[0,+\infty)$ 且 $f(x) \downarrow 0\ (x \to +\infty)$, 则有

$$\sum_{k=1}^{n} f(k) - \int_1^n f(x)\,\mathrm{d}x = O(1), \quad n \to +\infty.$$

♡

证明 由于 $f(x)$ 单调递减, 所以, 对于 $k = 2, 3, \cdots$, 有

$$\int_{k-1}^{k} f(x)\,\mathrm{d}x > f(k) > \int_k^{k+1} f(x)\,\mathrm{d}x.$$

定义

$$A_k = \int_{k-1}^{k} f(x)\,\mathrm{d}x - \int_k^{k+1} f(x)\,\mathrm{d}x > f(k) - \int_k^{k+1} f(x)\,\mathrm{d}x = B_k.$$

从而

$$0 < \sum_{k=2}^{n} B_k < \sum_{k=2}^{n} A_k < \int_1^2 f(x)\,\mathrm{d}x,$$

所以级数 $\sum\limits_{k=2}^{\infty} B_k$ 收敛, 即

$$\sum_{k=1}^{n} f(k) - \int_1^n f(x)\,\mathrm{d}x = O(1), \quad n \to +\infty.$$

特别地, 取 $f(x) = \dfrac{1}{x}$, 得到

$$\sum_{k=1}^{n} \frac{1}{k} - \ln n = \gamma + O(1), \quad n \to +\infty,$$

其中 γ 是欧拉常数. 又若取 $f(x) = x^{-s}(0 < s < 1)$, 则有

$$\sum_{k=1}^{n-1} \frac{1}{k^s} - \frac{n^{1-s}}{1-s} = O(1), \quad n \to +\infty.$$

定理 3.6 (欧拉定理 2)

已知连续函数 $f(x)$ 在 $[1,+\infty)$ 单调递减, 且 $f(x)>0$, 则数列

$$a_n=\sum_{k=1}^{n} f(k)-\int_1^n f(x)\mathrm{d}x$$

收敛. ♡

证明 根据 $f(x)$ 的单调递减性与积分第一中值定理, 有

$$a_{n+1}-a_n=f(n+1)-\int_n^{n+1} f(x)\mathrm{d}x=f(n+1)-f(\xi)\leqslant 0,\quad \xi\in[n,n+1].$$

所以 $\{a_n\}$ 单调递减. 同时, 对任意的正整数 k, 结合 $f(x)$ 的单调递减性, 有

$$\int_k^{k+1} f(x)\mathrm{d}x\leqslant\int_k^{k+1} f(k)\mathrm{d}x=f(k),$$

于是

$$a_n=\sum_{k=1}^{n} f(k)-\sum_{k=1}^{n-1}\int_k^{k+1} f(x)\mathrm{d}x\geqslant\sum_{k=1}^{n} f(k)-\sum_{k=1}^{n-1} f(k)=f(n)>0.$$

于是 $\{a_n\}$ 单调递减有下界, 从而 $\{a_n\}$ 收敛.

注 在题目中, 通过为 $f(x)$ 选择具体的函数, 我们可以得到一系列关于数列收敛的结果. 以下是一些具体的例子.

(1) 选择 $f(x)=\dfrac{1}{x}$, 此时我们有

$$a_n=1+\frac{1}{2}+\cdots+\frac{1}{n}-\ln n,$$

该数列是收敛的. 这个结果和例题 1.32 是一致的.

(2) 选择 $f(x)=\dfrac{1}{\sqrt{x}}$, 可知

$$a_n=1+\frac{1}{\sqrt{2}}+\cdots+\frac{1}{\sqrt{n}}-2\sqrt{n}.$$

这个数列也是收敛的.

(3) 选择 $f(x)=\dfrac{1}{x\ln x}$, 我们可以发现

$$a_n=\frac{1}{2\ln 2}+\frac{1}{3\ln 3}+\cdots+\frac{1}{n\ln n}-\ln\ln n$$

同样是收敛的. 请注意, 此时 $f(1)$ 是无意义的, 所以我们使用

$$a_n=\sum_{k=2}^{n}f(k)-\int_2^n f(x)\mathrm{d}x-\ln\ln 2.$$

易证 $\{a_n\}$ 是单调递减的, 并且有 $-\ln\ln 2$ 作为下界, 因此该数列是收敛的.

3.5.2 两项估计

对于涉及求和与积分的问题, 我们经常可以巧妙地运用积分的方法将求和问题转换为积分问题, 或者逆过程, 将积分问题转化为求和问题. 这种灵活的转换策略, 能让我们更便捷地运用微分中值定理等数学工具, 高效且准确地找到问题的答案.

定理 3.7 (离散与连续之间的误差估计)

设函数 $f(x)$ 在 $[0,1]$ 上连续可导, 则

$$\lim_{n\to\infty}n\left[\int_0^1 f(x)\mathrm{d}x-\frac{1}{n}\sum_{k=1}^{n}f\left(\frac{k}{n}\right)\right]=\frac{f(0)-f(1)}{2}.$$

证明　为了简便计算, 我们首先将区间 $[0,1]$ 分为 n 个小区间, 并将求和符号与积分符号相结合; 再将 $\dfrac{1}{n}f\left(\dfrac{k}{n}\right)$ 化成积分 $\displaystyle\int_{\frac{k-1}{n}}^{\frac{k}{n}}f\left(\frac{k}{n}\right)\mathrm{d}x$, 方便与积分号 "$\int$" 结合, 即

$$\begin{aligned}
&\lim_{n\to\infty}n\left(\int_0^1 f(x)\mathrm{d}x-\frac{1}{n}\sum_{k=1}^{n}f\left(\frac{k}{n}\right)\right)\\
=&\lim_{n\to\infty}n\left(\sum_{k=1}^{n}\int_{\frac{k-1}{n}}^{\frac{k}{n}}f(x)\mathrm{d}x-\sum_{k=1}^{n}\frac{1}{n}f\left(\frac{k}{n}\right)\right)\\
=&\lim_{n\to\infty}n\sum_{k=1}^{n}\left[\int_{\frac{k-1}{n}}^{\frac{k}{n}}f(x)\mathrm{d}x-\frac{1}{n}f\left(\frac{k}{n}\right)\right]\\
=&\lim_{n\to\infty}n\sum_{k=1}^{n}\left[\int_{\frac{k-1}{n}}^{\frac{k}{n}}f(x)\mathrm{d}x-\int_{\frac{k-1}{n}}^{\frac{k}{n}}f\left(\frac{k}{n}\right)\mathrm{d}x\right]
\end{aligned}$$

$$
\begin{aligned}
&= \lim_{n\to\infty} n\sum_{k=1}^{n}\int_{\frac{k-1}{n}}^{\frac{k}{n}}\left[f(x)-f\left(\frac{k}{n}\right)\right]\mathrm{d}x \\
&= \lim_{n\to\infty} n\sum_{k=1}^{n}\int_{\frac{k-1}{n}}^{\frac{k}{n}} f'(\xi_k)\left(x-\frac{k}{n}\right)\mathrm{d}x \quad \left(\text{其中}\,\frac{k-1}{n}\leqslant x<\xi_k<\frac{k}{n}\right) \\
&= \lim_{n\to\infty} n\sum_{k=1}^{n}\left[f'(\eta_k)\int_{\frac{k-1}{n}}^{\frac{k}{n}}\left(x-\frac{k}{n}\right)\mathrm{d}x\right] \quad \left(\text{其中}\,\frac{k-1}{n}<\eta_k<\frac{k}{n}\right) \\
&= \lim_{n\to\infty} n\sum_{k=1}^{n}\left[f'(\eta_k)\cdot\frac{1}{2}\left(x-\frac{k}{n}\right)^2\Bigg|_{\frac{k-1}{n}}^{\frac{k}{n}}\right] \\
&= -\lim_{n\to\infty}\sum_{k=1}^{n}\frac{f'(\eta_k)}{2n}.
\end{aligned}
$$

由定积分定义

$$
\int_0^1 f(x)\mathrm{d}x=\lim_{\lambda\to 0}\sum_{i=1}^{n} f(\xi_i)\,\Delta x_i,
$$

其中 $\lambda=\max\{\Delta x_i\}$, 上述极限 $\lim\limits_{n\to\infty}\sum\limits_{k=1}^{n}\dfrac{f'(\eta_k)}{n}$ 可视为 $\displaystyle\int_0^1 f'(x)\mathrm{d}x$ 的定义, 故

$$
\text{原式}=-\lim_{n\to\infty}\sum_{k=1}^{n}\frac{f'(\eta_k)}{2n}=-\frac{1}{2}\int_0^1 f'(x)\mathrm{d}x=\frac{f(0)-f(1)}{2}.
$$

✍ **练习 3.24** 求 $\lim\limits_{n\to\infty} n\left(\dfrac{\pi}{4}-\sum\limits_{k=1}^{n}\dfrac{n}{n^2+k^2}\right)$.

✍ **练习 3.25** 记 $A_n=\dfrac{1}{n+1}+\dfrac{1}{n+2}+\cdots+\dfrac{1}{n+n}$, 求证

$$
\lim_{n\to\infty} n(\ln 2-A_n)=\frac{1}{4}.
$$

✍ **练习 3.26** 已知 $f'(x)$ 在 $x=0$ 的无穷邻域内存在, 求

$$
\lim_{n\to\infty}\left[f\left(\frac{1}{n^2}\right)+f\left(\frac{2}{n^2}\right)+\cdots+f\left(\frac{2n}{n^2}\right)-2n\right].
$$

3.5.3 欧拉–麦克劳林公式

考虑到前述两项误差估计的讨论, 我们进一步探索以下问题:

$$\lim_{n\to+\infty} n\left(\frac{1}{4}-n\left(\frac{\pi}{4}-\sum_{i=1}^{n}\frac{1}{n}\frac{1}{1+\left(\frac{i}{n}\right)^2}\right)\right)=?$$

为了解决这类的问题, 我们介绍欧拉–麦克劳林公式.

定理 3.8 (欧拉–麦克劳林公式)

设 $m \geqslant 0, n \geqslant 1, nh = b-a, x_j = a+jh, j=0,1,\cdots,n$, 若 $f(x)\in C^{2m+2}[a,b]$, 则

$$\begin{aligned}&\int_a^b f(x)\mathrm{d}x-\left[\frac{h}{2}(f(b)-f(a))+h\sum_{j=0}^{n-1}f\left(x_j\right)\right]\\&=-\sum_{j=1}^{m}\frac{B_{2j}h^{2j}}{(2j)!}\left[f^{(2j-1)}(b)-f^{(2j-1)}(a)\right]+b_{m+1},\end{aligned}$$

其中余项

$$b_{m+1}=\frac{h^{2m+2}}{(2m+2)!}\int_a^b\left[\bar{B}_{2m+2}\left(\frac{x-a}{h}\right)-B_{2m+2}\right]f^{(2m+2)}(x)\mathrm{d}x,$$

$\bar{B}_{2m+2}$ 和 B_{2m+2} 分别表示伯努利多项式和伯努利数. ♡

在数值积分理论与级数求和法中, 欧拉–麦克劳林公式是一个极有用的工具. 欧拉–麦克劳林公式建立了函数的积分与其导数的联系. 该公式有许多不同的证明方法以及不同的余项表示.

欧拉–麦克劳林公式是一种关于定积分的重要数值计算方法, 深刻地揭示了函数的积分与其各阶导数之间的内在联系. 在数值积分和级数求和领域, 该公式表现为一种异常高效和实用的工具. 这个公式不仅涵盖了函数在特定区间的积分, 还引入了函数在该区间的导数值, 从而提供了对积分更为精准的近似计算方式. 各种不同形式的欧拉–麦克劳林公式都允许我们在多种计算场景下灵活应用, 实现对复杂函数和表达式的高精度求值.

注意 $\sum\limits_{i=1}^{n}\frac{1}{n}\frac{1}{1+\left(\frac{i}{n}\right)^2}$ 与该公式中的第三项相似, 由此设 $f(x)=\frac{1}{1+x^2}$, 由欧拉–麦克劳林公式, 我们有

$$\lim_{n\to\infty}\sum_{i=1}^{n}\frac{1}{n}f\left(\frac{i}{n}\right)=\int_0^1 f(x)\mathrm{d}x+\frac{1}{2n}(f(1)-f(0))+\frac{B_2}{2n^2}\left(f'(1)-f'(0)\right)+o\left(\frac{1}{n^2}\right),$$

其中 B_2 为伯努利数.

$$\int_0^1 f(x)\mathrm{d}x = \frac{\pi}{4},$$
$$\frac{1}{2n}(f(1)-f(0)) = -\frac{1}{4n},$$
$$\frac{B_2}{2!n^2}\left(f'(1)-f'(0)\right) = -\frac{1}{n^2}\frac{1}{24}.$$

事实上, 将欧拉–麦克劳林公式继续展开, 可以得到

$$\sum_{i=1}^{n}\frac{1}{n}\frac{1}{1+\left(\dfrac{i}{n}\right)^2}$$

的完全渐近展开式. 由此易得

$$\lim_{n\to+\infty}\sum_{i=1}^{n}\frac{1}{n}\frac{1}{1+\left(\dfrac{i}{n}\right)^2} = \frac{\pi}{4},$$

$$\lim_{n\to+\infty} n\left(\sum_{i=1}^{n}\frac{1}{n}\frac{1}{1+\left(\dfrac{i}{n}\right)^2} - \frac{\pi}{4}\right) = -\frac{1}{4},$$

$$\lim_{n\to+\infty} n\left(n\left(\sum_{i=1}^{n}\frac{1}{n}\frac{1}{1+\left(\dfrac{i}{n}\right)^2} - \frac{\pi}{4}\right) + \frac{1}{4}\right) = -\frac{1}{24}.$$

3.6 和式极限的代换方法

3.6.1 无穷小等价代换

定理 3.9 (无穷小等价代换)

设函数 $f(x), g(x)$ 在 0 的某个邻域内有定义, $g(x)>0$, $\lim\limits_{x\to 0}\dfrac{f(x)}{g(x)}=1$. 如果对于 $\forall \varepsilon>0$, $\exists N(\varepsilon)>0$, 当 $n>N(\varepsilon)$ 时, 对 $m=1,2,\cdots,n$, 有

$0 < |a_{mn}| < \varepsilon$, 则

$$\lim_{n\to\infty}\sum_{m=1}^{n} f(a_{mn}) = \lim_{n\to\infty}\sum_{m=1}^{n} g(a_{mn}),$$

当和式极限存在时成立. ♡

证明 设 $\lim\limits_{n\to\infty}\sum\limits_{m=1}^{n} g(a_{mn}) = A$, 则存在 $M>0$, 使得

$$0 < \sum_{m=1}^{n} g(a_{mn}) \leqslant M,$$

并且对任意 $\varepsilon>0$, 存在 $N_1>0$, 使得当 $n>N_1$ 时, 有

$$\left|\sum_{m=1}^{n} g(a_{mn}) - A\right| < \frac{\varepsilon}{2}.$$

由已知条件 $\lim\limits_{x\to 0}\dfrac{f(x)}{g(x)} = 1$, 对上面的 $\varepsilon>0$, 存在 $\delta>0$, 当 $|x|<\delta$ 时, 有

$$\left|\frac{f(x)}{g(x)} - 1\right| < \frac{\varepsilon}{2M},$$

所以对于 $\delta>0$, 存在 $N_2>0$, 当 $n>N_2$ 时, 对 $m=1,2,\cdots,n$, 有 $|a_{mn}|<\delta$, 从而

$$\left|\frac{f(a_{mn})}{g(a_{mn})} - 1\right| < \frac{\varepsilon}{2M}.$$

取 $N=\max\{N_1,N_2\}$, 则当 $n>N$ 时, 有

$$\begin{aligned}\left|\sum_{m=1}^{n} f(a_{mn}) - A\right| &= \left|\sum_{m=1}^{n}\left(\left(\frac{f(a_{mn})}{g(a_{mn})} - 1\right) + 1\right) g(a_{mn}) - A\right| \\ &\leqslant \sum_{m=1}^{n}\left(\left|\frac{f(a_{mn})}{g(a_{mn})} - 1\right| g(a_{mn}) + |g(a_{mn}) - A|\right) \\ &\leqslant \frac{\varepsilon}{2M}\sum_{m=1}^{n} g(a_{mn}) + \frac{\varepsilon}{2} \\ &\leqslant \frac{\varepsilon}{2M}\cdot M + \frac{\varepsilon}{2} = \varepsilon.\end{aligned}$$

例题 3.8 求极限

$$\lim_{n\to\infty}\sum_{k=1}^{n}\left(\sqrt[3]{1+\frac{k}{n^2}}-1\right).$$

解 设 $x=\dfrac{k}{n^2}$, 因为

$$\lim_{x\to 0}\frac{\sqrt[3]{1+x}-1}{\dfrac{x}{3}}=1,$$

并且当 $k=1,2,\cdots,n$ 时, 有

$$\frac{k}{n^2}\leqslant\frac{1}{n}\to 0,\quad n\to\infty,$$

所以

$$\lim_{n\to\infty}\sum_{k=1}^{n}\left(\sqrt[3]{1+\frac{k}{n^2}}-1\right)=\lim_{n\to\infty}\sum_{k=1}^{n}\frac{k}{3n^2}=\frac{1}{6}\lim_{n\to\infty}\frac{n(n+1)}{n^2}=\frac{1}{6}.$$

✍ **练习 3.27** 求极限 $\lim\limits_{n\to\infty}\prod\limits_{k=1}^{n}\left(1+\dfrac{k}{n^2}\right)$.

✍ **练习 3.28** 求极限 $\lim\limits_{n\to\infty}\sum\limits_{k=1}^{n-1}\left(1+\dfrac{k}{n}\right)\sin\left(\dfrac{k\pi}{n^2}\right)$.

3.6.2 一致等价替换

定义 3.2 (一致等价)

设对每个 $k=1,2,\cdots,n$ 有 $\lim\limits_{n\to\infty}\alpha_{kn}=\lim\limits_{n\to\infty}\beta_{kn}=0$. 若当 $n\to\infty$ 时, $\dfrac{\beta_{kn}}{\alpha_{kn}}$ 一致收敛到 1, 即 $\forall\varepsilon>0$, $\exists$ 正整数 $N(\varepsilon)$, 当 $n>N(\varepsilon)$ 时, 有

$$\left|\frac{\beta_{kn}}{\alpha_{kn}}-1\right|<\varepsilon\quad(k=1,2,\cdots,n),$$

则称 α_{kn} 与 β_{kn} 在 $n\to\infty$ 时关于 $k=1,2,\cdots,n$ 为一致等价的. 简称 α_{kn} 与 β_{kn} 关于 k 一致等价, 也称 α_{kn} 的一致等价量为 β_{kn}. ♣

定理 3.10 (一致等价替换原理)

如果

(i) 序列 α_{kn} 与 β_{kn} 关于 k 一致等价;

(ii) $\lim\limits_{n\to\infty}\sum\limits_{k=1}^{n}\alpha_{kn}=A$ (A 为有限数), 且存在正数 C, 使 $\sum\limits_{k=1}^{n}|\alpha_{kn}|\leqslant C$,

则

$$\lim_{n\to\infty}\sum_{k=1}^{n}\beta_{kn}=\lim_{n\to\infty}\sum_{k=1}^{n}\alpha_{kn}=A.$$

♡

证明 任给 $\varepsilon>0$, 由 $\lim\limits_{n\to\infty}\sum\limits_{k=1}^{n}\alpha_{kn}=A$ 及 α_{kn} 与 β_{kn} 关于 k 一致等价知, 存在正整数 $N(\varepsilon)$, 当 $n>N(\varepsilon)$ 时,

$$\left|\sum_{k=1}^{n}\alpha_{kn}-A\right|<\frac{\varepsilon}{2},\quad \left|\frac{\beta_{kn}}{\alpha_{kn}}-1\right|<\frac{\varepsilon}{2C}.$$

于是

$$\left|\sum_{k=1}^{n}\beta_{kn}-A\right|\leqslant\left|\sum_{k=1}^{n}\alpha_{kn}-A\right|+\sum_{k=1}^{n}|\alpha_{kn}|\left|\frac{\beta_{kn}}{\alpha_{kn}}-1\right|<\frac{\varepsilon}{2}+\frac{\varepsilon}{2C}\sum_{k=1}^{n}|\alpha_{kn}|<\varepsilon.$$

故 $\lim\limits_{n\to\infty}\sum\limits_{k=1}^{n}\beta_{kn}=A$.

注 α_{kn} 不变号时, 条件 (ii) 简化为 $\lim\limits_{n\to\infty}\sum\limits_{k=1}^{n}\alpha_{kn}=A$ (A 为有限数).

由定义可直接得到以下三个引理, 用于判别一致等价性.

引理 3.1 (整体的控制收敛)

设 $\lim\limits_{x\to0}\dfrac{\varphi(x)}{\psi(x)}=1, \psi(x)\to0(x\to0)$, 且当 $n\to\infty$ 时, x_{kn} 一致收敛到 0 (即 $\forall\varepsilon>0$, 存在正整数 $N(\varepsilon)$, 当 $n>N(\varepsilon)$ 时, $|x_{kn}|<\varepsilon$ 对一切 $k=1,2,\cdots,n$ 成立), 则 $\varphi(x_{kn})$ 与 $\psi(x_{kn})$ 关于 k 一致等价.

♡

引理 3.2 (与 k 无关的比控制收敛)

设对每个 $k=1,2,\cdots,n$ 有 $\lim\limits_{n\to\infty}\alpha_{kn}=\lim\limits_{n\to\infty}\beta_{kn}=0$. 若 $\left|\dfrac{\beta_{kn}}{\alpha_{kn}}-1\right|<\gamma_n$, 且 $\gamma_n\to0(n\to\infty)$, 则 α_{kn} 与 β_{kn} 关于 k 一致等价.

♡

引理 3.3 (与 k 无关的差控制收敛)

设对每个 $k=1,2,\cdots,n$ 有 $\lim\limits_{n\to\infty}\alpha_{kn}=\lim\limits_{n\to\infty}\beta_{kn}=0$. 若 $|\beta_{kn}-\alpha_{kn}|<\gamma_n$, 且 $\gamma_n\to 0(n\to\infty)$, 则 α_{kn} 与 β_{kn} 关于 k 一致等价. ♡

例题 3.9 计算以下和式极限.

(i) $\lim\limits_{n\to\infty}\sum\limits_{k=1}^{n}\left(1+\dfrac{k}{n}\right)\left(\sqrt[3]{\dfrac{k}{n^2}}-\sin\sqrt[3]{\dfrac{k}{n^2}}\right)$.

(ii) $\lim\limits_{n\to\infty}\sum\limits_{k=1}^{n}\dfrac{1}{n}\cos\dfrac{k}{n^2}$.

解 (i) 令 $f(x)=x-\sin x$, 则

$$f(0)=f'(0)=f''(0)=0,\quad f'''(0)=1,$$

所以 $\sqrt[3]{\dfrac{k}{n^2}}-\sin\sqrt[3]{\dfrac{k}{n^2}}$ 与 $\dfrac{1}{6}\dfrac{k}{n^2}$ 关于 k 一致等价. 于是

$$\begin{aligned}&\lim_{n\to\infty}\sum_{k=1}^{n}\left(1+\frac{k}{n}\right)\left(\sqrt[3]{\frac{k}{n^2}}-\sin\sqrt[3]{\frac{k}{n^2}}\right)\\=&\lim_{n\to\infty}\sum_{k=1}^{n}\left(1+\frac{k}{n}\right)\frac{1}{6}\frac{k}{n^2}=\frac{1}{6}\int_0^1 x(1+x)\mathrm{d}x=\frac{5}{36}.\end{aligned}$$

(ii) 令 $a_k(n)=\dfrac{1}{n}\cos\dfrac{k}{n^2}$, 则

$$|na_{kn}-1|=\left|1-\cos\frac{k}{n^2}\right|=2\sin^2\frac{k}{2n^2}<2\left(\frac{k}{2n^2}\right)^2<\frac{1}{2n^2}.$$

于是 a_{kn} 与 $\dfrac{1}{n}$ 在 $n\to\infty$ 时一致等价, 故

$$\lim_{n\to\infty}\sum_{k=1}^{n}\frac{1}{n}\cos\frac{k}{n^2}=\lim_{n\to\infty}\sum_{k=1}^{n}\frac{1}{n}=1.$$

✍ **练习 3.29** 计算

$$\lim_{n\to\infty}\left(\frac{n}{1^2+\sqrt{n}+n^2}+\frac{n}{2^2+2\sqrt{n}+n^2}+\cdots+\frac{n}{2n^2+n\sqrt{n}}\right).$$

✍ **练习 3.30** 求极限

$$\lim_{n\to\infty}\left(\frac{1}{n^2+n+1}+\frac{2}{n^2+n+2}+\cdots+\frac{n}{n^2+2n}\right).$$

练习 3.31 求极限

$$\lim_{n\to\infty}\left(\frac{1}{n^2+1^2+1}+\frac{2}{n^2+2^2+2}+\cdots+\frac{n}{2n^2+n}\right).$$

定理 3.11 (和式极限的复合函数代换法)

若函数 $g(x)$ 在 $[0,1]$ 上可积, 函数 $f(x)$ 在 $x=0$ 处可微, 且 $f(0)=0$ 或 $f(0)=1$, 则

$$\lim_{n\to\infty}\sum_{k=1}^{n}f\left(\frac{1}{n}g\left(\frac{k}{n}\right)\right)=f'(0)\int_0^1 g(x)\mathrm{d}x$$

或

$$\lim_{n\to\infty}\prod_{k=1}^{n}f\left(\frac{1}{n}g\left(\frac{k}{n}\right)\right)=\mathrm{e}^{f'(0)\int_0^1 g(x)\mathrm{d}x}.$$

♡

例题 3.10 求

$$\lim_{n\to\infty}\prod_{k=1}^{n}\cos\frac{ka}{n\sqrt{n}}.$$

解 由于当 n 充分大时, $\cos\dfrac{ka}{n\sqrt{n}}>0$, 故不妨取对数, 令

$$\ln y=\sum_{k=1}^{n}\ln\left(\cos a\sqrt{\frac{1}{n}\left(\frac{k}{n}\right)^2}\right).$$

选取

$$f(x)=\ln(\cos a\sqrt{x}),\quad g(x)=x^2,\quad x\in[0,1].$$

显然 $|g(x)|\leqslant 1$, 满足上述定理的条件. 注意到

$$f(x)=-\frac{1}{2}\ln\left(\cos^{-2}a\sqrt{x}\right)=-\frac{1}{2}\ln\left(1+\tan^2 a\sqrt{x}\right)\sim-\frac{1}{2}a^2x,\quad x\to 0.$$

可令 $h(x)=-\dfrac{1}{2}a^2x$, 由上述定理得

$$\begin{aligned}\lim_{n\to\infty}\ln y&=\lim_{n\to\infty}\sum_{k=1}^{n}f\left(\frac{1}{n}g\left(\frac{k}{n}\right)\right)=\lim_{n\to\infty}\sum_{k=1}^{n}h\left(\frac{1}{n}g\left(\frac{k}{n}\right)\right)\\&=-\frac{1}{2}\lim_{n\to\infty}\sum_{k=1}^{n}\frac{a^2k^2}{n^3}=-\frac{a^2}{2}\lim_{n\to\infty}\left(\frac{1}{n^3}\sum_{k=1}^{n}k^2\right)\end{aligned}$$

$$= -\frac{a^2}{2}\lim_{n\to\infty}\left(\frac{1}{n^3}\frac{n(n+1)(2n+1)}{6}\right) = -\frac{a^2}{6}.$$

因此

$$\lim_{n\to\infty}\prod_{k=1}^{n}\cos\frac{ka}{n\sqrt{n}} = y = \mathrm{e}^{-\frac{a^2}{6}}.$$

✍ **练习 3.32** 求 $\lim\limits_{n\to\infty}\prod\limits_{k=1}^{n}\left(1+\sin\frac{1}{\sqrt{n^2-k^2}}\right)$.

定理 3.12 (一致等价和式极限的一般结论)

若 $f(x)$ 在 $[0,1)$ 上有 m 阶导数, 且

$$f(0) = f'(0) = \cdots = f^{(m-1)}(0) = 0, \quad f^{(m)}(0) = c \neq 0,$$

则对正数 α 及实数 $\beta(\beta < \alpha)$, $f\left(\frac{k^\beta}{n^\alpha}\right)$ 与 $\frac{c}{m!}\frac{k^{m\beta}}{n^{m\alpha}}(k = 1, 2, \cdots, n)$ 在 $n\to\infty$ 时一致等价, 且

(1) 当 $-\frac{1}{m} < \beta < \alpha$, $\gamma = (\alpha-\beta)m - 1$ 时, 有

$$\lim_{n\to\infty}\sum_{k=1}^{n} n^\gamma f\left(\frac{k^\beta}{n^\alpha}\right) = \frac{c}{(\beta m+1)m!}.$$

(2) 当 $\beta = -\frac{1}{m}$ 时,

$$\sum_{k=1}^{n} f\left(\frac{k^\beta}{n^\alpha}\right) \sim \frac{c}{m!}\frac{\ln n}{n^{m\alpha}}.$$

(3) 当 $\beta < -\frac{1}{m}$ 时,

$$\sum_{k=1}^{n} f\left(\frac{k^\beta}{n^\alpha}\right) \sim \frac{c}{m!}\zeta(-m\beta)\frac{1}{n^{ma}}.$$

♡

证明 证 $x \in (0,1)$ 时, 利用泰勒公式

$$f(x) = \sum_{k=0}^{m}\frac{f^{(k)}(0)}{k!}x^k + o(x^m) = \frac{c}{m!}x^m + o(x^m),$$

知 $\lim\limits_{x\to 0}\dfrac{f(x)}{\dfrac{cx^m}{m!}}=1$. 注意到当 $\beta>0$ 时, $\dfrac{k^\beta}{n^\alpha}\leqslant\dfrac{1}{n^{\alpha-\beta}}$; 当 $\beta<0$ 时, $\dfrac{k^\beta}{n^\alpha}\leqslant\dfrac{1}{n^\alpha}$; 当 $n\to\infty$ 时, $\dfrac{k^\beta}{n^\alpha}$ 一致收敛到 0.

由于 $f\left(\dfrac{k^\beta}{n^\alpha}\right)$ 与 $\dfrac{c}{m!}\dfrac{k^{m\beta}}{n^{m\alpha}}$ 关于 k 一致等价, 因此当 $-\dfrac{1}{m}<\beta<\alpha,\gamma=(\alpha-\beta)m-1$ 时, 得

$$\begin{aligned}\lim_{n\to\infty}\sum_{k=1}^{n}n^\gamma f\left(\frac{k^\beta}{n^\alpha}\right)&=\lim_{n\to\infty}\sum_{k=1}^{n}n^\gamma\frac{c}{m!}\frac{k^{m\beta}}{n^{m\alpha}}\\&=\frac{c}{m!}\lim_{n\to\infty}\frac{1}{n^{m\alpha-\gamma}}\sum_{k=1}^{n}k^{m\beta}=\frac{c}{m!(m\beta+1)}.\end{aligned}$$

当 $\beta=-\dfrac{1}{m}$ 时, 有

$$\lim_{n\to\infty}\sum_{k=1}^{n}\frac{n^{m\alpha}}{\ln n}f\left(\frac{k^\beta}{n^\alpha}\right)=\lim_{n\to\infty}\sum_{k=1}^{n}\frac{n^{m\alpha}}{\ln n}\frac{c}{m!}\frac{k^{m\beta}}{n^{m\alpha}}=\frac{c}{m!}\lim_{n\to\infty}\frac{1}{\ln n}\sum_{k=1}^{n}k^{-1}=\frac{c}{m!}.$$

当 $\beta<-\dfrac{1}{m}$ 时, 有

$$\lim_{n\to\infty}\sum_{k=1}^{n}n^{m\alpha}f\left(\frac{k^\beta}{n^\alpha}\right)=\frac{c}{m!}\lim_{n\to\infty}\sum_{k=1}^{n}\frac{1}{k^{-m\beta}}=\frac{c}{m!}\xi(-m\beta).$$

3.6.3 和式的等价估计

下面给出一些和式的等价估计.

定理 3.13 (和式的等价估计)

设 $\alpha\geqslant 1,\beta<\alpha,A_n=\dfrac{1}{n^{\alpha-1}}-\sum\limits_{k=1}^{n}\dfrac{1}{n^\alpha+k^\beta}$, 则

(i) 当 $\beta>-1$ 时, $A_n\sim\dfrac{1}{\beta+1}\dfrac{1}{n^{2\alpha-\beta-1}}$;

(ii) 当 $\beta=-1$ 时, $A_n\sim\dfrac{\ln n}{n^{2\alpha}}$;

(iii) 当 $\beta<-1$ 时, $A_n\sim\dfrac{1}{n^{2\alpha}}\zeta(-\beta)$. ♡

证明 改写 A_n 如下:

$$A_n=\sum_{k=1}^{n}\left(\frac{1}{n^\alpha}-\frac{1}{n^\alpha+k^\beta}\right)=\sum_{k=1}^{n}\frac{k^\beta}{n^\alpha\left(n^\alpha+k^\beta\right)}=\sum_{k=1}^{n}n^{-\alpha}\frac{\dfrac{k^\beta}{n^\alpha}}{1+\dfrac{k^\beta}{n^\alpha}}.$$

设

$$f(x)=\frac{x}{1+x},\quad f(0)=0,\quad f'(0)=1.$$

利用前面的结论知 $\dfrac{\dfrac{k^\beta}{n^\alpha}}{1+\dfrac{k^\beta}{n^\alpha}}$ 的一致等价量就是 $\dfrac{k^\beta}{n^\alpha}$.

(i) 若 $\beta>-1$, 则

$$\lim_{n\to\infty}\sum_{k=1}^{n}n^{\alpha-\beta-1}\frac{\dfrac{k^\beta}{n^\alpha}}{1+\dfrac{k^\beta}{n^\alpha}}=\lim_{n\to\infty}\sum_{k=1}^{n}n^{\alpha-\beta-1}\cdot\frac{k^\beta}{n^\alpha}=\frac{1}{\beta+1},$$

所以 $A_n\sim\dfrac{1}{\beta+1}\dfrac{1}{n^{2a-\beta-1}}$.

(ii) 若 $\beta=-1$, 则

$$\lim_{n\to\infty}\sum_{k=1}^{n}\frac{n^\alpha}{\ln n}\frac{\dfrac{k^{-1}}{n^\alpha}}{1+\dfrac{k^{-1}}{n^\alpha}}=\lim_{n\to\infty}\sum_{k=1}^{n}\frac{n^\alpha}{\ln n}\frac{k^{-1}}{n^\alpha}=1,$$

所以 $A_n\sim\dfrac{\ln n}{n^{2\alpha}}$.

(iii) 若 $\beta<-1$, 则

$$\lim_{n\to\infty}\sum_{k=1}^{n}n^\alpha\frac{\dfrac{k^\beta}{n^\alpha}}{1+\dfrac{k^\beta}{n^\alpha}}=\lim_{n\to\infty}\sum_{k=1}^{n}n^\alpha\frac{k^\beta}{n^\alpha}=\lim_{n\to\infty}\sum_{k=1}^{n}\frac{1}{k^{-\beta}}=\zeta(-\beta),$$

所以 $A_n\sim\dfrac{1}{n^{2a}}\zeta(-\beta)$.

注　当 $\alpha=1,\beta=\dfrac{1}{2}$ 时, $A_n\sim\dfrac{2}{3}\dfrac{1}{\sqrt{n}}$, 就是竞赛题

$$\lim_{n\to\infty}\sqrt{n}\left(1-\sum_{k=1}^{n}\frac{1}{n+\sqrt{k}}\right)=\frac{2}{3}.$$

第 3 章练习

1. 求极限 $\lim\limits_{n\to\infty}\left(\dfrac{1}{\sqrt{n^2+1^2}}+\dfrac{1}{\sqrt{n^2+2^2}}+\cdots+\dfrac{1}{\sqrt{n^2+n^2}}\right)$.

2. 求极限 $\lim\limits_{n\to\infty}\dfrac{1^{p+1}+2^{p+1}+\cdots+n^{p+1}}{n\left(1^p+2^p+\cdots+n^p\right)}$.

3. 求极限 $\lim\limits_{n\to\infty}\left(\dfrac{n}{n^2+1^2}+\dfrac{n}{n^2+2^2}+\dfrac{n}{n^2+3^2}+\cdots+\dfrac{n}{n^2+(2n)^2}\right)$.

4. 求极限 $\lim\limits_{n\to\infty}\dfrac{1}{n}\left(\cos\dfrac{\pi}{n}+\cos\dfrac{2\pi}{n}+\cdots+\cos\dfrac{(n-1)\pi}{n}\right)$.

提示: 和差化积, 定积分.

5. 求极限 $\lim\limits_{n\to\infty}\dfrac{1}{n}\left[\cos\dfrac{\pi}{4n}+\cos\dfrac{3\pi}{4n}+\cdots+\cos\dfrac{(2n-1)\pi}{4n}\right]$.

6. 证明 $\lim\limits_{n\to\infty}\left(\dfrac{1}{n+1}+\dfrac{1}{n+2}+\cdots+\dfrac{1}{2n}\right)=\ln 2$.

7. 计算 $\lim\limits_{n\to\infty}\dfrac{\sqrt[n]{\mathrm{e}}+\sqrt[n]{\mathrm{e}^2}+\cdots+\sqrt[n]{\mathrm{e}^n}}{n}$.

8. 计算 $\lim\limits_{n\to\infty}\left(\dfrac{1}{\sqrt{4n^2-1^2}}+\dfrac{1}{\sqrt{4n^2-2^2}}+\cdots+\dfrac{1}{\sqrt{4n^2-n^2}}\right)$.

9. 计算 $\lim\limits_{n\to\infty}\left(\dfrac{\sqrt[n]{2}}{n+1}+\dfrac{\sqrt[n]{2^2}}{n+1/2}+\cdots+\dfrac{\sqrt[n]{2^n}}{n+1/n}\right)$.

10. 求极限 $\lim\limits_{n\to\infty}\dfrac{1}{n^4}\prod\limits_{i=1}^{2n}\left(n^2+i^2\right)^{\frac{1}{n}}$.

11. 计算

$$\lim_{n\to\infty}\left[\frac{1^2}{n^4+1^2}+\frac{2^2}{n^4+2^2}+\ldots+\frac{n^2}{n^4+n^2}\right],$$

$$\lim_{n\to\infty}\left[\frac{1^2}{n^3+1^2}+\frac{2^2}{n^3+2^2}+\ldots+\frac{n^2}{n^3+n^2}\right].$$

提示: 利用等价无穷小代换.

12. 计算 $\lim_{n\to\infty}\sum_{k=1}^{n}\frac{k}{n^2+n+k^2}$.

提示: 利用等价无穷小代换.

13. 求 $\lim_{n\to\infty}\sum_{k=1}^{n}\frac{n^6}{(k-1)^3}\left(1-\cos\frac{(k-1)^2}{n^4}\right)$.

提示: 利用一致等价无穷小代换.

14. 计算极限

$$\lim_{n\to\infty}\prod_{k=1}^{n}\left(1+\frac{k}{n^2}\right),\quad \lim_{n\to\infty}\prod_{k=1}^{n}\frac{n^2+k}{n^2-k},\quad \lim_{n\to\infty}\prod_{k=1}^{n}\frac{(n+k)a}{(n+k)a^{-1}},\quad a\neq 0.$$

提示: 利用一致等价无穷小代换.

第 4 章 求高阶导数的方法

内容提要

- ❑ 高阶导数
- ❑ 最简分式
- ❑ 变限积分函数求导公式
- ❑ 莱布尼茨 (Leibniz) 公式
- ❑ 常见的高阶导数公式
- ❑ 幂级数
- ❑ 泰勒公式
- ❑ 链式法则
- ❑ 布鲁诺公式
- ❑ 归纳思想

求高阶导数是微积分中的一个难点. 在数学竞赛或考研中常出现高阶导数求解问题以及相关的应用题目.

本章系统总结了求高阶导数的五种方法: 利用常见的高阶导数公式、拆项后求导、泰勒公式、莱布尼茨公式、递推求导.

4.1 预备知识

定义 4.1 (函数在某点的导数)

函数 $f(x)$ 在 x_0 的导数是一个函数值, 表示为 $f'(x_0)$, 定义如下:

$$f'(x_0) = \lim_{h\to 0} \frac{f(x_0+h)-f(x_0)}{h}.$$

♣

定义 4.2 (导数)

函数 $f(x)$ 关于 x 的导数是一个关于 x 的函数, 表示为 $f'(x)$, 定义如下:

$$f'(x) = \lim_{h\to 0} \frac{f(x+h)-f(x)}{h}.$$

♣

常用的求导公式:

(1) $(\sin x)' = \cos x$, $(\sin x)^{(n)} = \sin\left(x+\dfrac{n\pi}{2}\right)$;

(2) $(\cos x)' = -\sin x$, $(\cos x)^{(n)} = \cos\left(x+\dfrac{n\pi}{2}\right)$;

(3) $(\sec x)' = \sec x \tan x$, $(\csc x)' = -\csc x \cot x$;

(4) $(\tan x)' = \sec^2 x$, $(\cot x)' = -\csc^2 x$;

(5) $(\arcsin x)' = \dfrac{1}{\sqrt{1-x^2}}$, $(\arccos x)' = -\dfrac{1}{\sqrt{1-x^2}}$;

(6) $(\arctan x)' = \dfrac{1}{1+x^2}$, $(\operatorname{arccot} x)' = -\dfrac{1}{1+x^2}$;

(7) $(a^x)' = a^x \ln a$, $(a^x)^{(n)} = a^x \ln^n a$, $(\log_a x)' = \dfrac{1}{x\ln a}$ $(a>0, a\neq 1)$;

(8) $\left[\ln\left(x+\sqrt{1+x^2}\right)\right]' = \dfrac{1}{\sqrt{1+x^2}}$;

(9) $(\ln x)^{(n)} = (-1)^{n-1}\dfrac{(n-1)!}{x^n}, \ln^{(n)}(1+x) = \dfrac{(-1)^{n-1}(n-1)!}{(1+x)^n}$,

$[\ln(1-x)]^{(n)} = -\dfrac{(n-1)!}{(1-x)^n}$;

(10) $\left(\dfrac{1}{x}\right)^{(n)} = \dfrac{(-1)^n n!}{x^{n+1}}, \left(\dfrac{1}{1+x}\right)^{(n)} = \dfrac{(-1)^n n!}{(1+x)^{n+1}}$,

$\left(\dfrac{1}{1-x}\right)^{(n)} = \dfrac{1}{(1-x)^{n+1}}$.

下面的例子给出按照定义求解的方法.

例题 4.1 设 $\lim\limits_{x\to 0} f(x) = 0$, 且 $\lim\limits_{x\to 0}\dfrac{f(x)-f\left(\dfrac{x}{2}\right)}{x} = 0$, 试证 $\lim\limits_{x\to 0}\dfrac{f(x)}{x} = 0$.

证明 根据 $\lim\limits_{x\to 0}\dfrac{f(x)-f\left(\dfrac{x}{2}\right)}{x} = 0$, 构造下面的表达式:

$$\frac{f(x)}{x} = \frac{f(x)-f\left(\dfrac{x}{2}\right)}{x} + \frac{f\left(\dfrac{x}{2}\right)}{x}.$$

两边取上极限, 有

$$\overline{\lim_{x\to 0}}\frac{f(x)}{x} = \overline{\lim_{x\to 0}}\frac{f(x)-f\left(\dfrac{x}{2}\right)}{x} + \overline{\lim_{x\to 0}}\frac{f\left(\dfrac{x}{2}\right)}{x} = 0 + \frac{1}{2}\cdot\overline{\lim_{x\to 0}}\frac{f\left(\dfrac{x}{2}\right)}{\dfrac{x}{2}}.$$

因此

$$\overline{\lim_{x\to 0}}\frac{f(x)}{x} = 0.$$

同理可得

$$\lim_{x\to 0}\frac{f(x)}{x}=0.$$

故 $\lim\limits_{x\to 0}\dfrac{f(x)}{x}=0$.

例题 4.2　设函数 $f(x)$ 在 $x=0$ 处连续, 且 $\lim\limits_{x\to 0}\dfrac{f(2x)-f(x)}{x}=L$, 证明 $f'(0)=L$.

证明　法 1: 按照 ε-δ 定义证明.

根据条件, 对 $\forall\varepsilon>0,\exists\delta>0,\forall 0<|x|<\delta$, 有

$$\left|\frac{f(2x)-f(x)}{x}-L\right|<\varepsilon.$$

改写成下面式子:

$$L-\varepsilon<\frac{f(2x)-f(x)}{x}<L+\varepsilon.$$

递推得到

$$L-\varepsilon<\frac{f\left(\dfrac{x}{2^{k-1}}\right)-f\left(\dfrac{x}{2^k}\right)}{\dfrac{x}{2^k}}<L+\varepsilon.$$

令 $x_k=\dfrac{x}{2^k}$, 有

$$\frac{1}{2^k}(L-\varepsilon)<\frac{f\left(x_{k-1}\right)-f\left(x_k\right)}{x}<\frac{1}{2^k}(L+\varepsilon).$$

取 $k=1,2,\cdots,n$, 将 n 个式子相加, 得

$$\left(1-\frac{1}{2^n}\right)(L-\varepsilon)<\frac{f(x)-f\left(x_n\right)}{x}<\left(1-\frac{1}{2^n}\right)(L+\varepsilon).$$

令 $n\to\infty$ 取极限, 注意到 $\lim\limits_{n\to\infty}f\left(x_n\right)=f(0)$, 可得

$$L-\varepsilon\leqslant\frac{f(x)-f(0)}{x-0}\leqslant L+\varepsilon,\quad\left|\frac{f(x)-f(0)}{x-0}-L\right|\leqslant\varepsilon.$$

故 $f'(0)$ 存在, 并且 $f'(0)=L$.

法 2: 利用上下极限来证明.

根据 $\lim\limits_{x\to 0}\dfrac{f(2x)-f(x)}{x}=L$, 可得 $\lim\limits_{x\to 0}\dfrac{f(x)-f(x/2)}{x}=\dfrac{L}{2}$. 于是构造下面的表达式:

$$\frac{f(x)-f(0)}{x}=\frac{f(x)-f\left(\frac{x}{2}\right)}{x}+\frac{f\left(\frac{x}{2}\right)-f(0)}{x}.$$

两边取上极限, 有

$$\varlimsup_{x\to 0}\frac{f(x)-f(0)}{x}=\frac{L}{2}+\varlimsup_{x\to 0}\frac{f\left(\frac{x}{2}\right)-f(0)}{x}.$$

注意到

$$\varlimsup_{x\to 0}\frac{f\left(\frac{x}{2}\right)-f(0)}{x}=\frac{1}{2}\varlimsup_{x\to 0}\frac{f(x)-f(0)}{x},$$

故 $\varlimsup\limits_{x\to 0}\dfrac{f(x)-f(0)}{x}=L$. 同理可得, $\varliminf\limits_{x\to 0}\dfrac{f(x)-f(0)}{x}=L$, 故 $f'(0)=L$.

练习 4.1 设 $f(x)$ 在 $(0,+\infty)$ 内有定义, 且对任何 $x,y\in(0,+\infty)$, 都有 $f(xy)=f(x)+f(y)$, 若 $f'(1)$ 存在, 求 $f'(x)$.

4.2 积分的求导

定理 4.1 (变限积分函数求导公式)

如果函数 $f(x)$ 连续, $\phi(x)$ 和 $\varphi(x)$ 可导, 那么变限积分函数的求导公式可表示为

$$\Phi'(x)=\frac{\mathrm{d}}{\mathrm{d}x}\int_{\phi(x)}^{\varphi(x)}f(t)\mathrm{d}t=f[\varphi(x)]\varphi'(x)-f[\phi(x)]\phi'(x).$$

定理 4.2 (含参量正常积分求导公式)

设 $f(x,y),f_x(x,y)$ 在 $D=[a,b]\times[p,q]$ 上连续, $c(x),d(x)$ 为定义在 $[a,b]$ 上其值含于 $[p,q]$ 内的可微函数, 则函数

$$F(x)=\int_{c(x)}^{d(x)}f(x,y)\mathrm{d}y$$

在 $[a,b]$ 上可微, 且

$$F'(x)=\int_{c(x)}^{d(x)} f_x(x,y)\mathrm{d}y+f(x,d(x))d'(x)-f(x,c(x))c'(x).$$

♡

下面的例子给出按照变限求导公式求导数的方法.

例题 4.3　设 $x>0$, 且 $f(x)=\int_x^{x^2}\frac{\sin ux}{u}\,\mathrm{d}u$, 求 $f'(x)$.

解　对 $\forall x>0, \exists \alpha>0$, 使得 $x,x^2\in(\alpha,\alpha^2+1)$, 在矩形区域 $[\alpha,\alpha^2+1]\times[\alpha,\alpha^2+1]$ 上, 函数 $\frac{\sin ux}{u}, \frac{\partial}{\partial x}\left(\frac{\sin ux}{u}\right)$ 均连续, 所以

$$\begin{aligned} f'(x)&=\int_x^{x^2}\left(\frac{\sin ux}{u}\right)_x'\mathrm{d}u+\frac{\sin x^3}{x^2}\cdot 2x-\frac{\sin x^2}{x}\\ &=\int_x^{x^2}\cos ux\ \mathrm{d}u+\frac{2\sin x^3-\sin x^2}{x}\\ &=\frac{3\sin x^3-2\sin x^2}{x}. \end{aligned}$$

✍ **练习 4.2**　已知函数 $f(x)$ 在 $(-\infty,+\infty)$ 上连续, 且 $f(x)=(x+1)^2+2\int_0^x f(t)\mathrm{d}t$, 当 $n\geqslant 2$ 时, $f^{(n)}(0)=($　　$)$.

4.3　反函数求导

下面介绍隐函数求导法.

若 $y=y(x)$ 和 $x=x(y)$ 互为反函数, 将 $y=y(x)$ 代入后者后, 就有 $x=x(y(x))$. 两边对 x 求导有

$$1=x'(y(x))y'(x).$$

这样就可以得到反函数求导公式

$$y'(x)=\frac{1}{x'(y)}.$$

要注意 $f'(x)=\frac{1}{g'(y)}$ 这个公式中的 x,y 是不相等的, 经常有学生把它们视为一样的而出错.

设 $f(x)$ 的反函数是 $g(x)$, $y=f(x)$, 则 $x=g(y)$,

$$y'_x=\frac{\mathrm{d}y}{\mathrm{d}x}=f'(x),\quad y''_{xx}=\frac{\mathrm{d}^2y}{\mathrm{d}x^2}=f''(x),$$
$$x'_y=\frac{\mathrm{d}x}{\mathrm{d}y}=g'(y),\quad x''_{yy}=\frac{\mathrm{d}^2x}{\mathrm{d}y^2}=g''(y).$$

它们之间有下面的关系:

$$y'_x=\frac{\mathrm{d}y}{\mathrm{d}x}=\frac{1}{\frac{\mathrm{d}x}{\mathrm{d}y}}=\frac{1}{x'_y},$$
$$y''_{xx}=\frac{\mathrm{d}y'_x}{\mathrm{d}x}=\frac{\mathrm{d}y'_x}{\mathrm{d}y}\cdot\frac{\mathrm{d}y}{\mathrm{d}x}=\frac{\mathrm{d}\left(\frac{1}{x'_y}\right)}{\mathrm{d}y}\cdot\frac{1}{x'_y}=-\frac{x''_{yy}}{x'^2_y}\cdot\frac{1}{x'_y}=-\frac{x''_{yy}}{x'^3_y},$$
$$x'_y=\frac{\mathrm{d}x}{\mathrm{d}y}=\frac{1}{\frac{\mathrm{d}y}{\mathrm{d}x}}=\frac{1}{y'_x},$$
$$\begin{aligned}x''_{yy}&=\frac{\mathrm{d}x'_y}{\mathrm{d}y}=\frac{\mathrm{d}x'_y}{\mathrm{d}x}\cdot\frac{\mathrm{d}x}{\mathrm{d}y}=\frac{\mathrm{d}\left(\frac{1}{y'_x}\right)}{\mathrm{d}x}\cdot\frac{1}{y'_x}\\&=-\frac{y''_{xx}}{y'^2_x}\cdot\frac{1}{y'_x}=-\frac{y''_{xx}}{y'^3_x};\end{aligned}$$

或者

$$f'(x)=\frac{1}{g'(y)},\quad f''(x)=-\frac{g''(y)}{g'^3(y)},$$
$$g'(y)=\frac{1}{f'(x)},\quad g''(y)=-\frac{f''(x)}{f'^3(x)};$$

或者

$$f'(x)=\frac{1}{g'(f(x))},\quad f''(x)=-\frac{g''(f(x))}{g'^3(f(x))},\quad f'(g(y))=\frac{1}{g'(y)},\quad f''(g(y))=-\frac{g''(y)}{g'^3(y)},$$
$$g'(f(x))=\frac{1}{f'(x)},\quad g''(f(x))=-\frac{f''(x)}{f'^3(x)},\quad g'(y)=\frac{1}{f'(g(y))},\quad g''(y)=-\frac{f''(g(y))}{f'^3(g(y))}.$$

✍ **练习 4.3** 设 $f(x)$ 的反函数是 $g(x)$, 且 $g(1)=2, g'(1)=3, g''(1)=4$, 求 $f'(2), f''(2)$.

✍ **练习 4.4** 设 $f(x)$ 的反函数是 $g(x)$, 且 $f(1)=2, f'(1)=3, f''(1)=4$, 求 $g'(2), g''(2)$.

✍ **练习 4.5**　求 $\arcsin x, \arccos x, \arctan x, \operatorname{arccot} x$ 的导数.

注　反正弦 $\arcsin x$ 的定义域本为 $[-1,1]$, 但因为其在 -1 与 1 处的导数均为 $+\infty$, 所以我们考虑的是开区间 $(-1,1)$, 此时 $y \in \left(-\frac{\pi}{2}, \frac{\pi}{2}\right)$, 一定有 $\cos y = \sqrt{1-\sin^2 y} = \sqrt{1-x^2}$.

✍ **练习 4.6**　已知 $y=f(x)$ 存在三阶导数, 且 $y'=f'(x) \neq 0$, 若 $y=f(x)$ 存在反函数 $x=f^{-1}(y)$, 试证:

$$\left(f^{-1}\right)'(y)=\frac{1}{y'}, \quad \left(f^{-1}\right)''(y)=-\frac{y''}{\left(y'\right)^3}, \quad \left(f^{-1}\right)'''(y)=\frac{3\left(y''\right)^2-y'y'''}{\left(y'\right)^5}.$$

4.4　高 阶 导 数

4.4.1　先拆项后求导

有些式子不易直接求高阶导数, 当拆项以后, 变成易于求高阶导数的一些基本形式的和, 便可直接求导.

例题 4.4　设 $f(x)=\dfrac{1}{x^2-3x+2}$, 求 $f^{(n)}(x)$.

解　首先将 f 分解为最简分式的形式:

$$f(x)=\frac{1}{x^2-3x+2}=\frac{1}{x-2}-\frac{1}{x-1}.$$

由于

$$\left(\frac{1}{x-2}\right)'=-\frac{1}{(x-2)^2},$$

$$\left(\frac{1}{x-2}\right)''=\frac{(-1)(-2)}{(x-2)^3},$$

归纳得到

$$\left(\frac{1}{x-2}\right)^{(n)}=\frac{(-1)^n n!}{(x-2)^{n+1}}.$$

同理

$$\left(\frac{1}{x-1}\right)^{(n)}=\frac{(-1)^n n!}{(x-1)^{n+1}}.$$

因此

$$f^{(n)}(x)=(-1)^n n!\left[\frac{1}{(x-2)^{n+1}}-\frac{1}{(x-1)^{n+1}}\right].$$

✍ **练习 4.7** 设 $y=\dfrac{x^3-1}{x^2-2x-3}$, 求 $y^{(n)}$, 其中 $n\geqslant 2$.

✍ **练习 4.8** 已知函数 $y=\dfrac{x^2}{1-x^2}$, 求 $y^{(n)}(0)$.

4.4.2 用泰勒公式求导

若函数 $f(x)$ 按 $(x-a)$ 的幂展开, 则必是函数 $f(x)$ 的泰勒展开式:

$$f(x)=\sum_{n=0}^{\infty}\frac{f^{(n)}(a)}{n!}(x-a)^n.$$

因此, 若得到展开式 $f(x)=\sum\limits_{n=0}^{\infty}a_n(x-a)^n$, 则 $f^{(n)}(a)=a_n n!$.

例题 4.5 写出 $f(x)=\mathrm{e}^{-\frac{x^2}{3}}$ 的麦克劳林展开式, 并求 $f^{(2021)}(0)$ 与 $f^{(2022)}(0)$.

解

$$f(x)=\sum_{k=0}^{\infty}\frac{\left(-\dfrac{x^2}{3}\right)^k}{k!}=\sum_{k=0}^{\infty}\frac{(-1)^k x^{2k}}{3^k k!}.$$

$$f^{(2021)}(0)=0,\quad f^{(2022)}(0)=-\frac{2022!}{3^{1011}\times 1011!}.$$

例题 4.6 将 $f(x)=\arctan\dfrac{1-x}{1+x}$ 展开成关于 x 的幂级数, 并计算 $f^{(5)}(0)$ 的值.

解 对 $f(x)$ 求导得

$$f'(x)=\frac{1}{1+\left(\dfrac{1-x}{1+x}\right)^2}\cdot\frac{-(1+x)-(1-x)}{(1+x)^2}=-\frac{1}{1+x^2}.$$

利用幂级数

$$\frac{1}{1-x}=\sum_{n=0}^{+\infty}x^n,\quad -1<x<1$$

得到

$$\frac{1}{1+x^2}=\sum_{n=0}^{+\infty}\left(-x^2\right)^n,$$

此时 $-1 < -x^2 < 1$, 因此 $-1 < x < 1$. 进而

$$f'(x) = \sum_{n=0}^{+\infty}(-1)^{n+1}x^{2n}, \quad f(0) = \arctan 1 = \frac{\pi}{4}.$$

利用牛顿–莱布尼茨公式和逐项积分得

$$\begin{aligned} f(x) &= f(0) + \int_0^x f'(t)\mathrm{d}t \\ &= \frac{\pi}{4} + \int_0^x \sum_{n=0}^{+\infty}(-1)^{n+1}\cdot t^{2n}\mathrm{d}t \\ &= \frac{\pi}{4} + \sum_{n=0}^{\infty}(-1)^{n+1}\int_0^x t^{2n}\mathrm{d}t \\ &= \frac{\pi}{4} + \sum_{n=0}^{+\infty}(-1)^{n+1}\cdot\frac{x^{2n+1}}{2n+1}. \end{aligned}$$

当考虑边界值 $x=1$ 时, $\sum\limits_{n=0}^{+\infty}(-1)^{n+1}\cdot\dfrac{1}{2n+1}$ 收敛, 因而 f 的幂级数收敛域为 $(-1,1]$, 即 f 的幂级数展开式为

$$f(x) = \sum_{n=0}^{\infty} f^{(n)}(0)\frac{x^n}{n!} = \frac{\pi}{4} + \sum_{n=0}^{+\infty}\frac{(-1)^{n+1}}{2n+1}\cdot x^{2n+1}.$$

则 x^5 的系数为 $\dfrac{(-1)^3}{5} = -\dfrac{1}{5} = \dfrac{f^{(5)}(0)}{5!}$. 因此

$$f^{(5)}(0) = 5!\cdot\left(-\frac{1}{5}\right) = -24.$$

✍ **练习 4.9** 设 $f(x) = \arctan\dfrac{1-x}{1+x}$, 求 $f^{(n)}(0)$.

✍ **练习 4.10** 设 $f(x) = \dfrac{1}{1+2x+4x^2}$, 求 $f^{(2016)}(0)$ 和 $f^{(2017)}(0)$.

4.4.3 用莱布尼茨公式求导

如果求导的函数写成两项相乘的形式, 那么可以使用两个函数相乘的高阶导数公式.

定理 4.3 (莱布尼茨公式)

设函数 $u=u(x)$, $v=v(x)$ 均 n 阶可导, 则

$$(uv)^{(n)}=\sum_{k=0}^{n}\mathrm{C}_n^k u^{(n-k)}v^{(k)},$$

其中 $u^{(0)}=u$, $v^{(0)}=v$. ♡

例题 4.7 设 $y=x^2\mathrm{e}^{2x}$, 求 $y^{(20)}$.

解 设 $u=\mathrm{e}^{2x}, v=x^2$, 利用莱布尼茨公式 $(uv)^{(20)}=\sum\limits_{k=0}^{n}\mathrm{C}_{20}^k u^{(20-k)}v^{(k)}$ 得到

$$\begin{aligned}y^{(20)}&=\left(\mathrm{e}^{2x}\right)^{(20)}\cdot x^2+20\left(\mathrm{e}^{2x}\right)^{(19)}\cdot\left(x^2\right)'+\frac{20(20-1)}{2!}\left(\mathrm{e}^{2x}\right)^{(18)}\cdot\left(x^2\right)''\\&=2^{20}\mathrm{e}^{2x}\cdot x^2+20\cdot 2^{19}\mathrm{e}^{2x}\cdot 2x+\frac{20\cdot 19}{2!}2^{18}\mathrm{e}^{2x}\\&=2^{20}\mathrm{e}^{2x}\left(x^2+20x+95\right).\end{aligned}$$

✍ **练习 4.11** 设 $y=f(x)=\dfrac{1+x}{\sqrt{1-x}}$, 求 $y^{(2015)}$.

✍ **练习 4.12** 设 $f(x)=\mathrm{e}^x\sin 2x$, 则 $f^{(4)}(0)=-24$.

✍ **练习 4.13** 设 $f(x)=(x-1)^5\mathrm{e}^{-x}$, 求 $f^{(10)}(1)$.

✍ **练习 4.14** 求 $y=x^n\ln x$ 的 n 阶导数.

✍ **练习 4.15** 设 $f(x)=x^n\ln x$, 求极限 $\lim\limits_{n\to\infty}\dfrac{f^{(n)}\left(\dfrac{1}{n}\right)}{n!}$.

✍ **练习 4.16** 设 $f(x)=(x-1)^n x^{2n}\sin\dfrac{\pi}{2}x$, 求 $f^{(n)}(1)$.

例题 4.8 设函数 $f(x)=(x+1)^n\mathrm{e}^{-x^2}$, 则 $f^{(n)}(-1)=$?

解 利用莱布尼茨公式求解. 设 $u=\mathrm{e}^{-x^2}$, $v=(x+1)^n$, 则

$$v^{(k)}=n(n-1)\cdots(n-k+1)(x+1)^{n-k},\quad k=0,1,\cdots,n-1,\quad v^{(n)}=n!,$$

则由莱布尼茨公式得

$$\begin{aligned}f^{(n)}(x)=(uv)^{(n)}&=\sum_{k=0}^{n}\mathrm{C}_n^k u^{(n-k)}v^{(k)}\\&=\sum_{k=0}^{n-1}\mathrm{C}_n^k(\mathrm{e}^{-x^2})^{(n-k)}\left[(x+1)^n\right]^{(k)}+\mathrm{C}_n^n\mathrm{e}^{-x^2}n!,\end{aligned}$$

于是

$$f^{(n)}(-1)=\mathrm{C}_n^n\mathrm{e}^{-(-1)^2}n!=\frac{n!}{\mathrm{e}}.$$

✍ **练习 4.17**　设 $f(x)=(x^2+2x-3)^n\arctan^2\dfrac{x}{3}$, 其中 n 为正整数, 则 $f^{(n)}(-3)=?$

4.4.4　一些高阶导数公式

我们总结了如下高阶导数公式.

(1) $(a^x)^{(n)}=a^x\cdot\ln^n a(a>0)$, 特别地, $(\mathrm{e}^x)^{(n)}=\mathrm{e}$.

(2) $(\sin(\alpha x+\beta))^{(n)}=\alpha^n\sin\left(\alpha x+\beta+n\cdot\dfrac{\pi}{2}\right)$.

(3) $(\cos(\alpha x+\beta))^{(n)}=\alpha^n\cos\left(\alpha x+\beta+n\cdot\dfrac{\pi}{2}\right)$.

(4) $(x^\alpha)^{(n)}=\alpha(\alpha-1)\cdots(\alpha-n+1)x^{\alpha-n}$, 特别地,

$$((1+x)^\alpha)^{(n)}=\alpha(\alpha-1)\cdots(\alpha-n+1)(1+x)^{\alpha-n}\quad\left(\alpha\neq n\in\mathbb{N}^+\right),$$

$$((1+x)^m)^{(n)}=\begin{cases}m(1+x)^{m-1}, & n=1,\\ m(m-1)(1+x)^{m-2}, & n=2,\\ m(m-1)\cdots 2(1+x), & n=m-1,\\ m(m-1)\cdots 2\cdot 1=m!, & n=m,\\ 0, & n>m.\end{cases}$$

(5) $(\log_a x)^{(n)}=\dfrac{(-1)^{n-1}(n-1)!}{x^n\ln a}$.

进一步, 有下面进阶公式.

(1) $(\mathrm{e}^x\cos x)^{(n)}=2^{\frac{n}{2}}\mathrm{e}^x\cos\left(x+\dfrac{n\pi}{4}\right)$.

(2) $(\mathrm{e}^x\sin x)^{(n)}=2^{\frac{n}{2}}\mathrm{e}^x\sin\left(x+\dfrac{n\pi}{4}\right)$.

(3) $(\mathrm{e}^{ax}\cos bx)^{(n)}=(a^2+b^2)^{\frac{n}{2}}\,\mathrm{e}^{ax}\cos\left(bx+n\arctan\dfrac{b}{a}\right)$.

(4) $(\mathrm{e}^{ax}\sin bx)^{(n)}=(a^2+b^2)^{\frac{n}{2}}\,\mathrm{e}^{ax}\sin\left(bx+n\arctan\dfrac{b}{a}\right)$.

(5) $(\arctan x)^{(n)}=\dfrac{(-1)^{n-1}(n-1)!}{(1+x^2)^{\frac{n}{2}}}\sin\left(n\arctan\dfrac{1}{x}\right)$.

(6) $$(x\arctan x)^{(n)}=\frac{(-1)^n(n-1)!}{(1+x^2)^{\frac{n-1}{2}}}\left\{\frac{n\sin\left[(n-1)\arctan\frac{1}{x}\right]}{n-1}\right.$$
$$\left.-\frac{x}{\sqrt{1+x^2}}\sin\left(n\arctan\frac{1}{x}\right)\right\}.$$

(7) $$\left[\ln\left(1+x^2\right)\right]^{(n)}=2\frac{(-1)^n(n-1)!}{(1+x^2)^{\frac{n-1}{2}}}\left\{\sin\left[(n-1)\arctan\frac{1}{x}\right]\right.$$
$$\left.-\frac{x}{\sqrt{1+x^2}}\sin\left(n\arctan\frac{1}{x}\right)\right\}.$$

(8) $$\left(\frac{\ln x}{x}\right)^{(n)}=(-1)^{n-1}n!\frac{H_n-\ln x}{x^{n+1}}.$$

(9) $$\left(\frac{1}{1+x^2}\right)^{(n)}=\frac{(-1)^n n!}{(1+x^2)^{\frac{n+1}{2}}}\sin\left[(n+1)\arctan\frac{1}{x}\right].$$

(10) $$\left(\frac{x}{1+x^2}\right)^{(n)}=\frac{(-1)^n n!}{(1+x^2)^{\frac{n}{2}}}\left\{\frac{x}{\sqrt{1+x^2}}\sin\left[(n+1)\arctan\frac{1}{x}\right]\right.$$
$$\left.-\sin\left(n\arctan\frac{1}{x}\right)\right\}.$$

4.4.5 递推求导法

当高阶导数无法直接求出时，可考虑先求出导数的递推公式. 方法是先求出前几阶或相邻阶的导数关系，然后设法将等式作适当处理，使两端同时求导便得到一般的递推关系. 此类题型涉及泰勒展开、莱布尼茨公式、递推法等的综合运用.

例题 4.9 设 $y=\mathrm{e}^{ax}\sin bx$ (a,b) 为常数，求 $y^{(n)}$.

解 先求一阶导数，得到

$$\begin{aligned}
y'&=a\mathrm{e}^{ax}\sin bx+b\mathrm{e}^{ax}\cos bx=\mathrm{e}^{ax}(a\sin bx+b\cos bx)\\
&=\mathrm{e}^{ax}\sqrt{a^2+b^2}\cdot\left(\frac{a}{\sqrt{a^2+b^2}}\sin bx+\frac{b}{\sqrt{a^2+b^2}}\cos bx\right)\\
&=\mathrm{e}^{ax}\sqrt{a^2+b^2}\cdot(\sin bx\cos\phi+\sin\phi\cos bx)\\
&=\mathrm{e}^{ax}\cdot\sqrt{a^2+b^2}\sin(bx+\varphi)\quad\left(\varphi=\arctan\frac{b}{a}\right)
\end{aligned}$$

再求二阶导数, 得到

$$\begin{aligned} y'' &= \mathrm{e}^{ax}\sqrt{a^2+b^2}\cdot(a\sin(bx+\varphi)+b\cos(bx+\varphi)) \\ &= \left(a^2+b^2\right)\cdot\mathrm{e}^{ax}\sin(bx+2\varphi). \end{aligned}$$

归纳得到

$$y^{(n)} = \left(a^2+b^2\right)^{\frac{n}{2}}\cdot\mathrm{e}^{ax}\sin(bx+n\varphi) \quad \left(\varphi=\arctan\frac{b}{a}\right).$$

定理 4.4 (复指数函数的高阶导数公式)

$$\left(\mathrm{e}^{ax}\cos bx\right)^{(n)} = \left(a^2+b^2\right)^{\frac{n}{2}}\mathrm{e}^{ax}\cos\left(bx+n\arctan\frac{b}{a}\right).$$

$$\left(\mathrm{e}^{ax}\sin bx\right)^{(n)} = \left(a^2+b^2\right)^{\frac{n}{2}}\mathrm{e}^{ax}\sin\left(bx+n\arctan\frac{b}{a}\right).$$ ♡

证明

$$\begin{aligned} \frac{\mathrm{d}^n}{\mathrm{d}x^n}\mathrm{e}^{(a+\mathrm{i}b)x} &= (a+\mathrm{i}b)^n\mathrm{e}^{(a+\mathrm{i}b)x} \\ &= \mathrm{e}^{ax}\left(\sqrt{a^2+b^2}\mathrm{e}^{\mathrm{i}\arctan\frac{b}{a}}\right)^n\mathrm{e}^{\mathrm{i}bx} \\ &= \mathrm{e}^{ax}\left(a^2+b^2\right)^{\frac{n}{2}}\mathrm{e}^{\mathrm{i}\left(bx+n\arctan\frac{b}{a}\right)}. \end{aligned}$$

如果函数 $f(x)$ 不好直接展开成幂级数, 可以考虑先将其导函数 $f'(x)$ 展开成幂级数 $\sum\limits_{n=0}^{\infty}a_nx^n$, 然后利用牛顿–莱布尼茨公式构建 $f(x)$ 与 $f'(x)$ 的联系, 进而得到 $f(x)$ 的展开式

$$\begin{aligned} f(x) &= f(0)+\int_0^x f'(t)\mathrm{d}t = f(0)+\int_0^x\sum_{n=0}^{\infty}a_nt^n\mathrm{d}t \\ &= f(0)+\sum_{n=0}^{\infty}\int_0^x a_nt^n\mathrm{d}t = f(0)+\sum_{n=0}^{\infty}\frac{a_nx^{n+1}}{n+1}. \end{aligned}$$

例题 4.10　设 $y(x)=\arctan x$, 求 $y^{(n)}(0)$.

解　法 1: 由于 $y'(x)=\dfrac{1}{1+x^2}$, 于是 $y'(x)\left(1+x^2\right)=1$. 利用莱布尼茨公式得到

$$(y'(x))^{(n-1)}\left(1+x^2\right)+\mathrm{C}_{n-1}^1(y'(x))^{(n-2)}\left(1+x^2\right)'+\mathrm{C}_{n-1}^2(y'(x))^{(n-3)}y^{(n-2)}=0.$$

于是

$$\left(1+x^2\right)y^{(n)}(x)+2(n-1)xy^{(n-1)}(x)+(n-1)(n-2)y^{(n-2)}(x)=0.$$

设 $x=0$, 得到递推关系

$$y^{(n)}(0)=-(n-1)(n-2)y^{(n-2)}(0).$$

由于 $y'(0)=1$, $y''(0)=0$, 因此,

$$y^{(n)}(0)=\begin{cases}0, & n=2k,\\(-1)^k(2k)!, & n=2k+1.\end{cases}$$

法 2: 当 $|x|<1$ 时, 有

$$f'(x)=\frac{1}{1+x^2}=\sum_{n=0}^{\infty}(-1)^n x^{2n}.$$

从而 $f(x)$ 的泰勒展开式为

$$f(x)=\sum_{n=0}^{\infty}(-1)^n\frac{x^{2n+1}}{2n+1}.$$

因此,

$$f^{(n)}(0)=\begin{cases}0, & n=2k,\\(-1)^k(2k)!, & n=2k+1.\end{cases}$$

定理 4.5 (反正切的高阶导数公式)

设 $y=\arctan x$, 则

$$\begin{aligned}(\arctan x)^{(n)}&=\frac{(-1)^{n-1}(n-1)!}{(1+x^2)^{\frac{n}{2}}}\sin\left(n\arctan\frac{1}{x}\right)\\&=(n-1)!\cos^n y\cdot\sin n\left(y+\frac{\pi}{2}\right).\end{aligned}$$

♡

证明 法 1:

$$(\arctan x)^{(n)}=\left(\frac{1}{1+x^2}\right)^{(n-1)}=\frac{1}{2\mathrm{i}}\left(\frac{1}{x-\mathrm{i}}-\frac{1}{x+\mathrm{i}}\right)^{(n-1)}$$

$$
\begin{aligned}
&= \frac{(-1)^{n-1}(n-1)!}{2\mathrm{i}}\left[\frac{1}{(x-\mathrm{i})^n}-\frac{1}{(x+\mathrm{i})^n}\right] \\
&= \frac{(-1)^{n-1}(n-1)!}{2\mathrm{i}\,(1+x^2)^n}\left[\left(\sqrt{1+x^2}\mathrm{e}^{\mathrm{i}\arctan\frac{1}{x}}\right)^n-\left(\sqrt{1+x^2}\mathrm{e}^{-\mathrm{i}\arctan\frac{1}{x}}\right)^n\right] \\
&= \frac{(-1)^{n-1}(n-1)!}{(1+x^2)^{\frac{n}{2}}}\sin\left(n\arctan\frac{1}{x}\right).
\end{aligned}
$$

法 2:

$$
\begin{aligned}
y' &= \frac{1}{1+x^2} = \frac{1}{1+\tan^2 y} = \cos^2 y = \cos y\cdot\sin\left(y+\frac{\pi}{2}\right), \\
y'' &= \left[-\sin y\cdot\sin\left(y+\frac{\pi}{2}\right)+\cos y\cdot\cos\left(y+\frac{\pi}{2}\right)\right]\cdot y' \\
&= \cos\left[y+\left(y+\frac{\pi}{2}\right)\right]\cdot\cos^2 y \\
&= \cos^2 y\cdot\sin 2\left(y+\frac{\pi}{2}\right), \\
y''' &= \left[-2\cos y\cdot\sin y\cdot\sin 2\left(y+\frac{\pi}{2}\right)+2\cos 2y\cdot\cos 2\left(y+\frac{\pi}{2}\right)\right]\cdot y' \\
&= 2\cos y\cdot\left[-\sin y\cdot\sin 2\left(y+\frac{\pi}{2}\right)+\cos y\cdot\cos 2\left(y+\frac{\pi}{2}\right)\right]\cdot\cos^2 y \\
&= 2\cdot\cos^3 y\cdot\cos\left[y+2\left(y+\frac{\pi}{2}\right)\right].
\end{aligned}
$$

假设

$$
y^{(k)} = (k-1)!\cos^k y\cdot\sin k\left(y+\frac{\pi}{2}\right)
$$

成立, 则

$$
\begin{aligned}
y^{(k+1)} &= (k-1)!\left[-k\cos^{k-1} y\cdot\sin y\cdot\sin k\left(y+\frac{\pi}{2}\right)+k\cos^k y\cdot\cos k\left(y+\frac{\pi}{2}\right)\right]\cdot y' \\
&= k!\cos^{k+1} y\left[-\sin y\cdot\sin k\left(y+\frac{\pi}{2}\right)+\cos y\cdot\cos k\left(y+\frac{\pi}{2}\right)\right] \\
&= k!\cos^{k+1} y\cdot\cos\left[y+k\left(y+\frac{\pi}{2}\right)\right] \\
&= k!\cos^{k+1} y\cdot\sin\left[(k+1)\left(y+\frac{\pi}{2}\right)\right].
\end{aligned}
$$

由归纳法知

$$
y^{(n)} = (n-1)!\cos^n y\cdot\sin n\left(y+\frac{\pi}{2}\right).
$$

✍ **练习 4.18** 设 $g(x)=\arcsin x$, 求 $g^{(n)}(0)$.

✍ **练习 4.19** 设 $y=(\arcsin x)^2$.

(1) 证明 $(1-x^2)\,y''-xy'=2$;

(2) 求 $y^{(n)}(0)$.

✍ **练习 4.20** 设 $y=\ln\left(x+\sqrt{1+x^2}\right)$, 求 $y^{(n)}(0)$.

✍ **练习 4.21** 已知函数 $f(x)=\dfrac{\arcsin x}{\sqrt{1-x^2}}$, 计算 f 在 $x=0$ 处的 n 阶导数 $f^{(n)}(0)$.

✍ **练习 4.22** 设 $f(x)=\begin{cases}\dfrac{\sin x}{x}, & x\neq 0,\\ 1, & x=0,\end{cases}$ 求 $f^{(n)}(0)$.

4.4.6 利用布鲁诺公式求导

下面介绍复合函数的高阶导数公式. 这个公式是链式法则的推广.

定理 4.6 (布鲁诺公式)

设 f,g 是充分可微的函数, 则

$$(f\circ g)^{(n)}(x)=\sum_{m=1}^{n}\sum_{(k_1,\cdots,k_n)\in\Gamma_m}\frac{n!}{k_1!k_2!\cdots k_n!}f^{(m)}(g(x))\cdot\left(\frac{g^{(1)}(x)}{1!}\right)^{k_1}\left(\frac{g^{(2)}(x)}{2!}\right)^{k_2}\cdots\left(\frac{g^{(n)}(x)}{n!}\right)^{k_n},$$

其中, 集合 Γ_m 的定义如下:

$$\Gamma_m=\left\{(k_1,\cdots,k_n)\,\middle|\,k_1,\cdots,k_n\in\mathbb{Z}_{\geqslant 0},\sum_{j=1}^{n}k_j=m,\sum_{j=1}^{n}jk_j=n\right\}.$$

♡

由于命题证明的实质是组合数学, 因此和分析学没有更进一步的联系, 读者可以查阅 2002 年美国数学月刊的相关论文.

为了对上面的公式有个直观的认识, 可以对 $n=2$ 或 3 进行验证, 这是练习链式法则的好例子. 例如验证下面的复合函数的三阶导数:

$$\frac{\mathrm{d}^3f(g(x))}{\mathrm{d}x^3}=\frac{\mathrm{d}^3f(g(x))}{\mathrm{d}g(x)^3}\cdot\left(\frac{\mathrm{d}g(x)}{\mathrm{d}x}\right)^3+3\frac{\mathrm{d}^2f(g(x))}{\mathrm{d}g(x)^2}\cdot\frac{\mathrm{d}g(x)}{\mathrm{d}x}\cdot\frac{\mathrm{d}^2g(x)}{\mathrm{d}x^2}+\frac{\mathrm{d}f(g(x))}{\mathrm{d}g(x)}\cdot\frac{\mathrm{d}^3g(x)}{\mathrm{d}x^3}.$$

求 n 阶导数, 一般的方法是先求一阶、二阶等阶的导数, 通过归纳猜想出 n 阶导数公式. 于是我们就用到了归纳思维.

归纳是在相似中发现规律, 由个别中发现一般. 从数学的发展可以看出, 许多新的数学概念、定理、法则等的形式, 都经历过积累经验的过程, 从大量观察、实验、分析、计算 ⋯⋯, 发现其规律, 然后归纳出其共性和本质的东西, 总结出原理或定理.

著名数学家高斯曾说: "我的许多发现都是靠归纳取得的.[①]

归纳是人类赖以发现真理的基本的、重要的思维方法.

第 4 章练习

第一类: 常见的高阶导数公式

1. 证明: $(\cos x)^{(n)} = \cos\left(x + \dfrac{n\pi}{2}\right)$, $(\sin x)^{(n)} = \sin\left(x + \dfrac{n\pi}{2}\right)$.

提示:

$$(\sin x)^{(n)} = \frac{\mathrm{d}^n}{\mathrm{d}x^n}\left(\mathrm{Im}\,\mathrm{e}^{\mathrm{i}x}\right) = \mathrm{Im}\left(\mathrm{i}^n\mathrm{e}^{\mathrm{i}x}\right) = \mathrm{Im}\,\mathrm{e}^{\mathrm{i}\left(x+\frac{n\pi}{2}\right)} = \sin\left(x + \frac{n\pi}{2}\right).$$

同理有 $(\cos x)^{(n)} = \cos\left(x + \dfrac{n\pi}{2}\right)$.

2. 证明: $[\ln(1+ax)]^{(n)} = \dfrac{(-1)^{n-1}a^n(n-1)!}{(1+ax)^n}$.

3. 设 $f(x) = \dfrac{1}{3x-2}$, 求 $f^{(n)}(0)$.

4. 设 $f(x) = \sin^4 x$, 求 $f^{(100)}(0)$.

5. 设 $f(x) = \sin x \sin 2x \sin 3x$, 求 $f^{(100)}(x)$.

6. 设 $f(x) = \sin^6 x + \cos^6 x$, 求 $f^{(100)}(0)$.

提示: $y = \dfrac{5}{8} + \dfrac{3}{8}\cos 4x$.

第二类: 拆项后求导

7. 已知函数 $f(x) = \ln\dfrac{1-3x}{1+2x}$, 则 $f^{(n)}(0) = (\qquad)$.

8. 已知函数 $f(x) = \dfrac{1}{x^2-1}$, 求 $f^{(5)}(x)$.

9. 设 $f(x) = \dfrac{1}{x^2-3x+2}$, 求 $f^{(n)}(x)$.

10. 设 $f(x) = \dfrac{5x-1}{x^2-x-2}$, 求 $f^{(n)}(x)$.

① 丘维声. 数学的思维方式与创新 [M]. 北京: 北京大学出版社, 2011.

11. 设 $y(x)=\dfrac{1}{x^3+1}$, 求 $y^{(n)}(0)$.

12. 设 $y(x)=\dfrac{1}{x^2+x+1}$, 求 $y^{(n)}(0)$.

13. 设 $y=\dfrac{2x+2}{x^2+2x-3}$, 求 $y^{(n)}$.

14. 设 $f(x)=\dfrac{x+3}{x^2-x-2}$, 求 $f^{(100)}(0)$.

15. 设 $f(x)=\dfrac{1}{1+x^2}$, 求 $f^{(100)}(0)$.

16. 设 $f(x)=\dfrac{x^{1001}}{x^2-1}$, 求 $f^{(2000)}(x)$.

17. 设 $f(x)=\dfrac{1}{x^3-x}$, 求 $f^{(2000)}(x)$.

第三类: 泰勒公式法

18. 设 $f(x)=x^{1000}\sin x$, 求 $f^{(2023)}(0)$.

19. 设 $f(x)=\mathrm{e}^{x^2}\sin x$, 求 $f^{(2022)}(0)$.

20. 设 $f(x)=\dfrac{1}{1+x+x^2}$, 求 $f^{(100)}(0)$ 和 $f^{(99)}(0)$.

21. 设 $y(x)=\dfrac{1}{x^3+1}$, 求 $y^{(n)}(0)$.

22. 已知 $y=\arctan\dfrac{2x}{1-x^2}$, 求 $y^{(n)}(0)$.

23. 设 $y=\ln\left(x+\sqrt{1+x^2}\right)$, 求 $y^{(n)}(0)$.

24. 设 $y=x^2\mathrm{e}^{2x}$, 求 $y^{(20)}$.

25. 设 $f(x)=3x^3+x^2|x|$, 则使得 $f^{(n)}(0)$ 存在的最高阶数 n 为多少?

26. 设 $g(x)$ 在 $[-1,1]$ 上无穷次可微, 且 $\exists M>0$ 使得

$$\left|g^{(n)}(x)\right|\leqslant n!M,\quad g\left(\frac{1}{n}\right)=\ln(1+2n)-\ln n\quad(n=1,2,3,\cdots).$$

求 $g^{(k)}(0)(k=0,1,2,\cdots)$.

提示: $g(x)=\ln(2+x)$.

第四类: 莱布尼茨公式

27. 已知函数 $f(x)=x^2\ln(1-x)$, 当 $n\geqslant 3$ 时, $f^{(n)}(0)=(\qquad)$.

28. 函数 $f(x)=x^2 2^x$ 在 $x=0$ 处的 n 阶导数 $f^{(n)}(0)=(\qquad)$.

29. 已知函数 $f(x)=x^{100}\mathrm{e}^{x^2}$, 则 $f^{(200)}(0)=(\qquad)$.

30. 设 $f(x)=(1+x^2)\ln(1+x)$, 求 $f^{(25)}(0)$.

31. 已知 $y=x\ln(1+x^2)$, 求 $y^{(5)}(0)$.

32. 已知 $y=\dfrac{\ln x}{x}$, 求 $y^{(n)}$.

33. 已知 $y=\dfrac{1}{x(1-x)}$, 求 $y^{(n)}$.

34. 已知 $y=\dfrac{2x}{1-x^2}$, 求 $y^{(n)}$.

35. 已知 $y=\dfrac{x^n}{1-x}$, 求 $y^{(n)}$.

36. 已知 $y=x^n\ln x$, 求 $y^{(n)}$.

37. 已知 $y=\mathrm{e}^{ax}\sin bx$, 求 $y^{(n)}$.

第五类: 归纳或递推

38. 证明: $(\mathrm{e}^x\sin x)^{(n)}=2^{\frac{n}{2}}\mathrm{e}^x\sin\left(x+\dfrac{n\pi}{4}\right)$ 对任意的正整数 n 成立.

39. 证明: $\left(x^{n-1}\mathrm{e}^{\frac{1}{x}}\right)^{(n)}=\dfrac{(-1)^n}{x^{n+1}}\mathrm{e}^{\frac{1}{x}}$ 对任意的正整数 n 成立.

40. 设 $y=\dfrac{\arcsin x}{\sqrt{1-x^2}}$, 求 $y^{(n)}(0)$.

41. 设 $y=\dfrac{x}{\sqrt[3]{1+x}}$, 求 $y^{(n)}$.

42. 试证 $\left[\dfrac{x^{4n+1}}{(4n+1)!}+\dfrac{1}{2^{4n+1}}\cos 2x\right]^{(4n+1)}=(\cos x-\sin x)^2$.

43. 求高阶导数 $\left(\dfrac{1}{x^2+a^2}\right)^{(n)}$.

44. 设 $x>0$, 证明:

$$\mathrm{d}^n\left(x^2\ln x\right)=\begin{cases}(2x\ln x+x)\mathrm{d}x^n, & n=1,\\ (2\ln x+3)\mathrm{d}x^n, & n=2,\\ \dfrac{2(-1)^{n-3}(n-3)!}{x^{n-2}}\,\mathrm{d}x^n, & n\geqslant 3.\end{cases}$$

45. 设 $f(x)=x\sin\omega x$, 证明:

$$f^{(2n)}(x)=(-1)^n\left(\omega^{2n}x\sin\omega x-2n\omega^{2n-1}\cos\omega x\right).$$

提示: 对 n 作数学归纳法. 当 $n=1$ 时,

$f'(x)=\sin\omega x+\omega x\cos\omega x$,

$f''(x)=\omega\cos\omega x+\omega\cos\omega x-\omega^2x\sin\omega x=-\left(\omega^2x\sin\omega x-2\omega\cos\omega x\right)$.

假设当 $n=k$ 时结论成立, 则由

$$\begin{aligned}
f^{(2k)} &= (-1)^k\left(\omega^{2k}x\sin\omega x-2k\omega^{2k-1}\cos\omega x\right),\\
f^{(2k+1)} &= (-1)^k\left(\omega^{2k}\sin\omega x+\omega^{2k+1}x\cos\omega x+2k\omega^{2k}\sin\omega x\right)\\
&= (-1)^k\left[(2k+1)\omega^{2k}\sin\omega x+\omega^{2k+1}x\cos\omega x\right],\\
f^{2(k+1)} &= (-1)^k\left[(2k+1)\omega^{2k+1}\cos\omega x+\omega^{2k+1}\cos\omega x-\omega^{2k+2}x\sin\omega x\right]\\
&= (-1)^{k+1}\left[\omega^{2(k+1)}x\sin\omega x-2(k+1)\omega^{2(k+1)-1}\cos\omega x\right]
\end{aligned}$$

知, 当 $n=k+1$ 时结论成立.

46. 设 $f(x)=\begin{cases} x^n\sin(\ln|x|), & x\neq 0,\\ 0, & x=0\end{cases}$ (n 为自然数), 求证: $f(x)$ 在 $x=0$ 处有 $n-1$ 阶导数, 而无 n 阶导数.

提示:

$$\frac{\mathrm{d}^m}{\mathrm{d}x^m}[\sin(\ln|x|)]=\frac{1}{x^m}\sum_{k=1}^{n}a_k\sin\left(\ln|x|+k\frac{\pi}{2}\right).$$

47. 设 $f(x)$ 有任意阶导数, $f'(x)=[f(x)]^2$, 求 $f^{(n)}(x)(n>2)$.

提示: 用数学归纳法证明 $f^{(n)}(x)=n![f(x)]^{n+1}(n\geqslant 1)$. 或者求解变量分离的一阶微分方程:

$$\begin{aligned}
y'=y^2 &\Rightarrow \frac{\mathrm{d}y}{y^2}=\mathrm{d}x\Rightarrow -\frac{1}{y}=x+C\Rightarrow y=-\frac{1}{x+C}\\
&\Rightarrow y^{(n)}=n!\left(\frac{-1}{x+C}\right)^{n+1}.
\end{aligned}$$

48. 设 $f(x)=\dfrac{1}{\sqrt{1-x^2}}$, 求 $f^{(n)}(1)(n>1)$.

第 5 章　微分中值定理及其应用

内容提要

- ❑ 介值定理
- ❑ 费马定理
- ❑ 罗尔 (Rolle) 中值定理
- ❑ 拉格朗日中值定理
- ❑ 柯西中值定理
- ❑ 泰勒公式
- ❑ 泰勒级数
- ❑ 零点定理
- ❑ 第一积分中值定理
- ❑ 第二积分中值定理

中值定理是微积分学的一个重要部分. 一般来说, 中值定理分为微分中值定理和积分中值定理两大类, 它们分别建立了函数与其导数, 以及函数与积分之间的桥梁. 尽管这两类中值定理之间相互独立, 但它们之间存在着某种特殊的关系. 这些定理不仅应用广泛, 同时也是数学竞赛和考研数学中的常见考点.

其中, 微分中值定理是微积分学中的重要基本定理之一. 通常, 微分中值定理包括三个著名的定理, 分别是罗尔中值定理、拉格朗日中值定理和柯西中值定理. 这些定理的主要特点是能够表现一个函数和它的导数之间的内在关系, 以及能够利用导数的局部性来展示函数在一个区间上的整体性质.

微分中值定理在求极限、证明恒等式、证明不等式, 以及讨论与中值有关的命题和函数性态方面都有着重要的应用.

积分中值定理则主要描述了定积分的性质, 连接了积分与被积函数之间的关系. 积分中值定理主要用于通过研究被积函数的性质来探讨积分的某些特性. 通常, 积分中值定理包括积分第一中值定理和积分第二中值定理.

5.1　预备知识

定理 5.1 (罗尔中值定理)

如果实值函数 f 在闭区间 $[a,b]$ 上连续, 在开区间 (a,b) 上可导, 并且 $f(a)=f(b)$, 那么存在 $\xi\in(a,b)$ 使得 $f'(\xi)=0$. ♡

考虑实数域上的区间 $I=[a,b]$ 以及在此区间上的连续函数 $f:I\to\mathbb{R}$. 那么,

定理 5.2 (介值定理 1)

如果 u 是 $f(a)$ 和 $f(b)$ 之间的数, 即 $\min(f(a), f(b)) < u < \max(f(a), f(b))$, 那么存在 $\xi \in (a,b)$ 使得 $f(\xi) = u$. ♡

定理 5.3 (介值定理 2)

值域 $f(I)$ 也是一个区间, 或者它包含 $[f(a), f(b)]$, 或者它包含 $[f(b), f(a)]$. ♡

定理 5.4 (导数的介值定理 1)

若函数 $f(x)$ 在 (a,b) 内可导, $\alpha, \beta \in (a,b)$, 且 $\alpha < \beta$, 且 $f(\alpha) < f(\beta)$, 则对于任意的 $k \in (f'(\alpha), f'(\beta))$, 必定存在 $\xi \in (\alpha, \beta)$, 使得 $f'(\xi) = k$. ♡

定理 5.5 (导数的介值定理 2)

(达布定理) 若函数 f 在 $[a,b]$ 上可导, 且 $f'_+(a) \neq f'_-(b), k$ 为介于 $f'_+(a), f'_-(b)$ 之间的任一实数, 则至少存在一点 $\xi \in (a,b)$, 使得

$$f'(\xi) = k.$$

♡

定理 5.6 (零点定理)

设 f 是 $[a,b]$ 上的连续函数, 且 $f(a)f(b) < 0$, 则至少有一点 $\xi \in (a,b)$, 使 $f(\xi) = 0$. ♡

定理 5.7 (费马定理)

设 $f : (a,b) \to \mathbb{R}$ 是实值函数, $x_0 \in (a,b)$ 是 f 的一个局部极值点, 如果 f 在点 x_0 可微, 那么 $f'(x_0) = 0$. ♡

定理 5.8 (第一积分中值定理)

如果 $f(x)$ 在 $[a,b]$ 上连续, $g(x)$ 在 $[a,b]$ 上可积且不变号, 那么在 $[a,b]$ 上至少存在一点 ξ, 使下式成立:

$$\int_a^b f(x)g(x)\, \mathrm{d}x = f(\xi) \int_a^b g(x)\, \mathrm{d}x.$$

♡

推论 5.1 (积分中值定理 1)

如果 $f(x)$ 在 $[a,b]$ 上连续, 那么在 $[a,b]$ 上至少存在一点 ξ, 使下式成立:

$$\int_a^b f(x)\,\mathrm{d}x = f(\xi)(b-a).$$

♡

定理 5.9 (第二积分中值定理)

如果 $f(x)$ 在 $[a,b]$ 上可积, $g(x)$ 在 $[a,b]$ 上单调, 那么在 $[a,b]$ 上至少存在一点 ξ, 使下式成立:

$$\int_a^b f(x)g(x)\,\mathrm{d}x = g(a)\int_a^\xi f(x)\mathrm{d}x + g(b)\int_\xi^b f(x)\,\mathrm{d}x.$$

♡

推论 5.2 (积分中值定理 2)

(1) 如果 $f(x)$ 在 $[a,b]$ 上可积, $g(x)$ 在 $[a,b]$ 上单调递减且非负, 那么在 $[a,b]$ 上至少存在一点 ξ 使下式成立:

$$\int_a^b f(x)g(x)\,\mathrm{d}x = g(a)\int_a^\xi f(x)\,\mathrm{d}x.$$

(2) 如果 $f(x)$ 在 $[a,b]$ 上可积, $g(x)$ 在 $[a,b]$ 上单调递增且非负, 那么在 $[a,b]$ 上至少存在一点 ξ, 使下式成立:

$$\int_a^b f(x)g(x)\,\mathrm{d}x = g(b)\int_\xi^b f(x)\,\mathrm{d}x.$$

♡

例题 5.1　设 $f(x)$ 在 $[a,b]$ 上连续. $a < x_1 < x_2 < \cdots < x_n < b$, $c_i > 0$, $i = 1,2,\cdots,n$. 证明: $\exists \xi \in [a,b]$, 使

$$f(\xi) = \frac{c_1 f(x_1) + \cdots + c_n f(x_n)}{c_1 + \cdots + c_n}.$$

证明　由于 $f(x)$ 在 $[a,b]$ 上连续, 根据最值定理, $f(x)$ 在 $[a,b]$ 上有最大值 M 和最小值 m, 即

$$m \leqslant f(x) \leqslant M, \quad \forall x \in [a,b].$$

于是对于 $i = 1,2,\cdots,n$, 有

$$m \leqslant f(x_i) \leqslant M.$$

对于 $c_i>0$, 有

$$c_i m \leqslant c_i f(x_i) \leqslant c_i M.$$

相加得到

$$m(c_1+\cdots+c_n) \leqslant c_1 f(x_1)+\cdots+c_n f(x_n) \leqslant (c_1+\cdots+c_n) M.$$

因此

$$m \leqslant \frac{c_1 f(x_1)+\cdots+c_n f(x_n)}{c_1+\cdots+c_n} \leqslant M.$$

由介值定理, $\exists \xi \in [a,b]$, 使

$$f(\xi)=\frac{c_1 f(x_1)+\cdots+c_n f(x_n)}{c_1+\cdots+c_n}.$$

5.2 构造辅助函数的方法

在研究中值定理的存在性问题时, 寻找合适的辅助函数常常是一项富有挑战性的任务. 为了更好地处理这个问题, 本节将从实际问题出发, 通过求解相关微分方程来寻找与问题匹配的辅助函数.

5.2.1 原函数法

原函数法的核心原理是对待证表达式执行积分还原的操作. 具体步骤如下: 首先, 整理待证明的式子, 使其形式为 $\varphi(\xi)=0$. 接着, 设置 $F'(\xi)=\varphi(\xi)$, 并将 ξ 替换为 x, 得到 $F'(x)=\varphi(x)$. 然后对等式两边分别进行积分, 即计算 $F(x)=\displaystyle\int \varphi(x)\,\mathrm{d}x$. 经过这一过程, 所求得的 $F(x)$ 便是我们所寻找的辅助函数.

例题 5.2 (拉格朗日中值定理) 如果函数 f 满足在区间 $[a,b]$ 上连续且在区间 (a,b) 上可导, 则存在一点 $\xi\in(a,b)$ 使得

$$f'(\xi)=\frac{f(b)-f(a)}{b-a}.$$

证明 利用原函数法找到一个辅助函数. 由 $\dfrac{f(b)-f(a)}{b-a}=f'(\xi)$ 整理为

$$F'(\xi)=f'(\xi)(b-a)-(f(b)-f(a))=0.$$

把 ξ 换成 x,

$$F'(x)=f'(x)(b-a)-(f(b)-f(a))=0.$$

两边同时积分得 $F(x)=f(x)(b-a)-(f(b)-f(a))x+C$.

于是构造辅助函数

$$F(x)=f(x)(b-a)-(f(b)-f(a))x.$$

易验证

$$F(a)=F(b)=f(a)b-f(b)a.$$

因此 $F(x)$ 满足罗尔中值定理, 拉格朗日中值定理得证.

练习 5.1 设 $f(x)$ 在 $[a,b]$ 上连续, 在 (a,b) 可导 $(0<a<b)$, 证明: 在 $[a,b]$ 上存在一点 ξ, 使

$$bf(b)-af(a)=(b-a)\left[f(\xi)+\xi f'(\xi)\right]$$

成立.

例题 5.3 (柯西中值定理) 如果函数 f,g 满足在区间 $[a,b]$ 上连续, 在区间 (a,b) 上可导, 且对任意 $x\in(a,b)$, $g'(x)\neq 0$, 则存在一点 $\xi\in(a,b)$ 使得

$$\frac{f'(\xi)}{g'(\xi)}=\frac{f(b)-f(a)}{g(b)-g(a)}.$$

证明 同上面的证明, 利用原函数法. 首先, 去分母得到

$$F'(\xi)=g'(\xi)f(b)-g'(\xi)f(a)-f'(\xi)g(b)-f'(\xi)g(a),$$

把 ξ 换成 x,

$$F'(x)=g'(x)f(b)-g'(x)f(a)-f'(x)g(b)-f'(x)g(a).$$

对上式两边进行积分, 如下:

$$F(x)=\int\left[g'(x)f(b)-g'(x)f(a)-f'(x)g(b)-f'(x)g(a)\right]\,\mathrm{d}x.$$

于是, 构造辅助函数

$$F(x)=g(x)(f(b)-f(a))-f(x)(g(b)-g(a)).$$

易验证

$$F(a)=F(b)=g(a)f(b)-f(a)g(b).$$

因此 $F(x)$ 满足罗尔中值定理, 柯西中值定理得证.

✍ **练习 5.2** 若 $f(x)$ 在 $[a,b]$ 上连续, 在 (a,b) 上可导 $(a>0)$, 证明在 (a,b) 上方程

$$2x[f(b)-f(a)]=\left(b^2-a^2\right)f'(x)$$

至少存在一根.

✍ **练习 5.3** $b>a>0$, 设函数 $f(x)$ 在 $[a,b]$ 上连续, 在 (a,b) 上可导, 证明:

(1) 存在 $\xi\in(a,b)$, 使得

$$\frac{bf(a)-af(b)}{b-a}=f(\xi)-\xi f'(\xi);$$

(2) 存在 $\xi\in(a,b)$, 使得

$$\frac{f(b)-f(a)}{b-a}=\frac{\xi^2 f'(\xi)}{ab}.$$

✍ **练习 5.4** 设 $f(x), g(x)$ 在 $[a,b]$ 上连续, 在 (a,b) 上可导, 且 $g'(x)\neq 0$, 证明: 在 (a,b) 存在 ξ, 使得

$$\frac{f(\xi)-f(a)}{g(b)-g(\xi)}=\frac{f'(\xi)}{g'(\xi)}.$$

下面的案例需要介值定理与罗尔中值定理结合应用.

例题 5.4 设函数 $f(x)$ 在 $[0,1]$ 上可导, 且 $0<f(x)<1$, 当 $0<x<1$ 时, $f'(x)\neq 1$, 则在 $(0,1)$ 上有且仅有一个 ξ, 使得 $f(\xi)=\xi$.

证明 构造辅助函数 $F(x)=f(x)-x$.

首先证明存在性. 由于 $F(x)$ 在 $[0,1]$ 上连续, 且

$$F(0)\cdot F(1)=f(0)\cdot[f(1)-1]<0.$$

根据零点定理, 至少存在一点 $\xi\in(0,1)$, 使得 $F(\xi)=0$, 即 $f(\xi)=\xi$.

其次证明唯一性. 利用反证法. 假如有两个点满足

$$f\left(\xi_1\right)=\xi_1,\quad f\left(\xi_2\right)=\xi_2,\quad \xi_1<\xi_2.$$

对函数 $F(x)=f(x)-x$, 有 $F\left(\xi_1\right)=F\left(\xi_2\right)=0$. 由罗尔中值定理知, $\exists\xi\in\left(\xi_1,\xi_2\right)\subset(0,1)$ 使得 $F'(\xi)=0$, 即 $f'(\xi)-1=0$, 这与 $f'(\xi)\neq 1$ 矛盾.

根据经验, 整理了一个罗尔中值定理常用的辅助函数表格 (表 5.1).

表 5.1　根据题目结论构造辅助函数 1

原式 $G(x)=0$	导数形式 $F'(x)=0$	辅助函数 $F(x)$
$f(x)g'(x)+f'(x)g(x)=0$	$[f(x)g(x)]'=0$	$F(x)=f(x)g(x)$
$f(x)+xf'(x)=0$	$[xf(x)]'=0$	$F(x)=xf(x)$
$f'(x)g(x)-f(x)g'(x)=0$	$[f(x)/g(x)]'=0$	$F(x)=f(x)/g(x)$
$f'(x)+f(x)g'(x)=0$	$\left[f(x)\cdot \mathrm{e}^{g(x)}\right]'=0$	$F(x)=f(x)\cdot \mathrm{e}^{g(x)}$
$f'(x)+tf(x)=0$	$\left[f(x)\cdot \mathrm{e}^{tx}\right]'=0$	$F(x)=f(x)\cdot \mathrm{e}^{tx}$

例题 5.5　设 $f(x)$ 在 $[0,+\infty)$ 上可导, 且 $0\leqslant f(x)\leqslant \dfrac{x}{1+x^2}, x\geqslant 0$, 求证: 存在 $\xi\in(0,+\infty)$, 使得

$$f'(\xi)=\frac{1-\xi^2}{\left(1+\xi^2\right)^2}.$$

证明　由于 $0\leqslant f(x)\leqslant \dfrac{x}{1+x^2}, x\geqslant 0$, 特别地, 取 $x=0$ 可得 $f(0)=0$. 另外, 明显 $\lim\limits_{x\to+\infty}\dfrac{x}{1+x^2}=0$. 所以由迫敛性可知 $\lim\limits_{x\to+\infty}f(x)=0$.

构造辅助函数

$$g(x)=f(x)-\frac{x}{1+x^2},$$

则 $g(x)$ 在 $[0,+\infty)$ 上可导, 并且

$$\lim_{x\to0}g(x)=\lim_{x\to+\infty}g(x)=0.$$

于是由广义的罗尔中值定理, 存在 $\xi\in(0,+\infty)$, 使得 $g'(\xi)=0$, 则有

$$g'(\xi)=f'(\xi)-\frac{(1+\xi^2)-2\xi^2}{\left(1+\xi^2\right)^2}=0.$$

因此得到结论.

✍ **练习 5.5**　设 $f(x)$ 在 $[0,1]$ 上连续, 在 $(0,1)$ 上可导, 且 $f(1)-f(0)=2\mathrm{e}^{-1}-1$. 证明: 存在 $\xi\in(0,1)$, 使得 $\mathrm{e}^{\xi^2}f'(\xi)+2\xi^3=0$.

5.2.2　积分因子法

面临一阶线性微分方程的中值等式问题时, 积分因子法展现了其关键的作用. 这个方法在寻找辅助函数的环节具有重要意义.

我们以一个非常简单的例子来引入强大的积分因子法构造辅助函数.

例题 5.6　设 $f(x)$ 在 $[a,b]$ 上连续, 在 (a,b) 上可导, 且 $f(a)=f(b)=0$. 试证: 对 $\forall\alpha\in\mathbb{R}$, $\exists\xi\in(a,b)$, 使得 $\alpha f(\xi)=f'(\xi)$.

证明 要证 $\alpha f(\xi)=f'(\xi)$, 即证 $f'(\xi)-\alpha f(\xi)=0$. 构造辅助函数

$$F(x)=\mathrm{e}^{-\alpha x}f(x).$$

则 $F(x)$ 在 $[a,b]$ 上连续, 在 (a,b) 上可导, 且 $F(a)=F(b)$. 由罗尔中值定理可知, $\exists\xi\in(a,b)$, 使得

$$F'(\xi)=\mathrm{e}^{-\alpha\xi}\left(f'(\xi)-\alpha f(\xi)\right)=0.$$

因此 $f'(\xi)-\alpha f(\xi)=0$, 即 $\alpha f(\xi)=f'(\xi)$.

对于一阶线性微分方程

$$y'+p(x)y=q(x),$$

在常微分方程的学习中, 我们知道, 可以通过积分因子法来求解方程. $\mathrm{e}^{\int p(x)\mathrm{d}x}$ 就是一阶线性微分方程积分因子. 下面我们介绍如何使用积分因子 $\mathrm{e}^{\int p(x)\mathrm{d}x}$ 来求解一阶线性微分方程. 首先, 一阶线性微分方程两边同乘 $\mathrm{e}^{\int p(x)\mathrm{d}x}$ 得

$$\mathrm{e}^{\int p(x)\mathrm{d}x}y'+\mathrm{e}^{\int p(x)\mathrm{d}x}p(x)y=\mathrm{e}^{\int p(x)\mathrm{d}x}q(x),$$

即

$$\left(\mathrm{e}^{\int p(x)\mathrm{d}x}y\right)'=\mathrm{e}^{\int p(x)\mathrm{d}x}q(x).$$

两边同时积分得

$$\mathrm{e}^{\int p(x)\mathrm{d}x}y=\int\mathrm{e}^{\int p(x)\mathrm{d}x}q(x)\mathrm{d}x+C,$$

那么我们有

$$y=\mathrm{e}^{-\int p(x)\mathrm{d}x}\left(\int\mathrm{e}^{\int p(x)\mathrm{d}x}q(x)\ \mathrm{d}x+C\right).$$

这样我们就求出了一阶线性微分方程的通解. 以上是一阶线性微分方程的积分因子解法.

如果我们构造辅助函数

$$F(x)=\mathrm{e}^{\int p(x)\ \mathrm{d}x}y-\int q(x)\mathrm{e}^{\int p(x)\ \mathrm{d}x}\ \mathrm{d}x,$$

那么

$$F'(x)=\mathrm{e}^{\int p(x)\ \mathrm{d}x}y'+\mathrm{e}^{\int p(x)\ \mathrm{d}x}p(x)y-\mathrm{e}^{\int p(x)\ \mathrm{d}x}q(x)$$

$$= \mathrm{e}^{\int p(x)\ \mathrm{d}x}\left(y' + p(x)y - q(x)\right).$$

到此为止, 我们已经得到了一个函数 $F(x)$, 可以使其导数 $F'(x)$ 包含待证中值等式. 并且 $F'(\xi) = 0$ 时只能有

$$y' + p(\xi)y - q(\xi) = 0.$$

但是函数 $F(x)$ 在区间两个端点处函数值是否相同还不确定. 我们可以引出常数 C 使得构造的辅助函数在两端点处函数值相同.

这样构造辅助函数

$$F(x) = \mathrm{e}^{\int p(x)\ \mathrm{d}x} y - \int q(x)\mathrm{e}^{\int p(x)\ \mathrm{d}x}\,\mathrm{d}x + C,$$

其中 C 是一个可以使辅助函数满足罗尔中值定理条件的值.

✍ **练习 5.6**　设 $f(x)$ 在 $[0,1]$ 上连续, 在 $(0,1)$ 上可导, 且 $f(0) = 0$, 试证: $\exists\xi \in (0,1)$, 使得 $\xi f'(\xi) + nf(\xi) = f'(\xi)$.

✍ **练习 5.7**　已知 $f(x)$ 在 $[0,1]$ 上二阶可导, $f(0) = f(1) = 0$, 求证: $\exists\xi \in (0,1)$, 使得 $2f'(\xi) = (1-\xi)f''(\xi)$.

✍ **练习 5.8**　设 $f(x)$ 在 $[0,1]$ 上连续, 在 $(0,1)$ 上可导, 且 $f(0) = 0, f(1) = 1$, 试证: $\exists\xi \in (0,1)$, 使得 $f'(\xi) = f(\xi) - \xi + 1$.

✍ **练习 5.9**　设 $f \in C[0,1] \cap D(0,1)$ 且 $f(0) = 0$, $f(1) = 1$, 则对所有 $\alpha \in \mathbb{R}$, 一定存在 $\xi \in (0,1)$ 满足 $f(\xi) + \alpha = f'(\xi)$.

✍ **练习 5.10**　已知函数 $f(x)$ 在 $[a,b]$ 上连续, 在 (a,b) 上可导, 且 $f(a) = f(b) = 0$, 求证: 在 (a,b) 上有一点 ξ 使得 $\dfrac{f'(\xi)}{-2\xi} = f(\xi)$.

✍ **练习 5.11**　设函数 $f(x)$ 在 $[a,b]$ 上连续, 在 (a,b) 上可导, 且 $f(a) = f(b) = 0$, 则对于任意的实数 α, 在 (a,b) 上至少有一点 ξ, 使得 $\alpha f(\xi) + f'(\xi) = 0$.

✍ **练习 5.12**　设函数 f 在 $[a,b]$ 上连续, 在 (a,b) 上可导, 且存在 $c \in (a,b)$, 使得 $f'(c) = 0$, 证明: 存在 $\xi \in (a,b)$, 使得 $f'(\xi) - f(\xi) + f(a) = 0$.

✍ **练习 5.13**　$f(x)$ 与 $g(x)$ 在 (a,b) 上可导, 且有 $f(a) = f(b) = 0$. 试证: 在 (a,b) 上存在一点 ξ, 使得 $f'(\xi) + f(\xi)g'(\xi) = 0$.

✍ **练习 5.14**　设 $f(x)$ 在 $[0,1]$ 上二阶可微. 且 $f'(0) = f'(1) = 1$, 试证: $\exists\xi \in (0,1)$, 使得 $f''(\xi) + f'(\xi) = 1$.

✍ **练习 5.15**　已知函数 $f(x)$ 在 $[0,1]$ 上有二阶导数, 且 $f(0) = f(1) = f'(0) = f'(1) = 0$, 证明: 存在 $\xi \in (0,1)$, 使得 $f''(\xi) = f(\xi)$.

✍ **练习 5.16** 设函数 $f(x)$ 在 $[0,1]$ 上连续, 在 $(0,1)$ 上可导, $f(0)=0$, 且对任意 $x\in(0,1)$ 有 $f(x)>0$, 证明: 对任意正整数 n, 存在 $\xi\in(0,1)$, 使得

$$\frac{nf'(\xi)}{f(\xi)}=\frac{f'(1-\xi)}{f(1-\xi)}.$$

✍ **练习 5.17** 奇函数 $f(x)$ 在 $[-1,1]$ 上具有二阶导数, 且 $f(1)=1$, 证明:

(1) 存在 $\xi\in(0,1)$, 使得 $f'(\xi)=1$;

(2) 存在 $\eta\in(-1,1)$, 使得 $f''(\eta)+f'(\eta)=1$.

✍ **练习 5.18** 设函数 $f(x)$ 在区间 $[a,b]$ 上连续, 在 (a,b) 上可导, 且

$$f(a)f(b)>0,\quad f(a)f\left(\frac{a+b}{2}\right)<0,$$

证明: 至少存在一点 $\xi\in(a,b)$, 使得 $f'(\xi)=f(\xi)$.

5.2.3 辅助函数构造形式归纳总结

将结论中的 ξ 换成 x 后, 如果形如一阶微分方程

$$y'(x)+p(x)y(x)=q(x),$$

利用微分方程中的常数变异公式, 可以构造辅助函数:

$$G(x)=y(x)\mathrm{e}^{\int p(x)\mathrm{d}x}-\int q(x)\mathrm{e}^{\int p(x)\mathrm{d}x}\mathrm{d}x.$$

将结论中的 ξ 换成 x 后, 如果形如可降阶的二阶微分方程为

$$h''(x)=\lambda\left(h'(x)\right)^n\left(h(x)\right)^m,$$

记 $h'(x)=p$, $h(x)=y$, 则构造辅助函数

$$G(x)=\begin{cases}py^{-\lambda}, & n=2,m=-1,\\ p\mathrm{e}^{-\lambda\frac{y^{m+1}}{m+1}}, & n=2,m\neq-1,\\ \mathrm{e}^{\frac{p^{2-n}}{2-n}}y^{-\lambda}, & n\neq2,m=-1,\\ \dfrac{p^{2-n}}{2-n}-\lambda\dfrac{y^{m+1}}{m+1}, & n\neq2,m\neq-1.\end{cases}$$

根据题目结论, 构造辅助函数可参见表 5.2 和表 5.3.

表 5.2　根据题目结论构造辅助函数 2

题目结论	式子变形	构造函数
$f'(\xi)=\dfrac{2f(\xi)}{\xi}$	$f'(x)-\dfrac{2}{x}f(x)=0$	$G(x)=\dfrac{f(x)}{x^2}$
$2f'(\xi)=\tan\dfrac{\xi}{2}f(\xi)$	$f'(x)-\dfrac{1}{2}\tan\dfrac{x}{2}f(x)=0$	$G(x)=\cos\dfrac{x}{2}f(x)$
$f''(\xi)=\dfrac{2f'(\xi)}{1-\xi}$	$f''(x)-\dfrac{2}{1-x}f'(x)=0$	$G(x)=(1-x)^2f'(x)$
$f''(\xi)-f(\xi)=0$	$(f'(x)+f(x))'-(f'(x)+f(x))=0$	$G(x)=\mathrm{e}^{-x}(f'(x)+f(x))$
$\dfrac{\alpha f'(\xi)}{f(\xi)}=\dfrac{f'(1-\xi)}{f(1-\xi)}$	$f'(x)-\dfrac{f'(1-x)}{\alpha f(1-x)}f(x)=0$	$G(x)=f^{\frac{1}{\alpha}}(1-x)f(x)$

表 5.3　根据题目结论构造辅助函数 3

题目结论	式子变形	构造函数
$f''(\xi)+(f'(\xi)f(\xi))^2=0$	$f''(x)+(f'(x))^2(f(x))^2=0$	$G(x)=f'(x)\mathrm{e}^{\frac{f^3(x)}{3}}$
$f''(\xi)f(\xi)=-1$	$f''(x)+(f'(x))^0(f(x))^{-1}=0$	$G(x)=\mathrm{e}^{\frac{1}{2}(f'(x))^2}f(x)$
$f''(\xi)+(f(\xi))^2=0$	$f''(x)+(f'(x))^0(f(x))^2=0$	$G(x)=\dfrac{1}{2}(f'(x))^2+\dfrac{1}{3}(f(x))^3$
$f''(\xi)-f(\xi)=0$	$(f'(x)+f(x))'-(f'(x)+f(x))=0$	$G(x)=\mathrm{e}^{-x}(f'(x)+f(x))$
$f''(\xi)\pm f(\xi)=0$	$f''(x)\pm(f'(x))^0(f(x))^1=0$	$G(x)=\dfrac{1}{2}(f'(x))^2\pm\dfrac{1}{2}(f(x))^2$

5.2.4　行列式法

本节介绍一种构造辅助函数的有效方法——行列式法. 在这种方法中, 辅助函数采用行列式的形式进行表示. 这个方法的主要优势在于, 我们可以利用行列式的性质来构建辅助函数并进行相应的计算. 这不仅使得解题过程更为直观, 同时也大大增强了辅助函数构造的简洁性.

例题 5.7　设函数 $f(x),g(x)$ 均在 $[a,b]$ 上连续, 在 (a,b) 上可导, 则至少存在一点 $\xi\in(a,b)$, 使

$$\begin{vmatrix} f(a) & g(a) & 1 \\ f(b) & g(b) & 1 \\ f'(\xi) & g'(\xi) & 0 \end{vmatrix}=0.$$

证明　考虑以下的行列式函数:

$$H(x)=\begin{vmatrix} f(a) & g(a) & 1 \\ f(b) & g(b) & 1 \\ f(x) & g(x) & 1 \end{vmatrix}.$$

不难看出 $H(x)$ 在 $[a,b]$ 上连续, 在 (a,b) 上可导, 且 $H(a)=H(b)$, 满足罗尔中值定理的条件. 因此, 存在一点 $\xi\in(a,b)$ 使得 $H'(\xi)=0$, 这便完成了我们的证明. 通过对上述证明的观察和分析, 我们可以进一步推断出如下结论.

(1) 对于所有 $x\in(a,b)$, 当 $g'(x)\neq 0$ 时, 我们可以得到柯西中值定理.

(2) 如果选择 $g(x)=x$, 则可以得到拉格朗日中值定理.

(3) 如果 $g(x)=x$ 并且 $f(a)=f(b)$, 则可以得到罗尔中值定理.

✍ **练习 5.19** 设函数 $f(x),g(x),h(x)$ 均在 $[a,b]$ 上连续, 在 (a,b) 上可导, 则至少存在 $\xi\in(a,b)$ 使

$$\begin{vmatrix} f(a) & g(a) & h(a) \\ f(b) & g(b) & h(b) \\ f'(\xi) & g'(\xi) & h'(\xi) \end{vmatrix}=0.$$

显然, 我们已经把微分中值定理推广到三个函数的情形. 进一步, 可以考虑推广到四个函数的情形.

✍ **练习 5.20** 设 $f(x),g(x),h(x),k(x)$ 均在 $[a,b]$ 上连续, 在 (a,b) 上二阶可导, 则对 $\forall c\in(a,b)$, 至少存在一点 $\xi\in(a,b)$, 使

$$\begin{vmatrix} f(a) & g(a) & h(a) & k(a) \\ f(b) & g(b) & h(b) & k(b) \\ f(c) & g(c) & h(c) & k(c) \\ f''(\xi) & g''(\xi) & h''(\xi) & k''(\xi) \end{vmatrix}=0.$$

✍ **练习 5.21** 设 $f(x)\in C^2[0,4]$, 且 $f(0)=0, f(1)=1, f(4)=2$, 证明: 至少存在一点 $\xi\in(0,4)$, 使 $f''(\xi)=\dfrac{1}{3}$.

构造辅助函数, 多次运用罗尔中值定理.

例题 5.8 设函数 $f(x)$ 在 $[1,2]$ 上有二阶导数, 且 $f(1)=f(2)=0$, 又 $F(x)=(x-1)^2f(x)$, 证明: 在 $(1,2)$ 上至少有一点 ξ, 使得 $F''(\xi)=0$.

证明 法 1: 因为函数 $f(x)$ 在 $[1,2]$ 上有二阶导数, 所以函数 $f(x),f'(x)$ 在 $[1,2]$ 上连续可导, 又因为 $F(x)=(x-1)^2f(x)$, 所以

$$F'(x)=2(x-1)f(x)+(x-1)^2f'(x)$$

在 $[1,2]$ 上连续、可导, 又 $F(1)=F(2)=0$, 由罗尔中值定理知, 存在 $\eta\in(1,2)$, 使得 $F'(\eta)=0$. 而 $F'(1)=0$, $F'(x)$ 在 $[1,\eta]$ 上满足罗尔中值定理的条件, 再次利用罗尔中值定理知, $\exists\xi\in(1,\eta)$, 使得 $F''(\xi)=0$.

法 2: 行列式法. 由

$$G(x)=\begin{vmatrix}1 & x & x^2 & F(x)\\ 1 & 1 & 1 & F(1)\\ 1 & 2 & 2^2 & F(2)\\ 0 & 1 & 2 & F'(1)\end{vmatrix},$$

则

$$G'(x)=\begin{vmatrix}0 & 1 & 2x & F'(x)\\ 1 & 1 & 1 & F(1)\\ 1 & 2 & 2^2 & F(2)\\ 0 & 1 & 2 & F'(1)\end{vmatrix},\quad G''(x)=\begin{vmatrix}0 & 0 & 2 & F''(x)\\ 1 & 1 & 1 & F(1)\\ 1 & 2 & 2^2 & F(2)\\ 0 & 1 & 2 & F'(1)\end{vmatrix},$$

函数 $G(x)$ 在 $[1,2]$ 上二阶可导, 且 $G(1)=G(2)=0$. 由罗尔中值定理知: 存在 $\xi_1\in(1,2)$, 使得

$$G'(\xi_1)=0.$$

并且 $G'(1)=0$. 在区间 $[1,\xi_1]$ 上继续利用罗尔中值定理知: 存在 $\xi\in(1,\xi_1)$ 使得 $G''(\xi)=0$, 即

$$\begin{vmatrix}0 & 0 & 2 & F''(\xi)\\ 1 & 1 & 1 & F(1)\\ 1 & 2 & 2^2 & F(2)\\ 0 & 1 & 2 & F'(1)\end{vmatrix}=0,\quad 2\begin{vmatrix}1 & 1 & F(1)\\ 1 & 2 & F(2)\\ 0 & 1 & F'(1)\end{vmatrix}-F''(\xi)\begin{vmatrix}1 & 1 & 1\\ 1 & 2 & 2^2\\ 0 & 1 & 2\end{vmatrix}=0.$$

由已知条件知 $F(1)=F(2)=F'(1)=0$, 从而

$$\begin{vmatrix}1 & 1 & F(1)\\ 1 & 2 & F(2)\\ 0 & 1 & F'(1)\end{vmatrix}=0,\quad \begin{vmatrix}1 & 1 & 1\\ 1 & 2 & 2^2\\ 0 & 1 & 2\end{vmatrix}=-1\neq 0,$$

故 $F''(\xi)=0$.

✍ **练习 5.22**　若 $f(x)$ 在 $[0,1]$ 上有三阶导数, 且 $f(1)=0$, 设 $F(x)=x^3f(x)$, 证明: 在 $(0,1)$ 上至少存在一点 ξ, 使得 $F'''(\xi)=0$.

✍ **练习 5.23**　设 $f(x)$ 在 (a,b) 内二阶可微, 证明: 存在 $c\in(a,b)$, 使得

$$f(a)-2f\left(\frac{a+b}{2}\right)+f(b)=\frac{(b-a)^2}{4}f''(c).$$

练习 5.24 若 $-\infty < a < b < c < +\infty$, $f(x)$ 在 $[a,c]$ 上连续, 且 $f(x)$ 在 (a,c) 上二阶可导. 求证: 存在 $\xi \in (a,c)$, 使得

$$\frac{f(a)}{(a-b)(a-c)}+\frac{f(b)}{(b-c)(b-a)}+\frac{f(c)}{(c-a)(c-b)}=\frac{1}{2}f''(\xi)$$

成立.

拉格朗日中值定理与罗尔中值定理结合应用.

例题 5.9 假设函数 $f(x)$ 在 $[0,1]$ 上连续, 在 $(0,1)$ 上二阶可导, 过点 $A(0,f(0))$ 和点 $B(1,f(1))$ 的直线与曲线 $y=f(x)$ 相交于点 $C(c,f(c))$, 其中 $0<c<1$. 证明: 在 $(0,1)$ 上至少存在一点 ξ, 使 $f''(\xi)=0$.

证明 法 1: 拉格朗日中值定理与罗尔中值定理结合应用. 因为 $f(x)$ 在 $[0,c]$ 上满足拉格朗日中值定理的条件, 故存在 $\xi_1 \in (0,c)$, 使

$$f'(\xi_1)=\frac{f(c)-f(0)}{c-0}.$$

由于 C 在弦 AB 上, 故有

$$\frac{f(c)-f(0)}{c-0}=\frac{f(1)-f(0)}{1-0}=f(1)-f(0),$$

从而 $f'(\xi_1)=f(1)-f(0)$.

同理可证, 存在 $\xi_2 \in (c,1)$, 使 $f'(\xi_2)=f(1)-f(0)$.

由 $f'(\xi_1)=f'(\xi_2)$ 知, 在 $[\xi_1,\xi_2]$ 上 $f'(x)$ 满足罗尔中值定理的条件, 所以存在 $\xi \in (\xi_1,\xi_2) \subset (0,1)$, 使 $f''(\xi)=0$.

法 2: 行列式法. 设

$$F(x)=\begin{vmatrix} 1 & x & x^2 & f(x) \\ 1 & 0 & 0 & f(0) \\ 1 & c & c^2 & f(c) \\ 1 & 1 & 1 & f(1) \end{vmatrix},$$

则

$$F'(x)=\begin{vmatrix} 0 & 1 & 2x & f'(x) \\ 1 & 0 & 0 & f(0) \\ 1 & c & c^2 & f(c) \\ 1 & 1 & 1 & f(1) \end{vmatrix}, \quad F''(x)=\begin{vmatrix} 0 & 0 & 2 & f''(x) \\ 1 & 0 & 0 & f(0) \\ 1 & c & c^2 & f(c) \\ 1 & 1 & 1 & f(1) \end{vmatrix},$$

函数 $F(x)$ 在 $[0,1]$ 上连续, 且 $F(0)=F(c)=F(1)=0$. 由罗尔中值定理知: 存在 $\xi_1\in(0,c)$, $\xi_2\in(c,1)$, 使得

$$F'(\xi_1)=F'(\xi_2)=0.$$

在区间 $[\xi_1,\xi_2]$ 上继续利用罗尔中值定理知: 存在 $\xi\in(\xi_1,\xi_2)$ 使得 $F''(\xi)=0$, 即

$$\begin{vmatrix}0&0&2&f''(\xi)\\1&0&0&f(0)\\1&c&c^2&f(c)\\1&1&1&f(1)\end{vmatrix}=0,\quad 2\begin{vmatrix}1&0&f(0)\\1&c&f(c)\\1&1&f(c)\end{vmatrix}-f''(\xi)\begin{vmatrix}1&0&0\\1&c&c^2\\1&1&1\end{vmatrix}=0.$$

由已知条件 $0<c<1$, 且 $A(0,f(0))$, $B(1,f(1))$ 与点 $C(c,f(c))$ 共线知

$$\begin{vmatrix}1&0&f(0)\\1&c&f(c)\\1&1&f(c)\end{vmatrix}=0,\quad \begin{vmatrix}1&0&0\\1&c&c^2\\1&1&1\end{vmatrix}\neq 0,$$

故 $f''(\xi)=0$.

练习 5.25　设 $f(x)$ 在 $[0,1]$ 上三阶可导, $f(0)=-1, f(1)=0, f'(0)=0$, 证明: 对 $\forall x\in(0,1), \exists\xi\in(0,1)$ 使得

$$f(x)=-1+x^2+\frac{x^2(x-1)}{3!}f'''(\xi).$$

5.2.5　常数 K 值法

常数 K 值法是解决一类中值定理问题中的一种方法. 它通过构造包含未知常数 K 的辅助函数, 能够便捷地找出问题的解答. 这种方法在处理含未知量等式的证明问题时表现出色. 然而, 值得注意的是常数 K 值法并非万能钥匙. 它虽然在多数场合下能够提供实用的解决方案, 但并非所有的问题都适合用它来解决.

例题 5.10　设 $f(x)\in C[a,b]\cap D(a,b)$ 且有 $b>a>0$ 成立, 证明: 存在 $\xi\in(a,b)$ 使得

$$f(b)-f(a)=\xi f'(\xi)\ln\frac{b}{a}.$$

证明　法 1: 常数 K 值法. 把要证的写成

$$\xi f'(\xi)=\frac{f(b)-f(a)}{\ln b-\ln a}.$$

设

$$K=\frac{f(b)-f(a)}{\ln b-\ln a}.$$

我们将上式化为整式并用 x 代替 b (或者 a) 构造辅助函数

$$g(x)=K(\ln x-\ln a)-(f(x)-f(a)).$$

于是 $g(a)=g(b)=0$. 显然 $g(x)$ 满足罗尔中值定理所有条件, 因此存在 $\xi\in(a,b)$ 使得

$$g'(\xi)=\frac{K}{\xi}-f'(\xi)=0.$$

即得到结论.

法 2: 柯西中值定理. 构造辅助函数

$$F(x)=f(x),\quad G(x)=\ln x.$$

练习 5.26 设 $f(x),g(x)$ 在 $[a,b]$ 上连续, 在 (a,b) 上可导, 试证: 至少存在一点 $\xi\in(a,b)$, 使得

$$\begin{vmatrix} f(a) & g(a) \\ f(b) & g(b) \end{vmatrix}=(b-a)\begin{vmatrix} f(a) & g(a) \\ f'(\xi) & g'(\xi) \end{vmatrix}.$$

练习 5.27 设 $f(x)$ 在闭区间 $[a,b]$ 上连续, 在开区间 (a,b) 上可导, 证明: 在 (a,b) 上至少存在一点 ξ, 使得

$$\frac{bf(b)-af(a)}{b-a}=f(\xi)+\xi f'(\xi).$$

常数 K 值法适用于常数已分离出的题型. 步骤如下:

(1) 令常数部分为 K;

(2) 恒等变形, 将有理式转化为整式;

(3) 考察等式两边是否为对称式或轮换对称式, 若是对称式, 则只要将一端的 a 或 b 换成 x; 若是轮换对称式, 则全部移项到一端, 将其中 a 或 b 换成 x, 那么换变量后的端点表达式就是我们要找的辅助函数 $g(x)$.

例题 5.11 设 $f(x)$ 在 $[x_1,x_2]$ 上可导, 且 $0<x_1<x_2$, 试证: 在 (x_1,x_2) 上至少存在一点 ξ, 使得

$$\frac{1}{x_1-x_2}\begin{vmatrix} x_1 & x_2 \\ f(x_1) & f(x_2) \end{vmatrix}=f(\xi)-\xi f'(\xi).$$

证明 法 1: 常数 K 值法. 设

$$K=\frac{1}{x_1-x_2}\begin{vmatrix} x_1 & x_2 \\ f\left(x_1\right) & f\left(x_2\right) \end{vmatrix},$$

则

$$\frac{f\left(x_2\right)-K}{x_2}=\frac{f\left(x_1\right)-K}{x_1} \quad \left(\text{或 } \frac{f(x_2)}{x_2}-\frac{f(x_1)}{x_1}-K\left(\frac{1}{x_2}-\frac{1}{x_1}\right)=0\right).$$

该式是对称式, 用 x 代替 x_2 (或者 x_1), 于是构造辅助函数

$$g(x)=\frac{f(x)-K}{x} \quad \left(\text{或 } g(x)=\frac{f(x)}{x}-\frac{f(x_1)}{x_1}-K\left(\frac{1}{x}-\frac{1}{x_1}\right)\right).$$

显然 $g(x)$ 在 $[x_1,x_2]$ 上也可导, 且 $g\left(x_1\right)=g\left(x_2\right)$, 于是由罗尔中值定理, 在 (x_1,x_2) 上至少存在一点 ξ, 使得 $g'(\xi)=0$. 即

$$\frac{\xi f'(\xi)-f(\xi)+K}{\xi^2}=0, \quad K=f(\xi)-\xi f'(\xi),$$

即得到结论.

法 2: 柯西中值定理. 构造辅助函数参考例 5.10.

✍ **练习 5.28** 已知 $f\in C(a,b)\cap D^2(a,b)$, 求证: 对任意 $c\in(a,b)$, 存在 $x_0\in(a,b)$, 使

$$\frac{f''\left(x_0\right)}{2}=\frac{f(a)}{(a-b)(a-c)}+\frac{f(b)}{(b-a)(b-c)}+\frac{f(c)}{(c-a)(c-b)}.$$

常数 K 值法可以解决冗长的中值问题, 运用该法可以快速求解, 其中涉及不同的中值定理或者泰勒公式的运用.

例题 5.12 已知 $f\in C[a,b]\cap D^2(a,b)$. 求证: 存在 $x_0\in(a,b)$ 使

$$f(a)-2f\left(\frac{a+b}{2}\right)+f(b)=\frac{(b-a)^2}{4}f''\left(x_0\right).$$

证明 法 1: 常数 K 值法. 设

$$f(a)-2f\left(\frac{a+b}{2}\right)+f(b)=\frac{(b-a)^2}{4}K.$$

要证存在 $x_0\in(a,b)$, 使 $K=f''\left(x_0\right)$. 构造辅助函数

$$g(x)=\frac{(x-a)^2}{4}K-f(x)-f(a)+2f\left(\frac{x+a}{2}\right).$$

于是 $g(a)=g(b)=0$, 根据罗尔中值定理, 因此存在 $x_1\in(a,b)$, 使得

$$g'\left(x_1\right)=\frac{x_1-a}{2}K-f'\left(x_1\right)+f'\left(\frac{x_1+a}{2}\right)=0.$$

此时无法再次使用罗尔中值定理. 但注意到它可以写成

$$\frac{f'\left(x_1\right)-f'\left(\dfrac{x_1+a}{2}\right)}{x_1-\dfrac{x_1+a}{2}}=K.$$

由拉格朗日中值定理, 存在 $x_0\in\left(x_1,\dfrac{x_1+a}{2}\right)$, 使得

$$f''\left(x_0\right)=K.$$

这就证明了存在 $x_0\in(a,b)$, 使得

$$f(a)-2f\left(\frac{a+b}{2}\right)+f(b)=\frac{(b-a)^2}{4}f''\left(x_0\right).$$

法 2: 柯西中值定理. 留给读者.

✍ **练习 5.29** 设 $f(x)$ 在 $[a,b]$ 上具有连续的二阶导数, 求证: $\exists\xi\in(a,b)$, 使得

$$\int_a^b f(x)\,\mathrm{d}x=(b-a)f\left(\frac{a+b}{2}\right)+\frac{1}{24}(b-a)^3f''(\xi).$$

✍ **练习 5.30** 设 $f(x)$ 在 $(0,1)$ 上有三阶导数, 证明: 存在 $\xi\in(a,b)$, 使得

$$f(b)=f(a)+\frac{1}{2}(b-a)\left[f'(a)+f'(b)\right]-\frac{(b-a)^3}{12}f'''(\xi).$$

✍ **练习 5.31** 设有实数 $a_1,a_2,\cdots,a_n$, 其中 $a_1<a_2<\cdots<a_n$, 函数 $f(x)$ 在 $[a_1,a_n]$ 上有 n 阶导数, 并满足 $f\left(a_1\right)=f\left(a_2\right)=\cdots=f\left(a_n\right)=0$, 证明: 对任意的 $c\in[a_1,a_n]$, 都相应地有 $\xi\in(a_1,a_n)$, 使得

$$f(c)=\frac{\left(c-a_1\right)\left(c-a_2\right)\cdots\left(c-a_n\right)}{n!}f^{(n)}(\xi).$$

5.2.6 含有积分的辅助函数构造

例题 5.13 设 $f(x)$ 是 $[0,1]$ 上的连续函数, 证明: 存在 $\xi \in (0,1)$, 使得

$$\int_0^\xi f(x)\mathrm{d}x = (1-\xi)f(\xi).$$

证明 令

$$F(t) = (t-1)\int_0^t f(x)\ \mathrm{d}x,$$

则 $F(0) = F(1) = 0$. 由罗尔中值定理, $\exists \xi \in (0,1)$, 使得 $F'(\xi) = 0$, 即

$$F'(\xi) = \frac{\mathrm{d}}{\mathrm{d}t}\left[(t-1)\int_0^t f(x)\ \mathrm{d}x\right]_{t=\xi} = \int_0^\xi f(x)\mathrm{d}x + (\xi-1)f(\xi),$$

即有

$$\int_0^\xi f(x)\ \mathrm{d}x = (1-\xi)f(\xi).$$

✍ **练习 5.32** 设函数 $f(x) = \int_1^x \mathrm{e}^{t^2}\mathrm{d}t$, 证明:

(1) 存在 $\xi \in (1,2)$, 使得 $f(\xi) = (2-\xi)\mathrm{e}^{\xi^2}$.

(2) 存在 $\eta \in (1,2)$, 使得 $f(2) = \ln 2 \cdot \eta \cdot \mathrm{e}^{\eta^2}$.

5.3 利用中值证明不等式

当证明不等式时, 常用的方法包括利用极值、单调性、凹凸性、微分中值定理以及泰勒公式. 其中, 在微分中值定理中, 通常使用拉格朗日中值定理来进行证明, 并对中值点进行放缩. 此外, 柯西中值定理也在一些问题中得到应用. 这些方法在数学证明中被广泛使用, 对于不同类型的不等式具有不同的适用性.

例题 5.14 证明不等式

$$\frac{x}{1+x} < \ln(1+x) < x, \quad x > 0.$$

证明 设 $f(t) = \ln(1+t)$, 则 $f(t)$ 在 $[0,x]$ 上满足拉格朗日中值定理条件, 因此

$$f(x) - f(0) = f'(\xi)(x-0), \quad 0 < \xi < x,$$

即

$$\ln(1+x) = \frac{x}{1+\xi}, \quad 0 < \xi < x.$$

因为

$$\frac{x}{1+x}<\frac{x}{1+\xi}<x,$$

所以

$$\frac{x}{1+x}<\ln(1+x)<x \quad (x>0).$$

例题 5.15 设 $0<y<x, p>1$, 证明不等式:

$$py^{p-1}(x-y)<x^p-y^p<px^{p-1}(x-y).$$

证明 将不等式改写为

$$py^{p-1}<\frac{x^p-y^p}{x-y}<px^{p-1}.$$

令 $g(t)=t^p$, 则 $g(t)$ 在 $[y,x]$ 上满足拉格朗日中值定理的条件, 于是存在 $\xi\in(y,x)$, 使得

$$\frac{g(x)-g(y)}{x-y}=g'(\xi),$$

由此可得

$$\frac{x^p-y^p}{x-y}=p\xi^{p-1}.$$

由 $p-1>0$, 函数 t^{p-1} 单调递增, 所以 $py^{p-1}<p\xi^{p-1}<px^{p-1}$, 即

$$py^{p-1}<\frac{x^p-y^p}{x-y}<px^{p-1}.$$

✍ **练习 5.33** 当 $x>0$ 时, 证明 $\ln(1+x)>\dfrac{\arctan x}{1+x}$.

✍ **练习 5.34** 对 $f(x)=\ln(1+x)$ 应用拉格朗日中值定理, 试证: 对 $x>0$ 有

$$0<\frac{1}{\ln(1+x)}-\frac{1}{x}<1.$$

例题 5.16 设 $f(x)$ 在 $[0,1]$ 上二阶可导, 且满足 $|f''(x)|\leqslant 1$, $f(x)$ 在 $(0,1)$ 上取最大值 $\dfrac{1}{4}$, 证明:

$$|f(0)|+|f(1)|\leqslant 1.$$

证明 令 $f(c)=\max\limits_{x\in(0,1)} f(x)=\dfrac{1}{4}, c\in(0,1)$, 则 $f'(c)=0$, 在 $x=c$ 处的带拉格朗日余项的泰勒公式为

$$f(x)=f(c)+f'(c)(x-c)+\frac{f''(\xi)}{2}(x-c)^2=f(c)+\frac{f''(\xi)}{2}(x-c)^2,\quad x\in[0,1],$$

其中 ξ 在 x 与 c 之间, 因此 $\xi\in[0,1]$, 特别地, 有

$$f(0)=f(c)+\frac{f''(\xi_1)}{2}(0-c)^2,\quad \xi_1\in(0,c),$$

$$f(1)=f(c)+\frac{f''(\xi_2)}{2}(1-c)^2,\quad \xi_2\in(c,1),$$

于是

$$\begin{aligned}|f(0)|+|f(1)|&\leqslant\left|f(c)+\frac{f''(\xi_1)}{2}(0-c)^2\right|+\left|f(c)+\frac{f''(\xi_2)}{2}(1-c)^2\right|\\&\leqslant\frac{1}{2}+\frac{1}{2}[(1-c)^2+c^2]\leqslant\frac{1}{2}+\frac{1}{2}[1+2c(c-1)]\\&\leqslant\frac{1}{2}+\frac{1}{2}=1.\end{aligned}$$

✍ **练习 5.35** 设 $f(x)$ 在 $[0,1]$ 上具有二阶导数, 且在 $[0,1]$ 上成立 $|f(x)|\leqslant A$, $|f''(x)|\leqslant B$, 证明:

$$|f'(x)|\leqslant 2A+\frac{1}{2}B,\quad x\in[0,1].$$

✍ **练习 5.36** 设 $f(x)$ 在 $[a,b]$ 上具有二阶导数, 且 $f'(a)=f'(b)=0$, 证明: 存在一点 $\xi\in(a,b)$, 使得

$$|f''(\xi)|\geqslant\frac{4}{(b-a)^2}|f(b)-f(a)|.$$

✍ **练习 5.37** 设 C 是在区间 $[0,1]$ 上的所有实可微函数集合, 且 $f(0)=0$, $f(1)=1$, 求出最大实数 u, 对于 C 中的所有 $f(x)$ 都满足

$$u\leqslant\int_0^1|f'(x)-f(x)|\,\mathrm{d}x.$$

下面的例题是拉格朗日中值定理在级数收敛性中的应用.

例题 5.17 设 $f(x)$ 是在 $(-\infty,+\infty)$ 内的可微函数, 且满足

(1) $f(x)>0$;

(2) $|f'(x)| \leqslant mf(x)$, 其中 $0<m<1$. 任取 a_0, 定义 $a_n=\ln f\left(a_{n-1}\right), n=1,2,\cdots$.

证明: 级数 $\sum\limits_{n=1}^{+\infty}(a_n-a_{n-1})$ 绝对收敛.

证明 由拉格朗日中值定理有

$$a_n-a_{n-1}=\ln f\left(a_{n-1}\right)-\ln f\left(a_{n-2}\right)=\frac{f'(\xi)}{f(\xi)}\left(a_{n-1}-a_{n-2}\right),$$

其中 ξ_{n-1} 在 a_{n-1}, a_n 之间.

于是

$$\left|a_n-a_{n-1}\right| \leqslant\left|\frac{f'(\xi)}{f(\xi)}\right|\left|a_{n-1}-a_{n-2}\right| \leqslant m\left|a_{n-1}-a_{n-2}\right|.$$

由数学归纳法知

$$\begin{aligned} & \left|a_{n-1}-a_{n-2}\right| \leqslant m^{n-1}\left|a_1-a_0\right|, \\ & \left|a_n-a_{n-1}\right| \leqslant m^n\left|a_1-a_0\right|, \\ & \sum_{k=n+1}^{n+p}\left|a_k-a_{k-1}\right| \leqslant\left(m^{n+p-1}+\cdots+m^n\right)\left|a_1-a_0\right|. \end{aligned}$$

由于 $m<1$, 故对 $\forall \varepsilon>0, \exists N$, 当 $n>N$ 时,

$$\sum_{k=n+1}^{n+p}\left|a_k-a_{k-1}\right|<\varepsilon,$$

由柯西准则知级数 $\sum\limits_{n=1}^{+\infty}(a_n-a_{n-1})$ 绝对收敛.

5.4 用中值的估计求极限

拉格朗日中值定理和积分中值定理是对复杂表达式进行估值的常用数学工具. 这些定理本身采用线性化的操作方法, 通过对中值进行估计, 从而简化极限的计算过程.

5.4.1 增量形式

例题 5.18 若函数 $f(x)$ 在 $(a,+\infty)$ 上可导, 且对 $\forall x \in (a,+\infty)$, 有 $|f'(x)| \leqslant M, M$ 是常数, 则 $\lim\limits_{x\to\infty}\dfrac{f(x)}{x^2}=0$.

证明 想证 $\lim\limits_{x\to\infty}\dfrac{f(x)}{x^2}=0$, 首先可能会想到迫敛性定理, 又因为题中给出了 $f'(x)$ 的范围, 所以会想到用拉格朗日中值定理进行放缩, 即

$$\begin{aligned}\left|\frac{f(x)}{x^2}\right| &= \left|\frac{f(x)-f\left(x_0\right)+f\left(x_0\right)}{x^2}\right| \\ &= \left|\frac{f'(\xi)\left(x-x_0\right)+f\left(x_0\right)}{x^2}\right| \quad \left(\xi \in \left(x, x_0\right)\right) \\ &\leqslant \frac{M\left|x-x_0\right|+\left|f\left(x_0\right)\right|}{x^2}.\end{aligned}$$

又

$$\lim_{x\to\infty}\frac{M\left|x-x_0\right|+\left|f\left(x_0\right)\right|}{x^2}=0,$$

综上得证.

✍ **练习 5.38** 设 $f(x)$ 在 $(0,+\infty)$ 上可微, 且 $\lim\limits_{x\to+\infty} f'(x)=0$. 试证: $\lim\limits_{x\to+\infty}\dfrac{f(x)}{x}=0$.

✍ **练习 5.39** 设 $a\neq 0$, 求 $\lim\limits_{n\to\infty} n^2\left(\arctan\dfrac{a}{n}-\arctan\dfrac{a}{n+1}\right)$.

✍ **练习 5.40** 求极限 $\lim\limits_{n\to+\infty} n^2\left(\sin\dfrac{\pi}{n}-\sin\dfrac{\pi}{n+1}\right)$.

✍ **练习 5.41** 求极限 $\lim\limits_{n\to\infty} n^2\left(\sin\left(\cos\dfrac{1}{n}\right)-\sin 1\right)$.

✍ **练习 5.42** 求极限 $\lim\limits_{x\to+\infty}\dfrac{1}{2}x^2[\ln\arctan(x+1)-\ln\arctan x]$.

5.4.2 看成整体

例题 5.19 计算

$$\lim_{x\to 0}\frac{\left(1+\dfrac{x}{1+x}\right)^{\frac{1+x}{x}}-(1+\tan x)^{\frac{1}{\tan x}}}{x^2}.$$

解 设 $F(x)=(1+x)^{\frac{1}{x}}$, 则

$$\lim_{x\to 0}F'(x)=-\frac{\mathrm{e}}{2}.$$

于是

$$\begin{aligned}
&\lim_{x\to 0}\frac{\left(1+\dfrac{x}{1+x}\right)^{\frac{1+x}{x}}-(1+\tan x)^{\frac{1}{\tan x}}}{x^2}\\
=&-\frac{\mathrm{e}}{2}\lim_{x\to 0}\frac{\dfrac{x}{1+x}-\tan x}{x^2}\quad(\text{拉格朗日中值定理})\\
=&-\frac{\mathrm{e}}{2}\lim_{x\to 0}\frac{\dfrac{1}{(1+x)^2}-\sec^2 x}{2x}\\
=&\frac{\mathrm{e}}{2}.
\end{aligned}$$

5.4.3 脱外套

例题 5.20 计算

$$\lim_{x\to 0}\left(\frac{1}{\ln\left(x+\sqrt{1+x^2}\right)}-\frac{1}{\ln(1+x)}\right).$$

解 设 $F(x)=\ln(1+x)$, 则 $\lim\limits_{x\to 0}F'(x)=1$. 于是

$$\begin{aligned}
&\lim_{x\to 0}\left(\frac{1}{\ln\left(x+\sqrt{1+x^2}\right)}-\frac{1}{\ln(1+x)}\right)\\
=&\lim_{x\to 0}\frac{\ln(1+x)-\ln\left(x+\sqrt{1+x^2}\right)}{\ln\left(x+\sqrt{1+x^2}\right)\ln(1+x)}\\
=&\lim_{x\to 0}\frac{x-\left(x+\sqrt{1+x^2}\right)+1}{x^2}\quad(\text{脱外套})\\
=&\lim_{x\to 0}\frac{1-\sqrt{1+x^2}}{x^2}\\
=&-\frac{1}{2}.
\end{aligned}$$

✍ **练习 5.43** 求极限 $\lim\limits_{x\to 0}\dfrac{\tan(\tan x)-\tan(\tan(\tan x))}{\tan x\cdot\tan(\tan x)\cdot\tan(\tan(\tan x))}$.

✍ **练习 5.44** 计算 $\lim\limits_{x\to 0}\dfrac{\sin x-\arctan x}{\tan x-\arcsin x}=1$.

✍ **练习 5.45** 计算 $\lim\limits_{x\to 0}\dfrac{\cos(\sin x)-\cos x}{x^3\ln\left(x+\sqrt{1+x^2}\right)}$.

✍ **练习 5.46**　计算 $\lim\limits_{x\to a}\dfrac{\sin(x^x)-\sin(a^x)}{a^{x^x}-a^{a^x}}(a>1)$.

5.4.4　和式极限

例题 5.21　设 $f(x)$ 在 $(-1,1)$ 上有定义, 在 $x=0$ 处可导, 且 $f(0)=0$. 证明:

$$\lim_{n\to\infty}\sum_{k=1}^{n} f\left(\frac{k}{n^2}\right)=\frac{f'(0)}{2}.$$

证明　法 1: 对任意的正整数 n 以及 $k\leqslant n$, 有

$$f\left(\frac{k}{n^2}\right)=f(0)+f'(0)\frac{k}{n^2}+o\left(\frac{k}{n^2}\right),$$

故对任意的 $\varepsilon>0$, 存在 $N>0$, 当 $n>N$ 时, 有

$$\left|\sum_{k=1}^{n} f\left(\frac{k}{n^2}\right)-f'(0)\sum_{k=1}^{n}\frac{k}{n^2}\right|<\varepsilon,$$

于是

$$-\frac{\varepsilon}{2}\left(1+\frac{1}{n}\right)\leqslant\left|\sum_{k=1}^{n} f\left(\frac{k}{n^2}\right)-\frac{f'(0)}{2}\left(1+\frac{1}{n}\right)\right|\leqslant\frac{\varepsilon}{2}\left(1+\frac{1}{n}\right),$$

即

$$\lim_{n\to\infty}\sum_{k=1}^{n} f\left(\frac{k}{n^2}\right)=\frac{f'(0)}{2}.$$

法 2: 利用泰勒公式与上下极限估计. 根据题目假设和泰勒公式, 有

$$f(x)=f(0)+f'(0)x+\alpha(x)x,$$

其中 $\alpha(x)$ 是 x 的函数, $\alpha(0)=0$ 且 $\alpha(x)\to 0(x\to 0)$. 因此, 对于任意给定的 $\varepsilon>0$, 存在 $\delta>0$, 使得 $|x|<\delta$ 时, $|\alpha(x)|<\varepsilon$. 对于任意自然数 n 和 $k\leqslant n$, 总有

$$f\left(\frac{k}{n^2}\right)=f'(0)\frac{k}{n^2}+\alpha\left(\frac{k}{n^2}\right)\frac{k}{n^2},$$

取 $N>\delta^{-1}$, 对上述给定的 $\varepsilon>0$, 当 $n>N, k\leqslant n$ 时, 有

$$\left|\alpha\left(\frac{k}{n^2}\right)\right|<\varepsilon.$$

于是当 $n > N$ 时,

$$\left|\sum_{k=1}^{n} f\left(\frac{k}{n^2}\right) - f'(0)\sum_{k=1}^{n}\frac{k}{n^2}\right| \leqslant \varepsilon\sum_{k=1}^{n}\frac{k}{n^2},$$

改写得

$$\left|\sum_{k=1}^{n} f\left(\frac{k}{n^2}\right) - \frac{1}{2}f'(0)\left(1+\frac{1}{n}\right)\right| \leqslant \frac{\varepsilon}{2}\left(1+\frac{1}{n}\right).$$

令 $n\to\infty$,

$$\varlimsup_{n\to\infty}\sum_{k=1}^{n} f\left(\frac{k}{n^2}\right) \leqslant \frac{1}{2}f'(0)+\frac{\varepsilon}{2},$$

$$\varliminf_{n\to\infty}\sum_{k=1}^{n} f\left(\frac{k}{n^2}\right) \geqslant \frac{1}{2}f'(0)-\frac{\varepsilon}{2},$$

由 ε 的任意性, 得

$$\varlimsup_{n\to\infty}\sum_{k=1}^{n} f\left(\frac{k}{n^2}\right) = \varliminf_{n\to\infty}\sum_{k=1}^{n} f\left(\frac{k}{n^2}\right) = \frac{1}{2}f'(0).$$

法 3: 利用拉格朗日中值定理. 但是要求函数 f 在 $x=0$ 的某邻域内可导. 令

$$x_n = \left(f\left(\frac{1}{n^2}\right)-f(0)\right)+\left(f\left(\frac{2}{n^2}\right)-f(0)\right)+\cdots+\left(f\left(\frac{n}{n^2}\right)-f(0)\right).$$

由拉格朗日中值定理得

$$\begin{aligned} x_n &= \left(f\left(\frac{1}{n^2}\right)-f(0)\right)+\left(f\left(\frac{2}{n^2}\right)-f(0)\right)+\cdots+\left(f\left(\frac{n}{n^2}\right)-f(0)\right) \\ &= f'(\xi_1)\frac{1}{n^2}+f'(\xi_2)\frac{2}{n^2}+\cdots+f'(\xi_n)\frac{n}{n^2}, \quad 0<\xi_i<\frac{i}{n^2}. \end{aligned}$$

不妨设

$$f'(\xi_1)\leqslant f'(\xi_i)\leqslant f'(\xi_n), \quad i=1,2,\cdots,n,$$

$$f'(\xi_1)\frac{1}{n^2}+f'(\xi_1)\frac{2}{n^2}+\cdots+f'(\xi_1)\frac{n}{n^2}\leqslant x_n\leqslant f'(\xi_n)\frac{1}{n^2}+f'(\xi_n)\frac{2}{n^2}+\cdots+f'(\xi_n)\frac{n}{n^2},$$

即

$$f'(\xi_1)\frac{(n+1)n}{2n^2}\leqslant x_n\leqslant f'(\xi_n)\frac{(n+1)n}{2n^2},$$

而

$$\lim_{n\to\infty} f'(\xi_1)\frac{(n+1)n}{2n^2} = \lim_{n\to\infty} f'(\xi_n)\frac{(n+1)n}{2n^2} = \frac{f'(0)}{2},$$

由迫敛性知

$$\lim_{n\to\infty} x_n = \frac{f'(0)}{2}.$$

✍ **练习 5.47** 设 $f(x)=\arctan x$, 若 $B=\lim\limits_{n\to\infty}\left(\sum\limits_{k=1}^{n} f\left(\frac{k}{n}\right)-An\right)$ 存在且有限, 求 A,B 的值.

5.4.5 含参量积分的极限

例题 5.22 已知 $f(x)$ 可微, 且 $\lim\limits_{x\to+\infty} f(x)=1$, 求

$$\lim_{x\to+\infty}\int_x^{x+2} t\sin\frac{3}{t}\cdot f(t)\mathrm{d}t.$$

解 由题意, 运用积分中值定理可知, $\exists\xi\in(x,x+2)$, 使得

$$\int_x^{x+2} t\sin\frac{3}{t}\cdot f(t)\mathrm{d}t = 2\xi f(\xi)\sin\frac{3}{\xi},$$

且当 $x\to+\infty$ 时, $\xi\to+\infty$. 于是有

$$\begin{aligned}
&\lim_{x\to+\infty}\int_x^{x+2} t\sin\frac{3}{t}\cdot f(t)\mathrm{d}t\\
&=2\lim_{\xi\to+\infty}\left(f(\xi)\cdot\xi\sin\frac{3}{\xi}\right)\\
&=2\lim_{\xi\to+\infty}\left(f(\xi)\cdot\xi\cdot\frac{3}{\xi}\right)\\
&=6\lim_{\xi\to+\infty} f(\xi)\\
&=6.
\end{aligned}$$

例题 5.23 求极限 $\lim\limits_{n\to\infty}\int_0^1 x^n\sqrt{4(3+x)}\mathrm{d}x$.

解 法 1: 利用积分第一中值定理. 如果函数 $f(x),g(x)$ 在闭区间 $[a,b]$ 上连续, 且 $g(x)$ 在闭区间 $[a,b]$ 上不变号, 则至少存在一个点 $\xi\in[a,b]$, 有

$$\int_a^b f(x)g(x)\mathrm{d}x = f(\xi)\int_a^b g(x)\mathrm{d}x.$$

这里令 $f(x)=\sqrt{4(3+x)}, g(x)=x^n$, 则有

$$\begin{aligned}\lim_{n\to\infty}\int_0^1 x^n\sqrt{4(3+x)}\mathrm{d}x &= \lim_{n\to\infty}\sqrt{4(3+\xi)}\int_0^1 x^n\ \mathrm{d}x\\ &=\lim_{n\to\infty}\frac{\sqrt{4(3+\xi)}}{n+1}=0.\end{aligned}$$

法 2: 利用积分第二中值定理. 如果函数 $f(x), g(x)$ 在闭区间 $[a,b]$ 上连续, 且 $f(x)\geqslant 0$ 并是单调递增函数, 则至少存在一个点 $\xi\in[a,b]$, 有

$$\int_a^b f(x)g(x)\mathrm{d}x=f(b)\int_\xi^b g(x)\mathrm{d}x.$$

这里令 $f(x)=\sqrt{4(3+x)}, g(x)=x^n$, 则有

$$\begin{aligned}\lim_{n\to\infty}\int_0^1 x^n\sqrt{4(3+x)}\mathrm{d}x &= \lim_{n\to\infty}\sqrt{4(3+1)}\int_\xi^1 x^n\ \mathrm{d}x\\ &=\lim_{n\to\infty}\frac{(1-\xi^{n+1})\sqrt{4(3+1)}}{n+1}=0.\end{aligned}$$

法 3: 分段后使用积分第一中值定理. 设 $0<\delta<1$, 将原来积分分段记作

$$\begin{aligned}I&=\lim_{n\to\infty}\int_0^1 x^n\sqrt{4(3+x)}\mathrm{d}x\\ &=\lim_{n\to\infty}\int_0^{1-\delta} x^n\sqrt{4(3+x)}\mathrm{d}x+\lim_{n\to\infty}\int_{1-\delta}^1 x^n\sqrt{4(3+x)}\mathrm{d}x\\ &=I_1+I_2,\end{aligned}$$

其中

$$I_1=\lim_{n\to\infty}\int_0^{1-\delta} x^n\sqrt{4(3+x)}\mathrm{d}x=\lim_{n\to\infty}\left(\xi^n\sqrt{4(3+\xi)}\right)(1-\delta),$$

这里 ξ 介于 0 和 $1-\delta$ 之间, 即 $0\leqslant\xi\leqslant 1-\delta<1$, 所以 $I_1=0$.

$$\begin{aligned}I_2&=\lim_{n\to\infty}\int_{1-\delta}^1 x^n\sqrt{4(3+x)}\mathrm{d}x\\ &=\lim_{n\to\infty}\sqrt{4(3+\eta)}\int_{1-\delta}^1 x^n\ \mathrm{d}x\end{aligned}$$

$$= \lim_{n\to\infty} \sqrt{4(3+\eta)} \frac{1^n - (1-\delta)^n}{n+1} = 0,$$

其中 η 介于 $1-\delta$ 与 1 之间, 即 $1-\delta \leqslant \eta \leqslant 1$. 所以

$$I = \lim_{n\to\infty} \int_0^1 x^n \sqrt{4(3+x)}\mathrm{d}x = 0 + 0 = 0.$$

法 4: 利用分部积分法得到如下积分的渐近性定理. 若 $f(x)$ 任意阶导数连续, 则有

$$\int_0^1 x^n f(x)\mathrm{d}x = \frac{f(1)}{n+1} - \frac{f'(1)}{(n+1)(n+2)} + \frac{f''(1)}{(n+1)(n+2)(n+3)} + o\left(\frac{1}{n^3}\right).$$

所以代入题意中的 $f(x) = \sqrt{4(3+x)}$, 有

$$\begin{aligned}
&\lim_{n\to\infty} \int_0^1 x^n \sqrt{4(3+x)}\mathrm{d}x \\
=& \lim_{n\to\infty} \left(\frac{\sqrt{4(3+1)}}{n+1} - \frac{f'(1)}{(n+1)(n+2)} + \frac{f''(1)}{(n+1)(n+2)(n+3)} + o\left(\frac{1}{n^3}\right)\right) \\
=& 0.
\end{aligned}$$

进一步可以去探究:

(1) 求极限

$$\lim_{n\to\infty} n \int_0^1 x^n \sqrt{4(3+x)}\mathrm{d}x.$$

(2) 求极限

$$\lim_{n\to\infty} n^2 \int_0^1 (nx^n \sqrt{4(3+x)} - 4)\mathrm{d}x.$$

✍ **练习 5.48** 设 $f(x)$ 在 [0,1] 上黎曼可积, 在 $x=1$ 可导, $f(1)=0$, $f'(1)=a$. 证明:

$$\lim_{n\to+\infty} n^2 \int_0^1 x^n f(x)\mathrm{d}x = -a.$$

5.5 多中值点问题

下面的案例运用了多个与中值相关的定理, 主要有两种方法: 一种是在整个区间内插入分点, 将其分成两个小区间, 然后分别运用拉格朗日中值定理或柯西中值定理; 另一种是逐步在不同区间上使用中值定理. 这些方法可以有效地处理复杂的积分问题.

5.5.1 可能相等的双中值问题

例题 5.24 设函数 $f(x)$ 在 $[a,b]$ 上连续, 在 (a,b) 上可导, 且 $f(a)=f(b)=1$, 证明: 存在 $\xi,\eta\in(a,b)$, 使得

$$\mathrm{e}^{\eta-\xi}\left[f'(\eta)+f(\eta)\right]=1.$$

解 在这个例子中, 我们需要证明存在 ξ 和 η, 使得 $\mathrm{e}^{\eta-\xi}\left[f'(\eta)+f(\eta)\right]=1$. 一方面, 构造辅助函数 $F(x)=\mathrm{e}^{x}f(x)$. 根据拉格朗日中值定理, 存在 $\eta\in(a,b)$, 使得

$$F'(\eta)=\mathrm{e}^{\eta}\left[f'(\eta)+f(\eta)\right]=\frac{\mathrm{e}^{b}f(b)-\mathrm{e}^{a}f(a)}{b-a}=\frac{\mathrm{e}^{b}-\mathrm{e}^{a}}{b-a}.$$

另一方面, 根据格拉朗日中值定理, 存在 $\xi\in(a,b)$, 使得

$$\frac{\mathrm{e}^{b}-\mathrm{e}^{a}}{b-a}=\mathrm{e}^{\xi}.$$

于是得到结论.

✍ **练习 5.49** 设函数 $f(x)$ 在 $[a,b]$ 上连续, 在 (a,b) 上可导, 且 $f'(x)\neq 0$, 证明: 存在 $\xi,\eta\in(a,b)$, 使得

$$\frac{f'(\xi)}{f'(\eta)}=\frac{\mathrm{e}^{b}-\mathrm{e}^{a}}{b-a}\mathrm{e}^{-\eta}.$$

5.5.2 不相等的多中值问题

下面的案例需要介值定理与中值定理结合应用.

例题 5.25 设函数 $f(x)$ 在 $[0,1]$ 上二阶可导, 且 $f(1)>0$, $\lim\limits_{x\to0^{+}}\dfrac{f(x)}{x}<0$, 证明:

(1) 方程 $f(x)$ 在 $(0,1)$ 内至少有一个实根;

(2) 方程 $f(x)f''(x)+\left[f'(x)\right]^{2}=0$ 在 $(0,1)$ 内至少有两个不同实根.

解 (1) 由于 $\lim\limits_{x\to0^{+}}\dfrac{f(x)}{x}<0$, 根据极限的保号性得: $\exists\delta>0,\forall x\in(0,\delta)$ 有 $\dfrac{f(x)}{x}<0$, 即 $f(x)<0$. 进而 $\exists x_0\in(0,\delta)$ 有 $f(x_0)<0$.

又由于 $f(x)$ 二阶可导, 所以 $f(x)$ 在 $[0,1]$ 上必连续. 那么 $f(x)$ 在 $[x_0,1]$ 上连续, 由 $f(x_0)<0, f(1)>0$, 根据零点定理得: 至少存在一点 $\xi\in(x_0,1)$, 使 $f(\xi)=0$.

(2) 由 (1) 可知 $f(0)=0$, 且 $\exists\xi\in(0,1)$, 使 $f(\xi)=0$. 由 $f(0)=f(\xi)=0$, 根据罗尔中值定理得: $\exists\eta\in(0,\xi)$, 使 $f'(\eta)=0$.

构造辅助函数

$$F(x)=f(x)f'(x),$$

则 $F(0)=F(\eta)=F(\xi)=0$, 对 $F(x)$ 在 $(0,\eta)$, (η,ξ) 分别使用罗尔中值定理: $\exists\eta_1\in(0,\eta),\eta_2\in(\eta,\xi)$ 且 $\eta_1,\eta_2\in(0,1),\eta_1\neq\eta_2$, 使得 $F'(\eta_1)=F'(\eta_2)=0$, 即

$$F'(x)=f(x)f''(x)+(f'(x))^2=0$$

在 $(0,1)$ 上至少有两个不同实根.

例题 5.26 设函数 $f(x)$ 在 $[0,1]$ 上连续, 在 $(0,1)$ 上可导, 且 $f(0)=f(1)=0$, $f\left(\dfrac{1}{2}\right)=1$, 证明:

(1) 存在 $\xi\in\left(\dfrac{1}{2},1\right)$, 使得 $f(\xi)=\xi$;

(2) 对于任意的实数 λ, 必存在 $\eta\in(0,\xi)$, 使得

$$f'(\eta)-\lambda[f(\eta)-\eta]=1.$$

证明 (1) 构造辅助函数 $F(x)=f(x)-x$, 则函数 $F(x)$ 在 $[0,1]$ 上连续, 且

$$F(1)=-1<0,\quad F\left(\frac{1}{2}\right)=\frac{1}{2}>0,$$

根据介质定理, 存在 $\xi\in\left(\dfrac{1}{2},1\right)$, 使得 $F(\xi)=0$, 即 $f(\xi)=\xi$.

(2) 构造辅助函数 $G(x)=\mathrm{e}^{-\lambda x}[f(x)-x]$, 则函数 $G(x)$ 在 $[0,\xi]\subset[0,1]$ 上连续, 在 $(0,\xi)\subset(0,1)$ 上可导, 且 $G(0)=G(\xi)=0$, 由罗尔中值定理知, 存在 $\eta\in(0,\xi)$, 使得

$$G'(\eta)=-\lambda\mathrm{e}^{\lambda\eta}[f(\eta)-\eta]+\mathrm{e}^{\lambda\eta}[f'(\eta)-1]=0,$$

即

$$f'(\eta)-\lambda[f(\eta)-\eta]=1.$$

下面案例需要介值定理与拉格朗日中值定理的综合应用.

例题 5.27 设函数 $f(x)$ 在区间 [0, 1] 上连续, 且 $\int_0^1 f(x)\mathrm{d}x\neq 0$, 证明: 在区间 [0, 1] 上存在三个不同的点 x_1,x_2,x_3, 使得

$$\begin{aligned}\frac{\pi}{8}\int_0^1 f(x)\mathrm{d}x&=\left[\frac{1}{1+x_1^2}\int_0^{x_1}f(t)\mathrm{d}t+f(x_1)\arctan x_1\right]x_3\\&=\left[\frac{1}{1+x_2^2}\int_0^{x_2}f(t)\mathrm{d}t+f(x_2)\arctan x_2\right](1-x_3).\end{aligned}$$

证明 构造辅助函数

$$F(x)=\frac{4}{\pi}\frac{\arctan x\int_0^x f(t)\mathrm{d}t}{\int_0^1 f(t)\mathrm{d}t},$$

则 $F(0)=0,F(1)=1$ 且函数 $F(x)$ 在闭区间 [0,1] 上可导, 根据介值定理, 存在点 $x_3\in(0,1)$, 使得 $F(x_3)=\frac{1}{2}$.

分别在区间 $[0,x_3],[x_3,1]$ 上利用拉格朗日中值定理, 存在点 $x_1\in(0,x_3)$, 使得 $F(x_3)-F(0)=F'(x_1)(x_3-0)$, 即

$$\frac{\pi}{8}\int_0^1 f(x)\mathrm{d}x=\left[\frac{1}{1+x_1^2}\int_0^{x_1} f(t)\mathrm{d}t+f(x_1)\arctan x_1\right]x_3.$$

存在 $x_2\in(x_3,1)$, 使得 $F(1)-F(x_3)=F'(x_2)(1-x_3)$, 即

$$\frac{\pi}{8}\int_0^1 f(x)\mathrm{d}x=\left[\frac{1}{1+x_2^2}\int_0^{x_2} f(t)\mathrm{d}t+f(x_2)\arctan x_2\right](1-x_3).$$

例题 5.28 设 $f(x)$ 在 $[0,1]$ 上连续, 在 $(0,1)$ 上可导, 且 $f(0)=0,f(1)=1$. 证明:

(1) 存在 $x_0\in(0,1)$ 使得 $f(x_0)=2-3x_0$;

(2) 存在 $\xi,\eta\in(0,1)$, 且 $\xi\neq\eta$, 使得

$$[1+f'(\xi)][1+f'(\eta)]=4.$$

证明 (1) 构造辅助函数 $F(x)=f(x)-2+3x$, 则 $F(x)$ 在 $[0,1]$ 上连续, 且 $F(0)=-2$, $F(1)=2$. 于是由介值定理, 存在 $x_0\in(0,1)$, 使得 $F(x_0)=0$, 即 $f(x_0)=2-3x_0$.

(2) 在区间 $[0,x_0],[x_0,1]$ 上利用拉格朗日中值定理, 存在 $\xi,\eta\in(0,1)$, 且 $\xi\neq\eta$ 使得

$$\frac{f(x_0)-f(0)}{x_0-0}=f'(\xi),\quad \frac{f(x_0)-f(1)}{x_0-1}=f'(\eta).$$

于是

$$[1+f'(\xi)][1+f'(\eta)]=\left[1+\frac{f(x_0)}{x_0}\right]\left[1+\frac{f(x_0)-1}{x_0-1}\right]$$

$$= \frac{x_0 + f(x_0)}{x_0} \cdot \frac{x_0 - 1 + f(x_0) - 1}{x_0 - 1}$$
$$= \frac{x_0 + 2 - 3x_0}{x_0} \cdot \frac{x_0 - 1 + 2 - 3x_0 - 1}{x_0 - 1} = 4.$$

✍ **练习 5.50** 设 $f(x)$ 在 $[0,1]$ 上连续, 在 $(0,1)$ 上可导, $f(0)=0, f(1)=1$. 证明:

(1) 存在 $\xi \in (0,1)$, 使得 $f(\xi) = 2022 - 2023\xi$;

(2) 存在 $\eta, \zeta \in (0,1), \eta \neq \zeta$, 使得 $(1+f'(\eta))(2021+f'(\zeta)) = 4044$.

上面两题可以更一般化.

✍ **练习 5.51** 设 $f(x)$ 在 $[0,1]$ 上连续, 在 $(0,1)$ 上可导, $f(0)=0$. 证明:

(1) 存在 $\xi \in (0,1)$, 使得 $f(\xi) = a - b\xi$, 其中常数 $a, b > 0$, 且 $a - b < f(1)$.

(2) 存在 $\eta, \zeta \in (0,1), \eta \neq \zeta$, 使得

$$(b - a + f'(\eta))(a - f(1) + f'(\zeta)) = a(f(1) + b - a).$$

例题 5.29 设 f 在 $[0,1]$ 上可导, 且 $f(0)=0$, $f(1)=1$. 证明: 对任意的正数 a, b, 必存在 $(0,1)$ 内的两个不同的数 ξ 和 ζ, 使得

$$\frac{a}{f'(\xi)} + \frac{b}{f'(\zeta)} = a + b.$$

证明 由介值定理, 对于任意给定 $\eta \in (0,1)$, 存在 $c \in (0,1)$, 使得

$$0 < f(c) = \eta < 1.$$

f 在 $[0,c]$ 和 $[c,1]$ 上满足拉格朗日中值定理的条件, 因此分别存在 ξ 和 ζ 使得

$$f'(\xi) = \frac{f(c) - f(0)}{c - 0} = \frac{f(c)}{c} = \frac{\eta}{c},$$
$$f'(\zeta) = \frac{f(1) - f(c)}{1 - c} = \frac{1 - f(c)}{1 - c} = \frac{1 - \eta}{1 - c}.$$

于是

$$\frac{a}{f'(\xi)} + \frac{b}{f'(\zeta)} = \frac{ac}{\eta} + \frac{b(1-c)}{1-\eta} = \frac{ac(1-\eta) + b\eta(1-c)}{\eta(1-\eta)}$$
$$= \frac{c(a - a\eta - b\eta) + b\eta}{\eta(1-\eta)} = a + b.$$

为了保证上述式子成立, 且消掉 c, 令 $a - a\eta - b\eta = 0$, 于是

$$\eta = \frac{a}{a+b}.$$

刚好保证等式成立, 所以取 η 为上述值, 即完成证明.

类似地, 我们可以证明下面的结论.

练习 5.52 设 f 在 $[0,1]$ 上可导, 且 $f(0)=0$, $f(1)=1$. 证明: 对任意的正数 a,b, 必存在 $(0,1)$ 内的两个不同的数 ξ 和 ζ, 使得

$$\frac{a}{f'(\xi)}+\frac{2b}{f'(\zeta)}=\frac{a+2b}{2}.$$

练习 5.53 设 $f(x)$ 在 $[0,1]$ 上连续, 在 $(0,1)$ 上可导, 且 $f(0)=0, f(1)=1$, m_1,m_2,m_3 为正实数, 证明: 存在互异的点 $x_1,x_2,x_3\in(0,1)$, 使得

$$\frac{m_1}{f'(x_1)}+\frac{m_2}{f'(x_2)}+\frac{m_3}{f'(x_3)}=m_1+m_2+m_3.$$

练习 5.54 设 $f(x)$ 在 $[0,1]$ 上连续, 在 $(0,1)$ 上可导, $f(0)=0, f(1)=1, \lambda_1$, $\lambda_2,\cdots,\lambda_n$ 为 n 个正数, 满足 $\sum\limits_{i=1}^{n}\lambda_i=1$. 证明: 在 $[0,1]$ 内存在一组互不相同的点 $x_1,x_2,\cdots,x_n$, 使得

$$\sum_{i=1}^{n}\frac{\lambda_i}{f'(x_i)}=1.$$

例题 5.30 设函数 $f(x)$ 在 $[0,1]$ 上连续, 且有积分 $I=\int_0^1 f(x)\,\mathrm{d}x\neq 0$, 试证: 在开区间 $(0,1)$ 内存在不同的两个点 x_1,x_2, 使得

$$\frac{1}{f(x_1)}+\frac{1}{f(x_2)}=\frac{2}{I}.$$

证明 设

$$F(x)=\frac{1}{I}\int_0^x f(t)\,\mathrm{d}t,$$

则 $F(0)=0, F(1)=1$, 由介值定理, 存在 $\xi\in(0,1)$, 使得 $F(\xi)=\frac{1}{2}$, 于是有

$$\frac{1}{I}\int_0^{\xi} f(t)\,\mathrm{d}t=\frac{1}{2},\quad \frac{1}{I}\int_{\xi}^{1} f(t)\,\mathrm{d}t=\frac{1}{2}.$$

由积分中值定理得

$$\frac{1}{I}f(x_1)\cdot\xi=\frac{1}{2},\quad \exists x_1\in(0,\xi)\subset(0,1),$$
$$\frac{1}{I}f(x_2)\cdot(1-\xi)=\frac{1}{2},\quad \exists x_2\in(\xi,1)\subset(0,1),$$

消去 ξ 得到

$$\frac{1}{f\left(x_1\right)}+\frac{1}{f\left(x_2\right)}=\frac{2}{I}(\xi+(1-\xi))=\frac{2}{I}.$$

下面的案例构造了辅助函数, 并且使用了拉格朗日中值定理、最大值最小值定理、费马定理.

例题 5.31 设函数 $f(x)$ 在 $[-2,2]$ 上二阶可导, 且 $|f(x)|<1$, 又

$$f^2(0)+\left[f'(0)\right]^2=4.$$

试证在 $(-2,2)$ 内至少存在一点 ξ, 使得

$$f(\xi)+f''(\xi)=0.$$

证明 在 $[-2,0]$ 与 $[0,\ 2]$ 上分别运用拉格朗日中值定理, 分别存在 $\xi_1\in(-2,0), \xi_2\in(0,2)$, 使得

$$f'\left(\xi_1\right)=\frac{f(0)-f(-2)}{2}, \quad f'\left(\xi_2\right)=\frac{f(2)-f(0)}{2}.$$

由于 $|f(x)|<1$, 所以

$$\left|f'\left(\xi_1\right)\right|\leqslant 1, \quad\left|f'\left(\xi_2\right)\right|\leqslant 1.$$

构造辅助函数 $F(x)=f^2(x)+\left[f'(x)\right]^2$, 则

$$\left|F\left(\xi_1\right)\right|\leqslant 2, \quad\left|F\left(\xi_2\right)\right|\leqslant 2.$$

由于 $F(0)=f^2(0)+\left[f'(0)\right]^2=4$, 且 $F(x)$ 在 $[\xi_1,\xi_2]$ 上连续, 存在最大值, 设为 M. 则当 ξ 为 $F(x)$ 的最大值点时, $M=F(\xi)\geqslant 4$, 且 $\xi\in[\xi_1,\xi_2]$.

由于 $f(x)$ 在 $[-2,2]$ 上二阶可导, 因此最大值点 ξ 也是 $F(x)$ 的极大值点. 注意到 $F(x)$ 可导, 由极值的必要条件可知

$$F'(\xi)=2f'(\xi)\left[f(\xi)+f''(\xi)\right]=0.$$

由于

$$F(\xi)=f^2(\xi)+\left[f'(\xi)\right]^2\geqslant 4, \quad|f(\xi)|\leqslant 1,$$

可知 $f'(\xi)\neq 0$. 因此 $f(\xi)+f''(\xi)=0$.

下面的案例构造了不同辅助函数, 并且在不同的区间上多次使用罗尔中值定理.

例题 5.32 设函数 $f(x)$ 在 $[a,b]$ 上连续, 在 (a,b) 上二阶可导, 且

$$f(a)=f(b)=0,\quad \int_a^b f(x)\mathrm{d}x=0.$$

证明:

(1) 存在互不相同的点 $x_1,x_2\in(a,b)$, 使得

$$f'(x_i)=f(x_i),\quad i=1,2;$$

(2) 存在 $\xi\in(a,b),\xi\neq x_i,i=1,2$, 使得

$$f''(\xi)=f(\xi).$$

证明 (1) 构造辅助函数 $F(x)=\mathrm{e}^{-x}\int_a^x f(t)\mathrm{d}t$, 则 $F(a)=F(b)=0$. 对 $F(x)$ 在 $[a,b]$ 上利用罗尔中值定理, 存在 $x_0\in(a,b)$, 使得

$$F'(x_0)=0,$$

即 $f(x_0)=\int_a^{x_0} f(t)\mathrm{d}t$.

构造另外一个辅助函数 $G(x)=f(x)-\int_a^x f(t)\mathrm{d}t$, 则 $G(a)=G(x_0)=G(b)=0$. 对 $G(x)$ 分别在 $[a,x_0]$ 与 $[x_0,b]$ 上利用罗尔中值定理, 存在 $x_1\in(a,x_0)$ 及 $x_2\in(x_0,b)$ 使得 $G'(x_1)=G'(x_2)=0$, 即

$$f'(x_i)=f(x_i),\quad i=1,2,\quad 且\ x_1\neq x_2.$$

(2) 构造辅助函数

$$\varphi(x)=\mathrm{e}^x[f'(x)-f(x)].$$

于是 $\varphi(x_1)=\varphi(x_2)=0$, 且

$$\varphi'(x)=\mathrm{e}^x[f'(x)-f(x)]+\mathrm{e}^x[f''(x)-f'(x)]=\mathrm{e}^x[f''(x)-f(x)].$$

可导函数 $\varphi(x)$ 在 $[x_1,x_2]$ 上满足罗尔中值定理条件, 存在 $\xi\in(x_1,x_2)$, 使 $\varphi'(\xi)=0$, 即 $f''(\xi)=f(\xi)$, 这里 $\xi\neq x_i,i=1,2$.

5.6 中值的渐近性

例题 5.33 证明每个 $x>0$, 均存在 $\theta(x)\in\left[\frac{1}{4},\frac{1}{2}\right]$, 使得

$$\sqrt{x+1}-\sqrt{x}=\frac{1}{2\sqrt{x+\theta(x)}}$$

且 $\lim\limits_{x\to 0^+}\theta(x)=\frac{1}{4}$, $\lim\limits_{x\to+\infty}\theta(x)=\frac{1}{2}$.

证明 (i) 存在性: 根据拉格朗日中值定理, 存在 $\theta(x)\in\left[\frac{1}{4},\frac{1}{2}\right]$ 满足

$$\sqrt{x+1}-\sqrt{x}=\frac{1}{2\sqrt{x+\theta(x)}}.$$

(ii) 表达式: 进一步分析, 我们可以发现 $\theta(x)$ 的具体表达式为

$$\theta(x)=\frac{1}{4}+\frac{1}{2}\cdot\frac{x}{\sqrt{x(1+x)}+x}.$$

(iii) 极限: 根据 $\theta(x)$ 的表达式, 我们可以计算它的极限. 当 $x\to 0^+$ 时,

$$\lim_{x\to 0^+}\theta(x)=\lim_{x\to 0^+}\left(\frac{1}{4}+\frac{1}{2}\cdot\frac{x}{\sqrt{x(1+x)}+x}\right)=\frac{1}{4}.$$

当 $x\to+\infty$ 时,

$$\lim_{x\to+\infty}\theta(x)=\lim_{x\to+\infty}\left(\frac{1}{4}+\frac{1}{2}\cdot\frac{x}{\sqrt{x(1+x)}+x}\right)=\frac{1}{2}.$$

这样我们就证明了 $\theta(x)$ 的存在性、表达式和它的极限.

✍ **练习 5.55** 设函数 $f(x)$ 在 $(a-\delta,a+\delta)(\delta>0)$ 上有 $n+1$ 阶导数, 且 $f^{(n+1)}(a)\neq 0$ 及 $f'(a)=f''(a)=\cdots=f^{(n)}=0$, 由微分中值定理

$$f(a+h)-f(a)=f'(a+\theta h)h,\quad 0<\theta<1,\quad |h|<\delta,$$

求极限 $\lim\limits_{h\to 0}\theta$.

练习 5.56 设 $h>0$, 函数 $f(x)$ 在 $(a-h,a+h)$ 内有 $n+2$ 阶导数, 且 $f^{(n+2)}(a)\neq 0$, $f(x)$ 在 $(a-h,a+h)$ 内的泰勒公式为

$$f(a+h)=f(a)+f'(a)h+\cdots+\frac{f^{(n)}(a)}{n!}h^n+\frac{f^{(n+1)}(a+\theta h)}{(n+1)!}h^{n+1},\quad 0<\theta<1,$$

求极限 $\lim\limits_{h\to 0}\theta$.

5.7 零点的存在性与个数问题

下面利用反证法证明零点或根的个数问题.

例题 5.34 设 a,b,c 为三个实数, 证明: 方程 $\mathrm{e}^x=ax^2+bx+c$ 的根不超过三个.

证明 令 $F(x)=ax^2+bx+c-\mathrm{e}^x$, 则 $F'(x)=2ax+b-\mathrm{e}^x, F''(x)=2a-\mathrm{e}^x, F'''(x)=-\mathrm{e}^x$.

用反证法, 设原方程的根超过 3 个, 那么 $F(x)$ 至少有 4 个零点, 不妨设为 $x_1<x_2<x_3<x_4$, 那么由罗尔中值定理, 存在 $x_1<\xi_1<x_2<\xi_2<x_3<\xi_3<x_4$, 使

$$F'(\xi_1)=F'(\xi_2)=F'(\xi_3)=0,$$

再用罗尔中值定理, 存在 $\xi_1<\eta_1<\xi_2<\eta_2<\xi_3$, 使 $F''(\eta_1)=F''(\eta_2)=0$, 再用罗尔中值定理, 存在 $\eta_1<\alpha<\eta_2$, 使 $F'''(\alpha)=0$, 因为 $F'''(x)=-\mathrm{e}^x$, 所以 $F'''(\alpha)=-\mathrm{e}^\alpha\neq 0$, 矛盾, 所以命题得证.

例题 5.35 证明: 设 f 在 $\mathbb{R}$ 上二阶可导, 若 f 在 $\mathbb{R}$ 上有界, 则存在 $\xi\in\mathbb{R}$, 使得 $f''(\xi)=0$.

证明 法 1: 反证法, 利用导数的介值性和拉格朗日中值定理.

函数 f 定义在 $\mathbb{R}$ 上, 只需证明: 如果 $f''(x)$ 恒不等于 0, 则 f 无界.

若 $f''(x)$ 变号, 则由导数的介值性知, 存在 $\xi\in\mathbb{R}$, 使得 $f''(\xi)=0$.

若 $f''(x)$ 不变号, 则存在 x_0 使得 $f''(x_0)$ 不等于 0.

若 $f''(x_0)>0$, 则当 $x>x_0$ 时, 存在 $\eta_1\in(x_0,x)$, 使

$$f(x)=f(x_0)+f'(\eta_1)(x-x_0)>f(x_0)+f'(x_0)(x-x_0)\to+\infty,\quad x\to+\infty.$$

若 $f''(x_0)<0$, 则当 $x<x_0$ 时, 存在 $\eta_2\in(x,x_0)$, 使

$$f(x)=f(x_0)+f'(\eta_2)(x-x_0)>f(x_0)+f'(x_0)(x-x_0)\to+\infty,\quad x\to-\infty.$$

结论与题设 f 有界矛盾. 因此存在 $\xi\in\mathbb{R}$, 使 $f''(\xi)=0$.

法 2: 利用连续函数的介值定理和罗尔定理. 依题意, $\lim\limits_{x\to\infty} f(x)$, $\lim\limits_{x\to\infty} f'(x)$ 均存在, 进而

$$\lim_{x\to\infty} f'(x) = \lim_{x\to\infty}\lim_{h\to 0}\frac{f(x+h)-f(x)}{h} = \lim_{h\to 0}\lim_{x\to\infty}\frac{f(x+h)-f(x)}{h} = 0.$$

或者任取 $[x, x+1] \subset \mathbb{R}$, 由拉格朗日中值定理知, 存在一点 $t \in (x, x+1)$, 使得 $f'(t) = f(x+1) - f(x)$, 当 $x \to \infty$ 时, $t \to \infty$, $x+1 \to \infty$,

$$\lim_{t\to\infty} f'(t) = \lim_{x\to\infty} f(x) - \lim_{x+1\to\infty} f(x+1) = 0.$$

若 $f'(x) \equiv 0$, 则 $f''(x) \equiv 0$, 得证!

若存在点 x_0, 使得 $f'(x_0) \neq 0$, 不妨设 $y_0 = f'(x_0) > 0$. 则对任意 $0 < r < y_0$, 必存在 $a < y_0 < b$, 由连续函数的介值定理, 有 $\xi_1 \in (-\infty, a), \xi_2 \in (b, +\infty)$, 使得 $f'(\xi_1) = f'(\xi_2) = r$, 由罗尔定理知, 至少存在一点 $\xi \in (\xi_1, \xi_2) \subset \mathbb{R}$, 使得 $f''(\xi) = 0$. 综上得证!

✍ **练习 5.57**　设 $f(x)$ 在 $\left[0, \dfrac{\pi}{2}\right]$ 上连续, 且

$$\int_0^{\frac{\pi}{2}} f(x)\sin x\,\mathrm{d}x = \int_0^{\frac{\pi}{2}} f(x)\cos x\,\mathrm{d}x = 0.$$

证明: $f(x)$ 在 $\left(0, \dfrac{\pi}{2}\right)$ 内至少有两个零点.

✍ **练习 5.58**　设函数 $f, g: [a,b] \to [a,b]$, f, g 都是连续的, 对任意的 $x \in [a,b]$, 有 $f\circ g(x) = g\circ f(x)$, 并且 f 是单调函数, 证明: 存在 $\xi \in [a,b]$ 使得 $f(\xi) = g(\xi) = \xi$.

第 5 章练习

1. 设 $f(x)$ 在 $[0,1]$ 上连续, 在 $(0,1)$ 上可导, 且 $f(1) = 0$, 证明: 至少存在一点 $\xi \in (0,1)$, 使

$$f'(\xi) = -\frac{f(\xi)}{\xi}.$$

若结论改为 $f'(\xi) = -\dfrac{2f(\xi)}{\xi}$ 呢? 若结论改为 $f'(\xi) = -\dfrac{nf(\xi)}{\xi}$ 呢?

提示: 作辅助函数 $\varphi(x) = xf(x)$.

2. 设 $f(x) \in C[0,\pi]$, 且在 $(0,\pi)$ 上可导, 证明: 至少存在一点 $\xi \in (0,\pi)$, 使 $f'(\xi) = -f(\xi)\cot\xi$.

提示: 作辅助函数 $\varphi(x) = f(x)\sin x$.

3. 若 $f(x)$ 可导, 试证: 在其两个零点间一定有 $f(x)+f'(x)$ 的零点.

提示: 作辅助函数 $\varphi(x)=f(x)\mathrm{e}^x$.

4. 设 $f(x)$ 在 $[a,b]$ 上连续, 在 (a,b) 上可导, 且 $f(a)=f(b)=0$, $\lambda\in\mathbb{R}$, 试证: $\exists\xi\in(0,1)$, 使得

$$\xi f'(\xi)+\lambda f(\xi)=0.$$

5. 设函数 $f(x)$ 在 $[0,2]$ 上连续, 在 $(0,2)$ 上二阶可导, 且 $f(0)=f(2)=0$, $f(1)=1$, 证明: 存在 $\xi\in(0,2)$, 使得 $f''(\xi)=-2$.

提示: 利用行列式法.

6. 设函数 $f(x)$ 三阶可导, 且 $f(1)=-1$ 是其最小值, 而 $f(-1)=3$ 是其最大值, 证明: 存在 $\xi\in(-1,1)$, 使得 $f'''(\xi)=6$.

提示: 利用行列式法.

7. 证明方程 $x^5-5x+1=0$ 有且仅有一个小于 1 的正实根.

提示: 介值定理与罗尔中值定理.

8. 设函数 $f(x)$ 在 $[0,1]$ 上可导, 且 $0<f(x)<1$, 当 $0<x<1$ 时, $f'(x)\neq1$, 则在 $(0,1)$ 内有且仅有一个 ξ, 使得 $f(\xi)=\xi$.

提示: 介值定理与罗尔中值定理.

9. 设 $f(x)$ 在 $[a,b]$ 上连续, 在 (a,b) 上可导, $0<a<b$, 证明: 存在 $\xi\in(a,b)$, 使得

$$\frac{ab}{b-a}[bf(b)-af(a)]=\xi^2\left[f(\xi)+\xi f'(\xi)\right].$$

10. 设 $f(x)$ 在闭区间 $[a,b]$ 上可导, 且 $ab>0$, 试证: 存在一点 $\xi\in(a,b)$, 使得

$$\frac{1}{b-a}\begin{vmatrix} b^n & a^n \\ f(a) & f(b)\end{vmatrix}=\left[nf(\xi)+\xi f'(\xi)\right]\xi^{n-1}\quad(n\geqslant1).$$

11. 设 $f(x)$ 在 $[x_1,x_2]$ 上可导, 且 $0<x_1<x_2$, 证明: 在 (x_1,x_2) 内至少存在一点 ξ, 使得

$$\frac{1}{\mathrm{e}^{x_1}-\mathrm{e}^{x_2}}\begin{vmatrix} \mathrm{e}^{x_1} & \mathrm{e}^{x_2} \\ f(x_1) & f(x_2)\end{vmatrix}=f(\xi)-f'(\xi).$$

12. 若 $x_1x_2>0$, 证明: 存在一个 $\xi\in(x_1,x_2)$ 或 (x_2,x_1), 使得

$$x_1\mathrm{e}^{x_2}-x_2\mathrm{e}^{x_1}=(1-\xi)\mathrm{e}^{\xi}(x_1-x_2).$$

13. 证明: 若函数 $f(x)$ 在 $x=0$ 处连续, 在 $(0,\delta)(\delta>0)$ 内可导, 且 $\lim\limits_{x\to0^+}f'(x)=A$, 则 $f'_+(0)$ 存在, 且 $f'_+(0)=A$.

14. 设 $f(x)$ 在区间 $[a,b]$ 上连续, 在 (a,b) 上可导, 证明: 在 (a,b) 内至少存在一个 ξ, 使得

$$bf(b)-af(a)=[f(\xi)+\xi f'(\xi)](b-a).$$

15. 设 $f(x)$ 在 $[a,b]$ 上二阶可导, 求证: 至少存在一点 $\xi\in(a,b)$, 使得

$$\int_a^b f(x)\mathrm{d}x=(b-a)\frac{f(a)+f(b)}{2}-\frac{1}{12}f''(\xi)(b-a)^3.$$

16. 设 $f(x)$ 在 $(0,1)$ 上存在三阶导数, $0<a<b<1$, 证明: 存在 $\xi\in(a,b)$, 使得

$$f(b)=f(a)+\frac{1}{2}(b-a)\left(f'(a)+f'(b)\right)-\frac{(b-a)^3}{12}f'''(\xi).$$

17. 设 $f(x)$ 在 $[a,b]$ 上二阶可导, 证明: 对于 $\forall x\in(a,b)$ 存在 $\xi\in(a,b)$, 使得

$$\frac{1}{x-b}\left[\frac{f(x)-f(a)}{x-a}-\frac{f(b)-f(a)}{b-a}\right]=\frac{1}{2}f''(\xi).$$

18. 证明: 若 $a<b<c$, $f(x)$, $g(x)$ 在 $[a,c]$ 上二次可微, 则存在 $\xi\in(a,c)$ 使得

$$\frac{f(b)-f(a)-(b-a)f'(a)}{g(b)-g(a)-(b-a)g'(a)}=\frac{f''(\xi)}{g''(\xi)}.$$

19. 求极限 $\lim\limits_{x\to2}\dfrac{\sin\left(x^x\right)-\sin\left(2^x\right)}{2^{x^x}-2^{2^x}}$.

20. 设 $f(x)$ 在 $[0,1]$ 上连续, 在 $(0,1)$ 上可导, 证明: 至少存在一点 $\xi\in(0,1)$, 使得

$$f'(\xi)=2\xi[f(1)-f(0)].$$

提示: 柯西中值定理的应用, 设 $g(x)=x^2$.

21. 设 $f(x)$ 在 $[a,b]$ 上连续, 在 (a,b) 上可导, 且 $0<a<b$, 试证: 存在 $\xi,\eta\in(a,b)$, 使得

$$f'(\xi)=\frac{a+b}{2\eta}f'(\eta).$$

提示: 拉格朗日中值定理、柯西中值定理的应用, 设 $g(x)=x^2$.

22. 已知函数

$$f(x)=x\cdot2^x-3^x+1,\quad -\infty<x<+\infty.$$

(1) 问 $f(x)=0$ 解的个数是多少?

(2) 若 $x\in(1,2)$, 是否有 $f(x)>0$ 恒成立?

23. 设 $ab>0, f(x)$ 在 $[a,b]$ 上连续, 在 (a,b) 上可导, 求证: $\exists\xi\in(a,b)$ 使

$$[f(b)-f(a)]2\xi=\left(b^2-a^2\right)f'(\xi).$$

提示: 构造辅助函数, 利用介值定理; 也可以利用柯西中值定理.

24. 设 $f(x)>0(0<x<1)$ 且在 $[0,1]$ 上连续, 在 $(0,1)$ 上可导, 证明: 存在 $\xi\in(0,1)$ 使得

$$\frac{f'(\xi)}{f(\xi)}=\frac{f'(1-\xi)}{f(1-\xi)}.$$

提示: 构造辅助函数 $F(x)=f(x)f(1-x)$, 显然 $F(0)=f(0)f(1)=F(1)$, 利用罗尔中值定理.

25. 设 $f(1)=2\int_0^{\frac{1}{2}}xf(x)\mathrm{d}x, f(x)$ 在 $(0,1)$ 内可导, 则存在 $\xi\in(0,1)$, 使得

$$f'(\xi)=\frac{-f(\xi)}{\xi}.$$

提示: 构造辅助函数 $F(x)=xf(x)$, 利用罗尔中值定理.

26. 设函数 $f(x)$ 在 $[0,1]$ 上连续, 在 $(0,1)$ 上可导, 且 $f(0)=0$, 证明: 对任意的正整数 k, 至少存在一点 $\xi\in(0,1)$, 使得

$$\xi f'(\xi)+kf(\xi)=f'(\xi).$$

提示: 构造辅助函数 $g(x)=(1-x)^kf(x)$, 利用罗尔中值定理.

27. 设 $f(x)$ 在 $[0,+\infty)$ 可导, $f(0)=1$, 且 $|f(x)|\leqslant\mathrm{e}^{-x}$, 证明: $\exists\xi>0$, 使得 $f'(\xi)+\mathrm{e}^{-\xi}=0$.

提示: 构造辅助函数 $F(x)=f(x)-\mathrm{e}^{-x}$, $F'(x)=f'(x)+\mathrm{e}^{-x}$, 广义的罗尔中值定理.

28. 设函数 $f(x)$ 在 $[a,b]$ 上连续, $f(x)$ 在 (a,b) 上可导, $0<a<b$, 证明: $\exists\xi\in(a,b)$, 使得

$$f(b)-f(a)=\xi f'(\xi)\ln\frac{b}{a}.$$

提示: 柯西中值定理.

29. 设 $f(x)$ 在 $[a,b]$ 上有连续导数, 且存在 $c\in(a,b)$, 使得 $f'(c)=0$, 证明: $\exists\xi\in(a,b)$, 使得

$$f'(\xi)=\frac{f(\xi)-f(a)}{b-a}.$$

提示: 构造辅助函数 $F(x)=\mathrm{e}^{-\frac{x}{b-a}}[f(x)-f(a)]$.

30. 设函数 $f(x)$ 在 $[a,b]$ 上不恒为常数, 在 (a,b) 上有二阶导数, 满足 $f(a)=f(b)$,

$$\lim_{x\to a^+}\frac{f(x)-f(a)}{(x-a)^2}=2.$$

(1) 证明: $f'_+(a)=0, f''_+(a)=4$;

(2) 证明: 存在 $\xi\in(a,b)$, 使得 $f''(\xi)=0$;

(3) 证明: 存在 $\eta\in(a,b)$, 使得 $f'(\eta)=\dfrac{f(\eta)-f(a)}{\eta-a}$.

提示: 带余项的泰勒公式.

31. 设函数 $f(x)$ 在 $[a,b]$ 上连续, 在 (a,b) 上可导, $0<a<b<\dfrac{\pi}{2}$, 证明: 存在 $\xi,\eta\in(a,b)$, 使得

$$f'(\eta)\tan\frac{a+b}{2}=f'(\xi)\frac{\sin\eta}{\cos\xi}.$$

32. 设函数 $f(x)$ 在 $[1,2]$ 上连续, 在 $(1,2)$ 上可微, 且 $f'(x)\neq 0$, 证明: 存在 $\xi,\eta,\zeta\in(1,2)$, 使得

$$\frac{f'(\zeta)}{f'(\xi)}=\frac{\xi}{\eta}.$$

提示: 柯西中值定理.

33. 设 $a,b>0$. 函数 $f(x)$ 在 $(-\infty,+\infty)$ 上可导, 且 $f(-b)=a, f(a)=b, f(0)=0$, 证明: 存在两个不同的点 $\xi,\eta\in(-b,a)$, 使得 $f'(\xi)f'(\eta)=-1$.

34. 设函数 $f(x)$ 在闭区间 $[0,1]$ 上连续, 在开区间 $(0,1)$ 上可导, 且 $f(0)=0, f(1)=1$, 证明: 存在两个不同的点 $\xi,\eta\in(0,1)$, 使得 $f'(\xi)f'(\eta)=1$.

35. $f(x)$ 在 $[-1,1]$ 上连续, 在 $(-1,1)$ 上可导, 且 $f(-1)=f(1)$, 证明: 存在两个不同的点 $\xi_1,\xi_2\in(-1,1)$, 使得 $f'(\xi_1)+f'(\xi_2)=0$.

36. 设函数 $f(x)$ 在闭区间 $[0,1]$ 上连续, 在开区间 $(0,1)$ 上可导, 且 $f(0)=0$, $f(1)=\dfrac{1}{3}$, 证明: 存在 $\xi\in\left(0,\dfrac{1}{2}\right)$, $\eta\in\left(\dfrac{1}{2},1\right)$, 使得

$$f'(\xi)+f'(\eta)=\xi^2+\eta^2.$$

37. $f(x)$ 在 $[0,1]$ 上连续, 在 $(0,1)$ 上可导, 且 $f(0)=0, f(1)=1$. 设 $a,b>0$. 证明: 存在两个不同的点 $\xi_1,\xi_2\in(0,1)$, 使得

$$af'(\xi_1)+bf'(\xi_2)=a+b.$$

38. $f(x)$ 在 $[0,1]$ 上连续, 在 $(0,1)$ 上可导, 且 $f(0)=0, f(1)=1$, 证明: 存在两个不同的点 $\xi_1, \xi_2 \in (0,1)$, 使得 $f'(\xi_1)+f'(\xi_2)=2$.

39. $f(x)$ 在 $[0,1]$ 上连续, 在 $(0,1)$ 上可导, 且 $f(0)=0, f(1)=1$. 设 $\lambda_1, \lambda_2, \cdots, \lambda_n > 0$. 证明: 存在 n 个不同的点 $\xi_1, \xi_2, \cdots, \xi_n \in (0,1)$, 使得

$$\lambda_1 f'(\xi_1)+\lambda_2 f'(\xi_2)+\cdots+\lambda_n f'(\xi_n)=\lambda_1+\lambda_2+\cdots+\lambda_n.$$

40. 设 $f(x)$ 在 $[a,b]$ 上连续, (a,b) 上可微, $0<a<b$, 证明: 在 (a,b) 内存在 x_1, x_2, x_3, 使得

$$\frac{f'(x_1)}{2x_1}=\left(b^2+a^2\right)\frac{f'(x_2)}{4{x_2}^3}=\frac{\ln\dfrac{b}{a}}{b^2-a^2}x_3 f'(x_3).$$

提示: 柯西中值定理.

41. 设函数 $f(x)$ 在区间 $[0,1]$ 上连续, 且 $I=\int_0^1 f(x)\mathrm{d}x$, 证明: 在 $(0,1)$ 内存在不同的两点 x_1, x_2, 对于任意大于 2 的正整数 n, 使得

$$\frac{1}{f(x_1)}+\frac{n-1}{f(x_2)}=\frac{n}{I}.$$

42. 设函数 $f(x)$ 在区间 $[0,1]$ 上连续, 且 $I=\int_0^1 f(x)\mathrm{d}x$, 证明: 在 $(0,1)$ 内存在不同的两点 x_1, x_2, 使得对于任意的常数 $\alpha \in (0,1)$ 有

$$\frac{\alpha}{f(x_1)}+\frac{1-\alpha}{f(x_2)}=\frac{1}{I}.$$

43. 设函数 $f(x)$ 在区间 $[0,1]$ 上连续, 且 $I=\int_0^1 f(x)\mathrm{d}x$, 证明: 在 $(0,1)$ 内存在 n 个不同的点 $x_1, x_2, \cdots, x_n$ 其中 n 大于 2, 使得

$$\frac{1}{f(x_1)}+\frac{1}{f(x_2)}+\cdots+\frac{1}{f(x_n)}=\frac{n}{I}.$$

44. 设函数 $f(x)$ 在 $[0,2]$ 上连续, 在 $(0,2)$ 上二阶可导, 且 $f(0)=f(2)=0$, $f(1)=1$, 证明: 存在 $\xi \in (0,2)$, 使得 $f''(\xi)=-2$.

提示: 构造辅助函数 $F(x)=f(x)-x(2-x)$, 多次运用罗尔中值定理.

45. 设函数 $f(x)$ 三阶可导, 且 $f(1)=-1$ 是其最小值, 而 $f(-1)=3$ 是其最大值, 证明: 存在 $\xi \in (-1,1)$, 使得 $f'''(\xi)=6$.

提示: 构造辅助函数 $F(x)=f(x)-x^3+3x-1$, 多次运用罗尔中值定理.

46. 设 $f(x)=f(0)+xf'(\theta x)(0<\theta<1)$, $f''(x)$ 连续, 且 $f''(0)\neq 0$, 求 $\lim\limits_{x\to 0}\theta$.

47. 设 $f(x)$ 在 $[a,b]$ 上有 $n+1$ 阶导数, 且 $f^{(n)}(a)\neq 0$, 证明:

$$f(a+h)=f(a)+hf'(a)+\cdots+\frac{h^{n-1}}{(n-1)!}f^{(n-1)}(a)+\frac{h^n(1-\theta)^{n-1}}{(n-1)!}f^{(n)}(a+\theta h)$$

中的 $\theta(0<\theta<1)$ 满足

$$\lim_{h\to 0^+}\theta=1-\frac{1}{\sqrt[n-1]{n}}.$$

第 6 章　定积分的基本计算方法

内容提要

- 和差化积公式
- 万能公式
- 倍角公式
- 换元法
- 对称性法
- 分部积分法
- 变限积分函数求导公式
- 递推法
- 区间再现公式
- 轮换法
- 反函数的原函数
- 狄利克雷积分
- 欧拉积分
- 费耶尔 (Fejer) 积分
- 罗巴切夫斯基 (Lobachevsky) 积分法

定积分是微积分中的主要内容之一, 与极限、导数、级数求和等同等重要. 定积分的计算是考研和竞赛常见的考点, 也是后续知识的基础. 熟练掌握了定积分的计算, 对学习后续的内容包括反常积分、曲面积分、曲线积分、重积分, 以及数值计算课程都有很好的帮助.

定积分不仅应用于不规则图像面积、曲线长度、求级数的和等内容, 而且在实际生产中应用广泛. 定积分的计算难度没有上限, 同时, 不是所有的定积分都可以精确求解. 定积分的内容丰富, 包括许多著名的定积分, 例如: 狄利克雷积分、拉普拉斯积分、菲涅尔 (Fresnel) 积分、欧拉–泊松 (Euler-Poisson) 积分、泊松积分、欧拉积分、傅茹兰尼 (Froullani) 积分、拉贝 (Raabe) 积分、罗巴切夫斯基积分等. 定积分的计算涉及微积分核心技术, 方法也是多种多样.

本章按照不同的解决方案进行分类, 全面系统地介绍了计算定积分的主要方法. 具体而言, 这些方法包括换元法、分部积分法、有理函数积分法、递推法、区间再现公式等. 我们不仅详细展示了如何运用这些方法解决典型问题, 还特别指出了各个方法的独特特性和技巧. 此外, 本章还提供了综合运用这些方法的案例, 以帮助学生提高其问题识别能力和解题水平.

6.1 预备知识

6.1.1 积分公式

(1) $\displaystyle\int x^{\alpha}\mathrm{d}x=\frac{1}{\alpha+1}x^{\alpha+1}+C,\alpha\neq -1;$

(2) $\displaystyle\int \frac{1}{x}\mathrm{d}x=\ln|x|+C;$

(3) $\displaystyle\int \tan x\mathrm{d}x=-\ln|\cos x|+C;$

(4) $\displaystyle\int \cot x\mathrm{d}x=\ln|\sin x|+C;$

(5) $\displaystyle\int \sec x\mathrm{d}x=\ln|\sec x+\tan x|+C;$

(6) $\displaystyle\int \csc x\mathrm{d}x=\ln|\csc x-\cot x|+C;$

(7) $\displaystyle\int \frac{1}{\sqrt{a^2-x^2}}\mathrm{d}x=\arcsin\frac{x}{a}+C(a>0);$

(8) $\displaystyle\int \frac{1}{a^2+x^2}\mathrm{d}x=\frac{1}{a}\arctan\frac{x}{a}+C(a>0);$

(9) $\displaystyle\int \frac{1}{x^2-a^2}\mathrm{d}x=\frac{1}{2a}\ln\left|\frac{x-a}{x+a}\right|+C(a\neq 0);$

(10) $\displaystyle\int \frac{1}{\sqrt{x^2\pm a^2}}\mathrm{d}x=\ln\left|x+\sqrt{x^2\pm a^2}\right|+C(a>0);$

(11) $\displaystyle\int \sqrt{a^2-x^2}=\frac{1}{2}\left[x\sqrt{a^2-x^2}+a^2\arcsin\frac{x}{a}\right]+C(a>0);$

(12) $\displaystyle\int \frac{x\mathrm{d}x}{a^2\pm x^2}=\pm\frac{1}{2}\ln\left|a^2\pm x^2\right|+C;$

(13) $\displaystyle\int \sqrt{x^2\pm a^2}\ \mathrm{d}x=\frac{1}{2}\left[x\sqrt{x^2\pm a^2}\pm a^2\ln\left|x+\sqrt{x^2\pm a^2}\right|\right]+C(a>0);$

(14) $\displaystyle\int \frac{x\mathrm{d}x}{\sqrt{a^2\pm x^2}}=\pm\sqrt{a^2\pm x^2}+C;$

(15) $\displaystyle\int \frac{\mathrm{d}x}{\sqrt{x^2\pm a^2}}=\ln\left|x+\sqrt{x^2\pm a^2}\right|+C(a>0);$

(16) $\displaystyle\int \ln x\ \mathrm{d}x=x\ln x-x+C;$

(17) $\displaystyle\int \mathrm{e}^{ax}\cos bx\ \mathrm{d}x=\frac{\mathrm{e}^{ax}}{a^2+b^2}(a\cos bx+b\sin bx)+C(ab\neq 0);$

(18) $\int \mathrm{e}^{ax}\sin bx\ \mathrm{d}x = \dfrac{\mathrm{e}^{ax}}{a^2+b^2}(a\sin bx - b\cos bx) + C(ab\neq 0)$;

(19) $\int x\cos nx\ \mathrm{d}x = \dfrac{1}{n^2}\cos nx + \dfrac{x}{n}\sin nx + C(n\neq 0)$;

(20) $\int x\sin nx\ \mathrm{d}x = \dfrac{1}{n^2}\sin nx - \dfrac{x}{n}\cos nx + C(n\neq 0)$;

(21) 记 $I(m,n) = \int \cos^m x\sin^n x\ \mathrm{d}x$, 则

$$\begin{aligned} I(m,n) &= \frac{\cos^{m-1}x\sin^{n+1}x}{m+n} + \frac{m-1}{m+n}I(m-2,n) \quad (m\geqslant 2, n\geqslant 0) \\ &= -\frac{\cos^{m+1}x\sin^{n-1}x}{m+n} + \frac{n-1}{m+n}I(m,n-2) \quad (m\geqslant 0, n\geqslant 2). \end{aligned}$$

6.1.2 三角恒等式

(1) 对于正整数 n,

$$\frac{\sin 2nx}{\sin x} = 2\sum_{k=1}^{n}\cos(2k-1)x;$$

(2) 对于正整数 n,

$$\frac{\sin\left(n+\dfrac{1}{2}\right)x}{2\sin\dfrac{x}{2}} = \frac{1}{2} + \cos x + \cos 2x + \cdots + \cos nx;$$

(3) 对于正整数 n,

$$\frac{\sin(2n+1)x}{\sin x} = 1 + \sum_{k=1}^{n}\cos 2kx.$$

6.1.3 万能置换公式

设 $t = \tan\dfrac{\alpha}{2}$, 我们有

(1) $\sin\alpha = \dfrac{2\sin\dfrac{\alpha}{2}\cos\dfrac{\alpha}{2}}{\sin^2\dfrac{\alpha}{2}+\cos^2\dfrac{\alpha}{2}} = \dfrac{2\tan\dfrac{\alpha}{2}}{1+\tan^2\dfrac{\alpha}{2}} = \dfrac{2t}{1+t^2}$;

(2) $\cos\alpha = \dfrac{\cos^2\dfrac{\alpha}{2}-\sin^2\dfrac{\alpha}{2}}{\cos^2\dfrac{\alpha}{2}+\sin^2\dfrac{\alpha}{2}} = \dfrac{1-\tan^2\dfrac{\alpha}{2}}{1+\tan^2\dfrac{\alpha}{2}} = \dfrac{1-t^2}{1+t^2}$;

(3) $\tan\alpha=\dfrac{\sin\alpha}{\cos\alpha}=\dfrac{2\tan\dfrac{\alpha}{2}}{1-\tan^2\dfrac{\alpha}{2}}=\dfrac{2t}{1-t^2}.$

6.1.4 和差角公式

$$\sin(\alpha\pm\beta)=\sin\alpha\cos\beta\pm\cos\alpha\sin\beta,$$

$$\cos(\alpha\pm\beta)=\cos\alpha\cos\beta\mp\sin\alpha\sin\beta,$$

$$\tan(\alpha\pm\beta)=\frac{\tan\alpha\pm\tan\beta}{1\mp\tan\alpha\cdot\tan\beta},$$

$$\cot(\alpha\pm\beta)=\frac{\cot\alpha\cdot\cot\beta\mp1}{\cot\beta\pm\cot\alpha}.$$

6.1.5 一些重要的定积分

(1) 对称性积分

$$\int_{-1}^{1}\ln\left(x+\sqrt{1+x^2}\right)\,\mathrm{d}x=0;$$

(2) 换元轮换积分

$$\int_0^1\frac{\ln(1+x)}{1+x^2}\,\mathrm{d}x=\int_0^{\frac{\pi}{4}}\ln(1+\tan u)\mathrm{d}u=\frac{\pi}{8}\ln2;$$

(3) 狄利克雷积分

$$\int_0^{\frac{\pi}{2}}\cos^m x\sin^n x\,\mathrm{d}x=I(m,n)=\begin{cases}\dfrac{(m-1)!!(n-1)!!}{(m+n)!!}\cdot\dfrac{\pi}{2}, & m,n\text{ 都为偶数},\\[2ex] \dfrac{(m-1)!!(n-1)!!}{(m+n)!!}, & \text{其他};\end{cases}$$

(4) 正弦函数分式积分

$$\int_0^{\pi}\frac{\sin2kx}{\sin x}\,\mathrm{d}x=0;$$

(5) 正弦函数分式积分

$$\int_0^{\pi}\frac{\sin(2k-1)x}{\sin x}\,\mathrm{d}x=\pi;$$

(6) 卡塔兰 (Catalan) 常数

$$G=\sum_{n=0}^{+\infty}\frac{(-1)^n}{(2n+1)^2}=\frac{1}{2}\int_0^{\frac{\pi}{2}}\frac{x}{\sin x}\,\mathrm{d}x=-\int_0^{\frac{\pi}{4}}\ln\tan x\,\mathrm{d}x;$$

(7)

$$\int_0^{\pi}\ln(1\pm\cos x)\,\mathrm{d}x=-\pi\ln 2,\quad \int_0^{\frac{\pi}{2}}\ln(1+\cos x)\mathrm{d}x=2G-\frac{\pi}{2}\ln 2;$$

(8) 欧拉积分

$$\int_0^{\pi}\ln\sin\frac{x}{2}\,\mathrm{d}x=2\int_0^{\frac{\pi}{2}}\ln\sin x\,\mathrm{d}x=-\pi\ln 2,$$

$$\int_0^{\frac{\pi}{2}}\ln\sin x\,\mathrm{d}x=\int_0^{\frac{\pi}{2}}\ln\cos x\,\mathrm{d}x=-\frac{\pi}{2}\ln 2,$$

$$\int_0^{\frac{\pi}{2}}\ln\tan t\,\mathrm{d}t=0,\quad \int_0^{\frac{\pi}{4}}\ln\tan t\,\mathrm{d}t=-G;$$

(9) 狄利克雷积分

$$\int_0^{\frac{\pi}{2}}\frac{\sin\left(n+\dfrac{1}{2}\right)x}{\sin\dfrac{x}{2}}\,\mathrm{d}x=\int_0^{\pi}\frac{\sin\left(n+\dfrac{1}{2}\right)x}{\sin\dfrac{x}{2}}\,\mathrm{d}x=\pi;$$

(10) 狄利克雷积分

$$\int_0^{+\infty}\frac{\sin x}{x}\,\mathrm{d}x=\int_0^{+\infty}\frac{\sin^2 x}{x^2}\,\mathrm{d}x=\frac{\pi}{2};$$

(11) 费耶尔积分

$$\int_0^{\frac{\pi}{2}}\left(\frac{\sin kx}{\sin x}\right)^2\mathrm{d}x=\frac{k\pi}{2}.$$

6.2 换 元 法

换元法是一种基本而常用的方法, 通过进行变量或函数的替换, 将复杂的被积函数简化为更易于积分的形式.

定理 6.1 (定积分换元公式)

若函数 f 在 $[a,b]$ 上连续, φ' 在 $[\alpha,\beta]$ 上可积, 且满足

$$\varphi(\alpha)=a,\quad \varphi(\beta)=b,\quad \varphi([\alpha,\beta])\subseteq[a,b],$$

则有定积分换元公式:

$$\int_a^b f(x)\,\mathrm{d}x=\int_\alpha^\beta f(\varphi(t))\varphi'(t)\,\mathrm{d}t.$$

♡

6.2.1 根式代换

常用的变量代换有下列三种类型.

(1) 三角代换. 如果被积函数含有 $\sqrt{a^2-x^2}$, 可作代换 $x=a\sin t$; 如果被积函数含有 $\sqrt{a^2+x^2}$, 可作代换 $x=a\tan t$; 如果被积函数含有 $\sqrt{x^2-a^2}$, 可作代换 $x=\pm a\sec t$; 其他三角函数可以考虑万能公式代换.

(2) 根式代换. 目的是将无理式转变成有理式, 便于积分.

教材介绍了一种欧拉变换, 即在二次三项式 ax^2+bx+c 中,

若 $a>0$, 则可令

$$\sqrt{ax^2+bx+c}=\sqrt{a}x\pm t;$$

若 $c>0$, 还可令

$$\sqrt{ax^2+bx+c}=xt\pm\sqrt{c}$$

进行消掉根式.

(3) 倒代换.

例题 6.1 计算下列不定积分, 其中 $a<b$.

(1) $\displaystyle\int\frac{\mathrm{d}x}{\sqrt{(x-a)(b-x)}}$;

(2) $\displaystyle\int\sqrt{(x-a)(b-x)}\mathrm{d}x$.

解 (1) 设 $x-a=(b-a)\sin^2 t, 0<t<\dfrac{\pi}{2}$, 则 $b-x=(b-a)\cos^2 t$, 且

$$\mathrm{d}x=2(b-a)\sin t\cos t\ \mathrm{d}t,$$

于是

$$\int\frac{\mathrm{d}x}{\sqrt{(x-a)(b-x)}}=\int\frac{2(b-a)\sin t\cos t}{(b-a)\sin t\cos t}\ \mathrm{d}t$$

$$= 2\int \mathrm{d}t = 2t + C$$

$$= 2\arcsin\sqrt{\frac{x-a}{b-a}} + C.$$

(2) 同 (1), 设

$$x - a = (b-a)\sin^2 t, \quad 0 \leqslant t \leqslant \frac{\pi}{2},$$

则

$$b - x = (b-a)\cos^2 t,$$

同时

$$\mathrm{d}x = 2(b-a)\sin t\cos t\mathrm{d}t,$$

结合

$$\sin^2 t\cos^2 t = \frac{1}{4}\sin^2 2t = \frac{1}{8}(1-\cos 4t),$$

$$\sin 4t = 2\sin 2t\cos 2t = 4\sin t\cos t\left(\cos^2 t - \sin^2 t\right),$$

可知

$$\begin{aligned}
&\int \sqrt{(x-a)(b-x)}\mathrm{d}x \\
&= 2(b-a)^2\int \sin^2 t\cos^2 t\ \mathrm{d}t \\
&= \frac{(b-a)^2}{4}\int (1-\cos 4t)\mathrm{d}t \\
&= \frac{(b-a)^2}{4}\left(t - \frac{1}{4}\sin 4t\right) + C \\
&= \frac{(b-a)^2}{4}\arcsin\sqrt{\frac{x-a}{b-a}} + \frac{2x-a-b}{4}\sqrt{(x-a)(b-x)} + C.
\end{aligned}$$

✍ **练习 6.1** 求 $\int_0^4 \frac{x+2}{\sqrt{2x+1}}\,\mathrm{d}x.$

6.2.2 三角代换

例题 6.2 设 $\alpha \neq 0$, 计算广义积分

$$I(\alpha) = \int_0^{+\infty} \frac{\mathrm{d}x}{(1+\alpha^2 x^2)^2}.$$

解 当 $\alpha>0$ 时, 作代换 $x=\dfrac{\tan u}{\alpha}$, 可得

$$I(\alpha)=\int_0^{+\infty}\frac{\mathrm{d}x}{(1+\alpha^2x^2)^2}=\int_0^{\frac{\pi}{2}}\frac{\frac{1}{\alpha}\sec^2 u}{\sec^4 u}\,\mathrm{d}u=\frac{1}{\alpha}\int_0^{\frac{\pi}{2}}\cos^2 u\,\mathrm{d}u=\frac{\pi}{4\alpha}.$$

而显然 $I(\alpha)$ 为偶函数, 于是当 $\alpha\neq 0$ 时, 必有 $I(\alpha)=\dfrac{\pi}{4|\alpha|}$.

✍ **练习 6.2** 求定积分 $\displaystyle\int_{-\frac{\pi}{2}}^{\frac{\pi}{2}}\frac{1}{3-\sin^2 x}\,\mathrm{d}x$.

✍ **练习 6.3** 求定积分

$$I_1=\int_0^{2\pi}\sqrt{1+\cos x}\,\mathrm{d}x,\quad I_2=\int_0^{2\pi}\frac{\mathrm{d}x}{a+\cos x},\quad (a>1).$$

✍ **练习 6.4** 求不定积分 $\displaystyle\int\frac{1}{1+\tan x}\mathrm{d}x$.

注 形如

$$\int\frac{a\sin x+b\cos x}{c\sin x+d\cos x}\,\mathrm{d}x$$

的不定积分, 都可以通过待定系数法将被积函数的分子写成被积函数的分母及其导数的线性组合

$$A(c\sin x+d\cos x)+B(c\sin x+d\cos x)'=A(c\sin x+d\cos x)+B(c\cos x-d\sin x)$$

的形式而得到原函数.

6.2.3 区间分解

例题 6.3 计算定积分

$$\int_0^{\pi}\frac{\mathrm{d}x}{1+\sin^2 x}.$$

解 首先注意到, 换元需要保证一一映射, 以避免得到错误的结果. 因此, 首先对积分区间进行适当的分解.

$$\begin{aligned}\int_0^{\pi}\frac{\mathrm{d}x}{1+\sin^2 x}&=\int_0^{\frac{\pi}{2}}\frac{\mathrm{d}x}{1+\sin^2 x}+\int_{\frac{\pi}{2}}^{\pi}\frac{\mathrm{d}x}{1+\sin^2 x}\\&=\int_0^{\frac{\pi}{2}}\frac{\mathrm{d}x}{1+\sin^2 x}+\int_{-\frac{\pi}{2}}^{0}\frac{\mathrm{d}x}{1+\sin^2 x}\end{aligned}$$

$$
\begin{aligned}
&= 2\int_0^{\frac{\pi}{2}} \frac{\mathrm{d}x}{1+\sin^2 x} \\
&= 2\int_0^{\frac{\pi}{2}} \frac{\frac{1}{\cos^2 x}}{\frac{1}{\cos^2 x}+\tan^2 x}\,\mathrm{d}x \\
&= 2\int_0^{\frac{\pi}{2}} \frac{\mathrm{d}\tan x}{1+2\tan^2 x} = \sqrt{2}\arctan(\sqrt{2}\tan x)\Big|_0^{\frac{\pi}{2}} \\
&= \frac{\pi}{\sqrt{2}}.
\end{aligned}
$$

✍ **练习 6.5** 计算定积分 $I=\displaystyle\int_0^{2\pi}\frac{1}{2+\sin x}\,\mathrm{d}x$.

6.2.4 倒代换

倒代换积分法是求解积分的一种特殊方法, 特别适用于那些具有特定形式的被积函数. 在这种方法中, 我们通过对变量 x 进行代换 $x=\dfrac{1}{t}$, 将原始的被积函数转化为更易于处理的形式. 倒代换积分法主要适用于以下类型的被积函数:

$$
\frac{1}{x(a+bx^{\alpha})},\quad \frac{1}{x^n(1+x^2)},\quad \frac{1}{x^{\alpha+1}(a+bx^{\alpha})},\quad \frac{1}{x^{\alpha+1}\sqrt{1+x^{2\alpha}}},\quad \frac{1}{(1+x^n)^{\frac{n+1}{n}}}.
$$

例题 6.4 求

$$
I=\int_0^{+\infty}\frac{1}{1+x^3}\,\mathrm{d}x.
$$

解 设 $x=\dfrac{1}{t}, \mathrm{d}x=-\dfrac{1}{t^2}\mathrm{d}t$, 当 $x\to 0^+$ 时, $t\to+\infty$, 当 $x\to+\infty$ 时, $t\to 0^+$, 则

$$
\begin{aligned}
I &= \int_{+\infty}^{0}\frac{1}{1+\frac{1}{t^3}}\cdot\left(-\frac{1}{t^2}\right)\mathrm{d}t \\
&= \int_0^{+\infty}\frac{t}{1+t^3}\,\mathrm{d}t \\
&= \int_0^{+\infty}\frac{x}{1+x^3}\,\mathrm{d}x,
\end{aligned}
$$

所以

$$
2I=\int_0^{+\infty}\frac{1}{1+x^3}\,\mathrm{d}x+\int_0^{+\infty}\frac{x}{1+x^3}\,\mathrm{d}x
$$

$$
\begin{aligned}
&= \int_0^{+\infty} \frac{1+x}{1+x^3}\,\mathrm{d}x = \int_0^{+\infty} \frac{\mathrm{d}x}{x^2-x+1} \\
&= \int_0^{+\infty} \frac{\mathrm{d}\left(x-\frac{1}{2}\right)}{\left(x-\frac{1}{2}\right)^2+\left(\frac{\sqrt{3}}{2}\right)^2} \\
&= \frac{2}{\sqrt{3}}\arctan\frac{2x-1}{\sqrt{3}}\bigg|_0^{+\infty} \\
&= \frac{2}{\sqrt{3}}\left[\frac{\pi}{2}-\left(-\frac{\pi}{6}\right)\right] = \frac{4\pi}{3\sqrt{3}} = \frac{4\sqrt{3}}{9}\pi,
\end{aligned}
$$

因此

$$I = \frac{2\sqrt{3}}{9}\pi.$$

✍ **练习 6.6** 设 α 是实数, 计算 $\displaystyle\int_0^{+\infty} \frac{\mathrm{d}x}{(1+x^2)(1+x^\alpha)}$.

✍ **练习 6.7** 求 $I = \displaystyle\int_1^2 \frac{\ln x}{1+x}\,\mathrm{d}x + \int_1^{\frac{1}{2}} \frac{\ln x}{1+x}\,\mathrm{d}x$.

✍ **练习 6.8** 计算不定积分 $F(x) = \displaystyle\int \frac{1}{\sqrt{x^2+x}}\,\mathrm{d}x$.

6.2.5 综合例题

例题 6.5 设函数 $f(x)$ 在 $[0,+\infty)$ 上具有连续导数, 满足

$$3\left[3+f^2(x)\right]f'(x) = 2\left[1+f^2(x)\right]^2\mathrm{e}^{-x^2},$$

且 $f(0) \leqslant 1$. 证明: 存在常数 $M>0$, 使得 $x\in[0,+\infty)$ 时, 恒有 $|f(x)| \leqslant M$.

解 法 1: 根据题意有

$$\frac{3}{2}\frac{3+f^2(x)}{\left(1+f^2(x)\right)^2}f'(x) = \mathrm{e}^{-x^2},$$

两边积分得到

$$\int_0^x \frac{3}{2}\frac{3+f^2(t)}{\left(1+f^2(t)\right)^2}f'(t)\,\mathrm{d}t = \int_0^x \mathrm{e}^{-t^2}\,\mathrm{d}t.$$

于是

$$\frac{3}{2}\frac{f(x)}{1+f(x)^2}+3\arctan f(x) = \frac{3}{2}\frac{f(0)}{1+f(0)^2}+3\arctan f(0)+\int_0^x \mathrm{e}^{-t^2}\,\mathrm{d}t.$$

由于 $f'(x)>0$, 假设 $f(x)$ 单调趋于 $+\infty$, 则

$$\begin{aligned}3\cdot\frac{\pi}{2}&=\frac{3}{2}\frac{f(0)}{1+f^2(0)}+3\arctan f(0)+\int_0^{+\infty}\mathrm{e}^{-t^2}\,\mathrm{d}t\\&<\frac{3}{4}+3\cdot\frac{\pi}{4}+\frac{\sqrt{\pi}}{2},\end{aligned}$$

矛盾. 因此 $f(x)$ 有界.

法 2: 由于 $f'(x)>0$, 所以 $f(x)$ 是 $[0,+\infty)$ 上的严格增函数, 故

$$\lim_{x\to+\infty}f(x)=L\quad(L\text{ 有限或为 }+\infty).$$

下面证明 $L\neq+\infty$. 记 $y=f(x)$, 将所给等式分离变量并积分得

$$\int\frac{3+y^2}{(1+y^2)^2}\,\mathrm{d}y=\frac{2}{3}\int\mathrm{e}^{-x^2}\,\mathrm{d}x,$$

即

$$\frac{y}{1+y^2}+2\arctan y=\frac{2}{3}\int_0^x\mathrm{e}^{-t^2}\,\mathrm{d}t+C,$$

其中

$$C=\frac{f(0)}{1+f^2(0)}+2\arctan f(0).$$

若 $L=+\infty$, 则对上式取极限 $x\to+\infty$, 并利用 $\displaystyle\int_0^{+\infty}\mathrm{e}^{-t^2}\,\mathrm{d}t=\frac{\sqrt{\pi}}{2}$, 得 $C=\pi-\dfrac{\sqrt{\pi}}{3}$.

另外, 令

$$g(u)=\frac{u}{1+u^2}+2\arctan u,$$

则

$$g'(u)=\frac{3+u^2}{(1+u^2)^2}>0,$$

所以函数 $g(u)$ 在 $(-\infty,+\infty)$ 上严格单调增加. 因此, 当 $f(0)\leqslant1$ 时,

$$C=g(f(0))\leqslant g(1)=\frac{1+\pi}{2},$$

但

$$C > \frac{2\pi - \sqrt{\pi}}{2} > \frac{1+\pi}{2},$$

矛盾, 这就证明了 $\lim\limits_{x\to+\infty} f(x) = L$ 为有限数. 最后取 $M = \max\{|f(0)|, |L|\}$, 则 $|f(x)| \leqslant M, \forall x \in [0, +\infty)$.

✍ **练习 6.9** 设 $[0,1]$ 上可积函数 $f(x)$ 满足 $f(x) = x + 2\int_0^1 f(x)\mathrm{d}x$, 求 $f(x)$.

提示: 利用定积分的常量性.

✍ **练习 6.10** 设可积函数 $f(x)$ 满足 $f(x) = \dfrac{x}{1+\cos^2 x} + \int_{-\pi}^{\pi} f(x)\sin x \,\mathrm{d}x$, 求 $f(x)$.

提示: 利用定积分的常量性.

6.3 对称性法

对称性法是一种借助奇偶函数的积分性质来进行化简的策略. 虽然这种方法在某些情况下容易被忽视, 但在特定场合中, 它能展现出极高的效用.

定理 6.2 (奇偶函数的积分)

(1) f 在 $[-a, a]$ 上为可积的奇函数, 则

$$\int_{-a}^{a} f(x)\,\mathrm{d}x = 0;$$

(2) f 在 $[-a, a]$ 上为可积的偶函数, 则

$$\int_{-a}^{a} f(x)\,\mathrm{d}x = 2\int_0^a f(x)\,\mathrm{d}x.$$

♡

定理 6.3 (奇偶对称性的推广)

(1) f 可积且关于点 $(x_0, 0)$ 中心对称, 则 $\forall a > 0$,

$$\int_{x_0-a}^{x_0+a} f(x)\,\mathrm{d}x = 0.$$

(2) f 可积且关于直线 $x = x_0$ 轴对称, 则 $\forall a > 0$,

$$\int_{x_0-a}^{x_0+a} f(x)\,\mathrm{d}x = 2\int_{x_0}^{x_0+a} f(x)\,\mathrm{d}x.$$

♡

定理 6.4 (奇偶乘积的奇偶性)

(1) f 关于 $(x_0,0)$ 中心对称, g 关于 $(x_0,0)$ 中心对称, 则 $f(x)g(x)$ 关于 $x=x_0$ 轴对称; (奇函数 × 奇函数 = 偶函数)

(2) f 关于 $(x_0,0)$ 中心对称, g 关于 $x=x_0$ 轴对称, 则 $f(x)g(x)$ 关于 $(x_0,0)$ 中心对称; (奇函数 × 偶函数 = 奇函数)

(3) f 关于 $x=x_0$ 轴对称, g 关于 $x=x_0$ 轴对称, 则 $f(x)g(x)$ 关于 $x=x_0$ 轴对称. (偶函数 × 偶函数 = 偶函数) ♡

例题 6.6 求

$$\int_{-\pi}^{\pi} \frac{\sin x}{x^2+\cos x}\ \mathrm{d}x.$$

解 因为 $\sin x$ 是奇函数, $x^2+\cos x$ 是偶函数, 所以

$$\frac{\sin x}{x^2+\cos x}$$

是奇函数, 故

$$\int_{-\pi}^{\pi} \frac{\sin x}{x^2+\cos x}\ \mathrm{d}x = 0.$$

✍ **练习 6.11** 计算 $\displaystyle\int_{-1}^{1}\left[\frac{x\arcsin x}{\sqrt{1-x^2}}+\ln\left(x+\sqrt{1+x^2}\right)\right]\ \mathrm{d}x.$

6.4 分部积分法

分部积分法是解决定积分问题的基本方法之一. 这一方法特别适用于被积函数呈现为两个初等函数相乘的形式. 其主要目标是将较为复杂的积分形式转化为更为简单或可直接求解的形式.

定理 6.5 (定积分分部积分公式)

若 $u(x),v(x)$ 为 $[a,b]$ 上的可微函数, 且 $u'(x)$ 和 $v'(x)$ 都在 $[a,b]$ 上可积, 则有定积分分部积分公式:

$$\int_a^b u(x)v'(x)\ \mathrm{d}x = u(x)v(x)\Big|_a^b - \int_a^b u'(x)v(x)\ \mathrm{d}x.$$

♡

6.4.1　基础题型

例题 6.7　求

$$\int_0^{\ln 2} x\mathrm{e}^{-x}\,\mathrm{d}x.$$

解　用分部积分法, 有

$$\begin{aligned}\int_0^{\ln 2} x\mathrm{e}^{-x}\,\mathrm{d}x &= -\int_0^{\ln 2} x\mathrm{d}\mathrm{e}^{-x} = -\left(x\mathrm{e}^{-x}\right)\Big|_0^{\ln 2} + \int_0^{\ln 2} \mathrm{e}^{-x}\,\mathrm{d}x \\ &= -\frac{1}{2}\ln 2 - \left(\mathrm{e}^{-x}\right)\Big|_0^{\ln 2} \\ &= -\frac{1}{2}\ln 2 - \left(\frac{1}{2} - 1\right) = \frac{1}{2}(1-\ln 2) \\ &= \frac{1}{2}(\ln \mathrm{e} - \ln 2) = \frac{1}{2}\ln\frac{\mathrm{e}}{2}.\end{aligned}$$

例题 6.8　求

$$\int_0^{\sqrt{3}} x\arctan x\,\mathrm{d}x.$$

解　用分部积分法, 有

$$\begin{aligned}\int_0^{\sqrt{3}} x\arctan x\,\mathrm{d}x &= \frac{1}{2}\int_0^{\sqrt{3}} \arctan x\,\mathrm{d}x^2 \\ &= \frac{1}{2}\left(x^2\arctan x\right)\Big|_0^{\sqrt{3}} - \frac{1}{2}\int_0^{\sqrt{3}} x^2\frac{1}{1+x^2}\,\mathrm{d}x \\ &= \frac{1}{2}\cdot 3\cdot\frac{\pi}{3} - \frac{1}{2}\int_0^{\sqrt{3}}\left(1-\frac{1}{1+x^2}\right)\mathrm{d}x \\ &= \frac{\pi}{2} - \frac{1}{2}\int_0^{\sqrt{3}}\mathrm{d}x + \frac{1}{2}\int_0^{\sqrt{3}}\frac{\mathrm{d}x}{1+x^2} \\ &= \frac{\pi}{2} - \frac{\sqrt{3}}{2} + \frac{1}{2}(\arctan x)\Big|_0^{\sqrt{3}} \\ &= \frac{\pi}{2} - \frac{\sqrt{3}}{2} + \frac{1}{2}\cdot\frac{\pi}{3} = \frac{2\pi}{3} - \frac{\sqrt{3}}{2}.\end{aligned}$$

注　在分部积分法中, 如何选择 v 呢? 一个经验的基本原则是选择那些经过积分后会变得简单的 v, 而避免那些可能使问题变得更加复杂的选择. 常见的选择

方法遵循所谓的 “LIATE” 顺序, 即对数函数、反三角函数、代数函数、三角函数和指数函数的先后次序有助于我们更高效地进行选择, 从而使积分过程尽可能简化 v.

✍ **练习 6.12** 计算 $J=\int_0^{\frac{\pi}{2}} \mathrm{e}^x \sin x \,\mathrm{d}x$.

✍ **练习 6.13** 计算 $I=\int_0^{\frac{\pi}{4}} \mathrm{e}^x \frac{1+\sin x}{1+\cos x} \,\mathrm{d}x$.

从这道题目的被积函数形式可以看出, 其原函数无法用初等函数表示. 因此, 直接使用定积分的基础计算方法是不切实际的. 在这种情况下, 我们需要将分部积分法与万能公式换元法相结合来解决问题.

✍ **练习 6.14** 计算 $I=\int x \ln \frac{1+x}{1-x} \,\mathrm{d}x$.

6.4.2 综合例题

定理 6.6 (变限积分函数求导公式)

如果函数 $f(x)$ 连续, $\phi(x)$ 和 $\varphi(x)$ 可导, 那么变限积分函数的求导公式可表示为

$$\Phi'(x)=\frac{\mathrm{d}}{\mathrm{d}x}\int_{\phi(x)}^{\varphi(x)} f(t) \,\mathrm{d}t = f[\varphi(x)]\varphi'(x)-f[\phi(x)]\phi'(x).$$

♡

证明 记函数 $f(x)$ 的原函数为 $F(x)$, 则有

$$F'(x)=f(x)$$

或

$$\int f(x) \,\mathrm{d}x = F(x)+C.$$

由牛顿–莱布尼茨公式得

$$\Phi(x)=\int_{\phi(x)}^{\varphi(x)} f(t) \,\mathrm{d}t = F(x)\Big|_{\phi(x)}^{\varphi(x)} = F[\varphi(x)]-F[\phi(x)].$$

于是

$$\Phi'(x)=\frac{\mathrm{d}}{\mathrm{d}x}\int_{\phi(x)}^{\varphi(x)} f(t) \,\mathrm{d}t = \{F[\varphi(x)]-F[\phi(x)]\}' = \{F[\varphi(x)]\}'-\{F[\phi(x)]\}'.$$

由复合函数的求导法则得

$$\Phi'(x) = \{F[\varphi(x)]\}' - \{F[\phi(x)]\}' = F'[\varphi(x)]\varphi'(x) - F'[\phi(x)]\phi'(x).$$

由 $F'(x) = f(x)$ 可得

$$\Phi'(x) = F'[\varphi(x)]\varphi'(x) - F'[\phi(x)]\phi'(x) = f[\varphi(x)]\varphi'(x) - f[\phi(x)]\phi'(x).$$

例题 6.9　设

$$f(x) = \int_1^{x^2} \frac{\sin t}{t}\, \mathrm{d}t,$$

求

$$\int_0^1 xf(x)\, \mathrm{d}x.$$

解　因为 $\dfrac{\sin t}{t}$ 没有初等形式的原函数, 无法直接求出 $f(x)$. 我们采用分部积分法, 即

$$\begin{aligned}\int_0^1 xf(x)\, \mathrm{d}x &= \frac{1}{2}\int_0^1 f(x)\, \mathrm{d}\left(x^2\right) \\ &= \frac{1}{2}\left[x^2 f(x)\right]\Big|_0^1 - \frac{1}{2}\int_0^1 x^2\, \mathrm{d}f(x) \\ &= \frac{1}{2}f(1) - \frac{1}{2}\int_0^1 x^2 f'(x)\, \mathrm{d}x.\end{aligned}$$

又因为

$$f(x) = \int_1^{x^2} \frac{\sin t}{t}\, \mathrm{d}t, \quad f(1) = \int_1^1 \frac{\sin t}{t}\, \mathrm{d}t = 0,$$

使用变限的求导公式得到

$$f'(x) = \frac{\mathrm{d}}{\mathrm{d}x}\int_1^{x^2} \frac{\sin t}{t}\, \mathrm{d}t = \frac{2x\sin x^2}{x^2} = \frac{2\sin x^2}{x}.$$

因此

$$\begin{aligned}\int_0^1 xf(x)\, \mathrm{d}x &= \frac{1}{2}f(1) - \frac{1}{2}\int_0^1 x^2 f'(x)\, \mathrm{d}x \\ &= -\frac{1}{2}\int_0^1 2x\sin x^2\, \mathrm{d}x = -\frac{1}{2}\int_0^1 \sin x^2\, \mathrm{d}x^2\end{aligned}$$

$$=\frac{1}{2}\left(\cos x^{2}\right)\Big|_{0}^{1}=\frac{1}{2}(\cos 1-1).$$

✍ **练习 6.15** 设 $f'(x)=\arcsin(x-1)^2, f(0)=0$, 求 $\int_0^1 f(x)\mathrm{d}x$.

提示: 由定积分的分部积分法.

✍ **练习 6.16** 设 $f(x)=x\int_1^x \varphi(t)\mathrm{d}t$, 求 $\int_0^1 f(x)\mathrm{d}x$, 其中

$$\varphi(x)=\begin{cases}\dfrac{\sin x^{2}}{x}, & x\neq 0\\ 0, & x=0.\end{cases}$$

提示: 由定积分的分部积分法.

✍ **练习 6.17** 设 $f''(x)$ 在 $[0,1]$ 上连续, 且 $f(0)=f(1)=0$, 求证:

(1) $\int_0^1 f(x)\mathrm{d}x=\frac{1}{2}\int_0^1 x(x-1)f''(x)\mathrm{d}x$.

(2) $\left|\int_0^1 f(x)\mathrm{d}x\right|\leqslant \frac{1}{12}\max\limits_{0\leqslant x\leqslant 1}|f(x)|$.

✍ **练习 6.18** 求不定积分 $\int \frac{\arctan x}{x^2\left(1+x^2\right)}\mathrm{d}x$.

6.4.3 反函数的原函数

定理 6.7 (反函数的原函数)

设 $f(x)$ 是单调连续函数, $f^{-1}(x)$ 是其反函数, 且 $\int f(x)\mathrm{d}x=F(x)+C$, 则

$$\int f^{-1}(x)\mathrm{d}x=xf^{-1}(x)-F\left(f^{-1}(x)\right)+C.$$

♡

证明 因为 $f^{-1}(x)$ 是单调连续函数 $f(x)$ 的反函数, 所以 $x=f\left(f^{-1}(x)\right)$. 并注意到 $f(x)$ 的一个原函数为 $F(x)$, 由分部积分法可得

$$\begin{aligned}\int f^{-1}(x)\mathrm{d}x&=xf^{-1}(x)-\int x\ \mathrm{d}f^{-1}(x)\\&=xf^{-1}(x)-\int f\left(f^{-1}(x)\right)\mathrm{d}f^{-1}(x)\\&=xf^{-1}(x)-F\left(f^{-1}(x)\right)+C.\end{aligned}$$

例题 6.10　计算

$$\int_0^1 \ln\left(x+\sqrt{1+x^2}\right)\,\mathrm{d}x.$$

解　法 1: 根据前面的结论, 设 $f^{-1}(x)=\ln\left(x+\sqrt{1+x^2}\right)$, 得

$$f(x)=\frac{1}{2}\left(\mathrm{e}^x-\mathrm{e}^{-x}\right),\quad F(x)=\frac{1}{2}\left(\mathrm{e}^x+\mathrm{e}^{-x}\right).$$

于是

$$\begin{aligned}&\int_0^1 \ln\left(x+\sqrt{1+x^2}\right)\,\mathrm{d}x\\&=x\cdot\ln\left(x+\sqrt{1+x^2}\right)-\frac{1}{2}\left(\mathrm{e}^{\ln\left(x+\sqrt{1+x^2}\right)}+\mathrm{e}^{-\ln\left(x+\sqrt{1+x^2}\right)}\right)\Bigg|_0^1\\&=\ln(1+\sqrt{2})+1-\sqrt{2}.\end{aligned}$$

利用原函数求解法. 实际上, 已知其原函数的积分为 $\displaystyle\int\sinh x\,\mathrm{d}x=\cosh x+C$, 所以

$$\begin{aligned}&\int\ln\left(x+\sqrt{1+x^2}\right)\mathrm{d}x\\&=x\cdot\ln\left(x+\sqrt{1+x^2}\right)-\frac{1}{2}\left(\mathrm{e}^{\ln\left(x+\sqrt{1+x^2}\right)}+\mathrm{e}^{-\ln\left(x+\sqrt{1+x^2}\right)}\right)+C\\&=x\cdot\ln\left(x+\sqrt{1+x^2}\right)-\frac{1}{2}\left(x+\sqrt{1+x^2}+\frac{1}{x+\sqrt{1+x^2}}\right)+C\\&=x\cdot\ln\left(x+\sqrt{1+x^2}\right)-\frac{1}{2}\left(x+\sqrt{1+x^2}-x+\sqrt{1+x^2}\right)+C\\&=x\cdot\ln\left(x+\sqrt{1+x^2}\right)-\sqrt{1+x^2}+C.\end{aligned}$$

法 2: 利用换元法和分部积分法. 令 $x=\tan t$, 则 $t\in\left[0,\dfrac{\pi}{4}\right]$, 于是

$$\begin{aligned}&\int_0^{\frac{\pi}{4}}\ln(\tan t+\sec t)\,\mathrm{d}(\tan t)\\&=\tan t\cdot\ln(\tan t+\sec t)\Big|_0^{\frac{\pi}{4}}-\int_0^{\frac{\pi}{4}}\frac{(\tan t+\sec t)'}{(\tan t+\sec t)}\cdot\tan t\,\mathrm{d}t\\&=\ln(1+\sqrt{2})-\int_0^{\frac{\pi}{4}}\frac{\sin t}{\cos^2 t}\,\mathrm{d}t\end{aligned}$$

$$
\begin{aligned}
&= \ln(1+\sqrt{2}) - \sec t\Big|_0^{\frac{\pi}{4}} \\
&= \ln(1+\sqrt{2}) - \sqrt{2} + 1.
\end{aligned}
$$

法 3: 利用分部积分法.

$$
\begin{aligned}
\int_0^1 \ln\left(x+\sqrt{1+x^2}\right)\,\mathrm{d}x &= x\cdot\ln\left(x+\sqrt{1+x^2}\right)\Big|_0^1 - \int_0^1 \frac{\frac{x+\sqrt{1+x^2}}{\sqrt{1+x^2}}}{x+\sqrt{1+x^2}}\cdot x\,\mathrm{d}x \\
&= x\cdot\ln\left(x+\sqrt{1+x^2}\right)\Big|_0^1 - \int_0^1 \frac{x}{\sqrt{1+x^2}}\,\mathrm{d}x \\
&= x\cdot\ln\left(x+\sqrt{1+x^2}\right)\Big|_0^1 - \sqrt{1+x^2}\Big|_0^1 \\
&= \ln(1+\sqrt{2}) - \sqrt{2} + 1.
\end{aligned}
$$

✍ **练习 6.19** 求

$$
\int_0^1 \left[\ln\left(x+\sqrt{1+x^2}\right)\right]^2\,\mathrm{d}x.
$$

6.5 有理函数拆分法

有理函数拆分法, 主要思路是将有理分式分解成若干个最简部分分式之和. 方法思路如下.

(1) 由多项式的除法可知, 假分式总能化为一个多项式与一个真分式之和. 由于多项式的不定积分是容易求得的, 因此, 只需研究真分式的不定积分.

(2) 有理真分式必定可以表示成若干个最简部分分式之和 (称为部分分式分解).

(3) 确定待定系数.

例题 6.11 求积分

$$
\int_0^{+\infty} \frac{\mathrm{d}x}{x^3+4}.
$$

解 不妨设 $a=\sqrt[3]{4}$, 于是

$$
\begin{aligned}
\int \frac{\mathrm{d}x}{x^3+a^3} &= \int \frac{\mathrm{d}x}{(x+a)\left(x^2-ax+a^2\right)} \\
&= \frac{1}{3a^2}\int\left(\frac{1}{x+a}+\frac{2a-x}{x^2-ax+a^2}\right)\mathrm{d}x
\end{aligned}
$$

$$= \frac{1}{3a^2} \int \left[\frac{1}{x+a} - \frac{1}{2} \frac{2x-a}{x^2-ax+a^2} + \frac{3a}{2} \frac{1}{\left(x-\frac{a}{2}\right)^2 + \frac{3a^2}{4}} \right]$$

$$= \frac{1}{3a^2} \left\{ \ln \frac{|x+a|}{\sqrt{x^2-ax+a^2}} + \sqrt{3} \arctan \left[\frac{2}{\sqrt{3}a} \left(x - \frac{a}{2} \right) \right] \right\} + C,$$

代入原式得到

$$\int_0^{+\infty} \frac{\mathrm{d}x}{x^2+a^2} = \frac{1}{3a^2} \left[\sqrt{3} \cdot \frac{\pi}{2} - \sqrt{3} \arctan \left(-\frac{1}{\sqrt{3}} \right) \right] = \frac{\pi}{3\sqrt{3}\sqrt[3]{2}}.$$

若使用留数 (residue) 定理计算可直接得到答案.

✍ **练习 6.20** 计算 $\int_0^1 \frac{1}{x^4+1} \, \mathrm{d}x$.

✍ **练习 6.21** 计算不定积分 $I = \int \frac{\mathrm{d}x}{1+x^4}$.

✍ **练习 6.22** 证明反常积分 $\int_{-\infty}^{+\infty} \frac{\mathrm{d}x}{x^4+a^4}$ 收敛, 并求值, 其中 a 是非零常数.

✍ **练习 6.23** 计算 $\int_0^{+\infty} \frac{1}{1+x^4} \, \mathrm{d}x, \int_0^{+\infty} \frac{1}{1+x^n} \, \mathrm{d}x$.

提示: 由贝塔函数

$$\int_0^1 x^{p-1}(1-x)^{q-1} \, \mathrm{d}x \xlongequal{令 x=\frac{u}{u+1}} \int_0^{+\infty} \frac{x^{p-1}}{(1+x)^{p+q}} \, \mathrm{d}x,$$

设 $u = x^4$, 得到

$$\int_0^{+\infty} \frac{1}{1+x^4} \, \mathrm{d}x = \frac{1}{4} \mathrm{B} \left(\frac{1}{4}, \frac{3}{4} \right).$$

6.6 递 推 法

递推法本质上是一种通过建立递推关系来解决问题的策略. 当被积函数中含有整数参数 n 时, 递推法往往成为一个有效的解决手段. 使用递推法计算定积分通常遵循以下步骤: 首先, 确定初始值; 其次, 通过分部积分、换元、降幂、累乘或叠加等数学技巧建立递推关系; 最后, 根据这一递推关系求解对应的积分.

引理 6.1 (变系数线性递推的解)

设 p_n, q_n 与自然数 n 有关, 且对一切的 n 都有 $p_n \neq 0$. 若给定初始值 T_1 及递推方程 $T_{n+1} = p_n T_n + q_n, n = 1, 2, \cdots$, 则有

$$T_{n+1} = p_n \cdots p_1 \left(T_1 + \sum_{k=1}^{n} \frac{q_k}{p_k \cdots p_1} \right).$$

♡

利用数学归纳法即可证明. 下面给出一个直接的证明方法.

证明 令 $S_1 = T_1$, 以及 $S_k = \dfrac{T_k}{p_{k-1} \cdots p_1}$, 则

$$S_{k+1} = \frac{T_{k+1}}{p_k \cdots p_1} = \frac{p_k T_k + q_k}{p_k \cdots p_1} = \frac{T_k}{p_{k-1} \cdots p_1} + \frac{q_k}{p_k \cdots p_1} = S_k + \frac{q_k}{p_k \cdots p_1}.$$

对该式两边以指标 k 求和, 整理后得到

$$S_{k+1} = S_1 + \sum_{k=1}^{n} \frac{q_k}{p_k \cdots p_1}.$$

于是

$$T_{n+1} = p_n \cdots p_1 \left(T_1 + \sum_{k=1}^{n} \frac{q_k}{p_k \cdots p_1} \right).$$

6.6.1 常见的不定积分递推公式

例题 6.12 建立递推关系:

(1) $I_n = \displaystyle\int \frac{\sin nx}{\sin x}\, \mathrm{d}x$;

(2) $I_n = \displaystyle\int \frac{\mathrm{d}x}{(x^3 + a^3)^n}$.

解 (1)

$$\begin{aligned} I_n - I_{n-2} &= \int \frac{\sin nx - \sin(n-2)x}{\sin x}\, \mathrm{d}x \\ &= \int \frac{2\cos(n-1)x \sin x}{\sin x}\, \mathrm{d}x \\ &= \int 2\cos(n-1)x\, \mathrm{d}x = \frac{2\sin(n-1)x}{n-1} + C. \end{aligned}$$

(2)

$$I_n = \int \frac{\mathrm{d}x}{(x^3 + a^3)^n}$$

$$
\begin{aligned}
&= \frac{x}{(x^3+a^3)^n} - \int x \,\mathrm{d}\frac{1}{(x^3+a^3)^n} \\
&= \frac{x}{(x^3+a^3)^n} + 3n\int \frac{x^3}{(x^3+a^3)^{n+1}}\,\mathrm{d}x \\
&= \frac{x}{(x^3+a^3)^n} + 3n\int \frac{(x^3+a^3)-a^3}{(x^3+a^3)^{n+1}}\,\mathrm{d}x \\
&= \frac{x}{(x^3+a^3)^n} + 3nI_n - 3na^3 I_{n+1}.
\end{aligned}
$$

✍ **练习 6.24** 求 $I_n = \int (\ln x)^n \,\mathrm{d}x$ 的递推公式.

✍ **练习 6.25** 求 $I_n = \int (\arcsin x)^n \,\mathrm{d}x$ 的递推公式.

也可以先替换, 令 $t = \arcsin x$, 然后再计算, 计算结果也是一样的, 但是较为简单.

✍ **练习 6.26** 求 $I_n = \int \tan^n x \,\mathrm{d}x$ 的递推公式.

✍ **练习 6.27** 设 $I_n = \int_0^{\frac{\pi}{4}} \tan^n x \,\mathrm{d}x$, 证明: 对于 $n \geqslant 2$, 有

$$
\frac{1}{2(n+1)} < I_n < \frac{1}{2(n-1)}.
$$

✍ **练习 6.28** 记

$$
I_n = \int \sec^n x \,\mathrm{d}x = \int \frac{\mathrm{d}x}{\cos^n x},
$$

求 I_n 的递推公式, 并求 I_3.

注 作替换 $x = \frac{\pi}{2} - t$, 可得到 $K_n = \int \csc^n x \,\mathrm{d}x = \int \frac{\mathrm{d}x}{\sin^n x}$ 的递推公式为

$$
K_n = -\frac{\cot x \csc^{n-2} x}{n-1} + \frac{n-2}{n-1}K_{n-2}.
$$

这相对来说用得较少.

✍ **练习 6.29** 求 $I_n = \int x^n \mathrm{e}^{kx} \,\mathrm{d}x$ 的递推公式.

✍ **练习 6.30** 求 $I_n = \int \mathrm{e}^{ax} \sin^n x \,\mathrm{d}x$ 的递推公式.

6.6.2 有关三角函数方幂的积分

例题 6.13 求 $I(m,n)=\int\cos^m x\sin^n x\,\mathrm{d}x$ 的递推公式.

解 由于

$$\begin{aligned}I(m,n)&=\int\cos^{m-1}x\sin^n x\,\mathrm{d}(\sin x)=\frac{1}{n+1}\int\cos^{m-1}x\,\mathrm{d}\left(\sin^{n+1}x\right)\\&=\frac{1}{n+1}\cos^{m-1}x\sin^{n+1}x+\frac{m-1}{n+1}\int\sin^{n+1}x\cdot\cos^{m-2}x\sin x\,\mathrm{d}x\\&=\frac{1}{n+1}\cos^{m-1}x\sin^{n+1}x+\frac{m-1}{n+1}\int\cos^{m-2}x\left(1-\cos^2 x\right)\sin^n x\,\mathrm{d}x\\&=\frac{1}{n+1}\cos^{m-1}x\sin^{n+1}x+\frac{m-1}{n+1}[I(m-2,n)-I(m,n)],\end{aligned}$$

解得

$$I(m,n)=\frac{\cos^{m-1}x\sin^{n+1}x}{m+n}+\frac{m-1}{m+n}I(m-2,n).$$

另外, 若第一步用 $I(m,n)=-\int\cos^m x\sin^{n-1}x\,\mathrm{d}(\cos x)$, 同样的方法也可以得到

$$I(m,n)=-\frac{\cos^{m+1}x\sin^{n-1}x}{m+n}+\frac{n-1}{m+n}I(m,n-2).$$

注 特别地, 当 $n=0$ 或 $m=0$ 时就可得到 $\int\cos^m x\,\mathrm{d}x$ 与 $\int\sin^n x\,\mathrm{d}x$ 的递推公式:

$$\begin{cases}\displaystyle\int\cos^m x\,\mathrm{d}x=\frac{\cos^{m-1}x\sin x}{m}+\frac{m-1}{m}\int\cos^{m-2}x\,\mathrm{d}x,\\\displaystyle\int\sin^n x\,\mathrm{d}x=-\frac{\cos x\sin^{n-1}x}{n}+\frac{n-1}{n}\int\sin^{n-2}x\,\mathrm{d}x.\end{cases}$$

定理 6.8 (狄利克雷积分)

设

$$I(m,n)=\int_0^{\frac{\pi}{2}}\cos^m x\sin^n x\,\mathrm{d}x,$$

则

(1) $I(1,1)=\frac{1}{2},I(1,0)=I(0,1)=1,I(0,0)=\frac{\pi}{2}$;

(2) $I(m,n)=\dfrac{m-1}{m+n}I(m-2,n)=\dfrac{n-1}{m+n}I(m,n-2)$;

(3) $I(m,n)=\begin{cases}\dfrac{(m-1)!!(n-1)!!}{(m+n)!!}\cdot\dfrac{\pi}{2}, & m,n \text{ 都为偶数},\\ \dfrac{(m-1)!!(n-1)!!}{(m+n)!!}, & \text{其他}.\end{cases}$ ♡

例题 6.14 根据前面的公式容易得到

(1) $\displaystyle\int_0^{\frac{\pi}{2}}\cos^3 x\sin^2 x\ \mathrm{d}x=I(3,2)=\frac{2!!1!!}{5!!}=\frac{2}{15}$;

(2) $\displaystyle\int_0^{\frac{\pi}{2}}\cos^4 x\sin^3 x\ \mathrm{d}x=I(4,3)=\frac{3!!2!!}{7!!}=\frac{2}{35}$;

(3) $\displaystyle\int_0^{\frac{\pi}{2}}\sin^3 x\cos^5 x\ \mathrm{d}x=I(3,5)=\frac{2!!4!!}{8!!}=\frac{1}{24}$;

(4) $\displaystyle\int_0^{\frac{\pi}{2}}\sin^2 x\cos^4 x\ \mathrm{d}x=I(2,4)=\frac{1!!3!!}{6!!}\cdot\frac{\pi}{2}=\frac{\pi}{32}$;

(5) $\displaystyle\int_0^{\frac{\pi}{2}}\sin^{2m} x\ \mathrm{d}x=\int_0^{\frac{\pi}{2}}\cos^{2m} x\ \mathrm{d}x=I(2m,0)=\frac{(2m-1)!!}{(2m)!!}\cdot\frac{\pi}{2}$;

(6) $\displaystyle\int_0^{\frac{\pi}{2}}\sin^{2m+1} x\ \mathrm{d}x=\int_0^{\frac{\pi}{2}}\cos^{2m+1} x\ \mathrm{d}x=I(2m+1,0)=\frac{(2m)!!}{(2m+1)!!}$.

(7) $\displaystyle\int_0^{\frac{\pi}{2}}\sin^{n} x\ \mathrm{d}x=\int_0^{\frac{\pi}{2}}\cos^{n} x\ \mathrm{d}x=\begin{cases}\dfrac{(n-1)!!}{(n)!!}\cdot\dfrac{\pi}{2}, & n=2k,\\ \dfrac{(n-1)!!}{(n)!!}, & n=2k+1.\end{cases}$

利用积分 $\displaystyle\int_0^{\frac{\pi}{2}}\sin^n x\ \mathrm{d}x$ 的公式, 可得沃利斯公式:

$$\frac{\pi}{2}=\lim_{n\to+\infty}\left[\frac{(2n)!!}{(2n-1)!!}\right]^2\frac{1}{2n+1}.$$

在计算该类型积分的过程中, 建立递推的关键技术是分部积分法.

✍ **练习 6.31** 计算积分 $I_n=\displaystyle\int_0^{\frac{\pi}{2}}\cos^n x\cos nx\ \mathrm{d}x$.

6.6.3 可化为三角函数方幂的积分

例题 6.15 计算积分 $I_n=\displaystyle\int_{-1}^{1}\left(x^2-1\right)^n\ \mathrm{d}x$.

解 由对称性, 有 $I_n = 2\int_0^1 \left(x^2-1\right)^n \, \mathrm{d}x$. 由于 x 在 $(-1,1)$ 上, 无法设 $x=\sec t$. 利用三角代换 $x=\sin t$, 转化为三角函数方幂的积分.

$$\begin{aligned} J_n &= \int_0^1 \left(x^2-1\right)^n \, \mathrm{d}x \\ &= \int_0^{\frac{\pi}{2}} (-1)^n \cos^{2n} t \cos t \, \mathrm{d}t \\ &= (-1)^n \int_0^{\frac{\pi}{2}} \cos^{2n+1} t \, \mathrm{d}t \\ &= (-1)^n \frac{(2n)!!}{(2n+1)!!}. \end{aligned}$$

或者直接利用分部积分法, 递推得到

$$\begin{aligned} J_n &= x\left(x^2-1\right)^n\Big|_0^1 - \int_0^1 x \, \mathrm{d}\left(x^2-1\right)^n \\ &= -2n\int_0^1 x^2\left(x^2-1\right)^{n-1} \, \mathrm{d}x \\ &= -2n\int_0^1 \left(x^2-1+1\right)\left(x^2-1\right)^{n-1} \, \mathrm{d}x \\ &= -2n\left(J_n + J_{n-1}\right), \end{aligned}$$

得

$$\begin{aligned} J_n &= -\frac{2n}{2n+1}J_{n-1} = \frac{(2n)(2n-2)}{(2n+1)(2n-1)}J_{n-2} \\ &= \cdots \\ &= (-1)^n\frac{(2n)!!}{(2n+1)!!}J_0 = (-1)^n\frac{(2n)!!}{(2n+1)!!}. \end{aligned}$$

✍ **练习 6.32** 设 $m,n \geqslant 0$ 为正数, 求积分

$$I(m,n) = \int_0^1 x^m(1-x)^n \, \mathrm{d}x.$$

✍ **练习 6.33** 对于正整数 n, 计算积分 $\displaystyle\int_0^{+\infty} \frac{1}{\left(1+t^2\right)^n} \, \mathrm{d}t$.

✍ **练习 6.34** 对于正整数 n 和 $a>0$, 计算积分 $\displaystyle\int_0^{+\infty}\frac{1}{(x^2+a^2)^n}\,\mathrm{d}x$.

✍ **练习 6.35** 对于正整数 n, 计算积分 $\displaystyle\int_0^{+\infty}\frac{\ln x}{(x^2+1)^n}\,\mathrm{d}x$.

进一步可以考虑: 对 $a>0,\ b>0$, 计算 $\displaystyle\int_0^{+\infty}\frac{\ln x\,\mathrm{d}x}{(a^2+b^2x^2)^n}$.

6.6.4 有关正弦函数比的积分公式

有关 $\dfrac{\sin nx}{\sin x}$ 的积分公式是一类非常经典的积分, 求解的时候不是单一的方法运用, 需要采用多种方法综合求解.

首先考虑不定积分的情形.

例题 6.16 求

$$I_n=\int\frac{\sin nx}{\sin x}\,\mathrm{d}x$$

的递推公式.

解 由于

$$\begin{aligned}\sin nx&=\sin[(n-1)x+x]\\&=\sin(n-1)x\cos x+\cos(n-1)x\sin x\\&=\frac{1}{2}[\sin nx+\sin(n-2)x]+\cos(n-1)x\sin x,\end{aligned}$$

所以

$$\begin{aligned}I_n&=\frac{1}{2}\int\frac{\sin nx+\sin(n-2)x}{\sin x}\,\mathrm{d}x+\int\frac{\cos(n-1)x\sin x}{\sin x}\,\mathrm{d}x\\&=\frac{1}{2}\left(I_n+I_{n-2}\right)+\frac{1}{n-1}\sin(n-1)x,\end{aligned}$$

解得

$$I_n=\frac{2}{n-1}\sin(n-1)x+I_{n-2}.$$

定理 6.9 (狄利克雷积分)

对于 $n=0,1,2,\cdots$, 狄利克雷积分

$$\int_0^{\frac{\pi}{2}}\frac{\sin\left(n+\dfrac{1}{2}\right)x}{\sin\dfrac{x}{2}}\,\mathrm{d}x=\int_0^{\pi}\frac{\sin\left(n+\dfrac{1}{2}\right)x}{\sin\dfrac{x}{2}}\,\mathrm{d}x=\pi.$$

♡

证明 关于第一个定积分, 利用积化和差公式, 容易证明恒等式

$$\frac{1}{2}+\cos x+\cos 2x+\cdots+\cos nx=\frac{\sin\left(n+\dfrac{1}{2}\right)x}{2\sin\dfrac{x}{2}}.$$

根据反正切函数的幂级数展开, 即

$$\begin{aligned}\arctan x&=\int_0^x\frac{\mathrm{d}t}{1+t^2}\\&=\int_0^x\left(1-t^2+t^4-t^6+\cdots\right)\,\mathrm{d}t\\&=x-\frac{x^3}{3}+\frac{x^5}{5}-\frac{x^7}{7}+\cdots\\&=\sum_{n=1}^{+\infty}\frac{(-1)^{n-1}x^{2n-1}}{2n-1}.\end{aligned}$$

设

$$I_n=\int_0^{\frac{\pi}{2}}\frac{\sin\left(n+\dfrac{1}{2}\right)x}{\sin\dfrac{x}{2}}\,\mathrm{d}x,$$

于是

$$\begin{aligned}I_n&=2\int_0^{\frac{\pi}{2}}\left(\frac{1}{2}+\cos x+\cos 2x+\cdots+\cos nx\right)\mathrm{d}x\\&=2\left(\frac{\pi}{4}+1-\frac{1}{3}+\frac{1}{5}-\frac{1}{7}+\cdots\right)\\&=2\left(\frac{\pi}{4}+\arctan(1)\right)=\pi.\end{aligned}$$

关于第二个定积分, 可以直接作变换, 或者用下面两个方法.

法 1: 首先由积化和差公式可知

$$2\sin\frac{x}{2}\sum_{k=1}^{n}\cos kx=\sum_{k=1}^{n}\left(\sin\frac{2k+1}{2}x-\sin\frac{2k-1}{2}x\right)=\sin\frac{2n+1}{2}x-\sin\frac{x}{2}.$$

上式两端除以 $2\sin\dfrac{x}{2}$ 可知

$$\frac{\sin\dfrac{2n+1}{2}x}{2\sin\dfrac{x}{2}}=\sum_{k=1}^{n}\cos kx+\frac{1}{2}.$$

从而

$$\begin{aligned}\int_0^{\pi}\frac{\sin\dfrac{2n+1}{2}x}{2\sin\dfrac{x}{2}}\,\mathrm{d}x&=\sum_{k=1}^{n}\int_0^{\pi}\cos kx\,\mathrm{d}x+\frac{\pi}{2}\\&=\sum_{k=1}^{n}\frac{1}{k}\sin kx\Big|_0^{\pi}+\frac{\pi}{2}\\&=\frac{\pi}{2}.\end{aligned}$$

法 2: 设

$$J_n=\int_0^{\pi}\frac{\sin\left(n+\dfrac{1}{2}\right)x}{\sin\dfrac{x}{2}}\,\mathrm{d}x,$$

作差得到

$$\begin{aligned}J_n-J_{n-1}&=\int_0^{\pi}\frac{\sin\left(n+\dfrac{1}{2}\right)x-\sin\left(n-\dfrac{1}{2}\right)x}{\sin\dfrac{x}{2}}\,\mathrm{d}x\\&=\int_0^{\pi}\frac{2\cos nx\sin\dfrac{x}{2}}{\sin\dfrac{x}{2}}\,\mathrm{d}x\\&=\int_0^{\pi}\cos nx\,\mathrm{d}x=0.\end{aligned}$$

因此 $J_n=J_{n-1}=\cdots=J_1=J_0=\displaystyle\int_0^{\pi}\mathrm{d}x=\pi$.

设 n 为正整数, 通过简单换元, 可以得到

$$\int_0^{\frac{\pi}{2}}\frac{\sin(2n+1)x}{\sin x}\,\mathrm{d}x=\frac{\pi}{2},\quad\int_0^{\pi}\frac{\sin(2n+1)x}{\sin x}\,\mathrm{d}x=\pi,$$

$$\int_0^{\frac{\pi}{2}}\frac{\cos(2n+1)x}{\cos x}\,\mathrm{d}x=\frac{(-1)^n\pi}{2}.$$

定理 6.10 $\left(区间为 \left[0, \frac{\pi}{2}\right] 上 \frac{\sin(nx)}{\sin x} 型积分\right)$

设 k 为正整数, 则

(1) $\displaystyle\int_0^{\frac{\pi}{2}} \frac{\sin 2kx}{\sin x}\, dx = \sum_{j=1}^{k} \frac{(-1)^{j-1}}{2j-1}$;

(2) $\displaystyle\int_0^{\frac{\pi}{2}} \frac{\sin(2k-1)x}{\sin x}\, dx = \frac{\pi}{2}$.

证明 (1)
$$
\begin{aligned}
\int_0^{\frac{\pi}{2}} \frac{\sin 2kx}{\sin x}\, dx &= \int_0^{\frac{\pi}{2}} \frac{\sin(2k-2+2)x}{\sin x}\, dx \\
&= \int_0^{\frac{\pi}{2}} \frac{\sin(2k-2)x \cos 2x}{\sin x}\, dx + \int_0^{\frac{\pi}{2}} \frac{\cos(2k-2)x \sin 2x}{\sin x}\, dx \\
&= \int_0^{\frac{\pi}{2}} \frac{\sin(2k-2)x}{\sin x}\, dx - 2\int_0^{\frac{\pi}{2}} \sin(2k-2)x \sin x\, dx \\
&\quad + 2\int_0^{\frac{\pi}{2}} \cos(2k-2)x \cos x\, dx \\
&= \int_0^{\frac{\pi}{2}} \frac{\sin(2k-2)x}{\sin x}\, dx + 2\int_0^{\frac{\pi}{2}} \cos(2k-1)x\, dx \\
&= \int_0^{\frac{\pi}{2}} \frac{\sin(2k-2)x}{\sin x}\, dx + \frac{2(-1)^{k+1}}{2k-1}.
\end{aligned}
$$

由递推式, 我们容易得到

$$\int_0^{\frac{\pi}{2}} \frac{\sin 2kx}{\sin x}\, dx = 2\sum_{j=1}^{k} \frac{(-1)^{j-1}}{2j-1}.$$

(2) 利用数学归纳法证明. 首先, 对于 $k=1$, 显然成立. 假设对于 k 上式成立, 则

$$I_{k-1} = \int_0^{\frac{\pi}{2}} \frac{\sin(2k-1)x}{\sin x}\, dx = \frac{\pi}{2}.$$

对于 $n=k$, 有

$$
\begin{aligned}
I_k &= \int_0^{\frac{\pi}{2}} \frac{\sin(2k+1)x}{\sin x}\, dx \\
&= \int_0^{\frac{\pi}{2}} \frac{\sin(2k-1+2)x}{\sin x}\, dx
\end{aligned}
$$

$$
\begin{aligned}
&= \int_0^{\frac{\pi}{2}} \frac{\sin(2k-1)x\cos 2x + \cos(2k-1)x\sin 2x}{\sin x}\ \mathrm{d}x \\
&= \int_0^{\frac{\pi}{2}} \frac{\sin(2k-1)x}{\sin x}\ \mathrm{d}x - 2\int_0^{\frac{\pi}{2}} \sin(2k-1)x\sin x\ \mathrm{d}x \\
&\quad + 2\int_0^{\frac{\pi}{2}} \cos(2k-1)x\cos x\ \mathrm{d}x \\
&= \int_0^{\frac{\pi}{2}} \frac{\sin(2k-1)x}{\sin x}\ \mathrm{d}x + 2\int_0^{\frac{\pi}{2}} (\cos(2k-1)x\cos x - \sin(2k-1)x\sin x)\ \mathrm{d}x \\
&= \int_0^{\frac{\pi}{2}} \frac{\sin(2k-1)x}{\sin x}\ \mathrm{d}x + 2\int_0^{\frac{\pi}{2}} \cos 2kx\ \mathrm{d}x \\
&= \int_0^{\frac{\pi}{2}} \frac{\sin(2k-1)x}{\sin x}\ \mathrm{d}x \\
&= I_{k-1} \\
&= \cdots \\
&= \int_0^{\frac{\pi}{2}} \frac{\sin(1\cdot x)}{\sin x}\ \mathrm{d}x \\
&= \frac{\pi}{2}.
\end{aligned}
$$

定理 6.11 (费耶尔积分)

设 k 为正整数, 证明费耶尔积分

$$\int_0^{\frac{\pi}{2}} \left(\frac{\sin kx}{\sin x}\right)^2\ \mathrm{d}x = \frac{k\pi}{2}.$$

♡

证明　法 1: 利用数学归纳法证明. 首先, 对于 $k=1$, 显然成立. 假设对于 k 上式成立, 则

$$I_k = \int_0^{\frac{\pi}{2}} \left(\frac{\sin kx}{\sin x}\right)^2\ \mathrm{d}x = \frac{k\pi}{2}.$$

对于 $k+1$, 有

$$
\begin{aligned}
I_{k+1} - I_k &= \int_0^{\frac{\pi}{2}} \left(\frac{\sin(k+1)x}{\sin x}\right)^2\ \mathrm{d}x - \int_0^{\frac{\pi}{2}} \left(\frac{\sin kx}{\sin x}\right)^2\ \mathrm{d}x \\
&= \int_0^{\frac{\pi}{2}} \frac{\sin^2(k+1)x - \sin^2 kx}{\sin^2 x}\ \mathrm{d}x
\end{aligned}
$$

$$
\begin{aligned}
&= \int_0^{\frac{\pi}{2}} \frac{\cos 2kx - \cos(2k+2)x}{2\sin^2 x}\,\mathrm{d}x \\
&= \int_0^{\frac{\pi}{2}} \frac{2\sin(2k+1)x \sin x}{2\sin^2 x}\,\mathrm{d}x \\
&= \int_0^{\frac{\pi}{2}} \frac{\sin(2k+1)x}{\sin x}\,\mathrm{d}x \\
&= \frac{\pi}{2}.
\end{aligned}
$$

于是得到结论.

法 2: 根据分部积分法, 有

$$
\begin{aligned}
\int_0^{\frac{\pi}{2}} \left(\frac{\sin nx}{\sin x}\right)^2 \mathrm{d}x &= -\int_0^{\frac{\pi}{2}} \sin^2 nx\ \mathrm{d}(\cot x) \\
&= -\sin^2 nx \cot x\Big|_0^{\frac{\pi}{2}} + n\int_0^{\frac{\pi}{2}} \frac{\sin 2nx \cos x}{\sin x}\,\mathrm{d}x \\
&= \frac{n}{2}\int_0^{\frac{\pi}{2}} \frac{\sin(2n+1)x + \sin(2n-1)x}{\sin x}\,\mathrm{d}x \\
&= \frac{n}{2}\left(\frac{\pi}{2} + \frac{\pi}{2}\right) = \frac{n\pi}{2}.
\end{aligned}
$$

✍ **练习 6.36** 计算定积分 $\int_0^{\frac{\pi}{2}} \cos(2nx) \ln\cos x\ \mathrm{d}x$.

类似地, 可以证明区间 $[0,\pi]$ 上的结果.

✍ **练习 6.37** 设 k 为正整数, 证明:

(1) $\int_0^{\pi} \frac{\sin 2kx}{\sin x}\,\mathrm{d}x = 0$;

(2) $\int_0^{\pi} \frac{\sin(2k-1)x}{\sin x}\,\mathrm{d}x = \pi$;

(3) $\int_0^{\pi} \left(\frac{\sin kx}{\sin x}\right)^2 \mathrm{d}x = k\pi$.

✍ **练习 6.38** 计算 $\int_0^{\pi} \left(\frac{\sin nx}{\sin x}\right)^3 \mathrm{d}x$.

✍ **练习 6.39** 设

$$
I_n = \int_0^{\frac{\pi}{2}} \left(\frac{\sin nx}{\sin x}\right)^2 \mathrm{d}x, \quad J_n = \int_0^{\frac{\pi}{2}} \frac{\sin^2 nx}{\sin x}\,\mathrm{d}x,
$$

其中 $n \in \mathbb{N}^+$, 计算极限 $\lim\limits_{n\to+\infty}\dfrac{I_n}{n}, \lim\limits_{n\to+\infty}\dfrac{J_n}{\ln n}$.

类似可以考虑 $\cos(\cdot)$ 的情形、极限的情形, 以及不同的区间, 例如: 区间为 $\left[0, \dfrac{\pi}{4}\right]$.

✍ **练习 6.40** 当 n 为偶数时, 证明: $\displaystyle\int_0^{\pi}\left(\frac{\sin nx}{\sin x}\right)^{2k+1} \mathrm{d}x = 0$.

✍ **练习 6.41** 计算广义积分 $\displaystyle\int_{-\infty}^{+\infty}\sin\left(\mathrm{e}^x\right) \mathrm{d}x$.

✍ **练习 6.42** 计算广义积分 $\displaystyle\int_0^{+\infty}\frac{\sin^4 x}{x^2} \mathrm{d}x$.

✍ **练习 6.43** 我们将费耶尔积分作推广, 尝试计算

$$\int_0^{\pi}\frac{\sin^{2k+1} nx}{\sin^{2m+1} x} \mathrm{d}x, \quad \int_0^{\pi}\frac{\sin^{2k} nx}{\sin^{2m} x} \mathrm{d}x, \quad m \leqslant k.$$

6.7 区间再现公式

如果两个乘积函数作为被积函数, 直接求解无法找到原函数, 那么通过某个合适变换, 定积分的区间上下限没有变化, 并且可以消掉其中一个的函数, 转化为另外一个函数的定积分. 这样类型的换元法称为**区间再现**.

本节回顾定积分的计算方法, 给出了有关 $xf(\sin x)$ 的积分公式消去 x 的方法; 进一步给出了被积函数 $f(x)g(x)$ 是两个函数的乘积的形式, 消掉其中一个函数 $g(x)$, 化为被积函数为 $f(x)$ 的形式的条件和方法; 给出区间再现的定义, 证明了区间再现公式; 通过具体案例, 动手解析, 提出关键性问题, 提炼抽象, 最后形成数学理论.

通过对具体案例的深入分析, 我们不仅能够提炼关键性问题, 还能进一步抽象和推广这些结论, 从而展示一个完整的数学结论的形成过程. 为了确保学生能够充分掌握这些概念, 我们提供了丰富的课堂练习, 不断地扩展和深化问题, 进行细致的总结和反思, 并为学生提供了不同层次的课后习题; 帮助学生熟练掌握定积分的计算技巧, 并在实际应用中灵活运用.

6.7.1 有关两个函数乘积的积分公式

有关 $xf(\sin x)$ 的积分公式, 考虑下面的例子.

例题 6.17 求 $\displaystyle\int_0^{\pi} x\sin^9 x \mathrm{d}x$.

解 对于 $\int_0^{\pi} x\sin^9 x\,\mathrm{d}x$, 设法消除 x. 令 $x=\pi-t$, 则

$$\begin{aligned}
I&=\int_0^{\pi} x\sin^9 x\,\mathrm{d}x=\int_{\pi}^{0}(\pi-t)\sin^9 t\cdot(-\mathrm{d}t)\\
&=\int_0^{\pi}\pi\sin^9 t\,\mathrm{d}t-\int_0^{\pi}t\sin^9 t\,\mathrm{d}t.\\
&=\frac{\pi}{2}\int_0^{\pi}\sin^9 t\,\mathrm{d}t=\frac{\pi}{2}\left(\int_0^{\frac{\pi}{2}}\sin^9 t\,\mathrm{d}t+\int_{\frac{\pi}{2}}^{\pi}\sin^9 t\,\mathrm{d}t\right)\\
&=\frac{\pi}{2}\left[\int_0^{\frac{\pi}{2}}\sin^9 t\,\mathrm{d}t+\int_{\frac{\pi}{2}}^{0}\sin^9(\pi-t)(-\mathrm{d}t)\right]\\
&=\pi\int_0^{\frac{\pi}{2}}\sin^9 t\,\mathrm{d}t=\pi\times\frac{8}{9}\times\frac{6}{7}\times\frac{4}{5}\times\frac{2}{3}=\frac{128\pi}{315}.
\end{aligned}$$

例题 6.18 计算 $\int_0^{\pi}\frac{\sin x}{1+\cos^2 x}\,\mathrm{d}x$.

解 先划分区间, 再通过换元 $u=\cos x$, 可得

$$\begin{aligned}
\int_0^{\pi}\frac{\sin x}{1+\cos^2 x}\,\mathrm{d}x&=\int_0^{\frac{\pi}{2}}\frac{\sin x}{1+\cos^2 x}\,\mathrm{d}x+\int_{\frac{\pi}{2}}^{\pi}\frac{\sin x}{1+\cos^2 x}\,\mathrm{d}x\\
&=2\int_0^{\frac{\pi}{2}}\frac{\sin x}{1+\cos^2 x}\,\mathrm{d}x\\
&=-2\int_0^{\frac{\pi}{2}}\frac{1}{1+\cos^2 x}\,\mathrm{d}(\cos x)\\
&=2\int_0^{1}\frac{1}{1+u^2}\,\mathrm{d}u\\
&=2\arctan u\Big|_0^1=\frac{\pi}{2}.
\end{aligned}$$

例题 6.19 计算 $\int_0^{\pi}\frac{x\sin x}{1+\cos^2 x}\,\mathrm{d}x$.

解 通过换元 $x=\pi-t$, 可得

$$\begin{aligned}
\int_0^{\pi}\frac{x\sin x}{1+\cos^2 x}\,\mathrm{d}x&=\frac{\pi}{2}\int_0^{\pi}\frac{\sin x}{1+\cos^2 x}\,\mathrm{d}x\\
&=-\frac{\pi}{2}\int_0^{\pi}\frac{1}{1+\cos^2 x}\,\mathrm{d}(\cos x)
\end{aligned}$$

$$= -\frac{\pi}{2}\arctan(\cos x)\Big|_0^{\pi} = \frac{\pi^2}{4}.$$

但是, 对于 $\int_0^{\pi}\frac{x\sin x}{1+\cos x}\,\mathrm{d}x$ 不能套用上面的第二个公式.

下面给出上面例子的一般性推广.

定理 6.12 (推广 1: 消掉 x 的定积分)

设 f 是 $[0,1]$ 上的连续函数, 证明:

$$\int_0^{\pi} xf(\sin x)\,\mathrm{d}x = \frac{\pi}{2}\int_0^{\pi} f(\sin x)\,\mathrm{d}x.$$

♡

证明　令 $x=\pi-t$, 则

$$\begin{aligned}\int_0^{\pi} xf(\sin x)\mathrm{d}x &= \int_0^{\pi}(\pi-t)f(\sin t)\mathrm{d}t\\ &= \int_0^{\pi}(\pi-x)f(\sin x)\mathrm{d}x\\ &= \int_0^{\pi}\pi f(\sin x)\mathrm{d}x - \int_0^{\pi} xf(\sin x)\mathrm{d}x.\end{aligned}$$

于是

$$\int_0^{\pi} xf(\sin x)\mathrm{d}x = \frac{\pi}{2}\int_0^{\pi} f(\sin x)\mathrm{d}x.$$

✍ **练习 6.44**　求定积分 $I=\int_0^1\frac{x}{\mathrm{e}^x+\mathrm{e}^{1-x}}\,\mathrm{d}x$.

✍ **练习 6.45**　计算积分 $\int_{-1}^{1}\frac{\cos x}{(\mathrm{e}^{\frac{1}{x}})+1}\,\mathrm{d}x$.

✍ **练习 6.46**　计算 $\int_0^6\frac{\sqrt{\ln(9-x)}}{\sqrt{\ln(9-x)}+\sqrt{\ln(x+3)}}\,\mathrm{d}x$.

注　练习 6.44 消掉了被积分函数中乘积项 x; 练习 6.45 消掉了被积分函数中乘积项 $\frac{1}{(\mathrm{e}^{\frac{1}{x}})+1}$; 练习 6.46 消掉了整个被积函数.

下面定理是对定理 6.12 的再推广.

定理 6.13 (推广 2: 消掉 $g(x)$ 的定积分)

设 $f(x), g(x)$ 为 $[a,b](b>a)$ 上的连续函数. 若

$$f(x)=f(a+b-x),\quad g(x)+g(a+b-x)=m(\text{常数}),$$

则有

$$\int_a^b f(x)g(x)\mathrm{d}x=\frac{m}{2}\int_a^b f(x)\mathrm{d}x.$$

♡

证明 令 $x=a+b-t$, 则

$$\begin{aligned}\int_a^b f(x)g(x)\mathrm{d}x&=\int_a^b f(a+b-t)g(a+b-t)\mathrm{d}t\\&=\int_a^b f(a+b-x)g(a+b-x)\mathrm{d}x.\end{aligned}$$

于是

$$\int_a^b f(x)g(x)\mathrm{d}x=\frac{1}{2}\int_a^b[f(x)g(x)+f(a+b-x)g(a+b-x)]\mathrm{d}x.$$

由于 $f(a+b-x)=f(x)$, 所以

$$\int_a^b f(x)g(x)\mathrm{d}x=\frac{1}{2}\int_a^b f(x)[g(x)+g(a+b-x)]\mathrm{d}x=\frac{m}{2}\int_a^b f(x)\mathrm{d}x.$$

上面是代数形式的区间再现公式, 几何形式则如下.

定理 6.14 (几何形式的区间再现公式)

设函数 $f(x)$ 和 $g(x)$ 在 $[a,b]$ 上连续, 函数 $g(x)$ 关于点 $\left(\dfrac{a+b}{2},\dfrac{m}{2}\right)$ 对称, 函数 $f(x)$ 关于直线 $x=\dfrac{a+b}{2}$ 对称, 则有

$$\int_a^b f(x)g(x)\mathrm{d}x=\frac{m}{2}\int_a^b f(x)\mathrm{d}x.$$

♡

证明 因 $g(x)$ 关于点 $\left(\dfrac{a+b}{2},\dfrac{m}{2}\right)$ 对称, $f(x)$ 关于直线 $x=\dfrac{a+b}{2}$ 对称, 则

$$g(a+b-x)=m-g(x),\quad f(a+b-x)=f(x).$$

令 $x = a + b - t$, 则有

$$\begin{aligned} I &= \int_a^b f(x)g(x)\mathrm{d}x \\ &= -\int_b^a f(a+b-t)g(a+b-t)\mathrm{d}t \\ &= \int_a^b f(a+b-x)g(a+b-x)\mathrm{d}x \\ &= \int_a^b f(x)(m-g(x))\mathrm{d}x \\ &= m\int_a^b f(x)\mathrm{d}x - I. \end{aligned}$$

于是求出 I 得到结果.

特别地, 当 $f(x) = \dfrac{g(x)}{g(x)+g(a+b-x)}$ 时,

$$\int_a^b \frac{g(x)}{g(x)+g(a+b-x)}\mathrm{d}x = \frac{1}{2}(b-a).$$

这个定积分与函数 $g(x)$ 无关, 任取 $g(x)$ 就是一道考题了.

✍ **练习 6.47**　求定积分 $\displaystyle\int_0^1 x(1-x)^3\,\mathrm{d}x$.

✍ **练习 6.48**　计算 $I = \displaystyle\int_0^{\frac{\pi}{2}} \frac{\sin^{2021} x}{\sin^{2021} x + \cos^{2021} x}\,\mathrm{d}x$.

✍ **练习 6.49**　设 $\alpha > 0$, 计算 $I = \displaystyle\int_0^{\frac{\pi}{2}} \frac{\mathrm{d}x}{1+(\tan x)^{\alpha}}$.

✍ **练习 6.50**　计算 $\displaystyle\int_{-1}^1 \frac{\mathrm{d}x}{(\mathrm{e}^x+1)(x^2+1)}$.

✍ **练习 6.51**　计算 $\displaystyle\int_a^b \frac{x\,\mathrm{d}x}{\sqrt{(x-a)(b-x)}}$.

✍ **练习 6.52**　计算定积分 $\displaystyle\int_{\frac{1}{\sqrt{3}}}^{\sqrt{3}} \frac{1}{\left(1+\mathrm{e}^{x-\frac{1}{x}}\right)(1+x^2)}\,\mathrm{d}x$.

下面定理是对前面定理 6.13 的继续推广.

定理 6.15 (推广 3: 对合情形消掉 $g(x)$ 的定积分)

设 $f(x),g(x)$ 为 $[a,b](b>a)$ 上的连续函数. 若存在对合函数 $\varphi(x)$ 满足 $\varphi(\varphi(x))=x$, $\varphi(a)=b$, $\varphi(b)=a$, 并且

$$f(x)=-f(\varphi(x))\varphi'(x),\quad g(x)+g(\varphi(x))=m(\text{常数}),$$

则有

$$\int_a^b f(x)g(x)\mathrm{d}x=\frac{m}{2}\int_a^b f(x)\mathrm{d}x.$$

♡

证明 令 $x=\varphi(t)$, 则

$$\begin{aligned}\int_a^b f(x)g(x)\mathrm{d}x&=\int_b^a f(\varphi(t))g(\varphi(t))\varphi'(t)\mathrm{d}t\\&=\int_a^b -f(\varphi(x))g(\varphi(x))\varphi'(x)\mathrm{d}x.\end{aligned}$$

于是

$$\int_a^b f(x)g(x)\mathrm{d}x=\frac{1}{2}\int_a^b[f(x)g(x)-f(\varphi(x))g(\varphi(x))\varphi'(x)]\mathrm{d}x.$$

由于 $f(x)=-f(\varphi(x))\varphi'(x)$, 所以

$$\int_a^b f(x)g(x)\mathrm{d}x=\frac{1}{2}\int_a^b f(x)[g(x)+g(\varphi(x))]\mathrm{d}x=\frac{m}{2}\int_a^b f(x)\mathrm{d}x.$$

特别地, 有倒代换公式. 即: 若 $\int_0^{+\infty} f(x)\,\mathrm{d}x$ 收敛, 则对任意的正数 k, 都有

$$\int_0^{+\infty} f(x)\,\mathrm{d}x=\int_0^{+\infty}\frac{k}{x^2}f\left(\frac{k}{x}\right)\,\mathrm{d}x=\frac{1}{2}\int_0^{+\infty}\left[f(x)+\frac{k}{x^2}f\left(\frac{k}{x}\right)\right]\,\mathrm{d}x.$$

常用 $k=1$ 的情形:

$$\int_0^{+\infty} f(x)\,\mathrm{d}x=\int_0^{+\infty}\frac{1}{x^2}f\left(\frac{1}{x}\right)\,\mathrm{d}x=\frac{1}{2}\int_0^{+\infty}\left[f(x)+\frac{1}{x^2}f\left(\frac{1}{x}\right)\right]\,\mathrm{d}x.$$

当 $f(x)=\dfrac{g(x)}{1+x^2}$ 时,

$$\int_0^{+\infty}\frac{g(x)}{1+x^2}\,\mathrm{d}x=\frac{1}{2}\int_0^{+\infty}\frac{g(x)+g\left(\dfrac{1}{x}\right)}{1+x^2}\,\mathrm{d}x.$$

把 $g(x)$ 取成

$$\frac{1}{1+x^\alpha},\quad \ln x^\alpha,\quad \arctan x^\alpha$$

时, $g(x)+g\left(\frac{1}{x}\right)$ 为常数, 那么

$$\frac{1}{2}\int_0^{+\infty}\frac{g(x)+g\left(\frac{1}{x}\right)}{1+x^2}\,\mathrm{d}x$$

可以求出来. 所以当被积函数出现 $\frac{1}{1+x^2}$ 时, 可以考虑利用此公式. 例如

$$\int_0^{+\infty}\frac{1}{(1+x^2)(1+x^\alpha)}\,\mathrm{d}x,\quad \alpha\neq 0,$$

$$\int_0^{+\infty}\frac{x^2}{(1+x^2)^2}\,\mathrm{d}x,\quad \int_0^{+\infty}\frac{\arctan\sqrt[3]{x}}{x^2+1}\,\mathrm{d}x,\quad \int_0^{+\infty}\frac{\ln x}{x^2+1}\,\mathrm{d}x,$$

$$\int_0^{+\infty}\frac{\ln x}{x^2+a^2}\,\mathrm{d}x,\quad a>0.$$

更加复杂的情形如下.

例题 6.20 计算

$$\int_0^1\frac{\arctan x}{1+x}\,\mathrm{d}x.$$

解 令 $t=\frac{1-x}{1+x}$, 则有

$$x=\frac{1-t}{1+t},\quad \mathrm{d}x=\frac{-2}{(1+t)^2}\,\mathrm{d}t,$$

代入原积分有

$$\begin{aligned}\int_0^1\frac{\arctan x}{1+x}\,\mathrm{d}x&=\int_0^1\arctan\left(\frac{1-t}{1+t}\right)\cdot\frac{1}{\frac{2}{1+t}}\cdot\frac{2}{(1+t)^2}\,\mathrm{d}t\\&=\int_0^1\arctan\left(\frac{1-t}{1+t}\right)\cdot\frac{1}{1+t}\,\mathrm{d}t.\end{aligned}$$

于是

$$\int_0^1\arctan x\cdot\frac{1}{1+x}\,\mathrm{d}x=\frac{1}{2}\int_0^1\left(\arctan x+\arctan\frac{1-x}{1+x}\right)\cdot\frac{1}{1+x}\,\mathrm{d}x.$$

注意到在积分区间内有

$$\arctan\frac{1-x}{1+x}=\arctan 1-\arctan x,$$

所以

$$\int_0^1 \arctan x\cdot\frac{1}{1+x}\,\mathrm{d}x=\frac{\arctan 1}{2}\int_0^1\frac{1}{1+x}\,\mathrm{d}x=\frac{\pi\ln 2}{8}.$$

✍ **练习 6.53** 计算 $\displaystyle\int_0^k \arctan x\cdot\frac{1+x^2}{(1+kx)^2}\,\mathrm{d}x$.

6.7.2 有关三个函数乘积的积分公式

例题 6.21 计算定积分

$$\int_{-\pi}^{\pi}\frac{x\sin x\cdot\arctan \mathrm{e}^x}{1+\cos^2 x}\,\mathrm{d}x.$$

解 记

$$f(x)=\arctan\mathrm{e}^x,\quad g(x)=\frac{x\sin x}{1+\cos^2 x}.$$

可得

$$f(-x)+f(x)=\frac{\pi}{2}.$$

可见 $f(x)$ 关于点 $\left(0,\dfrac{\pi}{4}\right)$ 对称, $g(x)$ 关于直线 $x=0$ 对称, 根据定理 6.14, 于是

$$I=\frac{\pi}{4}\int_{-\pi}^{\pi}g(x)\mathrm{d}x=\frac{\pi}{2}\int_0^{\pi}\frac{x\sin x}{1+\cos^2 x}\,\mathrm{d}x=\frac{\pi^2}{4}\int_0^{\pi}\frac{\sin x}{1+\cos^2 x}\,\mathrm{d}x=\frac{\pi^3}{8}.$$

✍ **练习 6.54** 计算积分 $\displaystyle\int_{-1}^{1}x\left(1-x^{2023}\right)\left(\mathrm{e}^x-\mathrm{e}^{-x}\right)\,\mathrm{d}x$.

✍ **练习 6.55** 计算积分 $\displaystyle\int_{-\pi}^{\pi}\frac{\sin nx}{(1+2^x)\sin x}\,\mathrm{d}x$.

从上述例子中, 我们可以提炼出以下关键特点.

(1) 函数乘积特征: 被积函数通常是由几个函数的乘积构成的.

(2) 对称性: 其中一个函数通常关于某一点对称, 而另一个函数则关于某一直线对称. 整体观察: 我们应当将整个被积函数视为两个函数 $f(x)$ 和 $g(x)$ 的乘积.

(3) 区间再现: 通过区间再现公式, 我们可以消除某个函数, 从而简化积分.

(4) 平移与翻转: 这涉及如何将非对称区间上的积分转化为对称区间上的积分, 以及如何“翻转函数”和使用“压半公式”.

经过反思, 我们得出以下结论.

(1) 区间再现公式的优势: 它可以有效地化简被积函数, 使积分过程更为简洁.

(2) 逐步简化: 通过区间再现公式, 我们可以逐步化简复杂的被积函数, 从而逐步简化整个积分过程.

逆向思维: 反过来, 通过巧妙地组合不同的函数, 我们可以构造出更为复杂的定积分题目, 为进一步的学习和研究提供更多挑战.

6.8 级数解法

6.8.1 幂级数解法

例题 6.22 已知 $\sum\limits_{n=1}^{+\infty}\dfrac{1}{n^2}=\dfrac{\pi^2}{6}$. 求

$$\int_0^1 \frac{\ln(1-x)}{x}\,\mathrm{d}x.$$

解 因为

$$\frac{1}{1-x}=1+x+x^2+\cdots+x^n+\cdots,\quad |x|<1,$$

所以

$$\ln(1-x)=-\sum_{n=1}^{+\infty}\frac{x^n}{n}.$$

利用幂级数展开以及求和与积分交换次序得

$$\begin{aligned}\int_0^1 \frac{\ln(1-x)}{x}\,\mathrm{d}x&=-\lim_{\varepsilon\to 0^+}\int_0^{1-\varepsilon}\frac{1}{x}\sum_{n=1}^{+\infty}\frac{x^n}{n}\,\mathrm{d}x\\&=-\lim_{\varepsilon\to 0^+}\sum_{n=1}^{+\infty}\frac{1}{n}\int_0^{1-\varepsilon}x^{n-1}\,\mathrm{d}x\\&=-\lim_{\varepsilon\to 0^+}\sum_{n=1}^{+\infty}\frac{(1-\varepsilon)^n}{n^2}\\&=-\sum_{n=1}^{+\infty}\frac{1}{n^2}=-\frac{\pi^2}{6}.\end{aligned}$$

故

$$\int_0^1 \frac{\ln(1-x)}{x}\,\mathrm{d}x=-\sum_{n=1}^{+\infty}\frac{1}{n^2}=-\frac{\pi^2}{6}.$$

✍ **练习 6.56** 证明 $\displaystyle\int_0^1 \frac{\ln(1+x)}{x}\,\mathrm{d}x = \frac{\pi^2}{12}$.

✍ **练习 6.57** 计算

$$\int_0^1 \frac{\ln x}{1-x^2}\,\mathrm{d}x,\quad \int_0^1 \frac{\ln x}{1-x}\,\mathrm{d}x,\quad \int_0^1 \frac{\ln x}{1+x}\,\mathrm{d}x,\quad \int_0^{+\infty} \frac{\ln x}{x^2-1}\,\mathrm{d}x.$$

✍ **练习 6.58** 已知 $\displaystyle\sum_{n=1}^{+\infty} \frac{1}{n^2} = \frac{\pi^2}{6}$. 证明:

$$\int_0^1 \frac{x\ln x}{1-x^2}\,\mathrm{d}x = -\sum_{k=0}^{+\infty} \frac{1}{4(k+1)^2} = -\frac{\pi^2}{24}.$$

✍ **练习 6.59** 已知 $\displaystyle\sum_{n=1}^{+\infty} \frac{1}{n^2} = \frac{\pi^2}{6}$. 证明:

$$\int_0^1 \frac{x\ln x}{1+x^2}\,\mathrm{d}x = \sum_{k=0}^{+\infty} \frac{(-1)^k}{4(k+1)^2} = -\frac{\pi^2}{48}.$$

✍ **练习 6.60** 计算定积分 $\displaystyle\int_0^{+\infty} \frac{x}{\mathrm{e}^x-1}\,\mathrm{d}x = \frac{\pi^2}{6}$.

✍ **练习 6.61** 计算 $\displaystyle\int_0^1 \ln x\cdot\ln(1-x)\mathrm{d}x$.

✍ **练习 6.62** 证明 $\displaystyle\int_0^{\frac{\pi}{2}} \frac{x}{\sin x}\,\mathrm{d}x = 2G$.

✍ **练习 6.63** 计算积分 $\displaystyle I = \int_0^{\frac{\pi}{2}} \frac{x\sin x}{1+\cos x}\,\mathrm{d}x$.

✍ **练习 6.64** 证明 $\displaystyle\int_0^{\frac{\pi}{2}} \arcsin\frac{1}{1+2\sin x}\,\mathrm{d}x = \frac{\pi^2}{12}$.

✍ **练习 6.65** 计算 $\displaystyle\sum_{n=1}^{+\infty} \frac{2^n\cdot n!}{n^n}$.

✍ **练习 6.66** 利用幂级数计算积分 $\displaystyle\int_0^1 \frac{1}{x}\ln\frac{1+x}{1-x}\,\mathrm{d}x$.

✍ **练习 6.67** 计算积分 $\displaystyle I = \int_{-\pi}^{\pi} (\cos 2x)\left(\cos 2^2x\right)\cdots\left(\cos 2^{2021}x\right)\mathrm{d}x$.

✍ **练习 6.68** 计算 $\displaystyle\int_1^{+\infty} \frac{\ln x}{(1+x)^2}\,\mathrm{d}x$.

6.8.2 傅里叶级数解法

例题 6.23 证明

$$\int_0^{\frac{\pi}{2}} \frac{x\sin x}{1+\cos x}\,\mathrm{d}x = -\frac{\pi}{2}\ln 2 + 2G,$$

其中 $G=\sum\limits_{n=0}^{+\infty}\frac{(-1)^n}{(2n+1)^2}$ 是卡塔兰常数.

证明

$$\begin{aligned}\int_0^{\frac{\pi}{2}} \frac{x\sin x}{1+\cos x}\,\mathrm{d}x &= \int_0^{\frac{\pi}{2}} x\tan\frac{x}{2}\,\mathrm{d}x\\ &= 4\int_0^{\frac{\pi}{4}} t\tan t\,\mathrm{d}t\\ &= -4\int_0^{\frac{\pi}{4}} t\,\mathrm{d}\ln\cos t\\ &= -4\frac{\pi}{4}\ln\cos\frac{\pi}{4} + 4\int_0^{\frac{\pi}{4}}\ln\cos t\,\mathrm{d}t\\ &= \frac{\pi}{2}\ln 2 + 4\int_0^{\frac{\pi}{4}}\left(-\ln 2+\sum_{n=1}^{+\infty}\frac{(-1)^{n-1}\cos 2nt}{n}\right)\mathrm{d}t\\ &= -\frac{\pi}{2}\ln 2 + 2\sum_{n=1}^{+\infty}\frac{(-1)^{n-1}\sin 2nt}{n^2}\Bigg|_0^{\frac{\pi}{4}}\\ &= -\frac{\pi}{2}\ln 2 + 2G.\end{aligned}$$

✍ **练习 6.69** 证明 $\int_0^{\pi}\ln\sin\left(\frac{x}{2}\right)\mathrm{d}x=\int_0^{\frac{\pi}{2}}2\ln\sin t\mathrm{d}t=-\pi\ln 2.$

6.9 综合应用的典型案例

6.9.1 含对数函数的定积分

命题 6.1

$$\int_0^1\frac{\ln(1+x)}{1+x^2}\,\mathrm{d}x=\int_0^{\frac{\pi}{4}}\ln(1+\tan u)\mathrm{d}u=\frac{\pi}{8}\ln 2.$$

♠

解 这类经典的积分至少有六种求解方法, 我们仅介绍其中几种.

法 1: 令 $x=\tan t$, 得到

$$
\begin{aligned}
I=\int_0^1 \frac{\ln(1+x)}{1+x^2}\,\mathrm{d}x &= \int_0^{\frac{\pi}{4}} \frac{\ln(1+\tan t)}{1+\tan^2 t}\sec^2 t\ \mathrm{d}t\\
&= \int_0^{\frac{\pi}{4}} \ln(1+\tan t)\mathrm{d}t\\
&= \int_0^{\frac{\pi}{4}} \ln\left(1+\frac{1-\tan u}{1+\tan u}\right)\mathrm{d}u \quad \left(u=\frac{\pi}{4}-t\right)\\
&= \int_0^{\frac{\pi}{4}} (\ln 2-\ln(1+\tan u))\,\mathrm{d}u\\
&= \int_0^{\frac{\pi}{4}} \ln 2\ \mathrm{d}u-\int_0^1 \frac{\ln(1+x)}{1+x^2}\,\mathrm{d}x.\\
&= \frac{\pi}{4}\ln 2-I.
\end{aligned}
$$

于是

$$
I=\frac{\pi}{8}\ln 2.
$$

法 2: 设 $x=\tan t, t\in\left[0,\frac{\pi}{4}\right]$, 则

$$
\int_0^1 \frac{\ln(1+x)}{1+x^2}\,\mathrm{d}x=\int_0^{\frac{\pi}{4}} \ln(1+\tan t)\ \mathrm{d}t.
$$

设 $f(x)=\ln(1+\tan x)$, 则有 $f\left(\frac{\pi}{4}-x\right)+f(x)=\ln 2$. 于是 $f(x)$ 关于点 $\left(\frac{\pi}{8},\frac{\ln 2}{2}\right)$ 对称. 因此根据定理 6.14, 有

$$
\int_0^1 \frac{\ln(1+x)}{1+x^2}\,\mathrm{d}x=\frac{\pi\ln 2}{8}.
$$

法 3: 不同的换元.

$$
I=\int_0^{\frac{\pi}{4}} \ln(1+\tan t)\mathrm{d}t.
$$

因为

$$
1+\tan t=\frac{\cos t+\sin t}{\cos t}
$$

$$
\begin{aligned}
&= \frac{\cos t + \cos\left(\frac{\pi}{2} - t\right)}{\cos t} \\
&= \frac{2\cos\frac{\pi}{4}\cos\left(\frac{\pi}{4} - t\right)}{\cos t} \\
&= \sqrt{2}\frac{\cos\left(\frac{\pi}{4} - t\right)}{\cos t},
\end{aligned}
$$

所以

$$
I = \int_0^{\frac{\pi}{4}} \ln\sqrt{2}\ \mathrm{d}t + \int_0^{\frac{\pi}{4}} \ln\cos\left(\frac{\pi}{4} - t\right)\mathrm{d}t - \int_0^{\frac{\pi}{4}} \ln\cos t\mathrm{d}t.
$$

考虑积分

$$
\int_0^{\frac{\pi}{4}} \ln\cos\left(\frac{\pi}{4} - t\right)\mathrm{d}t.
$$

令 $u = \frac{\pi}{4} - t$, 则 $\mathrm{d}t = -\mathrm{d}u$. 于是

$$
\int_0^{\frac{\pi}{4}} \ln\cos\left(\frac{\pi}{4} - t\right)\mathrm{d}t = \int_{\frac{\pi}{4}}^{0} \ln\cos u(-\mathrm{d}u) = \int_0^{\frac{\pi}{4}} \ln\cos u\ \mathrm{d}u = \int_0^{\frac{\pi}{4}} \ln\cos t\ \mathrm{d}t.
$$

所以

$$
I = \int_0^{\frac{\pi}{4}} \ln\sqrt{2}\ \mathrm{d}t = \ln\sqrt{2}\cdot t\Big|_0^{\frac{\pi}{4}} = \frac{\pi}{8}\ln 2.
$$

法 3′: 改写上面的方法. 化为正余弦积分, 利用 $\int_0^{\frac{\pi}{4}} \ln\cos x\ \mathrm{d}x$ 得到

$$
\begin{aligned}
\int_0^{\frac{\pi}{4}} \ln(1+\tan x)\mathrm{d}x &= \int_0^{\frac{\pi}{4}} \ln\frac{\sin x + \cos x}{\cos x}\ \mathrm{d}x \\
&= \int_0^{\frac{\pi}{4}} \ln(\sin x + \cos x)\mathrm{d}x - \int_0^{\frac{\pi}{4}} \ln\cos x\ \mathrm{d}x \\
&= \frac{\pi}{4}\ln\sqrt{2} + \int_0^{\frac{\pi}{4}} \ln\sin\left(\frac{\pi}{4} + x\right)\mathrm{d}x - \int_0^{\frac{\pi}{4}} \ln\cos x\ \mathrm{d}x,
\end{aligned}
$$

而

$$
\int_0^{\frac{\pi}{4}} \ln\sin\left(\frac{\pi}{4} + x\right)\mathrm{d}x = \int_0^{\frac{\pi}{4}} \ln\cos t\ \mathrm{d}t,
$$

故原积分等于 $\frac{\pi}{8}\ln 2$.

法 4: 利用分式换元. 设 $x=\dfrac{1-u}{1+u}$, 得到

$$\mathrm{d}x=-\frac{2}{(1+u)^2},\quad u=\frac{1-x}{1+x}.$$

于是

$$\begin{aligned}I&=\int_0^1\frac{\ln(1+x)}{1+x^2}\,\mathrm{d}x\\&=\int_0^1\frac{\ln\left(1+\dfrac{1-u}{1+u}\right)}{1+\left(\dfrac{1-u}{1+u}\right)^2}\cdot\frac{2}{(1+u)^2}\,\mathrm{d}u\\&=\int_0^1\frac{1}{1+u^2}\ln\left(\frac{2}{1+u}\right)\,\mathrm{d}u\\&=\frac{\pi}{4}\cdot\ln 2-I.\end{aligned}$$

因此 $I=\dfrac{\pi}{8}\ln 2$.

法 5: 利用正切的和差化积公式, 得到

$$\begin{aligned}\int_0^{\frac{\pi}{4}}\ln(1+\tan x)\mathrm{d}x&=\frac{1}{2}\int_0^{\frac{\pi}{4}}\left\{\ln(1+\tan x)+\ln\left[1+\tan\left(\frac{\pi}{4}-x\right)\right]\right\}\mathrm{d}x\\&=\frac{1}{2}\int_0^{\frac{\pi}{4}}\ln\left\{(1+\tan x)\left[1+\tan\left(\frac{\pi}{4}-x\right)\right]\right\}\mathrm{d}x\\&=\frac{1}{2}\int_0^{\frac{\pi}{4}}\ln 2\,\mathrm{d}x\\&=\frac{\pi}{8}\ln 2.\end{aligned}$$

法 6: 参数求导. 引入参量 a, 构造含参量的积分

$$I(a)=\int_0^1\frac{\ln(ax+1)}{x^2+1}\,\mathrm{d}x.$$

对参数求导得到

$$\frac{\partial I}{\partial a}=\int_0^1\frac{x}{(ax+1)(x^2+1)}\,\mathrm{d}x$$

$$= \frac{1}{a^2+1}\int_0^1 \left(\frac{a}{x^2+1}+\frac{x}{x^2+1}-\frac{a}{ax+1}\right)\,\mathrm{d}x$$
$$= \frac{\pi a+2\ln 2-4\ln(a+1)}{4\left(a^2+1\right)}.$$

原始积分是 $I(1)$, $I(0)=0$, 于是

$$I(1) = I(0)+\int_0^1 \left(\frac{\pi a+2\ln 2-4\ln(a+1)}{4\left(a^2+1\right)}\right)\,\mathrm{d}a$$
$$= \int_0^1 \frac{\pi a+2\ln 2}{4\left(a^2+1\right)}\,\mathrm{d}a-\int_0^1 \frac{\ln(a+1)}{\left(a^2+1\right)}\,\mathrm{d}a$$
$$= \int_0^1 \frac{\pi a+2\ln 2}{4\left(a^2+1\right)}\,\mathrm{d}a-I(1).$$

因此

$$I(1)=\frac{1}{2}\int_0^1 \frac{\pi a+2\ln 2}{4\left(a^2+1\right)}\,\mathrm{d}a=\frac{\pi}{8}\ln 2.$$

此外, 可以考虑幂级数法、二重积分法等方法. 参见下一章相关内容.

例题 6.24　计算定积分

$$\int_0^{\frac{1}{2}} \frac{\cos 2px}{\sqrt{1-x^2}}\,\mathrm{d}x.$$

解　由于

$$\int_0^{\frac{1}{2}} \frac{\cos 2px}{\sqrt{1-x^2}}\,\mathrm{d}x=\frac{1}{2}\cos 2px \arcsin x\Big|_0^{\frac{1}{2}}+p\int_0^{\frac{1}{2}} \sin 2px\arcsin x\,\mathrm{d}x$$
$$=\frac{1}{2}\cos 2p\arcsin\frac{1}{2}-\frac{1}{2}\cos 2px\arcsin x\Big|_0^{\frac{1}{2}}+\frac{1}{2}\int_0^{\frac{1}{2}} \frac{\cos 2px}{\sqrt{1-x^2}}\,\mathrm{d}x,$$

于是

$$\int_0^{\frac{1}{2}} \frac{\cos^2 px}{\sqrt{1-x^2}}\,\mathrm{d}x=0.$$

✍ **练习 6.70**　计算 $\displaystyle\int_{-1}^1 \frac{2x^2+x}{1+\sqrt{1-x^2}}\,\mathrm{d}x$.

✍ **练习 6.71**　设 $a>0$, 求无穷积分 $\displaystyle\int_0^{+\infty} \frac{\ln x}{x^2+a^2}\,\mathrm{d}x$.

✍ **练习 6.72**　设 $a>0$, 求无穷积分 $\displaystyle\int_0^{+\infty} \frac{\ln x}{x^2+a^2}\,\mathrm{d}x$.

6.9.2 分段积分法

分段积分法是处理含有绝对值符号的积分的常用方法. 绝对值函数会在某些点改变其符号, 这使得函数在这些点不连续. 为了计算这种积分, 我们需要找到使得绝对值函数内部为零的点, 然后在这些点将积分分为几个部分, 每个部分都没有绝对值符号.

练习 6.73 计算定积分 $\int_0^{n\pi} x|\sin x|\mathrm{d}x$.

另外一类积分通常含有取整或取小数部分的符号, 需要分段积分, 去掉这类符号.

例题 6.25 求积分

$$\int_1^{+\infty} \frac{\left[\frac{x}{\pi}\right]}{x^3}\,\mathrm{d}x.$$

解 当 $n\pi \leqslant x \leqslant (n+1)\pi$ 时,

$$\begin{aligned}
\int_1^{+\infty} \frac{\left[\frac{x}{\pi}\right]}{x^3}\,\mathrm{d}x &= \int_1^{\pi} \frac{\left[\frac{x}{\pi}\right]}{x^3}\,\mathrm{d}x + \sum_{k=1}^{+\infty}\int_{k\pi}^{(k+1)\pi} \frac{\left[\frac{x}{\pi}\right]}{x^3}\,\mathrm{d}x \\
&= \sum_{k=1}^{+\infty}\int_{k\pi}^{(k+1)\pi} \frac{k}{x^3}\,\mathrm{d}x \\
&= \sum_{k=1}^{+\infty}\left[\frac{k}{2\pi^2}\left(\frac{1}{k^2}-\frac{1}{(k+1)^2}\right)\right] \\
&= \frac{1}{2\pi^2}\sum_{k=1}^{+\infty}\left[\frac{1}{k}-\frac{1}{k+1}+\frac{1}{(k+1)^2}\right] \\
&= \frac{1}{2\pi^2}\sum_{k=1}^{+\infty}\left(\frac{1}{k^2}\right) \\
&= \frac{1}{2\pi^2}\cdot\frac{\pi^2}{6} = \frac{1}{12}.
\end{aligned}$$

例题 6.26 计算广义积分 $\int_1^{+\infty} \frac{\{x\}}{x^3}\,\mathrm{d}x$, 这里 $\{x\}$ 表示 x 的小数部分 (例如: 当 n 为正整数且 $x \in [n, n+1)$ 时, $\{x\} = x - n$).

解 对于任意的正整数 $\ell > 1$, 我们有

$$\int_1^{\ell} \frac{\{x\}}{x^3}\,\mathrm{d}x = \sum_{n=1}^{\ell-1}\int_n^{n+1} \frac{x-n}{x^3}\,\mathrm{d}x = \sum_{n=1}^{\ell-1}\left(\int_n^{n+1} x^{-2}\,\mathrm{d}x - n\int_n^{n+1} x^{-3}\,\mathrm{d}x\right)$$

$$
\begin{aligned}
&=\sum_{n=1}^{\ell-1}\frac{1}{n(n+1)}-\frac{1}{2}\sum_{n=1}^{\ell-1}\frac{2n+1}{n(n+1)^2}\\
&=\sum_{n=1}^{\ell-1}\frac{1}{n(n+1)}-\frac{1}{2}\sum_{n=1}^{\ell-1}\left(\frac{2}{n(n+1)}-\frac{1}{n(n+1)^2}\right)\\
&=\frac{1}{2}\sum_{n=1}^{\ell-1}\frac{1}{n(n+1)^2}=\frac{1}{2}\sum_{n=1}^{\ell-1}\left(\frac{1}{n(n+1)}-\frac{1}{(n+1)^2}\right)\\
&=\frac{1}{2}\left(1-\frac{1}{\ell}\right)-\frac{1}{2}\sum_{n=2}^{\ell}\frac{1}{n^2}.
\end{aligned}
$$

对于 $y\in[\ell,\ell+1)$, 我们有

$$
\begin{aligned}
\frac{1}{2}\left(1-\frac{1}{\ell}\right)-\frac{1}{2}\sum_{n=2}^{\ell}\frac{1}{n^2}&=\int_1^{\ell}\frac{\{x\}}{x^3}\,\mathrm{d}x\leqslant\int_1^{y}\frac{\{x\}}{x^3}\,\mathrm{d}x\leqslant\int_1^{\ell+1}\frac{\{x\}}{x^3}\,\mathrm{d}x\\
&=\frac{1}{2}\left(1-\frac{1}{\ell+1}\right)-\frac{1}{2}\sum_{n=2}^{\ell+1}\frac{1}{n^2}.
\end{aligned}
$$

于是得到

$$
\int_1^{+\infty}\frac{\{x\}}{x^3}\,\mathrm{d}x=\frac{1}{2}-\frac{1}{2}\sum_{n=2}^{+\infty}\frac{1}{n^2}=1-\frac{\pi^2}{12}.
$$

例题 6.27　计算

$$
\int_0^{+\infty}\left\lfloor\log_b\left\lfloor\frac{\lceil x\rceil}{x}\right\rfloor\right\rfloor\mathrm{d}x,\quad b\in\mathbb{N}_+,\quad b>1,
$$

$\lfloor x\rfloor$, $\lceil x\rceil$ 是向下和向上取整.

解　当 $x\geqslant 1$ 时, $\dfrac{\lceil x\rceil}{x}=\dfrac{\lceil x\rceil-x}{x}+1\in[1,2)$, 于是 $\log_b\left\lfloor\dfrac{\lceil x\rceil}{x}\right\rfloor=\log_b 1=0$.

当 $x\in(0,1)$ 时, $\lceil x\rceil=1$; $x\in\left(\dfrac{1}{k+1},\dfrac{1}{k}\right)$ 时 $(k=1,2,\cdots)$, $\left\lfloor\dfrac{\lceil x\rceil}{x}\right\rfloor=k$. 于是

$$
\begin{aligned}
\int_0^{+\infty}\left\lfloor\log_b\left\lfloor\frac{\lceil x\rceil}{x}\right\rfloor\right\rfloor\mathrm{d}x&=\int_0^{1}\left\lfloor\log_b\left\lfloor\frac{\lceil x\rceil}{x}\right\rfloor\right\rfloor\mathrm{d}x=\sum_{k=1}^{+\infty}\int_{\frac{1}{k+1}}^{\frac{1}{k}}\lfloor\log_b k\rfloor\,\mathrm{d}x\\
&=\sum_{k=1}^{+\infty}\frac{\lfloor\log_b k\rfloor}{k(k+1)}=\sum_{k=b}^{+\infty}\frac{\lfloor\log_b k\rfloor}{k(k+1)}
\end{aligned}
$$

$$= \sum_{n=1}^{+\infty} \sum_{k=b^n}^{b^{n+1}-1} \frac{n}{k(k+1)} = \sum_{n=1}^{+\infty} n \left(\frac{1}{b^n} - \frac{1}{b^{n+1}} \right)$$

$$= \left(\frac{1}{b} - 1 \right) \ln \left(1 - \frac{1}{b} \right).$$

✍ **练习 6.74** 定义下取整函数 $[x] = m, x \in [m, m+1), m \in \mathbb{Z}$, 求积分

$$I = \int_0^1 \left(\left[\frac{1}{2x} \right] - \frac{1}{2} \left[\frac{1}{x} \right] \right) \mathrm{d}x.$$

✍ **练习 6.75** 设 $[x]$ 表示不超过 x 的最大整数, 计算积分

$$\int_{\frac{1}{6}}^{6} \frac{1}{x} \left[\frac{1}{\sqrt{x}} \right] \mathrm{d}x.$$

✍ **练习 6.76** 设 n 为给定的正整数, $[a]$ 表示不超过 a 的最大整数, 计算

$$\int_0^1 [nx] \frac{\ln x + \ln(1-x)}{\sqrt{x(1-x)}} \mathrm{d}x.$$

✍ **练习 6.77** 计算

$$I = \int_0^{+\infty} \frac{\{x\}(1 - \{x\})}{(1+x)^4} \mathrm{d}x,$$

其中 $\{\cdot\}$ 为取小数部分.

6.9.3 欧拉积分

下面的著名积分, 也被称为欧拉积分.

命题 6.2 (欧拉积分)

$$\int_0^{\frac{\pi}{2}} \ln \sin x \, \mathrm{d}x = \int_0^{\frac{\pi}{2}} \ln \cos x \, \mathrm{d}x = -\frac{\pi}{2} \ln 2.$$

♠

证明 这是一个瑕积分, 其中 $x = 0$ 为瑕点. 由于

$$\lim_{x \to 0^+} \sqrt{x} \cdot \ln \sin x = \lim_{x \to 0^+} \sqrt{x} \cdot \ln x = 0,$$

根据柯西判别法, 该积分收敛.

该例是利用轮换性的一个典型例子. 设 $x=2t$, 得

$$\int_0^{\frac{\pi}{2}} \ln\sin x \, \mathrm{d}x = \int_0^{\frac{\pi}{4}} 2\ln\sin 2t \, \mathrm{d}t$$
$$= \frac{\pi}{2}\ln 2 + \int_0^{\frac{\pi}{4}} 2\ln\sin t \, \mathrm{d}t + \int_0^{\frac{\pi}{4}} 2\ln\cos t \, \mathrm{d}t.$$

对积分 $\int_0^{\frac{\pi}{4}} 2\ln\cos t \, \mathrm{d}t$ 作代换 $t=\frac{\pi}{2}-u$, 得

$$\int_0^{\frac{\pi}{4}} 2\ln\cos t \, \mathrm{d}t = \int_{\frac{\pi}{4}}^{\frac{\pi}{2}} 2\ln\sin t \, \mathrm{d}t.$$

于是, 上式即

$$\int_0^{\frac{\pi}{2}} \ln\sin x \, \mathrm{d}x = \frac{\pi}{2}\ln 2 + \int_0^{\frac{\pi}{2}} 2\ln\sin x \, \mathrm{d}x,$$

所以

$$\int_0^{\frac{\pi}{2}} \ln\sin x \, \mathrm{d}x = -\frac{\pi}{2}\ln 2.$$

根据三角变换, 有

$$\int_0^{\frac{\pi}{2}} \ln\sin x \, \mathrm{d}x = \int_0^{\frac{\pi}{2}} \ln\cos x \, \mathrm{d}x = -\frac{\pi}{2}\ln 2,$$

基于此条件以及对数函数的运算性质可以推出

$$\int_0^{\frac{\pi}{2}} \ln\tan x \, \mathrm{d}x = 0, \quad \int_0^{\frac{\pi}{2}} \ln\sec x \, \mathrm{d}x = \int_0^{\frac{\pi}{2}} \ln\csc x \, \mathrm{d}x = \frac{\pi}{2}\ln 2,$$

或者

$$\int_0^{\frac{\pi}{2}} \ln\sin x \, \mathrm{d}x = \frac{1}{2}\left(\int_0^{\frac{\pi}{2}} \ln\sin x \, \mathrm{d}x + \int_0^{\frac{\pi}{2}} \ln\cos x \, \mathrm{d}x\right)$$
$$= \frac{1}{2}\int_0^{\frac{\pi}{2}} \ln\frac{\sin 2x}{2} \, \mathrm{d}x$$
$$= \frac{1}{2}\int_0^{\frac{\pi}{2}} \ln\sin 2x \, \mathrm{d}x - \frac{\pi}{4}\ln 2$$
$$= \frac{1}{4}\int_0^{\pi} \ln\sin x \, \mathrm{d}x - \frac{\pi}{4}\ln 2$$

$$= \frac{1}{2}\int_0^{\frac{\pi}{2}} \ln\sin x \, \mathrm{d}x - \frac{\pi}{4}\ln 2 = -\frac{\pi}{2}\ln 2.$$

✍ **练习 6.78** 计算欧拉积分 $\displaystyle\int_0^{\pi} \ln\sin\frac{x}{2} \, \mathrm{d}x.$

✍ **练习 6.79** 计算广义积分 $\displaystyle\int_0^{\pi} x\ln\sin x \, \mathrm{d}x.$

✍ **练习 6.80** 求积分 $\displaystyle\int_0^{+\infty} \frac{\ln x}{4+x^2} \, \mathrm{d}x.$

✍ **练习 6.81** 计算积分 $\displaystyle\int_0^{+\infty} \frac{\ln x}{x^2+a^2} \, \mathrm{d}x.$

✍ **练习 6.82** 求定积分 $\displaystyle\int_0^{\frac{\pi}{2}} \frac{\sin x\sqrt{\sin x\cos x}}{1+\sin x\cos x}\mathrm{d}x.$

6.9.4 罗巴切夫斯基积分法

在数学领域, 非归一化 sinc(·) 函数定义为

$$\operatorname{sinc} x = \frac{\sin x}{x}.$$

狄利克雷积分是关于 sinc(·) 函数在正实轴上的积分

$$\int_0^{+\infty} \frac{\sin x}{x} \, \mathrm{d}x = \int_0^{+\infty} \frac{\sin^2 x}{x^2} \, \mathrm{d}x = \frac{\pi}{2}.$$

引理 6.2 (sinc(·) 函数相关展开式 1)

对于 $x \notin \mathbb{Z}\pi$, 我们有如下恒等式:

$$\frac{1}{\sin x} = \frac{1}{x} + \sum_{n=1}^{+\infty}(-1)^n \frac{2x}{x^2 - n^2\pi^2}.$$

♡

证明 设 $f(t) = \cos st, s \notin \mathbb{Z}$, 现在以 2π 为周期, 将其在 $[-\pi, \pi]$ 上展开为傅里叶 (Fourier) 级数:

$$\cos st = \frac{a_0}{2} + \sum_{n=1}^{+\infty} a_n \cos nt.$$

注意到 $\cos st$ 为偶函数, 上式又称为余弦级数, 其中

$$a_n = \frac{2}{\pi}\int_0^{\pi} \cos st \cdot \cos nt \, \mathrm{d}t$$

$$
\begin{aligned}
&= \frac{1}{\pi}\int_0^{\pi}[\cos(st-nt)+\cos(st+nt)]\,\mathrm{d}t \\
&= \frac{1}{\pi}\left[\frac{\sin(\pi s-n\pi)}{s-n}+\frac{\sin(\pi s+n\pi)}{s+n}\right] \\
&= (-1)^n\frac{\sin\pi s}{\pi}\frac{2s}{s^2-n^2},
\end{aligned}
$$

所以

$$
\cos st = \frac{\sin\pi s}{\pi}\left[\frac{1}{s}+\sum_{n=1}^{+\infty}(-1)^n\frac{2s}{s^2-n^2}\cos nt\right].
$$

现在令 $t=0$, 得

$$
\frac{\pi}{\sin\pi s} = \frac{1}{s}+\sum_{n=1}^{+\infty}(-1)^n\frac{2s}{s^2-n^2}.
$$

再令 $x=\pi s$, 得

$$
\csc x = \frac{1}{\sin x} = \frac{1}{x}+\sum_{n=1}^{+\infty}(-1)^n\frac{2x}{x^2-n^2\pi^2}.
$$

引理 6.3 (sinc(·) 函数相关展开式 2)

对于 $x\notin\mathbb{Z}\pi$, 我们有如下恒等式:

$$
\frac{1}{\sin^2 x} = \frac{1}{x^2}+\sum_{m=1}^{+\infty}\left(\frac{1}{(x-m\pi)^2}+\frac{1}{(x+m\pi)^2}\right).
$$

♡

证明 该结果由直接逐项积分如下恒等式而得到:

$$
\cot x = \frac{1}{x}+\sum_{m=1}^{+\infty}\frac{2x}{x^2-m^2\pi^2}.
$$

定理 6.16 (罗巴切夫斯基积分公式 1)

若偶函数 $f(x)$ 满足 $f(x+\pi)=-f(x)$, 则有积分公式:

$$
I = \int_0^{+\infty} f(x)\cdot\frac{\sin x}{x}\,\mathrm{d}x = \int_0^{\frac{\pi}{2}} f(x)\cos x\,\mathrm{d}x.
$$

♡

证明

$$
\int_0^{+\infty} f(x)\cdot\frac{\sin x}{x}\,\mathrm{d}x
$$

$$
\begin{aligned}
&= \sum_{k=0}^{+\infty} \left(\int_{2k\pi}^{2k\pi+\pi} f(x) \cdot \frac{\sin x}{x} + \int_{2k\pi+\pi}^{2k\pi+2\pi} f(x) \cdot \frac{\sin x}{x} \right) \mathrm{d}x \\
&= \sum_{k=0}^{+\infty} \left(\int_{0}^{\pi} f(2k\pi + x) \cdot \frac{\sin(2k\pi + x)}{2k\pi + x} \right. \\
&\quad \left. + f(2k\pi + \pi + x) \cdot \frac{\sin(2k\pi + \pi + x)}{2k\pi + \pi + x} \right) \mathrm{d}x \\
&= \sum_{k=0}^{+\infty} \left(\int_{0}^{\pi} f(x) \cdot \frac{\sin x}{2k\pi + x} - f(x) \cdot \frac{-\sin x}{2k\pi + \pi + x} \right) \mathrm{d}x \\
&= \sum_{k=0}^{+\infty} \left[\int_{0}^{\frac{\pi}{2}} f(x) \left(\frac{\sin x}{2k\pi + x} + \frac{\sin x}{2k\pi + \pi + x} \right) \mathrm{d}x \right. \\
&\quad \left. + \int_{0}^{\frac{\pi}{2}} f(\pi - x) \left(\frac{\sin(\pi - x)}{2k\pi + \pi - x} + \frac{\sin(\pi - x)}{2k\pi + 2\pi - x} \right) \mathrm{d}x \right] \\
&= \sum_{k=0}^{+\infty} \int_{0}^{\frac{\pi}{2}} f(x) \sin x \left(\frac{1}{2k\pi + x} + \frac{1}{2k\pi + \pi + x} \right. \\
&\quad \left. - \frac{1}{2k\pi + \pi - x} - \frac{1}{2k\pi + 2\pi - x} \right) \mathrm{d}x \\
&= \int_{0}^{\frac{\pi}{2}} f(x) \sin x \left[\left(\sum_{k=1}^{+\infty} \frac{2x}{x^2 - 4k^2\pi^2} \right) + \frac{1}{x} \right] \mathrm{d}x \\
&= \int_{0}^{\frac{\pi}{2}} f(x) \sin x \cdot \cot x \, \mathrm{d}x = \int_{0}^{\frac{\pi}{2}} f(x) \cos x \, \mathrm{d}x.
\end{aligned}
$$

在引理中，令 $f(x) = \sec x$ 即得

$$
\int_{0}^{+\infty} \frac{\tan x}{x} \mathrm{d}x = \int_{0}^{+\infty} \sec x \cdot \frac{\sin x}{x} \mathrm{d}x = \int_{0}^{\frac{\pi}{2}} \sec x \cdot \cos x \, \mathrm{d}x = \int_{0}^{\frac{\pi}{2}} \mathrm{d}x = \frac{\pi}{2}.
$$

下面的定理是狄利克雷积分的推广.

定理 6.17 (罗巴切夫斯基积分公式 2)

设 $f(x)$ 是连续的 π-周期函数，对于 $0 \leqslant x < +\infty$ 满足 $f(x+\pi) = f(x)$，以及 $f(\pi - x) = f(x)$. 如果非正常积分 $\displaystyle\int_{0}^{+\infty} \frac{\sin x}{x} f(x) \, \mathrm{d}x$ 存在，那么

$$
\int_{0}^{+\infty} \frac{\sin^2 x}{x^2} f(x) \, \mathrm{d}x = \int_{0}^{+\infty} \frac{\sin x}{x} f(x) \, \mathrm{d}x = \int_{0}^{\frac{\pi}{2}} f(x) \, \mathrm{d}x.
$$

♡

证明 首先证明第一个结论:

$$\begin{aligned}
\int_0^{+\infty}\frac{\sin x}{x}f(x)\,\mathrm{d}x &= \int_0^{\frac{\pi}{2}}+\int_{\frac{\pi}{2}}^{\pi}+\int_{\pi}^{\frac{3\pi}{2}}+\int_{\frac{3\pi}{2}}^{2\pi}+\cdots\\
&=\sum_{n=0}^{+\infty}\int_{n\pi}^{n\pi+\frac{\pi}{2}}+\sum_{n=1}^{+\infty}\int_{n\pi-\frac{\pi}{2}}^{n\pi}\\
&=\sum_{n=0}^{+\infty}\int_0^{\frac{\pi}{2}}f(x+n\pi)\frac{\sin(x+n\pi)}{x+n\pi}\,\mathrm{d}x\\
&\quad+\sum_{n=1}^{+\infty}\int_{-\frac{\pi}{2}}^{0}f(x+n\pi)\frac{\sin(x+n\pi)}{x+n\pi}\,\mathrm{d}x\\
&=\sum_{n=0}^{+\infty}\int_0^{\frac{\pi}{2}}f(x)\frac{(-1)^n\sin x}{x+n\pi}\,\mathrm{d}x+\sum_{n=1}^{+\infty}\int_0^{\frac{\pi}{2}}f(x)\frac{(-1)^n\sin x}{x-n\pi}\,\mathrm{d}x\\
&=\int_0^{\frac{\pi}{2}}f(x)\sin x\left[\frac{1}{x}+\sum_{n=1}^{+\infty}(-1)^n\frac{2x}{x^2-n^2\pi^2}\right]\,\mathrm{d}x\\
&=\int_0^{\frac{\pi}{2}}f(x)\sin x\frac{1}{\sin x}\,\mathrm{d}x\\
&=\int_0^{\frac{\pi}{2}}f(x)\,\mathrm{d}x.
\end{aligned}$$

下面证明恒等式第二个结论. 设

$$J=\int_0^{+\infty}\frac{\sin^2 x}{x^2}f(x)\,\mathrm{d}x.$$

将 J 改写为如下形式:

$$J=\sum_{v=0}^{+\infty}\int_{v\frac{\pi}{2}}^{(v+1)\frac{\pi}{2}}\frac{\sin^2 x}{x^2}f(x)\,\mathrm{d}x,$$

其中 $v=2\mu-1$ 或 $v=2\mu$, 通过换元 $x=\mu\pi+t$ 或者 $x=\mu\pi-t$ 得到

$$\int_{2\mu\frac{\pi}{2}}^{(2\mu+1)\frac{\pi}{2}}\frac{\sin^2 x}{x^2}f(x)\,\mathrm{d}x=\int_0^{\frac{\pi}{2}}\frac{\sin^2 t}{(\mu\pi+t)^2}f(t)\,\mathrm{d}t,$$

以及

$$\int_{(2\mu-1)\frac{\pi}{2}}^{(2\mu)\frac{\pi}{2}}\frac{\sin^2 x}{x^2}f(x)\,\mathrm{d}x=\int_0^{\frac{\pi}{2}}\frac{\sin^2 t}{(\mu\pi-t)^2}f(t)\,\mathrm{d}t.$$

于是

$$
\begin{aligned}
J &= \int_0^{\frac{\pi}{2}} \frac{\sin^2 t}{t^2} f(t)\,\mathrm{d}t + \sum_{\mu=1}^{+\infty} \int_0^{\frac{\pi}{2}} f(t) \left(\frac{1}{(t+\mu\pi)^2} + \frac{1}{(t-\mu\pi)^2} \right) \sin^2 t\,\mathrm{d}t \\
&= \int_0^{\frac{\pi}{2}} \sin^2 t \left(\frac{1}{t^2} + \sum_{\mu=1}^{+\infty} \left(\frac{1}{(t+\mu\pi)^2} + \frac{1}{(t-\mu\pi)^2} \right) \right) f(t)\,\mathrm{d}t \\
&= \int_0^{\frac{\pi}{2}} f(t)\,\mathrm{d}t.
\end{aligned}
$$

✍ **练习 6.83** 证明: $\displaystyle\int_0^{+\infty} \frac{\sin^2(\tan x)}{x^2}\,\mathrm{d}x = \frac{\pi}{2}$.

根据定理 6.16, 可以得到下面的恒等式:

$$
\int_{-\infty}^{+\infty} \frac{\sin\theta}{\theta}\,\mathrm{d}\theta = \int_{-\infty}^{+\infty} \left(\frac{\sin\theta}{\theta}\right)^2 \mathrm{d}\theta = \pi.
$$

$$
\int_{-\infty}^{+\infty} \frac{\sin^3\theta}{\theta^3}\,\mathrm{d}\theta = \frac{3\pi}{4} \int_{-\infty}^{+\infty} \frac{\sin^4\theta}{\theta^4}\,\mathrm{d}\theta = \frac{2\pi}{3}.
$$

下面的非正常积分涉及 sinc(·) 函数:

$$
\int_0^{+\infty} \frac{\mathrm{d}x}{x^n+1} = 1 + 2\sum_{k=1}^{+\infty} \frac{(-1)^{k+1}}{(kn)^2-1} = \frac{1}{\operatorname{sinc}\left(\dfrac{\pi}{n}\right)}.
$$

进一步还可以有罗巴切夫斯基积分公式的推广:

$$
\int_0^{+\infty} \frac{\sin^4 x}{x^4} f(x)\,\mathrm{d}x = \int_0^{\frac{\pi}{2}} f(t)\,\mathrm{d}t - \frac{2}{3}\int_0^{\frac{\pi}{2}} \sin^2 t f(t)\,\mathrm{d}t.
$$

例题 6.28 求积分

$$
I = \int_0^{+\infty} \frac{\sin x}{x\left(1+\sqrt[3]{\tan^2 x}\right)}\,\mathrm{d}x.
$$

解

$$
\begin{aligned}
I &= \int_0^{\frac{\pi}{2}} \frac{1}{1+\sqrt[3]{\tan^2 x}}\,\mathrm{d}x \\
&= \int_0^{\frac{\pi}{2}} \frac{\sqrt[3]{\cos^2 x}}{\sqrt[3]{\cos^2 x}+\sqrt[3]{\sin^2 x}}\,\mathrm{d}x
\end{aligned}
$$

$$
\begin{aligned}
&= \int_0^{\frac{\pi}{2}} \frac{\sqrt[3]{\sin^2 x}}{\sqrt[3]{\cos^2 x}+\sqrt[3]{\sin^2 x}}\,\mathrm{d}x \\
&= \frac{1}{2}\int_0^{\frac{\pi}{2}} \left[\frac{\sqrt[3]{\cos^2 x}}{\sqrt[3]{\cos^2 x}+\sqrt[3]{\sin^2 x}}+\frac{\sqrt[3]{\sin^2 x}}{\sqrt[3]{\cos^2 x}+\sqrt[3]{\sin^2 x}}\right]\mathrm{d}x \\
&= \frac{1}{2}\int_0^{\frac{\pi}{2}} \mathrm{d}x = \frac{\pi}{4}.
\end{aligned}
$$

✍ **练习 6.84**　求积分 $I=\displaystyle\int_0^{+\infty}\frac{\sin x}{x\left(2+\sin^2 2x\right)}\,\mathrm{d}x.$

✍ **练习 6.85**　求积分 $I=\displaystyle\int_0^{+\infty}\frac{\sin x}{x\left(2+\sin^2 2x\right)}\,\mathrm{d}x.$

✍ **练习 6.86**　求积分 $I=\displaystyle\int_0^{+\infty}\frac{\sin x}{x}\ln(\sin x)^2\,\mathrm{d}x.$

✍ **练习 6.87**　计算 $I=\displaystyle\int_0^{+\infty}\frac{\sin^4 x}{x^2}\,\mathrm{d}x=\int_0^{+\infty}\sin^4 x\,\mathrm{d}\left(-\frac{1}{x}\right).$

✍ **练习 6.88**　计算 $I=\displaystyle\int_0^{+\infty}\frac{\sin^3 x}{x^2}\,\mathrm{d}x.$

✍ **练习 6.89**　计算 $I=\displaystyle\int_0^{+\infty}\frac{\sin x\sin 2x}{x}\,\mathrm{d}x.$

✍ **练习 6.90**　计算 $I=\displaystyle\int_0^{+\infty}\frac{\sin^4 x}{x^3}\,\mathrm{d}x.$

✍ **练习 6.91**　计算 $I=\displaystyle\int_0^{+\infty}\frac{\sin^3 ax}{x}\,\mathrm{d}x.$

提示: 分部积分法.

✍ **练习 6.92**　计算 $\displaystyle\int_0^{+\infty}\frac{2\sin^{2n+1}x}{x}\,\mathrm{d}x.$

提示: 罗巴切夫斯基与沃利斯公式.

✍ **练习 6.93**　若 $\displaystyle\int_0^{+\infty}\frac{\sin x}{x}\,\mathrm{d}x=\frac{\pi}{2}$, 求 $\displaystyle\int_0^{+\infty}\frac{\sin^2(xy)}{x^2}\,\mathrm{d}x.$

第 6 章练习

第一类: 分部积分法

1. 证明: $\displaystyle\int_0^{+\infty}\frac{\ln(1+x)}{x\sqrt{x}}\,\mathrm{d}x=2\pi.$

提示: 分部积分法.

2. 计算积分 $I = \int_{-\pi}^{\pi} (\cos 2x)\left(\cos 2^2 x\right)\cdots\left(\cos 2^{2025}x\right)\mathrm{d}x$.

提示: 积化和差公式, 递推.

3. 计算 $\int_{\frac{\pi}{4}}^{\frac{\pi}{2}} \frac{1+\sin x}{1+\cos x}\mathrm{e}^x\ \mathrm{d}x$.

提示: 倍角公式.

4. 计算 $\int_0^{\frac{\pi}{2}} \frac{\mathrm{e}^x(1+\sin x)}{1+\cos x}\mathrm{d}x$.

提示: 拆分, 分部积分法, 消去特定积分项.

5. 计算 $\int \frac{\arcsin \mathrm{e}^x}{\mathrm{e}^x}\ \mathrm{d}x$.

提示: 分部积分法、换元法相结合.

6. 计算 $\int \frac{x\arctan x}{\left(1+x^2\right)^2}\ \mathrm{d}x$.

提示: 分部积分法、换元法相结合.

第二类: 递推法

7. 对于正整数 n, 计算 $I_{2n} = \int_0^{\frac{\pi}{4}} \tan^{2n} x\ \mathrm{d}x$.

8. 对于正整数 m, n, 计算 $I_n = \int_0^1 x^m(\ln x)^n\ \mathrm{d}x$.

提示: 分部积分法, 递推.

$$I_n = \frac{(-1)^n n!}{(m+1)^{n+1}}.$$

9. 计算积分 $\int_0^{\frac{\pi}{2}} \cos^3 x\sin^2 x\mathrm{d}x$.

10. 计算积分 $\int_0^{\frac{\pi}{2}} \sin^5 x\ \mathrm{d}x$.

11. 计算积分 $\int_0^{\frac{\pi}{2}} \cos^5 x\ \mathrm{d}x$.

12. 计算积分 $\int_0^{\frac{\pi}{2}} \cos^3 x\sin^5 x\ \mathrm{d}x$.

第三类: 利用区间再现公式——对合型

13. 求 $\int_2^4 \frac{\sqrt{x}}{\sqrt{x}+\sqrt{6-x}}\ \mathrm{d}x$.

提示: 令 $x = 6-t$.

14. 计算 $\int_2^4 \frac{\sqrt{\ln(9-x)}}{\sqrt{\ln(9-x)}+\sqrt{\ln(x+3)}}\,\mathrm{d}x$.

提示: 令 $x=6-t$.

15. 计算 $\int_2^4 \frac{\sqrt{x+3}}{\sqrt{x+3}+\sqrt{9-x}}\,\mathrm{d}x$.

提示: 令 $x=6-t$.

16. 计算 $\int_0^{\frac{\pi}{2}} \frac{1}{1+\tan^4 x}\,\mathrm{d}x$.

17. 计算 $I=\int_{\frac{\pi}{6}}^{\frac{\pi}{3}} \frac{1}{1+\tan^{2021} x}\,\mathrm{d}x$.

18. 计算 $\int_0^{\frac{\pi}{2}} \frac{\cos^\alpha x}{\sin^\alpha x+\cos^\alpha x}\,\mathrm{d}x=\int_0^{\frac{\pi}{2}} \frac{1}{1+\tan^\alpha x}\,\mathrm{d}x=\frac{\pi}{4}$ (α 是常数).

19. 计算 $I=\int_0^{\frac{\pi}{2}} \frac{(\sin x)^{\sqrt{3}}}{(\sin x)^{\sqrt{3}}+(\cos x)^{\sqrt{3}}}\,\mathrm{d}x$.

20. 计算 $\int_0^{\frac{\pi}{2}} \ln\frac{\sin^n x}{\sin^n x+\cos^n x}\,\mathrm{d}x$.

21. 求 $\int_0^{+\infty} \frac{1}{(1+x^2)(1+x^\alpha)}\,\mathrm{d}x$,

其中 α 是常数.

提示: 令 $x=\tan t$.

22. 求 $\int_1^4 \frac{\mathrm{e}^{9-x}}{\mathrm{e}^{9-x}+\mathrm{e}^{4+x}}\,\mathrm{d}x$.

23. 求 $\int_0^{\ln 2} \frac{t}{\mathrm{e}^t+2\mathrm{e}^{-t}-2}\,\mathrm{d}t$.

24. 求 $\int_0^{\frac{\pi}{2}} \frac{\mathrm{e}^{\sin x}}{\mathrm{e}^{\sin x}+\mathrm{e}^{\cos x}}\,\mathrm{d}x$.

提示: 令 $x=\frac{\pi}{2}-t$.

25. 计算 $\int_0^1 \frac{\ln(1+x)}{\ln(1+x)+\ln(2-x)}\,\mathrm{d}x$.

提示: 令 $x=1-t$.

26. 设 $f(x)$ 连续且不变号, 证明

$$\int_a^b \frac{f(x)}{f(x)+f(a+b-x)}\,\mathrm{d}x=\frac{b-a}{2}.$$

第四类: 利用区间再现公式——对称型

27. 计算 $\int_0^1 \sqrt{\frac{x}{1-x}}\,\mathrm{d}x$.

28. 求 $\int_0^1 x(1-x)^3\,\mathrm{d}x$.

29. 任意常数 a, b, 有 $\int_0^1 x^a(1-x)^b\,\mathrm{d}x = \int_0^1 (1-x)^a x^b\,\mathrm{d}x$.

30. 求 $\int_{-1}^1 x\ln(1+\mathrm{e}^x)\,\mathrm{d}x$.

31. 求 $\int_{-\frac{\pi}{4}}^{\frac{\pi}{4}} \frac{\sin^2 x}{1+\mathrm{e}^{-x}}\,\mathrm{d}x$.

第五类: 利用区间再现公式——公式型

32. 计算 $\int_{-1}^1 \frac{\mathrm{d}x}{(\mathrm{e}^x+1)(x^2+1)}$.

提示: 令 $x=-t$.

33. 计算定积分 $\int_{\frac{1}{\sqrt{3}}}^{\sqrt{3}} \frac{1}{\left(1+\mathrm{e}^{x-\frac{1}{x}}\right)(1+x^2)}\,\mathrm{d}x$.

提示: 令 $x=\frac{1}{t}$.

34. 计算 $I = \int_{-\frac{\pi}{2}}^{\frac{\pi}{2}} \frac{\sin^2 x}{1+2^x}\,\mathrm{d}x$.

提示: 令 $x=-t$.

35. 计算 $I = \int_{-1}^1 x\left(1-x^{2023}\right)\left(\mathrm{e}^x-\mathrm{e}^{-x}\right)\mathrm{d}x$.

提示: $f(x)=x\left(\mathrm{e}^x-\mathrm{e}^{-x}\right)$, $g(x)=1-x^{2023}$.

第六类: 利用区间再现公式——三角恒等式型

36. 求 $\int_{\frac{\pi}{6}}^{\frac{\pi}{3}} \frac{\cos^2 x}{x(\pi-2x)}\,\mathrm{d}x$.

提示: 令 $x=\frac{\pi}{2}-t$. 利用恒等式 $\sin^2 x+\cos^2 x=1$.

37. 计算 $\int_0^1 \frac{\arctan \mathrm{e}^{\cos \pi x}}{2x^2-2x+1}\,\mathrm{d}x$.

提示: 令 $t=1-x$, 利用恒等式 $\arctan x+\arctan\frac{1}{x}=\frac{\pi}{2}$.

38. 求 $\int_0^1 \frac{\arctan x}{1+x}\,\mathrm{d}x$.

提示: 令 $t=\dfrac{1-x}{1+x}$, 利用恒等式 $\arctan x+\arctan\dfrac{1-x}{1+x}=\dfrac{\pi}{4}$.

39. 求 $\displaystyle\int_0^k \arctan x\cdot\frac{1+x^2}{(1+kx)^2}\,\mathrm{d}x$.

提示: 令 $t=\dfrac{k-x}{1+kx}$. 利用恒等式 $\arctan x+\arctan\dfrac{k-x}{1+kx}=\arctan k$.

40. 计算 $\displaystyle I=\int_0^1\frac{\arcsin\sqrt{x}}{\sqrt{1-x+x^2}}\,\mathrm{d}x$.

提示: 令 $t=1-x$, 利用恒等式 $\arcsin\sqrt{x}+\arcsin\sqrt{1-x}=\dfrac{\pi}{2}$.

第七类: 利用区间再现公式——串联型

41. 计算 $\displaystyle\int_0^2 x(x-1)(x-2)\mathrm{e}^{\cos(\pi x)}\,\mathrm{d}x$.

提示: 令 $x=2-t$.

42. 求 $\displaystyle\int_0^2\frac{x(x-1)(x-2)}{\cos\left[x^2+(x-2)\right]^2}\,\mathrm{d}x$.

提示: 令 $x=2-t$.

43. 设 $f(x)$ 连续, 且 $f(x)=f(2n-x)$, 则

$$\int_0^{2n}x(x-1)(x-2)\cdots(x-2n)f(x)\,\mathrm{d}x=0.$$

提示: 令 $x=2n-t$.

第八类: 利用区间再现公式——综合型

44. 设 $f(x)$ 连续, 且 $f(x)=\mathrm{e}^x-\displaystyle\int_0^x f(x-t)\,\mathrm{d}t$, 求 $f(x)$ (微分方程).

45. 设 $f(x)$ 连续, 求 $\dfrac{\mathrm{d}}{\mathrm{d}x}\displaystyle\int_0^{x^2} f\left(x^2-t\right)\,\mathrm{d}t$.

提示: 变限积分求导.

46. 求 $\displaystyle\lim_{x\to0^+}\frac{\int_0^x\sqrt{x-t}\,\mathrm{e}^t\,\mathrm{d}t}{\sqrt{x^3}}$.

提示: 洛必达法则求极限.

47. 设 $f(x)$ 连续且 $f(0)\neq0$, 求 $\displaystyle\lim_{x\to0}\frac{\int_0^x(x-t)f(t)\,\mathrm{d}t}{x\int_0^x f(x-t)\,\mathrm{d}t}$.

提示: 变限积分等价无穷小代换.

48. 求 $\int_0^1 \mathrm{d}x \int_0^x x\sqrt{x-y}\,\mathrm{d}y$.

提示: 二重积分.

49. 证明: $\int_0^{\frac{\pi}{2}} a^{\sin^2 x} b^{\cos^2 x}\,\mathrm{d}x \geqslant \frac{\pi}{2}\sqrt{ab}$, 其中 a,b 均大于 0 且均不为 1.

提示: 积分不等式.

第九类: 利用积化和差公式与递推

50. 计算 $\int_0^{\frac{\pi}{2}} \frac{\sin 10x}{\sin x}\,\mathrm{d}x$.

51. 计算 $\int_1^{+\infty} \frac{\ln x}{(1+x)^2}\,\mathrm{d}x$.

52. 计算 $\int_{-1}^1 \frac{2x^2+x}{1+\sqrt{1-x^2}}\,\mathrm{d}x$.

第十类: 利用轮换法求解

53. 求无穷积分 $\int_0^{+\infty} \frac{\ln x}{x^2+1}\,\mathrm{d}x$.

提示: 令 $x=\frac{1}{t}$, 利用轮换法求解.

54. 计算广义积分 $\int_0^{\frac{\pi}{2}} \ln\tan x\,\mathrm{d}x$.

55. 利用欧拉积分, 求下面的定积分.

(i) $\int_0^{\frac{\pi}{2}} \frac{x}{\tan x}\,\mathrm{d}x$.

提示: 分部积分.

(ii) $\int_0^1 \frac{\arcsin x}{x}\,\mathrm{d}x$.

提示: 分部积分, $\int_0^1 \frac{\arcsin x}{x}\,\mathrm{d}x = -\int_0^1 \frac{\ln x}{\sqrt{1-x^2}}\,\mathrm{d}x$, 再令 $x=\sin t$.

(iii) $\int_0^{\pi} \frac{x\sin x}{1-\cos x}\,\mathrm{d}x$.

提示: 分部积分, 原积分

$$\begin{aligned}
I=\int_0^{\pi} \frac{x\sin x}{1-\cos x}\,\mathrm{d}x &= \int_0^{\pi} x\,\mathrm{d}[\ln(1-\cos x)] \\
&= x\ln(1-\cos x)\Big|_0^{\pi} - \int_0^{\pi} \ln(1-\cos x)\mathrm{d}x \\
&= \pi\ln 2 - J.
\end{aligned}$$

而

$$J=\int_0^{\pi}\ln(1-\cos x)\mathrm{d}x=\int_0^{\pi}\ln\left(2\sin^2\frac{x}{2}\right)\mathrm{d}x=\pi\ln 2+2\int_0^{\pi}\ln\sin\frac{x}{2}\ \mathrm{d}x.$$

再令 $t=\dfrac{x}{2}$.

56. 计算 $\lim\limits_{p\to+\infty}\displaystyle\int_0^{\frac{1}{2}}\frac{\sin^2 px}{\sqrt{1-x^2}}\ \mathrm{d}x$.

57. 如果可积函数满足 $f(x)-2f\left(\dfrac{1}{1-x}\right)=x$, 计算 $\displaystyle\int_2^3 f(x)\mathrm{d}x$.

提示: 先利用轮换法, 求解函数方程, 得到 $f(x)$.

58. 证明:

$$\ln\left(1-2x\cos\theta+x^2\right)=-2\sum_{n=1}^{+\infty}\frac{x^n}{n}\cos n\theta$$

级数在 $|x|<1$ 时一致收敛.

59. 对于 $a\geqslant 0$, 证明:

$$\int_0^{\frac{\pi}{2}}\ln\{a\sin(x)\}\ \mathrm{d}x=\int_0^{\frac{\pi}{2}}\ln\{a\cos(x)\}\ \mathrm{d}x=\frac{\pi}{2}\ln\left(\frac{a}{2}\right).$$

第 7 章　含参量的定积分

内容提要

- 含参量积分求导
- 沃利斯乘积
- 沃利斯公式
- 含参积分求导法
- 费曼 (Feynman) 积分法
- 二重积分交换次序法
- 傅茹兰尼积分公式
- 伽马函数
- 贝塔函数
- 余元公式
- 狄利克雷积分
- 高斯积分
- 菲涅尔积分
- 对数余弦积分

含参量的定积分是多元函数对其一部分自变量的积分. 本章介绍了利用求导与积分、积分与积分交换次序的方法求解含参量的定积分, 并且给出了五个含参量积分的典型例子.

7.1　预 备 知 识

下面是一些经典的积分.

1. $\int_0^{\pi} \ln(1-2x\cos\theta+x^2)\ \mathrm{d}\theta = \begin{cases} 0, & |x| \leqslant 1, \\ 2\pi\ln|x|, & |x|>1. \end{cases}$

2. 设 a,b 是实数, 且 $a \geqslant b$, $b \neq 0$,

$$I(a,b)=\int_0^{\pi}\ln(a+b\cos x)\ \mathrm{d}x=\pi\ln\left|a+\sqrt{a^2-b^2}\right|-\pi\ln 2.$$

3. $\int_0^{\pi}\ln(1\pm\cos x)\ \mathrm{d}x=-\pi\ln 2,\quad \int_0^{\frac{\pi}{2}}\ln(1+\cos x)\ \mathrm{d}x=2G-\frac{\pi}{2}\ln 2,$

其中 $G=\sum\limits_{n=0}^{+\infty}\frac{(-1)^n}{(2n+1)^2}$ 是卡塔兰常数.

4. 两次分部积分法. 设 $a<0$, 则有

$$\int_0^{+\infty}\mathrm{e}^{ax}\sin bx\ \mathrm{d}x=\frac{b}{a^2+b^2},\quad \int_0^{+\infty}\mathrm{e}^{ax}\cos bx\ \mathrm{d}x=\frac{-a}{a^2+b^2}.$$

5. 狄利克雷积分

$$\int_0^{+\infty} \frac{\sin x}{x}\,\mathrm{d}x = \frac{\pi}{2}.$$

6. 高斯积分

$$\int_{-\infty}^{+\infty} \mathrm{e}^{-x^2}\,\mathrm{d}x = \sqrt{\pi}.$$

7. 菲涅尔积分

$$\int_0^{+\infty} \sin x^2\,\mathrm{d}x = \int_0^{+\infty} \cos x^2\,\mathrm{d}x = \sqrt{\frac{\pi}{8}}.$$

8. 沃利斯公式

$$\int_0^{\frac{\pi}{2}} \sin^n x\,\mathrm{d}x = \int_0^{\frac{\pi}{2}} \cos^n x\,\mathrm{d}x = \begin{cases} \dfrac{n-1}{n}\cdot\dfrac{n-3}{n-2}\cdot\ \cdots\ \cdot\dfrac{1}{2}\cdot\dfrac{\pi}{2}, & n=2k, \\ \dfrac{n-1}{n}\cdot\dfrac{n-3}{n-2}\cdot\ \cdots\ \cdot\dfrac{2}{3}, & n=2k+1. \end{cases}$$

9. 沃利斯乘积

$$\lim_{n\to+\infty} \frac{1}{2n+1}\cdot\left[\frac{(2n)!!}{(2n-1)!!}\right]^2 = \frac{\pi}{2}.$$

10. 设 $m>0, n>0$, 则

$$\int_0^{+\infty} \frac{\cos mx - \cos nx}{x}\,\mathrm{d}x = \ln\frac{n}{m}.$$

11. 设 $s>0, t>0$, 则

$$\int_0^{+\infty} \frac{\mathrm{e}^{-sx} - \mathrm{e}^{-tx}}{x}\,\mathrm{d}x = \ln\frac{t}{s}.$$

12. 余元公式

$$\Gamma(s)\Gamma(1-s) = \mathrm{B}(s,1-s) = \frac{\pi}{\sin s\pi}, \quad 0<s<1;$$

$$\int_0^{+\infty} \frac{\mathrm{d}x}{1+x^p} = \frac{\pi}{p}\csc\frac{\pi}{p}, \quad p>1;$$

$$\int_0^{+\infty} \frac{y^{s-1}}{1+y}\,\mathrm{d}y = \frac{\pi}{\sin s\pi}, \quad 0<s<1.$$

7.2 含参量积分求导公式

定理 7.1 (含参量正常积分求导公式)

设 $f(x,y), f_x(x,y)$ 在 $D=[a,b]\times[p,q]$ 上连续, $c(x)$, $d(x)$ 为定义在 $[a,b]$ 上其值含于 $[p,q]$ 内的可微函数, 则函数

$$F(x)=\int_{c(x)}^{d(x)} f(x,y)\ \mathrm{d}y$$

在 $[a,b]$ 上可微, 且

$$F'(x)=\int_{c(x)}^{d(x)} f_x(x,y)\ \mathrm{d}y+f(x,d(x))d'(x)-f(x,c(x))c'(x).$$

♡

例题 7.1 设 $\Phi(x)=\int_x^{x^2}\frac{\sin xy}{y}\ \mathrm{d}y$, 求 $\Phi'(x)$.

解

$$\begin{aligned}\Phi'(x)&=\int_x^{x^2}\cos xy\ \mathrm{d}y+\frac{\sin x^3}{x^2}\cdot 2x-\frac{\sin x^2}{x}\cdot 1\\&=\left[\frac{\sin xy}{x}\right]\Bigg|_{y=x}^{y=x^2}+\frac{2\sin x^3}{x}-\frac{\sin x^2}{x}\\&=\frac{3\sin x^3-2\sin x^2}{x}.\end{aligned}$$

✍ **练习 7.1** 设 $F(t)=\int_0^{t^2}\mathrm{d}x\int_{x-t}^{x+t}\sin\left(x^2+y^2-t^2\right)\mathrm{d}y$, 求 $F'(t)$.

✍ **练习 7.2** 设 $y>0$, $f(y)=\int_y^{y^2}\frac{\sin yx^2}{x}\ \mathrm{d}x$, 求 $f'(y)$.

✍ **练习 7.3** 设 $f(x)$ 在 $(-\infty,+\infty)$ 上连续, 定义

$$g(x)=\int_0^x (x-t)^2 f(t)\ \mathrm{d}t,$$

求 $g'''(x)$.

✍ **练习 7.4** 设 $f(x)$ 连续, $f(0)=1$, 且

$$F(x)=\int_0^x\left[\int_0^x f(x+u+v)\mathrm{d}u\right]\mathrm{d}v,$$

求 $F''(0)$.

7.3 求导与积分交换次序

对于一致收敛含参变量函数的积分, 我们具有求导与积分次序交换定理, 具体可参考数学分析教材中相关内容.

定理 7.2 (积分号下求导定理)

设 $f(x,y), f_y(x,y)$ 都在 $[a,+\infty)\times[c,d]$ 上连续, 且 $\int_a^{+\infty} f(x,y)\,\mathrm{d}x$ 对于每个 $y\in[c,d]$ 收敛. 进一步假设 $\int_a^{+\infty} f_y(x,y)\,\mathrm{d}x$ 关于 y 在 $[c,d]$ 上一致收敛, 则 $I(y)=\int_a^{+\infty} f(x,y)\,\mathrm{d}x$ 在 $[c,d]$ 上可导, 并且在 $[c,d]$ 上有

$$\frac{\mathrm{d}}{\mathrm{d}y}\int_a^{+\infty} f(x,y)\,\mathrm{d}x=\int_a^{+\infty}\frac{\partial}{\partial y}f(x,y)\,\mathrm{d}x.$$

♡

7.3.1 费曼积分法

通过引入变动参数, 我们可以用连续或可导函数的思想来研究积分的值 (依赖于参数). 这种方法称为积分符号下微分法, 也称为"费曼积分法", 实际上是把问题从计算积分转化为求解一个简单的微分方程.

积分符号下微分法的真正威力在于, 我们可以自由地将参数插入被积函数中, 以使其更易于处理. 该法神奇之处在于解决一般问题比解决特定问题更容易.

例题 7.2 求定积分

$$\int_0^1 \frac{x-1}{\ln x}\,\mathrm{d}x.$$

评析 试试在微积分中学到的常用积分技巧: 直接积分法、凑微分法、换元法、分部积分法和用级数替换被积函数, 但是你会发现以上这些方法通通行不通.

解 法 1: 费曼积分法. 第一步: 构造一个含参量积分 (化简为繁)

$$F(t)=\int_0^1 \frac{x^t-1}{\ln x}\,\mathrm{d}x.$$

显然,

$$F(1)=\int_0^1 \frac{x^1-1}{\ln x}\,\mathrm{d}x.$$

第二步: 对参数 t 求导, 积分与求导交换次序. 我们得到

$$F'(t)=\frac{\mathrm{d}F(t)}{\mathrm{d}t}=\frac{\mathrm{d}}{\mathrm{d}t}\int_0^1\frac{x^t-1}{\ln x}\,\mathrm{d}x=\int_0^1\frac{\partial}{\partial t}\frac{x^t-1}{\ln x}\mathrm{d}x$$
$$=\int_0^1\frac{x^t\ln x}{\ln x}\,\mathrm{d}x=\int_0^1 x^t\,\mathrm{d}x=\left.\frac{x^{t+1}}{1+t}\right|_0^1=\frac{1}{1+t}.$$

第三步: 对 $F'(t)$ 再积分, 得到

$$F(t)=\int\frac{1}{1+t}\,\mathrm{d}t=\ln|1+t|+C.$$

这里有一个常数 C, 通过取特殊值来确定.

第四步: 根据特殊值确定常数 C. 当 $t=0$ 时, 原积分变成

$$F(0)=\int_0^1\frac{x^0-1}{\ln x}\,\mathrm{d}x=0,$$

即 $\ln(1+0)+C=0$, 所以 $C=0$, 因此

$$F(t)=\int_0^1\frac{x^t-1}{\ln x}\,\mathrm{d}x=\ln|1+t|.$$

第五步: 根据特殊值确定原积分.

$$F(1)=\int_0^1\frac{x-1}{\ln x}\,\mathrm{d}x=\ln|1+1|=\ln 2.$$

"费曼积分法"的关键是"引入参数, 对参数求导", 看似化简为繁, 但是可以消掉复杂表达式, 得到一个更加简洁的结果, 然后再还原. 这在某种意义上来说是在更高维上处理, 降维求得结果.

法 2: 积分号下积分法. 记

$$f(x)=\int_0^1 x^y\,\mathrm{d}y=\begin{cases}\dfrac{x-1}{\ln x}, & x\in(0,1),\\ 0, & x=0,\\ 1, & x=1.\end{cases}$$

则 $f(x)$ 在 $[0,1]$ 上连续, 且

$$\int_0^1\frac{x-1}{\ln x}\,\mathrm{d}x=\int_0^1 f(x)\mathrm{d}x=\lim_{\alpha\to0^+}\int_\alpha^1 f(x)\mathrm{d}x=\lim_{\alpha\to0^+}\int_\alpha^1\,\mathrm{d}x\int_0^1 x^y\,\mathrm{d}y.$$

而显然 x^y 在 $[\alpha,1]\times[0,1]$ 上连续, 所以累次积分可以交换顺序, 即

$$\int_0^1 \frac{x-1}{\ln x}\,\mathrm{d}x=\lim_{\alpha\to0^+}\int_0^1\,\mathrm{d}y\int_\alpha^1 x^y\,\mathrm{d}x=\lim_{\alpha\to0^+}\int_0^1\frac{1-\alpha^{y+1}}{y+1}\,\mathrm{d}y.$$

而函数 $g(\alpha,y)=\dfrac{1-\alpha^{y+1}}{y+1}$ 显然在 $[0,1]\times[0,1]$ 上连续, 所以上述积分号与极限号可以交换顺序, 即

$$\int_0^1\frac{x-1}{\ln x}\,\mathrm{d}x=\int_0^1\lim_{\alpha\to0^+}\frac{1-\alpha^{y+1}}{y+1}\,\mathrm{d}y=\int_0^1\frac{1}{y+1}\,\mathrm{d}y=\ln(1+y)\Big|_0^1=\ln 2.$$

例题 7.3　计算

$$\int_0^{\frac{\pi}{2}}\frac{x}{\tan x}\,\mathrm{d}x.$$

解　构造辅助函数

$$I(t)=\int_0^{\frac{\pi}{2}}\frac{\arctan(t\tan x)}{\tan x}\,\mathrm{d}x.$$

对 t 求导, 得到

$$I'(t)=\int_0^{\frac{\pi}{2}}\frac{1}{1+t^2\tan^2 x}\,\mathrm{d}x.$$

设 $u=\tan x$, 则有

$$\begin{aligned}I'(t)&=\int_0^{+\infty}\frac{1}{(1+t^2u^2)(1+u^2)}\,\mathrm{d}u\\&=\frac{1}{t^2-1}[t\arctan(tu)-\arctan u]\Big|_0^{+\infty}=\frac{\pi}{2}\frac{1}{t+1}.\end{aligned}$$

对 t 积分, 得到

$$I(t)=\frac{\pi}{2}\ln|t+1|+C.$$

当 $t=0$ 时可知 $C=0$. 所以

$$I(t)=\frac{\pi}{2}\ln|t+1|.$$

当 $t=1$ 时, 原积分为 $\dfrac{\pi}{2}\ln 2$.

例题 7.4 计算

$$f(x)=\int_0^{+\infty} \mathrm{e}^{-t^2}\cos(2xt)\ \mathrm{d}t.$$

解 记

$$g(x,t)=\mathrm{e}^{-t^2}\cos(2xt),\quad x\in(-\infty,+\infty),\quad t\in[0,+\infty).$$

则

$$f(x)=\int_0^{+\infty} g(x,t)\mathrm{d}t.$$

由于

$$|g(x,t)|\leqslant \mathrm{e}^{-t^2},\quad x\in(-\infty,+\infty),\quad t\in[0,+\infty),$$

且 $\int_0^{+\infty} \mathrm{e}^{-t^2}\ \mathrm{d}t$ 收敛, 所以 $f(x)$ 在 $(-\infty,+\infty)$ 上一致收敛. 注意到

$$|g_x(x,t)|=\left|-2t\mathrm{e}^{-t^2}\sin(2xt)\right|\leqslant 2t\mathrm{e}^{-t^2},\quad x\in(-\infty,+\infty),\quad t\in[0,+\infty),$$

且 $\int_0^{+\infty} 2t\mathrm{e}^{-t^2}\ \mathrm{d}t$ 收敛, 所以 $\int_0^{+\infty} g_x(x,t)\mathrm{d}t$ 在 $(-\infty,+\infty)$ 上一致收敛, 从而

$$\begin{aligned}
f'(x)&=\int_0^{+\infty} g_x(x,t)\mathrm{d}t\\
&=-\int_0^{+\infty} 2t\mathrm{e}^{-t^2}\sin(2xt)\mathrm{d}t\\
&=\int_0^{+\infty}\sin(2xt)\mathrm{d}\left(\mathrm{e}^{-t^2}\right)\\
&=\mathrm{e}^{-t^2}\sin(2xt)\Big|_{t=0}^{t=+\infty}-2x\int_0^{+\infty}\mathrm{e}^{-t^2}\cos(2xt)\mathrm{d}t\\
&=-2xf(x),
\end{aligned}$$

即有 $f'(x)+2xf(x)=0$, 从而

$$\left[f(x)\mathrm{e}^{x^2}\right]'=[f'(x)+2xf(x)]\,\mathrm{e}^{x^2}=0,$$

所以 $f(x)\mathrm{e}^{x^2}$ 为常值函数, 再结合欧拉–泊松积分就有

$$f(x)\mathrm{e}^{x^2}=f(0)\mathrm{e}^{0^2}=\int_0^{+\infty}\mathrm{e}^{-t^2}\ \mathrm{d}t=\frac{\sqrt{\pi}}{2},$$

即

$$f(x)=\frac{\sqrt{\pi}}{2}\mathrm{e}^{-x^2},\quad x\in(-\infty,+\infty).$$

✍ **练习 7.5** 求含参量积分 $I(a)=\int_0^{+\infty}\mathrm{e}^{-\frac{1}{2}x^2}\cos(ax)\,\mathrm{d}x$.

✍ **练习 7.6** 证明广义积分 $\int_0^{+\infty}\mathrm{e}^{-x^2}\sin(rx)\mathrm{d}x$ 关于 $r\in[0,+\infty)$ 一致收敛, 并计算极限 $\lim\limits_{r\to+\infty}r\int_0^{+\infty}\mathrm{e}^{-x^2}\sin(rx)\,\mathrm{d}x$.

✍ **练习 7.7** 对于任意的正整数 n 和正数 α, 证明:

$$\int_0^{+\infty}r^n\mathrm{e}^{-\alpha r}\,\mathrm{d}r=\frac{n!}{\alpha^{n+1}}.$$

✍ **练习 7.8** 已知 $\int_{-\infty}^{+\infty}\mathrm{e}^{-\alpha x^2}\,\mathrm{d}x=\sqrt{\frac{\pi}{\alpha}}$. 证明:

$$\int_{-\infty}^{+\infty}x^2\mathrm{e}^{-\alpha x^2}\,\mathrm{d}x=-\frac{\partial}{\partial\alpha}\left(\sqrt{\frac{\pi}{\alpha}}\right)=\frac{\sqrt{\pi}}{2\alpha^{\frac{3}{2}}},$$

$$\int_{-\infty}^{+\infty}x^4\mathrm{e}^{-\alpha x^2}\,\mathrm{d}x=-\frac{\partial}{\partial\alpha}\left(\frac{\sqrt{\pi}}{2\alpha^{\frac{3}{2}}}\right)=\frac{3\sqrt{\pi}}{4\alpha^{\frac{5}{2}}},$$

$$\int_{-\infty}^{+\infty}x^6\mathrm{e}^{-\alpha x^2}\,\mathrm{d}x=-\frac{\partial}{\partial\alpha}\left(\frac{3\sqrt{\pi}}{4\alpha^{\frac{5}{2}}}\right)=\frac{15\sqrt{\pi}}{8\alpha^{\frac{7}{2}}}.$$

✍ **练习 7.9** 求解不定积分 $\int\frac{1}{(1+x^2)^2}\,\mathrm{d}x$.

提示: $\frac{\mathrm{d}}{\mathrm{d}a}\int\frac{1}{a^2+x^2}\,\mathrm{d}x=\frac{\partial\left(\frac{1}{a}\arctan\frac{x}{a}+C\right)}{\partial a}$.

下面的题目, 先将求导与积分交换次序, 被积函数求导后去掉对数函数, 更加容易求得积分.

✍ **练习 7.10** 设 $\alpha>0$, 计算积分 $\int_0^1\frac{\frac{\ln(1+\alpha x)}{x}-\ln(1+\alpha)}{1-x}\,\mathrm{d}x$.

✍ **练习 7.11** 计算积分

$$I(a)=\int_0^{\frac{\pi}{2}}\ln\left(\frac{1+a\cos x}{1-a\cos x}\right)\frac{\mathrm{d}x}{\cos x},\quad |a|<1.$$

下面的题目, 将求导与积分交换次序, 被积函数求导后去掉反正切函数, 更加容易求得积分.

✍ **练习 7.12** 计算积分 $\displaystyle\int_1^{+\infty}\frac{\arctan x}{x^2\sqrt{x^2-1}}\mathrm{d}x$.

✍ **练习 7.13** 计算积分 $\displaystyle I=\int_0^1\frac{\arctan 5x}{x\sqrt{1-x^2}}\,\mathrm{d}x$.

✍ **练习 7.14** 设 $a>0$, 求含参变量积分 $\displaystyle I(a)=\int_0^{+\infty}\frac{\arctan(ax)}{x\left(1+x^2\right)}\,\mathrm{d}x$.

7.3.2 积分符号下微分法

下面给出更多积分符号下微分法的例子. 考虑一种含参量对数积分的特殊形式.

引理 7.1 (对数余弦的积分)

设 $\theta\in(-1,1)$, 则

$$I(\theta)=\int_0^{\pi}\ln(1+\theta\cos x)\,\mathrm{d}x=\pi\ln\left(1+\sqrt{1-\theta^2}\right)-\pi\ln 2.$$

♡

证明 对参数求导得到

$$\begin{aligned}
I'(\theta)&=\int_0^{\pi}\frac{\cos x}{1+\theta\cos x}\,\mathrm{d}x\\
&=\frac{1}{\theta}\int_0^{\pi}\frac{\theta\cos x}{1+\theta\cos x}\,\mathrm{d}x\\
&=\frac{\pi}{\theta}-\frac{1}{\theta}\int_0^{\pi}\frac{1}{1+\theta\cos x}\,\mathrm{d}x.
\end{aligned}$$

令 $t=\tan\left(\dfrac{x}{2}\right)$, 上式

$$\begin{aligned}
I'(\theta)&=\frac{\pi}{\theta}-\frac{1}{\theta}\int_0^{+\infty}\frac{2}{(1+\theta)+(1-\theta)t^2}\,\mathrm{d}t\\
&=\frac{\pi}{\theta}-\frac{2}{\theta(1+\theta)}\sqrt{\frac{1+\theta}{1-\theta}}\arctan\left(\sqrt{\frac{1-\theta}{1+\theta}}t\right)\Bigg|_0^{+\infty}\\
&=\frac{\pi}{\theta}-\frac{\pi}{\theta\sqrt{1-\theta^2}}.
\end{aligned}$$

则

$$I(\theta)=\int\left(\frac{\pi}{\theta}-\frac{1}{\theta}\frac{\pi}{\sqrt{1-\theta^2}}\right)\mathrm{d}\theta=\pi\ln|\theta|-\pi\int\frac{1}{\theta\sqrt{1-\theta^2}}\ \mathrm{d}\theta.$$

令 $\theta=\sin x$, 上式

$$\begin{aligned}I(\theta)&=\pi\ln|\theta|-\pi\int\frac{1}{\sin x}\ \mathrm{d}x\\&=\pi\ln|\theta|-\pi\ln|\cot x-\csc x|+C\\&=\pi\ln|\theta|+\pi\ln|\cot x+\csc x|+C\\&=\pi\ln|\theta|+\pi\ln\left|\frac{1+\cos x}{\sin x}\right|+C\\&=\pi\left(\ln|\theta|+\ln\left|\frac{1+\sqrt{1-\theta^2}}{\theta}\right|\right)+C\\&=\pi\ln\left(1+\sqrt{1-\theta^2}\right)+C.\end{aligned}$$

由于 $I(0)=0$, 有 $C=-\pi\ln 2$, 即

$$I(\theta)=\pi\ln\left(1+\sqrt{1-\theta^2}\right)-\pi\ln 2.$$

根据引理 7.1 的对称性, 有下面的结果.

✍ **练习 7.15** 设 $a\geqslant 1$, 则

$$\int_0^\pi\ln(a+\cos x)\ \mathrm{d}x=\pi\ln\left(a+\sqrt{a^2-1}\right)-\pi\ln 2.$$

更一般的推导方式, 可令

$$I(a,b)=\int_0^\pi\ln(a+b\cos x)\ \mathrm{d}x.$$

✍ **练习 7.16** 设 a,b 是实数, 且 $a\geqslant b$, $b\neq 0$,

$$I(a,b)=\int_0^\pi\ln(a+b\cos x)\ \mathrm{d}x=\pi\ln\left|a+\sqrt{a^2-b^2}\right|-\pi\ln 2.$$

特别地,

$$\int_0^\pi\ln(1+\theta\cos x)\ \mathrm{d}x=I(1,\theta)=\pi\ln(1+\sqrt{1-\theta^2})-\pi\ln 2,$$

以及

$$\int_0^{\pi} \ln(2+\cos x)\ \mathrm{d}x = I(2,1) = \pi\ln(2+\sqrt{3}) - \pi\ln 2.$$

引理 7.2 (对数余弦积分的变形)

设 $a \in \mathbb{R}$. 则

$$I(a) = \int_0^{\pi} \ln\left(1-2a\cos x + a^2\right)\ \mathrm{d}x = \begin{cases} 0, & |a| \leqslant 1, \\ 2\pi\ln|a|, & |a| > 1. \end{cases}$$

♡

证明 法 1: 利用练习 7.16 的结论,

$$\begin{aligned}\int_0^{\pi} \ln\left(1-2a\cos x + a^2\right)\ \mathrm{d}x &= \int_0^{\pi} \ln\left(1+a^2-2a\cos x\right)\ \mathrm{d}x \\ &= \pi\ln\left|1+a^2+\sqrt{(1-a^2)^2}\right| - \pi\ln 2 \\ &= \begin{cases} 0, & |a| \leqslant 1, \\ 2\pi\ln|a|, & |a| > 1. \end{cases}\end{aligned}$$

法 2: 根据对数积分的特点, 巧用递推法进行求解. 由于

$$\int_0^{\pi} \ln\left(1-2a\cos x + a^2\right)\mathrm{d}x = \int_0^{\pi} \ln\left(1+2a\cos x + a^2\right)\mathrm{d}x,$$

于是

$$\begin{aligned}2I(a) &= \int_0^{\pi} \ln\left(1-2a\cos x + a^2\right)\mathrm{d}x + \int_0^{\pi} \ln\left(1+2a\cos x + a^2\right)\mathrm{d}x \\ &= \int_0^{\pi} \ln\left(1-2a^2\cos 2x + a^4\right)\mathrm{d}x \\ &= \frac{1}{2}\int_0^{2\pi} \ln\left(1-2a^2\cos x + a^4\right)\mathrm{d}x \\ &= \int_0^{\pi} \ln\left(1-2a^2\cos x + a^4\right)\mathrm{d}x \\ &= I\left(a^2\right),\end{aligned}$$

从而递推得到

$$I(a) = \frac{I\left(a^{2^n}\right)}{2^n}.$$

所以

$$I(a)=\lim_{n\to+\infty}\frac{I\left(a^{2^n}\right)}{2^n}.$$

(1) 当 $|a|<1$ 时, 考虑极限

$$\lim_{n\to+\infty}I\left(a^{2^n}\right)=\lim_{n\to+\infty}\int_0^\pi\ln\left(1-2a^{2^n}\cos x+a^{2^{n+1}}\right)\mathrm{d}x=\int_0^\pi\ln 1\ \mathrm{d}x=0,$$

因此 $I(a)=0$.

(2) 当 $|a|=1$ 时, 可以直接计算出积分为 0. 实际上, 当 $a=1$ 时, 得到 $2I(1)=I(1)$, 即 $I(1)=0$; 当 $a=-1$ 时, 得到 $2I(-1)=I(1)=0$, 即 $I(-1)=0$. 因此

$$\int_0^\pi\ln(2\pm2\cos x)\,\mathrm{d}x=0,$$

进而得到

$$\int_0^\pi\ln(1\pm\cos x)\,\mathrm{d}x=-\pi\ln2.$$

(3) 当 $|a|>1$ 时, 通过变换, 化归为第一种情形求解.

$$I(a)=\int_0^\pi\ln a^2\ \mathrm{d}x+\int_0^\pi\ln\left(1-2\frac{1}{a}\cos x+\frac{1}{a^2}\right)\mathrm{d}x=\pi\ln a^2.$$

特别地,

$$\begin{aligned}\int_0^\pi\ln(2+\cos x)\ \mathrm{d}x&=\int_0^\pi\ln\frac{1}{2(2+\sqrt{3})}\mathrm{d}x\\&\quad+\int_0^\pi\ln\left(1+2(2+\sqrt{3})\cos x+(2+\sqrt{3})^2\right)\mathrm{d}x\\&=-\pi\ln(2(2+\sqrt{3}))+\pi\ln(2+\sqrt{3})^2\\&=\pi\ln\left(1+\frac{\sqrt{3}}{2}\right).\end{aligned}$$

✍ **练习 7.17**　设 $|\alpha|\geqslant1$, 利用积分符号下微分法计算

$$\int_0^\pi\ln\left(1-2\alpha\cos x+\alpha^2\right)\mathrm{d}x.$$

✍ **练习 7.18**　利用积分符号下微分法, 计算积分 $\displaystyle\int_0^\pi\ln(2+\cos x)\mathrm{d}x$.

练习 7.19 设 $a \geqslant 0$, 则

$$\int_0^{\frac{\pi}{2}} \ln\left(1+a\cos^2 x\right) \mathrm{d}x = \pi \ln(\sqrt{a+1}+1) - \pi \ln 2.$$

练习 7.20 计算积分 $\displaystyle\int_0^1 \frac{\ln\left(x+\sqrt{1-x^2}\right)}{x} \mathrm{d}x$.

练习 7.21 计算积分 $\displaystyle\int_0^1 \frac{\ln(x+1)}{x^2+1} \mathrm{d}x$.

练习 7.22 计算积分 $\displaystyle I(\alpha) = \int_0^1 \frac{\ln(\alpha x+1)}{x^2+1} \mathrm{d}x$.

练习 7.23 计算积分

$$K(\theta) = \int_0^{\frac{\pi}{2}} \ln\left(\theta^2 \sin^2 x + \cos^2 x\right) \mathrm{d}x, \quad \forall \theta \neq 0.$$

7.4 二重积分交换次序法

对于一致收敛含参变量函数的积分性, 我们具有如下积分次序交换定理.

定理 7.3 (积分次序交换定理)

设 $f(x,y)$ 在 $[a,+\infty)\times[c,d]$ 上连续, $\displaystyle\int_a^{+\infty} f(x,y)\,\mathrm{d}x$ 关于 y 在 $[c,d]$ 上一致收敛, 则

$$\int_c^d \mathrm{d}y \int_a^{+\infty} f(x,y)\,\mathrm{d}x = \int_a^{+\infty} \mathrm{d}x \int_c^d f(x,y)\,\mathrm{d}y.$$

7.4.1 傅茹兰尼积分公式

形如 $\displaystyle\int_0^{+\infty} \frac{f(ax)-f(bx)}{x} \mathrm{d}x$ $(a>0, b>0)$ 的反常积分叫傅茹兰尼积分. 这个积分定理是针对一种特殊的广义积分, 在计算某些积分时, 可以化为傅茹兰尼积分的形式, 从而极快地计算出结果.

定理 7.4 (傅茹兰尼积分公式)

设 $f(x)$ 在 $(0,+\infty)$ 上连续, $a>0, b>0$, 若 $f(0), f(+\infty)$ 存在, 则

$$\int_0^{+\infty} \frac{f(ax)-f(bx)}{x} \mathrm{d}x = [f(0)-f(+\infty)] \ln \frac{a}{b}.$$

证明思路: 构造二重积分, 将定积分问题转化为二重积分, 利用二重积分交换次序性质, 化简求解.

证明　由于 $f'(xt) = \dfrac{\partial}{\partial t}\left(\dfrac{f(xt)}{x}\right)$, 于是

$$\frac{f(ax)-f(bx)}{x} = \left(\frac{f(xt)}{x}\right)\Bigg|_{t=b}^{t=a} = \int_b^a f'(xt)\ \mathrm{d}t.$$

利用积分交换次序, 得到

$$\begin{aligned}\int_0^{+\infty} \frac{f(ax)-f(bx)}{x}\ \mathrm{d}x &= \int_0^{+\infty}\int_b^a f'(xt)\ \mathrm{d}t\ \mathrm{d}x\\ &= \int_b^a\int_0^{+\infty} f'(xt)\ \mathrm{d}x\ \mathrm{d}t\\ &= \int_b^a \left(\frac{f(xt)}{t}\right)\Bigg|_{x=0}^{x\to+\infty}\ \mathrm{d}t\\ &= \int_b^a \frac{f(+\infty)-f(0)}{t}\ \mathrm{d}t\\ &= (f(+\infty)-f(0))(\ln(a)-\ln(b))\\ &= (f(+\infty)-f(0))\ln\left(\frac{a}{b}\right).\end{aligned}$$

例题 7.5　设 $a>0$, $b>0$, 计算

$$I = \int_0^1 \frac{x^b - x^a}{\ln x}\ \mathrm{d}x.$$

解　法 1: 积分交换次序 (无法直接使用傅茹兰尼积分公式). 注意到

$$\int_a^b x^y\ \mathrm{d}y = \frac{x^b-x^a}{\ln x},$$

则

$$I = \int_0^1\ \mathrm{d}x\int_a^b x^y\ \mathrm{d}y.$$

交换积分次序, 得到

$$\int_0^1\ \mathrm{d}x\int_a^b x^y\ \mathrm{d}y = \int_a^b\ \mathrm{d}y\int_0^1 x^y\ \mathrm{d}x$$

$$= \int_a^b \left(\frac{x^{y+1}}{y+1} \right) \Bigg|_{x=0}^{x=1} \mathrm{d}y$$

$$= \int_a^b \frac{1}{y+1} \mathrm{d}y = \ln|y+1|\Big|_a^b = \ln \frac{b+1}{a+1}.$$

法 2: 构造含参量的积分, 求导与积分交换次序求解. 添加参数, 构造辅助函数如下:

$$I(t) = \int_0^1 \frac{x^{bt} - x^{at}}{\ln x} \mathrm{d}x.$$

于是

$$\begin{aligned} I'(t) &= \int_0^1 \frac{x^{bt} b \ln x - x^{at} a \ln x}{\ln x} \mathrm{d}x \\ &= \int_0^1 \left(b x^{bt} - a x^{at} \right) \mathrm{d}x \\ &= \frac{b}{bt+1} x^{bt+1} \Bigg|_{x=0}^{x=1} - \frac{a}{at+1} x^{at+1} \Bigg|_{x=0}^{x=1} = \frac{b}{bt+1} - \frac{a}{at+1}. \end{aligned}$$

有 $I(0) = 0$, 且

$$I = I(1) = I(0) + \int_0^1 I'(t) \mathrm{d}t = 0 + \ln \frac{bt+1}{at+1} \Bigg|_0^1 = \ln \frac{b+1}{a+1}.$$

法 3: 含参积分求导法. 无需添加参数, 视 b 为参变量, 对 $I(a,b)$ 关于 b 求偏导数

$$\frac{\partial I(a,b)}{\partial b} = \int_0^1 x^b \mathrm{d}x = \frac{1}{1+b}.$$

关于 b 积分, 得

$$I(a,b) = \ln(1+b) + J(a).$$

类似地, 视 a 为参变量, 对含参积分 $I(a,b)$ 关于 a 进行求导运算:

$$\frac{\partial I(a,b)}{\partial a} = -\frac{1}{1+a} = J'(a).$$

于是 $J(a) = -\ln(1+a) + c$, 得到

$$I(a,b) = \ln \frac{1+b}{1+a} + c,$$

代入初始条件 $I(a,a)=0$ 得 $c=0$. 于是

$$I(a,b)=\int_0^1 \frac{x^b-x^a}{\ln x}\,\mathrm{d}x=\ln\frac{1+b}{1+a}.$$

法 4: 通过换元, 使用傅茹兰尼积分公式. 设 $t=-\ln x$, 则有

$$\int_0^1 \frac{x^b-x^a}{\ln x}\,\mathrm{d}x=\int_{+\infty}^0 \frac{\mathrm{e}^{-bt}-\mathrm{e}^{-at}}{-t}\left(-\mathrm{e}^{-t}\right)\mathrm{d}t=\int_0^{+\infty}\frac{\mathrm{e}^{-(a+1)t}-\mathrm{e}^{-(b+1)t}}{t}\mathrm{d}t.$$

换元后得到傅茹兰尼积分, 有 $f(t)=\mathrm{e}^{-t}$, $f(0)=1$, $f(+\infty)=0$. 因此

$$\begin{aligned}\int_0^1 \frac{x^b-x^a}{\ln x}\,\mathrm{d}x&=\int_0^{+\infty}\frac{\mathrm{e}^{-(a+1)t}-\mathrm{e}^{-(b+1)t}}{t}\,\mathrm{d}t\\&=[f(+\infty)-f(0)]\ln\frac{a+1}{b+1}=\ln\frac{b+1}{a+1}.\end{aligned}$$

✍ **练习 7.24**　求定积分 $\displaystyle\int_0^1 \frac{x^2-x}{\ln x}\,\mathrm{d}x$.

✍ **练习 7.25**　设 $0<a<b$, 计算反常积分

$$I=\int_0^{+\infty}\mathrm{e}^{-2x}\frac{\sin bx-\sin ax}{x}\,\mathrm{d}x.$$

✍ **练习 7.26**　设 $a,b>0$, 求积分

$$\int_0^{+\infty}\frac{\arctan ax-\arctan bx}{x}\,\mathrm{d}x.$$

✍ **练习 7.27**　设 $s>0,t>0$, 证明:

$$\int_0^{+\infty}\frac{\mathrm{e}^{-sx}-\mathrm{e}^{-xt}}{x}\,\mathrm{d}x=\ln\frac{t}{s}.$$

✍ **练习 7.28**　证明:

$$\int_0^{+\infty}\frac{\cos(ax)-\cos(bx)}{x^2}\,\mathrm{d}x=\frac{\pi}{2}(b-a).$$

✍ **练习 7.29**　设 $m>0,n>0$, 则

$$\int_0^{+\infty}\frac{\cos mx-\cos nx}{x}\,\mathrm{d}x=\ln\frac{n}{m}.$$

✍ **练习 7.30** 设 $m>0,n>0$, 则

$$\int_0^{+\infty}\frac{\sin mx-\sin nx}{x}\,\mathrm{d}x=\frac{\pi}{2}-\frac{\pi}{2}=0.$$

✍ **练习 7.31** 计算积分

$$I=\int_0^{+\infty}\frac{\mathrm{e}^{-ax^2}-\mathrm{e}^{-bx^2}}{x^2}\,\mathrm{d}x,\quad a>0,\quad b>0.$$

✍ **练习 7.32** 设 $\alpha>0,\beta>0$, 计算

$$\int_0^{+\infty}\frac{\mathrm{e}^{-\alpha x^2}-\mathrm{e}^{-\beta x^2}}{x}\,\mathrm{d}x.$$

✍ **练习 7.33** 设 $b>a>0$, 计算

$$\int_0^1\cos\left(\ln\frac{1}{x}\right)\frac{x^b-x^a}{\ln x}\,\mathrm{d}x.$$

✍ **练习 7.34** 设 $a>0,b>0$, 计算

$$I=\int_0^{+\infty}\frac{b\ln(1+ax)-a\ln(1+bx)}{x^2}\,\mathrm{d}x.$$

✍ **练习 7.35** 设 $a>0,b>0$, 计算 $\displaystyle\int_0^{+\infty}\frac{1-\mathrm{e}^{-yx}}{x\mathrm{e}^{2x}}\,\mathrm{d}x$.

7.4.2 积分号下积分法

下面给出更多类似相关的案例与练习.

例题 7.6 设 $b>a>0$, 计算

$$\int_0^1\sin\left(\ln\frac{1}{x}\right)\frac{x^b-x^a}{\ln x}\,\mathrm{d}x.$$

解 法 1: 积分号下积分法. 记

$$g(x)=\sin\left(\ln\frac{1}{x}\right)\frac{x^b-x^a}{\ln x},$$

因为 $\lim\limits_{x\to0^+}g(x)=0$, 所以令 $g(0)=0$, $g(x)$ 于 $[0,1]$ 上连续. 于是

$$I=\int_0^1 g(x)\,\mathrm{d}x=\int_0^1\sin\left(\ln\frac{1}{x}\right)\int_a^b x^y\,\mathrm{d}y\,\mathrm{d}x=\int_0^1\,\mathrm{d}x\int_a^b\sin\left(\ln\frac{1}{x}\right)x^y\,\mathrm{d}y.$$

记 $f(x,y)=\sin\left(\ln\frac{1}{x}\right)x^y$, 令 $f(0,y)=0$, 那么 $f(x,y)$ 在 $[0,1]\times[a,b]$ 上连续. 设 $t=\ln\frac{1}{x}$, 所以

$$\begin{aligned}
I&=\int_a^b \mathrm{d}y\int_0^1\sin\left(\ln\frac{1}{x}\right)x^y\,\mathrm{d}x\\
&=\int_a^b \mathrm{d}y\int_0^{+\infty}\mathrm{e}^{-(y+1)t}\sin t\,\mathrm{d}t\\
&=\int_a^b \frac{1}{1+(y+1)^2}\,\mathrm{d}y\\
&=\arctan(1+b)-\arctan(1+a),
\end{aligned}$$

其中用到了换元 $t=\ln\frac{1}{x}$, 即 $x=\mathrm{e}^{-t}$.

法 2: 积分下微分法. 考虑含参积分, 将 b 视为参变量, a 为非负的常数. 设

$$I(b)=\int_0^1\sin\left(\ln\frac{1}{x}\right)\frac{x^b-x^a}{\ln x}\,\mathrm{d}x.$$

显然 $I(a)=0$, 设 $t=\ln\frac{1}{x}$, 并且根据

$$\int_0^{+\infty}\mathrm{e}^{-ax}\sin bx\,\mathrm{d}x=\frac{b}{a^2+b^2},$$

得到

$$I'(b)=\int_0^1 x^b\sin\left(\ln\frac{1}{x}\right)\mathrm{d}x=\int_0^{+\infty}\mathrm{e}^{-(b+1)t}\sin t\,\mathrm{d}t=\frac{1}{1+(b+1)^2}.$$

故

$$\begin{aligned}
I(b)&=I(a)+\int_a^b\frac{\mathrm{d}x}{1+(x+1)^2}\\
&=\int_a^b\frac{\mathrm{d}(x+1)}{1+(x+1)^2}\\
&=\arctan(b+1)-\arctan(a+1)\\
&=\arctan\frac{b-a}{1+(a+1)(b+1)}.
\end{aligned}$$

✍ **练习 7.36** 设 $p>0$, $b>a$, 计算积分 $\displaystyle\int_0^{+\infty} \mathrm{e}^{-px}\frac{\sin bx-\sin ax}{x}\,\mathrm{d}x$.

✍ **练习 7.37** 计算积分 $\displaystyle\int_0^{+\infty} \frac{\cos x-\cos 2x}{x}\mathrm{e}^{-x}\,\mathrm{d}x$.

✍ **练习 7.38** 求 $\displaystyle\int_0^{+\infty} \frac{\arctan \alpha x}{x\left(1+x^2\right)}\mathrm{d}x$.

7.5 欧拉积分

含参量积分

$$\Gamma(s)=\int_0^{+\infty} x^{s-1}\mathrm{e}^{-x}\,\mathrm{d}x \quad (s>0),$$

$$\mathrm{B}(p,q)=\int_0^{1} x^{p-1}(1-x)^{q-1}\,\mathrm{d}x \quad (p>0,q>0),$$

这两类特殊的含参量积分统称为欧拉积分, 其中前者又称为伽马 (Γ) 函数, 后者称为贝塔 (Beta 或 B) 函数.

7.5.1 基本性质与应用

Γ 函数有如下性质:

(1) Γ 函数高阶导数

$$\Gamma^{(n)}(s)=\int_0^{+\infty} x^{s-1}\mathrm{e}^{-x}(\ln x)^n\,\mathrm{d}x.$$

(2) 递推公式

$$\Gamma(s+1)=s\Gamma(s), \quad \Gamma(1)=1.$$

特别地, 对于正整数 n 有 $\Gamma(n+1)=n!$.

(3) 余元公式: 设 $0<s<1$,

$$\Gamma(s)\Gamma(1-s)=\frac{\pi}{\sin s\pi}, \quad \Gamma\left(\frac{1}{2}\right)=\sqrt{\pi}.$$

(4) 勒让德倍元公式: 设 $z>0$,

$$\Gamma(z)\Gamma\left(z+\frac{1}{2}\right)=2^{1-2n}\sqrt{\pi}\Gamma(2z).$$

B 函数有如下性质:

(1) 对称性: $\mathrm{B}(p,q)=\mathrm{B}(q,p)$;

(2) 递推公式:

$$\mathrm{B}(p,q)=\frac{q-1}{p+q-1}\mathrm{B}(p,q-1),\quad \mathrm{B}(p,q)=\frac{p-1}{p+q-1}\mathrm{B}(p-1,q),$$

$$\mathrm{B}(p,q)=\frac{(p-1)(q-1)}{(p+q-1)(p+q-2)}\mathrm{B}(p-1,q-1)\quad (p>1,q>1).$$

特别地, 对正整数 m,n, 有

$$\mathrm{B}(m,n)=\frac{(n-1)!(m-1)!}{(m+n-1)!}.$$

(3) 余元公式: 设 $0<s<1$,

$$\mathrm{B}(s,1-s)=\frac{\pi}{\sin s\pi}.$$

特别地, $\mathrm{B}\left(\frac{1}{2},\frac{1}{2}\right)=\pi$.

(4) 狄利克雷公式:

$$\mathrm{B}(p,q)=\frac{\Gamma(p)\Gamma(q)}{\Gamma(p+q)}=\frac{(p-1)!(q-1)!}{(p+q-1)!}.$$

它们对于积分的简便运算有重要的运用.

例题 7.7　设 n 为正整数. 求

$$\int_0^1 (\ln(1-t))^n\,\mathrm{d}t.$$

解　令 $1-t=y$, 得到

$$\int_0^1 \ln^n y\,\mathrm{d}y.$$

令 $\ln y=-x$, 得到

$$\begin{aligned}\int_0^1 \ln^n y\,\mathrm{d}y&=\int_0^{+\infty} \mathrm{e}^{-x}(-x)^n\,\mathrm{d}x\\&=(-1)^n\int_0^{+\infty} \mathrm{e}^{-x}x^n\,\mathrm{d}u\end{aligned}$$

$$= (-1)^n\Gamma(n+1) = (-1)^n n!.$$

✍ **练习 7.39** 设 n 为正整数. 求 $\int_0^1 t(\ln t)^n \,\mathrm{d}t$.

✍ **练习 7.40** 计算 $\int_0^{+\infty} \sqrt{t}\mathrm{e}^{-t} \,\mathrm{d}t$.

✍ **练习 7.41** 设 n 为正整数, 求 $\int_0^{\pi/2} (\sin t)^{2n} \,\mathrm{d}t$.

✍ **练习 7.42** 计算 $I_k = \dfrac{1}{\sqrt{2\pi}}\int_{-\infty}^{+\infty} x^k\mathrm{e}^{-\frac{x^2}{2}} \,\mathrm{d}x$, 其中 k 为自然数.

提示: 被积函数的奇偶性求解; 通过换元 $t = \dfrac{x^2}{2}$, 转化为 Γ 函数.

例题 7.8 设 $a_n = \int_0^1 x^n\sqrt{1-x^2} \,\mathrm{d}x, n \in \mathbb{N}$. 求证:

(i) $a_n = \dfrac{n-1}{n+2}a_{n-2}$;

(ii) $a_n \leqslant a_{n-1} \leqslant a_{n-2}$;

(iii) $\lim\limits_{n\to+\infty} \dfrac{a_n}{a_{n-1}} = 1$.

解 (i) 通过换元转化为 B 函数. 令 $t = x^2$, 则 $x = \sqrt{t}$, $\mathrm{d}x = \dfrac{1}{2\sqrt{t}} \,\mathrm{d}t$, 因此

$$a_n = \frac{1}{2}\int_0^1 t^{\frac{n-1}{2}}(1-t)^{\frac{1}{2}} \,\mathrm{d}t = \frac{1}{2}\mathrm{B}\left(\frac{n+1}{2}, \frac{3}{2}\right).$$

由 B 函数的性质

$$\mathrm{B}(p,q) = \frac{p-1}{p+q-1}\mathrm{B}(p-1,q)$$

得

$$a_n = \frac{1}{2}\frac{n-1}{n+2}\mathrm{B}\left(\frac{n-1}{2}, \frac{3}{2}\right) = \frac{n-1}{n+2}a_{n-2}.$$

(ii) 由于

$$a_n = \int_0^1 x^n\sqrt{1-x^2} \,\mathrm{d}x \leqslant \int_0^1 x^{n-1}\sqrt{1-x^2} \,\mathrm{d}x = a_{n-1},$$

从而

$$a_n \leqslant a_{n-1} \leqslant a_{n-2}.$$

(iii) 由 (i) 得 $\dfrac{a_n}{a_{n-2}}=\dfrac{n-1}{n+2}$, 从而

$$\lim_{n\to+\infty}\frac{a_n}{a_{n-2}}=1.$$

由 (ii) 知

$$\frac{a_n}{a_{n-2}}\leqslant\frac{a_n}{a_{n-1}}\leqslant 1,$$

由迫敛性知

$$\lim_{n\to+\infty}\frac{a_n}{a_{n-1}}=1.$$

注　令 $x=\sin t$ 化为三角函数再证明也可以.

✍ **练习 7.43**　求 $\displaystyle\int_0^{\pi}\frac{\mathrm{d}x}{\sqrt{3-\cos x}}$.

提示: 设 $u=\sin^2\dfrac{x}{2}$, 换元转化为 B 函数.

✍ **练习 7.44**　计算 $\displaystyle\int_0^{+\infty}\frac{\mathrm{d}x}{1+x^4}$.

提示: 设 $u=x^4$, 将积分转化为 B 函数, 然后利用余元公式.

✍ **练习 7.45**　求 $\displaystyle\int_0^{1}\frac{1}{\sqrt[n]{1-x^n}}\,\mathrm{d}x$.

提示: 将积分转化为 B 函数, 然后利用余元公式.

令 $x^n=t$, 则 $x=\sqrt[n]{t}$, $\mathrm{d}x=\dfrac{1}{n}t^{\frac{1}{n}-1}\,\mathrm{d}t$, 故

$$\int_0^1\frac{1}{\sqrt[n]{1-x^n}}\,\mathrm{d}x=\frac{1}{n}\int_0^1 t^{\frac{1}{n}-1}(1-t)^{\left(1-\frac{1}{n}\right)-1}\,\mathrm{d}t=\frac{1}{n}\mathrm{B}\left(\frac{1}{n},1-\frac{1}{n}\right)=\frac{1}{n}\frac{\pi}{\sin\dfrac{\pi}{n}}.$$

注　由此可得 $\displaystyle\lim_{n\to+\infty}\int_0^1\frac{1}{\sqrt[n]{1-x^n}}\,\mathrm{d}x=1$.

7.5.2　余元公式

积分学中重要的公式之一是余元公式

$$\Gamma(s)\Gamma(1-s)=\mathrm{B}(s,1-s)=\frac{\pi}{\sin s\pi},\quad 0<s<1,$$

其中 $\Gamma(s)=\displaystyle\int_0^{+\infty}\mathrm{e}^{-x}x^{s-1}\,\mathrm{d}x$ 为 Γ 函数; $\mathrm{B}(p,q)=\displaystyle\int_0^1 x^{p-1}(1-x)^{q-1}\,\mathrm{d}x$ 为 B 函数.

当 $s=\dfrac{1}{2}$ 时, 由余元公式可得

(1) $\Gamma\left(\frac{1}{2}\right)=\sqrt{\pi}$; $\mathrm{B}\left(\frac{1}{2},\frac{1}{2}\right)=\pi$.

(2) $\displaystyle\int_0^{+\infty}\frac{\mathrm{d}x}{1+x^p}=\frac{\pi}{p}\csc\frac{\pi}{p}$, 其中 $p>1$.

(3) $\displaystyle\int_0^{+\infty}\frac{y^{s-1}}{1+y}\,\mathrm{d}y=\frac{\pi}{\sin s\pi}$, 其中 $0<s<1$.

余元公式在概率积分、欧拉公式、含参量广义积分的计算和证明方面都有应用. 下面给出余元公式的级数证明法.

引理 7.3 (无穷积分级数表示)

对于 $0<s<1$ 有

$$\int_0^{+\infty}\frac{y^{s-1}}{1+y}\,\mathrm{d}y=\frac{1}{s}+\sum_{k=1}^{+\infty}(-1)^k\left(\frac{1}{s+k}+\frac{1}{s-k}\right).$$

证明 记

$$I=\int_0^{+\infty}\frac{y^{s-1}}{1+y}\,\mathrm{d}y=\int_0^{1}\frac{y^{s-1}}{1+y}\,\mathrm{d}y+\int_1^{+\infty}\frac{y^{s-1}}{1+y}\,\mathrm{d}y=I_1+I_2.$$

先计算瑕积分 $I_1=\displaystyle\int_0^{1}\frac{y^{s-1}}{1+y}\,\mathrm{d}y$,

$$\frac{y^{s-1}}{1+y}=\sum_{k=0}^{+\infty}(-1)^k y^{s+k-1},\quad 0<y<1.$$

显然级数 $\sum\limits_{k=0}^{+\infty}(-1)^k y^{s+k-1}$ 在区间 $(0,\delta)(\delta<1)$ 上是一致收敛的, 因此有

$$\int_0^{\delta}\frac{y^{s-1}}{1+y}\,\mathrm{d}y=\sum_{k=0}^{+\infty}(-1)^k\int_0^{\delta}y^{s+k-1}\,\mathrm{d}y=\sum_{k=0}^{+\infty}(-1)^k\frac{\delta^{s+k}}{s+k}.$$

而级数 $\sum\limits_{k=0}^{+\infty}(-1)^k\dfrac{\delta^{s+k}}{s+k}$ 在 $[0,1]$ 上一致收敛, 当 $\delta=1$ 时具有左连续性, 从而

$$I_1=\lim_{\delta\to1^-}\int_0^{\delta}\frac{y^{s-1}}{1+y}\,\mathrm{d}y=\lim_{\delta\to1^-}\sum_{k=0}^{+\infty}(-1)^k\frac{\delta^{s+k}}{s+k}=\sum_{k=0}^{+\infty}\frac{(-1)^k}{s+k}.$$

在 $I_2 = \int_1^{+\infty} \frac{y^{s-1}}{1+y} \mathrm{d}y$ 中, 令 $y = \frac{1}{t}$, 利用 I_1 的结果得

$$I_2 = \int_0^1 \frac{t^{-s}}{1+t} \mathrm{d}t = \int_0^1 \frac{t^{(1-s)-1}}{1+t} \mathrm{d}t = \sum_{k=0}^{+\infty} \frac{(-1)^k}{(1-s)+k} = \sum_{k=1}^{+\infty} \frac{(-1)^k}{s-k}.$$

下面利用三角函数的傅里叶级数来计算引理 7.3 右边的级数.

引理 7.4 (无穷积分级数表示)

若 $0 < s < 1$, 则

$$\sum_{k=1}^{+\infty}(-1)^k \left(\frac{1}{s+k} + \frac{1}{s-k}\right) = \frac{-\sin s\pi + s\pi}{s \sin s\pi}.$$

♡

证明　先求函数 $f(x) = \cos(sx)$ 在 $[-\pi, \pi]$ 上的傅里叶级数, 其中 s 不是整数. 计算傅里叶系数有

$$a_0 = \frac{1}{\pi} \int_{-\pi}^{\pi} \cos sx \ \mathrm{d}x = \frac{2 \sin s\pi}{s\pi}, \quad b_n = 0,$$

以及

$$\begin{aligned}
a_n &= \frac{2}{\pi} \int_0^{\pi} \cos sx \cos nx \ \mathrm{d}x \\
&= \frac{1}{\pi} \int_0^{\pi} [\cos(sx+nx) + \cos(sx-nx)]\mathrm{d}x \\
&= \frac{1}{\pi} \left[\frac{1}{s+n} \sin(s+n)x + \frac{1}{s-n} \sin(s-n)x\right] \Bigg|_0^{\pi} \\
&= \frac{1}{\pi} \left[\frac{(-1)^n \sin(s\pi)}{s+n} + \frac{(-1)^n \sin(s\pi)}{s-n}\right] \\
&= \frac{(-1)^n}{\pi} \left(\frac{2s \sin(s\pi)}{s^2-n^2}\right).
\end{aligned}$$

于是得到

$$\cos sx = \frac{\sin s\pi}{s\pi} + \frac{2s \sin s\pi}{\pi} \sum_{n=1}^{+\infty} \frac{(-1)^n \cos nx}{s^2-n^2}.$$

因为函数 $f(x) = \cos sx$ 在 $[-\pi, \pi]$ 上的傅里叶级数为

$$\cos sx = \frac{\sin s\pi}{\pi} \left[\frac{1}{s} + 2s \sum_{k=1}^{+\infty}(-1)^k \frac{\cos kx}{s^2-k^2}\right],$$

令 $x=0$, 则得到结论.

特别地, 在上述证明中, 令 $x=0$, 得到恒等式:

$$\frac{\pi}{\sin s\pi}=\frac{1}{s}+\sum_{n=1}^{+\infty}(-1)^n\frac{2s}{s^2-n^2}.$$

帕塞瓦尔 (Parseval) 等式被称为傅里叶级数中的勾股定理.

定理 7.5 (帕塞瓦尔定理)

设 f 在区间 $[-L,L]$ 上有下面傅里叶展开式:

$$f(x)=\frac{a_0}{2}+\sum_{n=1}^{+\infty}\left[a_n\cos\left(\frac{n\pi x}{L}\right)+b_n\sin\left(\frac{n\pi x}{L}\right)\right],$$

那么, 系数之间有下面的恒等式:

$$\frac{1}{L}\int_{-L}^{L}[f(x)]^2\,\mathrm{d}x=\frac{a_0^2}{2}+\sum_{n=1}^{+\infty}(a_n^2+b_n^2).$$

♡

根据前面的函数 $f(x)=\cos(sx)$ 在 $[-\pi,\pi]$ 上的傅里叶级数, 取 $s=\dfrac{1}{2}$, 由帕塞瓦尔等式, 有

$$\int_{-\pi}^{\pi}\cos^2\frac{x}{2}\,\mathrm{d}x=\pi\left(\frac{8}{\pi^2}+\frac{16}{\pi^2}\sum_{n=1}^{+\infty}\frac{1}{(4n^2-1)^2}\right)$$

$$\Rightarrow \pi=\pi\left(\frac{8}{\pi^2}+\frac{16}{\pi^2}\sum_{n=1}^{+\infty}\frac{1}{(4n^2-1)^2}\right).$$

$$\Rightarrow \frac{\pi^2-8}{16}=\sum_{n=1}^{+\infty}\frac{1}{(4n^2-1)^2}.$$

✍ **练习 7.46** 试求 $\cos\alpha x$ 的傅里叶级数展开式, 其中 α 不是整数, 并由此证明:

$$\frac{1}{\alpha}+2\alpha\sum_{n=1}^{+\infty}\frac{(-1)^n}{\alpha^2-n^2}=\frac{\pi}{\sin\alpha\pi},\quad \sum_{n=0}^{+\infty}\frac{1}{(4n-1)^2}=\frac{8+\pi^2}{16}.$$

定理 7.6 (余元公式)

若 $0<s<1$, 则

$$\Gamma(s)\Gamma(1-s)=\frac{\pi}{\sin s\pi}.$$

♡

证明 因为

$$\mathrm{B}(p,q)=\int_0^1 x^{p-1}(1-x)^{q-1}\,\mathrm{d}x \quad (p,q>0),$$

设 $x=\dfrac{y}{1+y}\in(0,1)$，其中 $y>0$, 则

$$\mathrm{B}(p,q)=\int_0^{+\infty}\frac{y^{p-1}}{(1+y)^{p+q}}\,\mathrm{d}y.$$

在上式中令 $q=1-p$, 则得

$$\mathrm{B}(p,1-p)=\int_0^{+\infty}\frac{y^{p-1}}{1+y}\,\mathrm{d}y.$$

因为

$$\frac{\Gamma(s)\Gamma(1-s)}{\Gamma(1)}=\mathrm{B}(s,1-s),\quad 且\ \Gamma(1)=1,$$

所以由前面两个引理, 得余元公式

$$\Gamma(s)\Gamma(1-s)=\mathrm{B}(s,1-s)=\int_0^{+\infty}\frac{y^{s-1}}{1+y}\,\mathrm{d}y=\frac{\pi}{\sin s\pi}.$$

例题 7.9 计算

$$I=\int_0^{+\infty}\frac{x^{m-1}}{1+x^n}\,\mathrm{d}x \quad (n>m>0).$$

解 令 $\dfrac{1}{1+x^n}=t$, 则

$$x=\left(\frac{1}{t}-1\right)^{\frac{1}{n}},\qquad \mathrm{d}x=\frac{1}{n}\left(\frac{1}{t}-1\right)^{\frac{1}{n}-1}\left(-\frac{1}{t^2}\right)\mathrm{d}t,$$

当 $x=0$ 时, $t=1$; 当 $x\to+\infty$ 时, $t\to 0$. 于是

$$\begin{aligned}\int_0^{+\infty}\frac{x^{m-1}}{1+x^n}\,\mathrm{d}x&=\frac{1}{n}\int_0^1 (t-1)^{\frac{m}{n}-1}t^{-\frac{m}{n}}\,\mathrm{d}t\\&=\frac{1}{n}\int_0^1 (t-1)^{\frac{m}{n}-1}t^{1-\frac{m}{n}-1}\,\mathrm{d}t\end{aligned}$$

$$= \frac{1}{n} \mathrm{B}\left(\frac{m}{n}, 1 - \frac{m}{n}\right).$$

由余元公式有

$$I = \int_0^{+\infty} \frac{x^{m-1}}{1+x^n}\, \mathrm{d}x = \frac{1}{n} \frac{\pi}{\sin \dfrac{m\pi}{n}}.$$

✍ **练习 7.47** 计算 $\displaystyle\int_a^b \frac{1}{\sqrt{(x-a)(b-x)}}\, \mathrm{d}x$.

例题 7.10 拉贝积分公式

$$\int_0^1 \ln \Gamma(a)\, \mathrm{d}a = \frac{\ln(2\pi)}{2}.$$

解

$$\begin{aligned}
\int_0^1 \ln \Gamma(x)\, \mathrm{d}x &= \underbrace{\int_0^1 \ln \Gamma(1-x)\, \mathrm{d}x}_{\text{区间再现}} \\
&= \underbrace{\frac{1}{2} \int_0^1 \ln[\Gamma(x)\Gamma(1-x)]\, \mathrm{d}x}_{\text{两式相加除2}} \\
&= \underbrace{\frac{1}{2} \int_0^1 \ln\left(\frac{\pi}{\sin \pi x}\right)\, \mathrm{d}x}_{\text{余元公式}} \\
&= \underbrace{\frac{1}{2} \ln \pi - \frac{1}{2} \int_0^1 \ln(\sin \pi x)\, \mathrm{d}x}_{\text{分离}} \\
&= \underbrace{\frac{1}{2} \ln \pi - \frac{1}{2\pi} \int_0^{\pi} \ln(\sin t)\, \mathrm{d}t}_{x=t/\pi}.
\end{aligned}$$

又

$$\int_0^{\pi} \ln(\sin t)\, \mathrm{d}t = 2 \int_0^{\frac{\pi}{2}} \ln \sin t\, \mathrm{d}t = -\pi \ln 2,$$

所以

$$\int_0^1 \ln \Gamma(x)\, \mathrm{d}x = \frac{1}{2} \ln \pi + \frac{1}{2} \ln 2 = \frac{\ln(2\pi)}{2}.$$

练习 7.48 设 $|\alpha| < 1$, 计算积分 $\int_0^{\frac{\pi}{2}} (\tan x)^\alpha \, dx$.

练习 7.49 (欧拉积分) 证明: 若 $0 < p < 1$, 则

$$\int_0^{+\infty} \frac{dx}{x^p(1+x)} = \frac{\pi}{\sin \pi p}.$$

本题的积分有各种不同的形式, 例如

$$\int_0^{+\infty} \frac{x^{a-1}}{1+x} \, dx (0 < a < 1), \quad \int_0^{+\infty} \frac{x^{m-1}}{1+x^n} \, dx (0 < m < n),$$

等等.

根据欧拉积分

$$\int_0^{+\infty} \frac{x^{a-1}}{1+x} \, dx = \frac{\pi}{\sin a\pi},$$

其中 $0 < a < 1$, 可以得出此公式:

$$\int_0^{+\infty} \frac{1}{a^n + x^n} \, dx = \frac{a\pi}{na^n \sin \frac{\pi}{n}},$$

其中 $a > 0, n > 1$.

练习 7.50 计算积分 $\int_0^{+\infty} \frac{x^\alpha}{1+x^2} \, dx$, 其中 $0 < \alpha < 1$.

7.6 其他经典积分

7.6.1 狄利克雷积分

定理 7.7 (狄利克雷积分)

设参数 $t \in \mathbb{R}$. 则

(1) 当 $t \geqslant 0$ 时,

$$\int_0^{+\infty} e^{-tx} \frac{\sin x}{x} \, dx = \frac{\pi}{2} - \arctan t.$$

(2) 特别地, 当 $t = 0$ 时,

$$\int_0^{+\infty} \frac{\sin x}{x} \, dx = \frac{\pi}{2}.$$

♡

求解狄利克雷积分

$$I=\int_0^{+\infty}\frac{\sin x}{x}\ \mathrm{d}x$$

是一个非常著名的问题, 并且有很多方法去求解它. 比如拉普拉斯变换、双重积分, 甚至费曼积分法！本节给出其中两种.

证明 狄利克雷积分

$$I=\int_0^{+\infty}\frac{\sin x}{x}\ \mathrm{d}x$$

不是绝对收敛的, 即积分 $\displaystyle\int_0^{+\infty}\frac{|\sin x|}{x}\ \mathrm{d}x$ 是发散的.

法 1: 费曼积分法. 构造含有参量的积分求导证明. 为了求解该积分, 引入含有参数的收敛因子 e^{-tx}, 考虑下面的积分

$$I(t)=\int_0^{+\infty}\mathrm{e}^{-tx}\frac{\sin x}{x}\ \mathrm{d}x.$$

当 $t\geqslant 0$ 时, 该积分是一致收敛的. 被积函数在 $0\leqslant t<+\infty$ 和 $0\leqslant x<+\infty$ 中连续, 故 $I(t)$ 在 $0\leqslant t<\infty$ 中连续, 并有

$$\lim_{t\to 0}I(t)=I(0)=\int_0^{+\infty}\frac{\sin x}{x}\ \mathrm{d}x.$$

由求导与积分交换次序得

$$I'(t)=\frac{\mathrm{d}I(t)}{\mathrm{d}t}=-\int_0^{+\infty}\mathrm{e}^{-tx}\sin x\ \mathrm{d}x.$$

用两次分部积分法积分, 不定积分

$$\int\mathrm{e}^{-tx}\sin x\ \mathrm{d}x=\frac{-t\sin x-\cos x}{1+t^2}\mathrm{e}^{-tx}.$$

于是

$$I'(t)=\frac{t\sin x+\cos x}{1+t^2}\mathrm{e}^{-tx}\bigg|_{x=0}^{x=+\infty}=-\frac{1}{1+t^2}.$$

从而 $I(t)=-\arctan t+C$. 为了确定常数 C, 令 $t\to+\infty$, 得到

$$\lim_{t\to+\infty}I(t)=-\frac{\pi}{2}+C=0,$$

所以 $C=\frac{\pi}{2}$. 再令 $t=0$, 得到

$$I(0)=\int_0^{+\infty}\frac{\sin x}{x}\,\mathrm{d}x=\frac{\pi}{2}.$$

法 2: 积分下积分法. 利用累次积分交换次序证明. 利用一个积分恒等式

$$\frac{1}{x}=\int_0^{+\infty}\mathrm{e}^{-xy}\,\mathrm{d}y,$$

得

$$\begin{aligned}\int_0^{+\infty}\frac{\sin x}{x}\,\mathrm{d}x&=\int_0^{+\infty}\sin x\left(\int_0^{+\infty}\mathrm{e}^{-xy}\,\mathrm{d}y\right)\mathrm{d}x\\&=\int_0^{+\infty}\left(\int_0^{+\infty}\mathrm{e}^{-xy}\sin x\,\mathrm{d}x\right)\mathrm{d}y\\&=\int_0^{+\infty}\frac{1}{1+y^2}\,\mathrm{d}y=\frac{\pi}{2}.\end{aligned}$$

这个方法估计是狄利克雷积分最简单和最漂亮的解法.

例题 7.11 已知

$$\int_0^{+\infty}\frac{\sin\beta x}{x}\,\mathrm{d}x=\frac{\pi}{2}\operatorname{sgn}\beta,$$

求

$$\lim_{\alpha\to0^+}\int_0^{+\infty}\frac{\sin 2x}{x+\alpha}\mathrm{e}^{-\alpha x}\,\mathrm{d}x.$$

解 任取 $\varepsilon>0$, 则

$$\begin{aligned}I(\alpha)&=\int_0^{+\infty}\frac{\sin 2x}{x+\alpha}\mathrm{e}^{-\alpha x}\,\mathrm{d}x\\&=\int_0^{\varepsilon}\frac{\sin 2x}{x+\alpha}\mathrm{e}^{-\alpha x}\,\mathrm{d}x+\int_{\varepsilon}^{+\infty}\frac{\sin 2x}{x+\alpha}\mathrm{e}^{-\alpha x}\,\mathrm{d}x.\end{aligned}$$

由于 $\int_{\varepsilon}^{+\infty}\frac{\sin 2x}{x+\alpha}\mathrm{e}^{-\alpha x}\,\mathrm{d}x$ 在 $[0,b]$ 上一致收敛, 其中 b 是大于 0 的实数, $\frac{\sin 2x}{x+\alpha}\mathrm{e}^{-\alpha x}$ 在 $(x,\alpha)\in[\varepsilon,+\infty)\times[0,b]$ 上连续, 故

$$\lim_{\alpha\to0^+}\int_{\varepsilon}^{+\infty}\frac{\sin 2x}{x+\alpha}\mathrm{e}^{-\alpha x}\,\mathrm{d}x=\int_{\varepsilon}^{+\infty}\frac{\sin 2x}{x}\,\mathrm{d}x.$$

又

$$\left|\int_0^\varepsilon \frac{\sin 2x}{x+\alpha}\mathrm{e}^{-\alpha x}\,\mathrm{d}x\right| \leqslant \int_0^\varepsilon \left|\frac{\sin 2x}{x+\alpha}\right|\mathrm{e}^{-\alpha x}\,\mathrm{d}x$$

$$\leqslant \int_0^\varepsilon \left|\frac{\sin 2x}{x}\right|\,\mathrm{d}x < 2\int_0^\varepsilon \mathrm{d}x = 2\varepsilon,$$

于是

$$-2\varepsilon < \int_0^\varepsilon \frac{\sin 2x}{x+\alpha}\mathrm{e}^{-\alpha x}\,\mathrm{d}x < 2\varepsilon.$$

所以

$$\begin{aligned}\varlimsup_{\alpha\to 0^+} I(\alpha) &= \varlimsup_{\alpha\to 0^+}\left[\int_0^\varepsilon \frac{\sin 2x}{x+\alpha}\mathrm{e}^{-\alpha x}\,\mathrm{d}x + \int_\varepsilon^{+\infty}\frac{\sin 2x}{x+\alpha}\mathrm{e}^{-\alpha x}\,\mathrm{d}x\right]\\ &= \varlimsup_{\alpha\to 0^+}\int_0^\varepsilon \frac{\sin 2x}{x+\alpha}\mathrm{e}^{-\alpha x}\,\mathrm{d}x + \lim_{\alpha\to 0^+}\int_\varepsilon^{+\infty}\frac{\sin 2x}{x+\alpha}\mathrm{e}^{-\alpha x}\,\mathrm{d}x\\ &\leqslant 2\varepsilon + \int_\varepsilon^{+\infty}\frac{\sin 2x}{x}\,\mathrm{d}x,\end{aligned}$$

$$\begin{aligned}\varliminf_{\alpha\to 0^+} I(\alpha) &= \varliminf_{\alpha\to 0^+}\left[\int_0^\varepsilon \frac{\sin 2x}{x+\alpha}\mathrm{e}^{-\alpha x}\,\mathrm{d}x + \int_\varepsilon^{+\infty}\frac{\sin 2x}{x+\alpha}\mathrm{e}^{-\alpha x}\,\mathrm{d}x\right]\\ &= \varliminf_{\alpha\to 0^+}\int_0^\varepsilon \frac{\sin 2x}{x+\alpha}\mathrm{e}^{-\alpha x}\,\mathrm{d}x + \lim_{\alpha\to 0^+}\int_\varepsilon^{+\infty}\frac{\sin 2x}{x+\alpha}\mathrm{e}^{-\alpha x}\,\mathrm{d}x\\ &\geqslant -2\varepsilon + \int_\varepsilon^{+\infty}\frac{\sin 2x}{x}\,\mathrm{d}x.\end{aligned}$$

又因为

$$\begin{aligned}\lim_{\varepsilon\to 0^+}\left[2\varepsilon + \int_\varepsilon^{+\infty}\frac{\sin 2x}{x}\,\mathrm{d}x\right] &= \lim_{\varepsilon\to 0^+}\left[-2\varepsilon + \int_\varepsilon^{+\infty}\frac{\sin 2x}{x}\,\mathrm{d}x\right]\\ &= \int_0^{+\infty}\frac{\sin 2x}{x}\,\mathrm{d}x\\ &= \frac{\pi}{2}\operatorname{sgn}(2) = \frac{\pi}{2},\end{aligned}$$

于是

$$\frac{\pi}{2} \leqslant \varliminf_{\alpha\to 0^+} I(\alpha) \leqslant \varlimsup_{\alpha\to 0^+} I(\alpha) \leqslant \frac{\pi}{2},$$

即

$$\varliminf_{\alpha\to 0^+} I(\alpha) = \varlimsup_{\alpha\to 0^+} I(\alpha) = \frac{\pi}{2},$$

所以 $\lim\limits_{\alpha\to0^+} I(\alpha)=\dfrac{\pi}{2}$, 即

$$\lim_{\alpha\to0^+}\int_0^{+\infty}\frac{\sin 2x}{x+\alpha}\mathrm{e}^{-\alpha x}\,\mathrm{d}x=\frac{\pi}{2}.$$

可以如下进一步推广.

练习 7.51 证明 $\displaystyle\int_0^{+\infty}\mathrm{e}^{-ax}\frac{\sin bx}{x}\,\mathrm{d}x=\arctan\frac{b}{a}$.

练习 7.52 计算 $\displaystyle\int_{-\infty}^{+\infty}\sin\left(\mathrm{e}^x\right)\,\mathrm{d}x$.

练习 7.53 计算 $\displaystyle\int_0^{+\infty}\frac{\sin \pi x}{x\left(1-x^2\right)}\,\mathrm{d}x$.

练习 7.54 计算 $\displaystyle\int_0^{+\infty}\frac{\sin^3 x}{x^3}\,\mathrm{d}x,\int_0^{+\infty}\frac{\sin^2 x}{x^2}\,\mathrm{d}x$.

练习 7.55 设 $0<a<1$, $|x|\leqslant\pi$, 证明函数 $\cos ax$ 的傅里叶级数展开式:

$$\cos ax=\frac{\sin a\pi}{\pi}\left[\frac{1}{a}+\sum_{n=1}^{+\infty}(-1)^n\frac{2a}{a^2-n^2}\cos nx\right].$$

我们可以证明下面的结论.

练习 7.56 设 $0<a<1$, 求证:

(1) $\dfrac{\pi}{\sin a\pi}=\dfrac{1}{a}+\sum\limits_{n=1}^{+\infty}(-1)^n\dfrac{2a}{a^2-n^2}$;

(2) $\dfrac{1}{\sin x}=\dfrac{1}{x}+\sum\limits_{n=1}^{+\infty}(-1)^n\dfrac{2x}{x^2-n^2\pi^2}(0<x<\pi)$;

(3) $\displaystyle\int_{-\infty}^{+\infty}\frac{\sin x}{x}\,\mathrm{d}x=\pi$.

7.6.2 高斯积分

定理 7.8 (高斯积分)

$$\int_{-\infty}^{+\infty}\mathrm{e}^{-x^2}\,\mathrm{d}x=\sqrt{\pi}.$$

高斯积分也称为欧拉–泊松积分和概率积分, 因为这个积分在概率论中用得比较广, 它的证明方法有很多种, 下面给出两种.

证明 法 1: 费曼积分法. 构造含参量的积分证明. 定义

$$I=\int_0^{+\infty}\mathrm{e}^{-\frac{x^2}{2}}\ \mathrm{d}x,\quad F(t)=\int_0^{+\infty}\frac{\mathrm{e}^{-\frac{t^2\left(1+x^2\right)}{2}}}{1+x^2}\ \mathrm{d}x.$$

由于积分因子在 $[1,+\infty)$ 上被 $\dfrac{1}{x^2}$ 控制, 所以 $F(t)$ 收敛. 我们对 t 求导数, 导数与积分交换次序, 从而

$$F'(t)=-t\mathrm{e}^{-\frac{t^2}{2}}\int_0^{+\infty}\mathrm{e}^{-\frac{t^2x^2}{2}}\ \mathrm{d}x=-I\mathrm{e}^{-\frac{t^2}{2}},$$

注意到 $F(0)=\dfrac{\pi}{2}$. 另外, 我们有

$$F(+\infty)=\lim_{t\to+\infty}F(t)=0.$$

这因为

$$\int_0^{+\infty}\frac{\mathrm{e}^{-\frac{t^2\left(1+x^2\right)}{2}}}{1+x^2}\ \mathrm{d}x\leqslant\int_0^{+\infty}\frac{2\ \mathrm{d}x}{t^2\left(1+x^2\right)^2}=\frac{1}{t^2}\times\int_0^{+\infty}\frac{\mathrm{d}x}{\left(1+x^2\right)^2}=O\left(\frac{1}{t^2}\right),$$

我们有

$$-I^2=\int_0^{+\infty}F'(t)\ \mathrm{d}t=F(+\infty)-F(0)=-\frac{\pi}{2}.$$

据此, 我们就算得了高斯积分.

法 2: 极限积分交换次序. 利用 $\lim\limits_{n\to+\infty}\left(1+\dfrac{x^2}{n}\right)^{-n}=\mathrm{e}^{-x^2}$ 证明

$$\int_0^{+\infty}\mathrm{e}^{-x^2}\ \mathrm{d}x=\frac{\sqrt{\pi}}{2}.$$

用平均值不等式可以看出

$$\left(1+\frac{x^2}{n}\right)^n=1\cdot\left(1+\frac{x^2}{n}\right)^n\leqslant\left[\frac{1+n\left(1+\frac{x^2}{n}\right)}{n+1}\right]^{n+1}=\left(1+\frac{x^2}{n+1}\right)^{n+1},$$

因此区间 $[0,+\infty)$ 上函数列 $\left\{\left(1+\frac{x^2}{n}\right)^{-n}\right\}$ 单调减少收敛于极限函数 e^{-x^2}. 于是根据极限积分交换次序得到

$$\lim_{n\to+\infty}\int_0^{+\infty}\left(1+\frac{x^2}{n}\right)^{-n}\,\mathrm{d}x=\int_0^{+\infty}\mathrm{e}^{-x^2}\,\mathrm{d}x.$$

用变量替换 $x=\sqrt{n}\tan t$ 计算左边极限号下的积分如下:

$$\begin{aligned}\int_0^{+\infty}\left(1+\frac{x^2}{n}\right)^{-n}\,\mathrm{d}x&=\sqrt{n}\int_0^{\frac{\pi}{2}}\cos^{2n-2}t\,\mathrm{d}t\\&=\frac{\sqrt{n}\pi}{2}\cdot\frac{(2n-3)!!}{(2n-2)!!}\sim\frac{\sqrt{n}\pi}{2}\cdot\frac{1}{\sqrt{n\pi}}=\frac{\sqrt{\pi}}{2},\end{aligned}$$

这里最后一步利用了沃利斯公式

$$\int_0^{\frac{\pi}{2}}\sin^n x\,\mathrm{d}x=\int_0^{\frac{\pi}{2}}\cos^n x\,\mathrm{d}x=\begin{cases}\dfrac{n-1}{n}\cdot\dfrac{n-3}{n-2}\cdot\ \cdots\ \cdot\dfrac{1}{2}\cdot\dfrac{\pi}{2}, & n=2k,\\[2mm]\dfrac{n-1}{n}\cdot\dfrac{n-3}{n-2}\cdot\ \cdots\ \cdot\dfrac{2}{3}, & n=2k+1.\end{cases}$$

由沃利斯公式我们还可以导出一个很著名的极限——沃利斯乘积!

$$\lim_{n\to+\infty}\frac{1}{2n+1}\cdot\left[\frac{(2n)!!}{(2n-1)!!}\right]^2=\frac{\pi}{2}.$$

实际上, 对于 $x\in\left(0,\frac{\pi}{2}\right)$ 有 $\sin^{2n+1}x<\sin^{2n}x<\sin^{2n-1}x$. 积分即得

$$\int_0^{\frac{\pi}{2}}\sin^{2n+1}x\,\mathrm{d}x<\int_0^{\frac{\pi}{2}}\sin^{2n}x\,\mathrm{d}x<\int_0^{\frac{\pi}{2}}\sin^{2n-1}x\,\mathrm{d}x.$$

运用沃利斯公式, 这里的各个积分对应分别如下:

$$\frac{(2n)!!}{(2n+1)!!}<\frac{(2n-1)!!}{(2n)!!}\cdot\frac{\pi}{2}<\frac{(2n-2)!!}{(2n-1)!!}.$$

进一步改写为

$$\frac{1}{2n+1}\cdot\left[\frac{(2n)!!}{(2n-1)!!}\right]^2<\frac{\pi}{2}<\frac{1}{2n}\cdot\left[\frac{(2n)!!}{(2n-1)!!}\right]^2.$$

对于此式两端之差, 有

$$0<\frac{1}{2n(2n+1)}\cdot\left[\frac{(2n)!!}{(2n-1)!!}\right]^2<\frac{1}{2n}\cdot\frac{\pi}{2}\to 0\quad(n\to+\infty).$$

根据迫敛性得到, 该差收敛到零, 于是这两端也必以 $\frac{\pi}{2}$ 为极限.

✍ **练习 7.57** 已知 $b>a>0$.

(1) 证明 $\int_0^{+\infty}\mathrm{e}^{-x^2y}\,\mathrm{d}x$ 在 $[a,b]$ 上一致收敛性;

(2) 已知 $\int_0^{+\infty}\mathrm{e}^{-x^2}\,\mathrm{d}x=\frac{\sqrt{\pi}}{2}$, 求

$$\int_0^{+\infty}\frac{\mathrm{e}^{-x^2a}-\mathrm{e}^{-x^2b}}{x^2}\,\mathrm{d}x.$$

✍ **练习 7.58** 证明: $\Gamma\left(\frac{1}{2}\right)=\int_0^{+\infty}x^{-\frac{1}{2}}\mathrm{e}^{-x}\,\mathrm{d}x=\sqrt{\pi}$.

✍ **练习 7.59** 证明: $\frac{2}{\sqrt{\pi}}\int_0^{+\infty}\mathrm{e}^{-tu^2}\,\mathrm{d}u=\frac{1}{\sqrt{t}}$.

7.6.3 菲涅尔积分

在量子力学中, 我们有时要计算一个类似高斯积分的式子

$$\int_{-\infty}^{+\infty}\exp\left(\mathrm{i}x^2\right)\,\mathrm{d}x=\sqrt{\pi}\exp\left(\mathrm{i}\frac{\pi}{4}\right).$$

这个式子也可以写成实部和虚部的形式, 即

$$\int_{-\infty}^{+\infty}\cos x^2\,\mathrm{d}x=\int_{-\infty}^{+\infty}\sin x^2\,\mathrm{d}x=\sqrt{\frac{\pi}{2}}.$$

这个积分称为菲涅尔积分.

人们知道被积函数为 $\sin x^2$ 和 $\cos x^2$ 时, 没有初等形式的不定积分. 然而, 不是所有的定积分都要用原函数来求解. 菲涅尔积分也有很多种计算方法, 包括柯西积分定理, 本节简单介绍两种方法.

定理 7.9 (菲涅尔积分)

$$\int_0^{+\infty} \sin x^2 \,\mathrm{d}x = \int_0^{+\infty} \cos x^2 \,\mathrm{d}x = \frac{1}{2}\sqrt{\frac{\pi}{2}}.$$

证明　法 1: 利用积分交换次序. 令 $x^2 = t$, 则

$$\int_0^{+\infty} \sin x^2 \,\mathrm{d}x = \frac{1}{2}\int_0^{+\infty} \frac{\sin t}{\sqrt{t}} \,\mathrm{d}t.$$

由于

$$\frac{1}{\sqrt{t}} = \frac{2}{\sqrt{\pi}}\int_0^{+\infty} \mathrm{e}^{-tu^2} \,\mathrm{d}u,$$

构造含参量 k 的积分

$$\int_0^{+\infty} \frac{\sin t}{\sqrt{t}}\mathrm{e}^{-kt} \,\mathrm{d}t = \frac{2}{\sqrt{\pi}}\int_0^{+\infty} \mathrm{e}^{-kt}\sin t \,\mathrm{d}t \int_0^{+\infty} \mathrm{e}^{-tu^2} \,\mathrm{d}u.$$

积分交换次序得到

$$\begin{aligned}\int_0^{+\infty} \frac{\sin t}{\sqrt{t}}\mathrm{e}^{-kt} \,\mathrm{d}t &= \frac{2}{\sqrt{\pi}}\int_0^{+\infty} \mathrm{d}u \int_0^{+\infty} \mathrm{e}^{-\left(k+u^2\right)t}\sin t \,\mathrm{d}t \\ &= \frac{2}{\sqrt{\pi}}\int_0^{+\infty} \frac{\mathrm{d}u}{1+\left(k+u^2\right)^2}.\end{aligned}$$

由阿贝尔定理, 左边的积分关于 $k \geqslant 0$ 一致收敛. 两边同时令 $k \to 0$, 得到

$$\int_0^{+\infty} \frac{\sin t}{\sqrt{t}} \,\mathrm{d}t = \frac{2}{\sqrt{\pi}}\int_0^{+\infty} \frac{\mathrm{d}u}{1+u^4} = \frac{2}{\sqrt{\pi}}\cdot\frac{\pi}{2\sqrt{2}} = \sqrt{\frac{\pi}{2}},$$

所以

$$\int_0^{+\infty} \sin x^2 \,\mathrm{d}x = \frac{1}{2}\sqrt{\frac{\pi}{2}}.$$

法 2: 或者如下简洁表示. 利用高斯积分. 令 $x^2 = t$, 则 $I = \displaystyle\int_0^{+\infty} \frac{\sin t}{\sqrt{t}} \,\mathrm{d}t$. 应用

$$\frac{1}{\sqrt{t}} = \frac{2}{\sqrt{\pi}}\int_0^{+\infty} \mathrm{e}^{-x^2 t} \,\mathrm{d}x,$$

可得

$$\begin{aligned}I &= \frac{2}{\sqrt{\pi}}\int_0^{+\infty}\sin t\left(\int_0^{+\infty}\mathrm{e}^{-x^2t}\mathrm{d}x\right)\,\mathrm{d}t\\&= \frac{2}{\sqrt{\pi}}\int_0^{+\infty}\,\mathrm{d}x\int_0^{+\infty}\mathrm{e}^{-x^2t}\sin t\,\mathrm{d}t\\&= \frac{2}{\sqrt{\pi}}\int_0^{+\infty}\frac{\mathrm{d}x}{1+x^4}\\&= \frac{2}{\sqrt{\pi}}\frac{\pi}{2\sqrt{2}}\\&= \sqrt{\frac{\pi}{2}}.\end{aligned}$$

同理可证

$$\int_0^{+\infty}\cos x^2\,\mathrm{d}x = \frac{1}{2}\sqrt{\frac{\pi}{2}}.$$

✍ **练习 7.60** 设 $a<0$, 证明:

$$\int_0^{+\infty}\cos bx\mathrm{e}^{ax}\,\mathrm{d}x = \frac{-a}{a^2+b^2},\quad \int_0^{+\infty}\sin bx\mathrm{e}^{ax}\,\mathrm{d}x = \frac{b}{a^2+b^2}.$$

我们有下面形式的推广: 对于 $k>1$,

$$\int_0^{+\infty}\sin\left(x^k\right)\,\mathrm{d}x = \frac{1}{k}\Gamma\left(\frac{1}{k}\right)\sin\frac{\pi}{2k},$$

$$\int_0^{+\infty}\cos\left(x^k\right)\,\mathrm{d}x = \frac{1}{k}\Gamma\left(\frac{1}{k}\right)\cos\frac{\pi}{2k}.$$

✍ **练习 7.61** 计算 $\displaystyle\int_0^{+\infty}\frac{\sin x}{\sqrt{x}}\,\mathrm{d}x$.

提示: 答案为 $\sqrt{\dfrac{\pi}{2}}$.

✍ **练习 7.62** 计算 $\displaystyle\int_0^{+\infty}x^{p-1}\sin x\,\mathrm{d}x$, 其中 $0<p<1$.

提示: 答案为 $\Gamma(p)\sin\dfrac{p\pi}{2}$.

✍ **练习 7.63** 计算 $\displaystyle\int_0^{+\infty}\frac{\sin x}{x\mathrm{e}^x}\,\mathrm{d}x$.

提示: 可以利用幂级数或二重积分交换次序方法. 利用积分交换次序. 由于

$$\frac{\sin x}{x}=\int_0^1\cos xt\ \mathrm{d}t,$$

于是原式等于

$$\int_0^1\int_0^{+\infty}\mathrm{e}^{-x}\cos xt\ \mathrm{d}x\ \mathrm{d}t.$$

✍ **练习 7.64**　证明: $\displaystyle\int_0^{+\infty}\mathrm{e}^{-x^n}\ \mathrm{d}x=\Gamma\left(\frac{1}{n}+1\right)$.

✍ **练习 7.65**　证明: $\displaystyle\int_0^{+\infty}\mathrm{e}^{\frac{-\sqrt{t}}{2}}\cos\left(\frac{\sqrt{3t}}{2}\right)\ \mathrm{d}t=-1$.

✍ **练习 7.66**　菲涅尔积分的一个推广: 设 $m>1$, 计算

$$\int_0^{+\infty}\sin t^m\ \mathrm{d}t,\quad \int_0^{+\infty}\cos t^m\ \mathrm{d}t.$$

✍ **练习 7.67**　设 $f(x)=\displaystyle\int_x^{x+1}\sin t^2\ \mathrm{d}t$, 证明: 当 $x\to+\infty$ 时,

$$f(x)=\frac{\cos x^2}{2x}-\frac{\cos(x+1)^2}{2(x+1)}+O\left(\frac{1}{x^2}\right),$$

并求 $\varliminf\limits_{x\to+\infty}xf(x)$ 和 $\varlimsup\limits_{x\to+\infty}xf(x)$.

7.6.4　拉普拉斯积分

两类含参数的特殊积分

$$\int_0^{+\infty}\frac{\cos bx}{a^2+x^2}\ \mathrm{d}x=\frac{\pi}{2a}\mathrm{e}^{-ab},\quad \int_0^{+\infty}\frac{x\sin bx}{a^2+x^2}\ \mathrm{d}x=\frac{\pi}{2}\mathrm{e}^{-ab},\quad a,b>0$$

称为拉普拉斯积分.

类似地, 有

$$\int_{-\infty}^{+\infty}\frac{\cos x}{x^2+px+q}\ \mathrm{d}x=\frac{2\pi}{\sqrt{4q-p^2}}\mathrm{e}^{-\frac{\sqrt{4q-p^2}}{2}}\cos\frac{p}{2},$$

$$\int_{-\infty}^{+\infty}\frac{\sin x}{x^2+px+q}\ \mathrm{d}x=-\frac{2\pi}{\sqrt{4q-p^2}}\mathrm{e}^{-\frac{\sqrt{4q-p^2}}{2}}\sin\frac{p}{2},\quad 4q>p^2.$$

例题 7.12 证明: 当 $b>0$ 时,

$$\int_0^{+\infty}\frac{\sin bx}{x}\,\mathrm{d}x=\frac{\pi}{2}.$$

证明 我们利用二重积分交换次序得到

$$\begin{aligned}\int_0^{+\infty}\frac{\sin bx}{x}\,\mathrm{d}x&=\int_0^{+\infty}\sin bx\cdot\frac{1}{x}\,\mathrm{d}x\\&=\int_0^{+\infty}\sin bx\left(\int_0^{+\infty}\mathrm{e}^{-xy}\,\mathrm{d}y\right)\,\mathrm{d}x\\&=\int_0^{+\infty}\left(\int_0^{+\infty}\mathrm{e}^{-xy}\sin bx\,\mathrm{d}x\right)\,\mathrm{d}y\\&=\int_0^{+\infty}\frac{b}{y^2+b^2}\,\mathrm{d}y\\&=\int_0^{+\infty}\frac{b^2\,\mathrm{d}u}{b^2u^2+b^2}\\&=\arctan u\Big|_0^{+\infty}=\frac{\pi}{2}.\end{aligned}$$

例题 7.13 证明:

$$\int_{-\infty}^{+\infty}\frac{t\sin t}{t^2+4}\,\mathrm{d}t=\pi\mathrm{e}^{-2}.$$

证明 利用含参量积分求导的方法. 构造辅助函数

$$\begin{aligned}I(x)&=\int_{-\infty}^{+\infty}\frac{t\sin xt}{t^2+4}\,\mathrm{d}t\\&=2\int_0^{+\infty}\frac{(t^2+4-4)\sin xt}{t\,(t^2+4)}\,\mathrm{d}t\\&=2\int_0^{+\infty}\frac{\sin xt}{t}\,\mathrm{d}t-8\int_0^{+\infty}\frac{\sin xt}{t\,(t^2+4)}\,\mathrm{d}t\\&=2\cdot\frac{\pi}{2}-8\int_0^{+\infty}\frac{\sin xt}{t\,(t^2+4)}\,\mathrm{d}t.\end{aligned}$$

求导得

$$I'(x)=-8\int_0^{+\infty}\frac{\cos xt}{t^2+4}\,\mathrm{d}t,$$

继续求导得

$$I''(x)=8\int_0^{+\infty}\frac{t\sin xt}{t^2+4}\,\mathrm{d}t,$$

即 $I''(x)-4I(x)=0$. 于是得到 $I(x)=c_1\mathrm{e}^{2x}+c_2\mathrm{e}^{-2x}$. 根据初值 $I(0^+)=\pi$,

$$I'(0^+)=-8\int_0^{+\infty}\frac{1}{t^2+4}\,\mathrm{d}t=-2\pi.$$

确定 $c_1=0,\ c_2=\pi$. 因此

$$I(x)=\pi\mathrm{e}^{-2x},\quad I(1)=\pi\mathrm{e}^{-2}.$$

✍ **练习 7.68** 计算 $\displaystyle\int_0^{+\infty}\frac{\cos bx}{(a^2+x^2)^2}\,\mathrm{d}x$.

提示: 答案为 $\dfrac{\pi}{4a^3}(ab+1)\mathrm{e}^{-ab}$.

✍ **练习 7.69** 计算 $\displaystyle\int_0^{+\infty}\frac{x\sin bx}{(a^2+x^2)^2}\,\mathrm{d}x$.

提示: 答案为 $\dfrac{b\pi}{4a}\mathrm{e}^{-ab}$.

✍ **练习 7.70** 计算 $\displaystyle\int_0^{+\infty}\frac{\sin^2 x}{x^2(1+x^2)}\,\mathrm{d}x$.

提示: 答案为 $\dfrac{\pi}{4}(\mathrm{e}^{-2}+1)$.

7.7 积分与极限交换次序

7.7.1 换次序的定理与应用

定理 7.10 (极限与积分交换次序)

设函数列 $g_n(x), n=1,2,\cdots,x\in\mathbb{R}$, 满足

(i) 对于所有 n 和 x, 均有 $0\leqslant g_n(x)\leqslant g_{n+1}(x)$;

(ii) 对于所有 x, $\lim\limits_{n\to+\infty}g_n(x)=g(x)$,

则

$$\lim_{n\to+\infty}\int_{-\infty}^{+\infty}g_n(x)\mathrm{d}x=\int_{-\infty}^{+\infty}\lim_{n\to+\infty}g_n(x)\mathrm{d}x=\int_{-\infty}^{+\infty}g(x)\mathrm{d}x.$$

当 $\int$ 换成 $\sum$ 时, 对于离散 x, 同样的结果也成立. ♡

定理 7.11 (极限与积分交换次序)

设 $\{f_n(x)\}$ 是定义在区间 $[a,+\infty)$ 上的函数列. 若

(i) $\displaystyle\int_a^{+\infty} f_n(x)\mathrm{d}x$ 关于正整数 n 一致收敛;

(ii) 函数列 $\{f_n(x)\}$ 在 $[a,+\infty)$ 上内闭一致收敛于函数 $f(x)$;

(iii) $\displaystyle\int_a^{+\infty} f(x)\mathrm{d}x$ 收敛,

则

$$\lim_{n\to+\infty}\int_a^{+\infty} f_n(x)\mathrm{d}x=\int_a^{+\infty}\lim_{n\to+\infty} f_n(x)\mathrm{d}x=\int_a^{+\infty} f(x)\mathrm{d}x.$$

♡

例题 7.14 计算

$$\int_0^{+\infty}\mathrm{e}^{-x^2}\sum_{k=0}^{+\infty}\frac{x^{2k+1}}{3^k(k!)^2}\,\mathrm{d}x.$$

解 由比值法知, 被积函数中的幂级数的收敛域为 $(-\infty,+\infty)$. 令

$$f_n(x)=\mathrm{e}^{-x^2}\sum_{k=0}^{n}\frac{x^{2k+1}}{3^k(k!)^2},\quad f(x)=\mathrm{e}^{-x^2}\sum_{k=0}^{+\infty}\frac{x^{2k+1}}{3^k(k!)^2}.$$

则在区间 $[0,+\infty)$ 上, 有

$$0\leqslant f_n(x)=\mathrm{e}^{-x^2}\sum_{k=0}^{n}\frac{x^{2k+1}}{3^k(k!)^2}\leqslant x\mathrm{e}^{-x^2}\sum_{k=0}^{+\infty}\frac{x^{2k}}{3^k k!}=x\mathrm{e}^{-x^2+\frac{x^2}{3}}=x\mathrm{e}^{-\frac{2x^2}{3}}.$$

注意到 $\displaystyle\int_0^{+\infty}x\mathrm{e}^{-\frac{x^2}{3}}\,\mathrm{d}x$ 收敛, 得到 $\displaystyle\int_0^{+\infty}f_n(x)\mathrm{d}x$ 关于正整数 n 一致收敛. 在任意给定的闭子区间 $[\alpha,\beta]$ 上,

$$|f_n(x)-f(x)|=\mathrm{e}^{-x^2}\left|\sum_{k=n+1}^{+\infty}\frac{x^{2k+1}}{3^k(k!)^2}\right|\leqslant\sum_{k=n+1}^{+\infty}\frac{\beta^{2k+1}}{3^k(k!)^2}\to 0\quad(n\to+\infty).$$

因此函数列 $\{f_n(x)\}$ 在 $[0,+\infty)$ 上内闭一致收敛于 $f(x)$. 由定理 7.11, 得

$$\begin{aligned}\int_0^{+\infty}\mathrm{e}^{-x^2}\sum_{k=0}^{+\infty}\frac{x^{2k+1}}{3^k(k!)^2}\,\mathrm{d}x&=\lim_{n\to+\infty}\sum_{k=0}^{n}\int_0^{+\infty}\mathrm{e}^{-x^2}\frac{x^{2k+1}}{3^k(k!)^2}\,\mathrm{d}x\\&=\lim_{n\to+\infty}\frac{1}{2}\sum_{k=0}^{n}\frac{\Gamma(k+1)}{3^k(k!)^2}\end{aligned}$$

$$=\frac{1}{2}\sum_{k=0}^{+\infty}\frac{1}{3^k k!}$$

$$=\frac{1}{2}\mathrm{e}^{\frac{1}{3}},$$

其中用了 Γ 函数

$$\Gamma(t)=2\int_0^{+\infty}x^{2t-1}\mathrm{e}^{-x^2}\,\mathrm{d}x.$$

定理 7.12 (极限与变限积分交换次序)

设 $\{f_n(x)\}$ 是定义在 $[a,+\infty)$ 上的连续函数列, 满足

(1) 函数列 $\{f_n(x)\}$ 在 $[a,+\infty)$ 上内闭一致收敛于函数 $f(x)$;

(2) $\exists\, M(x)$ 使得在 $[a,+\infty)$ 上, 对 $\forall n$, $|f_n(x)|\leqslant M(x)$;

(3) $\displaystyle\int_a^{+\infty}M(x)\mathrm{d}x$ 收敛,

则

$$\lim_{n\to+\infty}\int_a^n f_n(x)\mathrm{d}x=\int_a^{+\infty}f(x)\mathrm{d}x.$$

♡

例题 7.15 设 $f(x)$ 在 $[0,1]$ 上连续, 试证:

$$\lim_{h\to0^+}\int_0^1\frac{h}{h^2+x^2}f(x)\,\mathrm{d}x=\frac{\pi}{2}f(0).$$

解 法 1: 设 $t=\dfrac{x}{h}$, 则 $x=th$, 于是

$$\lim_{h\to0^+}\int_0^1\frac{h}{h^2+x^2}f(x)\,\mathrm{d}x=\lim_{h\to0^+}\int_0^{\frac{1}{h}}\frac{f(th)}{1+t^2}\,\mathrm{d}t.$$

由于反常积分一致收敛, 于是积分与极限交换次序得到

$$\lim_{h\to0^+}\int_0^1\frac{hf(x)}{h^2+x^2}\,\mathrm{d}x=\lim_{h\to0^+}\int_0^{\frac{1}{h}}\frac{f(th)}{1+t^2}\,\mathrm{d}t=\int_0^{\lim\limits_{h\to0^+}\frac{1}{h}}\lim_{h\to0^+}\frac{f(th)}{1+t^2}\,\mathrm{d}t$$

$$=\int_0^{+\infty}\frac{f(0)}{1+t^2}\,\mathrm{d}t$$

$$=f(0)\int_0^{+\infty}\frac{1}{1+t^2}\,\mathrm{d}t=\frac{\pi}{2}f(0).$$

法 2: 设 $x=th$, 则

$$\int_0^1 \frac{h}{h^2+x^2}f(x)\ \mathrm{d}x=\int_0^{\frac{1}{h}}\frac{f(th)}{1+t^2}\ \mathrm{d}t.$$

由于 f 连续, 于是 $\exists\delta>0$, 当 $|th|<\delta$ 时, $|f(th)-f(0)|<\dfrac{2\varepsilon}{\pi}$. 因此

$$\begin{aligned}\left|\int_0^{\frac{1}{h}}\frac{f(th)}{1+t^2}\ \mathrm{d}t-\int_0^{\frac{1}{h}}\frac{f(0)}{1+t^2}\ \mathrm{d}t\right|&=\left|\int_0^{\frac{1}{h}}\frac{f(th)-f(0)}{1+t^2}\ \mathrm{d}t\right|\\&\leqslant\int_0^{\frac{1}{h}}\frac{|f(th)-f(0)|}{1+t^2}\ \mathrm{d}t\\&\leqslant\frac{2\varepsilon}{\pi}\int_0^{\frac{1}{h}}\frac{\mathrm{d}t}{1+t^2}<\varepsilon.\end{aligned}$$

于是

$$\lim_{h\to0^+}\left(\int_0^{\frac{1}{h}}\frac{f(th)}{1+t^2}\ \mathrm{d}t-\int_0^{\frac{1}{h}}\frac{f(0)}{1+t^2}\ \mathrm{d}t\right)=0.$$

例题 7.16 证明广义积分

$$\int_0^{+\infty}\mathrm{e}^{-x^2}\sin(rx)\ \mathrm{d}x$$

关于 $r\in[0,+\infty)$ 一致收敛, 并计算极限

$$\lim_{r\to+\infty}r\int_0^{+\infty}\mathrm{e}^{-x^2}\sin(rx)\ \mathrm{d}x.$$

评析 先利用积分下求导, 求出含参量积分的表达式; 然后利用洛必达法则求极限.

解 首先记 $\varphi(r)=\displaystyle\int_0^{+\infty}\mathrm{e}^{-x^2}\sin(rx)\mathrm{d}x$, 由于

$$\left|\mathrm{e}^{-x^2}\sin(rx)\right|\leqslant\mathrm{e}^{-x^2},\quad x,r\in[0,+\infty),$$

并且 $\displaystyle\int_0^{+\infty}\mathrm{e}^{-x^2}\ \mathrm{d}x$ 收敛, 所以 $\varphi(r)$ 关于 $r\in[0,+\infty)$ 一致收敛. 同时由于

$$\left|\left(\mathrm{e}^{-x^2}\sin(rx)\right)_r'\right|=\left|x\mathrm{e}^{-x^2}\cos(rx)\right|\leqslant x\mathrm{e}^{-x^2},\quad x,r\in(0,+\infty),$$

且 $\int_0^{+\infty} x\mathrm{e}^{-x^2}\,\mathrm{d}x$ 收敛, 所以 $\int_0^{+\infty} x\mathrm{e}^{-x^2}\cos(rx)\mathrm{d}x$ 也关于 $r\in[0,+\infty)$ 一致收敛, 那么再结合 $\mathrm{e}^{-x^2}\sin(rx)$ 与 $x\mathrm{e}^{-x^2}\cos(rx)$ 的连续性可知 $\varphi(r)$ 在 $[0,+\infty)$ 上可导, 且

$$\begin{aligned}\varphi'(r)&=\int_0^{+\infty} x\mathrm{e}^{-x^2}\cos(rx)\mathrm{d}x=-\frac{1}{2}\int_0^{+\infty}\cos(rx)\mathrm{d}\left(\mathrm{e}^{-x^2}\right)\\&=-\frac{1}{2}\mathrm{e}^{-x^2}\cos(rx)\Big|_{x=0}^{x=+\infty}-\frac{1}{2}r\int_0^{+\infty}\mathrm{e}^{-x^2}\sin(rx)\mathrm{d}x=\frac{1}{2}-\frac{r}{2}\varphi(r),\end{aligned}$$

所以 $\varphi'(r)+\frac{r}{2}\varphi(r)=\frac{1}{2}$, 即 $\left(\varphi(r)\mathrm{e}^{\frac{r^2}{4}}\right)'=\frac{1}{2}\mathrm{e}^{\frac{r^2}{4}}$, 所以

$$\varphi(r)\mathrm{e}^{\frac{r^2}{4}}=\varphi(0)\mathrm{e}^0+\frac{1}{2}\int_0^r \mathrm{e}^{\frac{x^2}{4}}\,\mathrm{d}x=\frac{1}{2}\int_0^r \mathrm{e}^{\frac{x^2}{4}}\,\mathrm{d}x,$$

即

$$\varphi(r)=\frac{1}{2}\mathrm{e}^{-\frac{r^2}{4}}\int_0^r \mathrm{e}^{\frac{x^2}{4}}\,\mathrm{d}x.$$

于是, 由洛必达法则可知

$$\begin{aligned}\lim_{r\to+\infty} r\int_0^{+\infty}\mathrm{e}^{-x^2}\sin(rx)\mathrm{d}x&=\lim_{r\to+\infty}\frac{r\int_0^r \mathrm{e}^{\frac{x^2}{4}}\,\mathrm{d}x}{2\mathrm{e}^{\frac{r^2}{4}}}\\&=\lim_{r\to+\infty}\frac{\int_0^r \mathrm{e}^{\frac{x^2}{4}}\,\mathrm{d}x+r\mathrm{e}^{\frac{r^2}{4}}}{r\mathrm{e}^{\frac{r^2}{4}}}\\&=1+\lim_{r\to+\infty}\frac{\mathrm{e}^{\frac{r^2}{4}}}{\mathrm{e}^{\frac{r^2}{4}}+\frac{1}{2}r^2\mathrm{e}^{\frac{r^2}{4}}}\\&=1+\lim_{r\to+\infty}\frac{1}{1+\frac{1}{2}r^2}=1.\end{aligned}$$

✍ **练习 7.71**　设函数 $f(x)$ 在 $[0,1]$ 上连续, 试证明:

$$\lim_{n\to+\infty}\int_0^1 \frac{n}{1+n^2x^2}f(x)\,\mathrm{d}x=\frac{\pi}{2}f(0).$$

✍ **练习 7.72**　计算 $\lim\limits_{n\to+\infty} n^2\left(\int_0^1 \sqrt[n]{1+x^n}\,\mathrm{d}x-1\right)$.

✍ **练习 7.73** 证明极限 $\lim\limits_{n\to+\infty}\dfrac{1}{n^2}\displaystyle\int_0^n\frac{\sqrt{n^2-x^2}}{2+x^{-x}}\,\mathrm{d}x=\frac{\pi^2}{8}$.

7.7.2 无需交换次序积分的极限

下面的习题是一个有关定积分的极限的证明题, 这类问题往往具有一定的综合性和技巧性.

下面的例子根据函数斯托尔茨公式及积分中值定理求解.

例题 7.17 设 $f(x)$ 在 $[0,+\infty)$ 上连续, 并且反常积分 $\displaystyle\int_0^{+\infty}f(x)\mathrm{d}x$ 收敛, 求

$$\lim_{y\to+\infty}\frac{1}{y}\int_0^y xf(x)\,\mathrm{d}x.$$

解 记 $\displaystyle\int_0^{+\infty}f(x)\,\mathrm{d}x=A$, $F(x)=\displaystyle\int_0^x f(t)\,\mathrm{d}t$, 则 $F'(x)=f(x)$, 且 $\lim\limits_{x\to+\infty}F(x)=A$. 对于任意的 $y>0$, 利用分部积分, 有

$$\begin{aligned}\frac{1}{y}\int_0^y xf(x)\,\mathrm{d}x&=\frac{1}{y}\int_0^y x\,\mathrm{d}F(x)\\&=\frac{1}{y}xF(x)\bigg|_{x=0}^{x=y}-\frac{1}{y}\int_0^y F(x)\,\mathrm{d}x\\&=F(y)-\frac{1}{y}\int_0^y F(x)\,\mathrm{d}x.\end{aligned}$$

由函数斯托尔茨公式及积分中值定理, 存在 $\xi\in[y,y+1]$, 使得

$$\begin{aligned}\lim_{y\to+\infty}\frac{1}{y}\int_0^y F(x)\,\mathrm{d}x&=\lim_{y\to+\infty}\frac{\displaystyle\int_0^{y+1}F(x)\,\mathrm{d}x-\int_0^y F(x)\,\mathrm{d}x}{(y+1)-y}\\&=\lim_{y\to+\infty}\int_y^{y+1}F(x)\,\mathrm{d}x=\lim_{\xi\to+\infty}F(\xi)=A,\end{aligned}$$

因此

$$\lim_{y\to+\infty}\frac{1}{y}\int_0^y xf(x)\,\mathrm{d}x=A-A=0.$$

下面的题目根据分段讨论求解.

✍ **练习 7.74** 证明 $\lim\limits_{n\to+\infty}\displaystyle\int_0^1\left(1-x^3\right)^n\,\mathrm{d}x=0$.

第 7 章练习

1. 设 $0 < x < +\infty$, 计算积分

$$I(x) = \int_0^{\frac{\pi}{2}} \ln\left(\sin^2\theta + x^2\cos^2\theta\right) \mathrm{d}\theta.$$

提示: 先对积分中参数 x 求导, 后依次积分求解.

2. 设 m 为正整数, $a^2 < 1$, 计算积分

$$I(a) = \int_0^{\pi} \ln\left(1 - 2a\cos\theta + a^2\right) \cos m\theta \ \mathrm{d}\theta.$$

提示: 先对积分中参数 θ 求导, 利用

$$\frac{\cos\theta - a}{1 - 2a\cos\theta + a^2} = \sum_{n=0}^{+\infty} a^n \cos(n+1)\theta,$$

以及余弦函数的正交性, 可积分求解.

3. 计算积分 $\displaystyle\int_0^1 \frac{\dfrac{\ln(1+x)}{x} - \ln 2}{1-x} \mathrm{d}x$.

提示: 构造含参量的积分

$$\int_0^1 \frac{\dfrac{\ln(1+\alpha x)}{x} - \ln(1+\alpha)}{1-x} \mathrm{d}x,$$

其中 $\alpha > 0$, 先对积分中参数 α 求导, 后依次积分求解; 也可以用幂级数方法求解.

4. 设 $|\alpha| < 1$, 计算积分

$$I(\alpha) = \int_0^{\frac{\pi}{2}} \ln\frac{1+\alpha\cos x}{1-\alpha\cos x} \cdot \frac{1}{\cos x} \ \mathrm{d}x.$$

提示: 利用

$$\frac{\ln(1+\alpha\cos x)}{\cos x} - \frac{\ln(1+\alpha\cos x)}{\cos x} = \int_{-\alpha}^{\alpha} \frac{\mathrm{d}y}{1+y\cos x}$$

将积分化为二重积分, 然后交换积分次序进行求解.

5. 利用欧拉积分, 求下面的定积分.

(i) $\displaystyle\int_0^{\frac{\pi}{2}} \frac{x}{\tan x}\,\mathrm{d}x$.

提示: 分部积分.

(ii) $\displaystyle\int_0^{1} \frac{\arcsin x}{x}\,\mathrm{d}x$.

提示: 分部积分, $\displaystyle\int_0^{1} \frac{\arcsin x}{x}\,\mathrm{d}x = -\int_0^1 \frac{\ln x}{\sqrt{1-x^2}}\,\mathrm{d}x$, 再令 $x=\sin t$.

(iii) $\displaystyle\int_0^{\pi} \frac{x\sin x}{1-\cos x}\,\mathrm{d}x$.

提示: 分部积分, 原积分

$$\begin{aligned} I = \int_0^{\pi} \frac{x\sin x}{1-\cos x}\,\mathrm{d}x &= \int_0^{\pi} x\,\mathrm{d}[\ln(1-\cos x)] \\ &= x\ln(1-\cos x)\Big|_0^{\pi} - \int_0^{\pi} \ln(1-\cos x)\mathrm{d}x \\ &= \pi\ln 2 - I. \end{aligned}$$

而

$$I = \int_0^{\pi} \ln(1-\cos x)\mathrm{d}x = \int_0^{\pi} \ln\left(2\sin^2\frac{x}{2}\right)\mathrm{d}x = \pi\ln 2 + 2\int_0^{\pi} \ln\sin\frac{x}{2}\,\mathrm{d}x.$$

再令 $t=\dfrac{x}{2}$.

6. 证明: 级数

$$\ln\left(1-2x\cos\theta+x^2\right) = -2\sum_{n=1}^{+\infty}\frac{x^n}{n}\cos n\theta$$

在 $|x|<1$ 时一致收敛.

7. 证明: $\displaystyle\int_0^{+\infty}\frac{\sin x}{x}\mathrm{d}x = \int_0^{+\infty}\frac{\sin^2 x}{x^2}\mathrm{d}x = \frac{\pi}{2}$.

8. 证明: $\displaystyle\int_{-\frac{\pi}{2}}^{\frac{\pi}{2}}\frac{1}{3-\sin^2 x}\,\mathrm{d}x = \frac{\pi\sqrt{3}}{3}$.

9. 证明: $\displaystyle\int_0^{\pi} x\ln\sin x\,\mathrm{d}x = -\frac{\pi^2}{2}\ln 2$.

10. 计算极限 $\displaystyle\lim_{n\to+\infty} n\int_0^{\frac{\pi}{2}} x\ln\left(1+\frac{\sin x}{x}\right)\cos^n x\,\mathrm{d}x$.

11. (1) 证明: 当 $0 \leqslant x \leqslant 1$ 时, 有 $2x \leqslant 1+\sin\dfrac{\pi x}{2} \leqslant 2$.

(2) 求极限 $\lim\limits_{n\to+\infty}\left[\displaystyle\int_0^1\left(1+\sin\frac{\pi x}{2}\right)^n\,\mathrm{d}x\right]^{\frac{1}{n}}$.

12. 设

$$g(y)=\int_0^{+\infty}\mathrm{e}^{-xy}\frac{\sin(ax)}{x}\,\mathrm{d}x,\quad y>0,$$

证明: $g(y)=\pm\dfrac{\pi}{2}-\tan^{-1}\left(\dfrac{y}{a}\right)$.

13. 证明: $\displaystyle\int_0^1 x^a\{\ln(x)\}^2\,\mathrm{d}x=\frac{2}{(a+1)^3}$.

提示:

$$\begin{aligned}\int_0^1 x^a\ln(x)\,\mathrm{d}x&=\frac{\mathrm{d}}{\mathrm{d}a}\int_0^1 x^a\,\mathrm{d}x=\frac{\mathrm{d}}{\mathrm{d}a}\left[\left\{\frac{x^{a+1}}{a+1}\right\}\Bigg|_0^1\right]\\&=\frac{\mathrm{d}}{\mathrm{d}a}\left(\frac{1}{a+1}\right)=-\frac{1}{(a+1)^2}.\end{aligned}$$

进一步

$$\int_0^1 x^a\{\ln(x)\}^2\,\mathrm{d}x=\frac{\mathrm{d}}{\mathrm{d}a}\int_0^1 x^a\ln(x)\mathrm{d}x=\frac{\mathrm{d}}{\mathrm{d}a}\left\{-\frac{1}{(a+1)^2}\right\}=\frac{2(a+1)}{(a+1)^4}.$$

14. 证明: $\displaystyle\int_0^{\pi}\frac{1}{a+b\cos(x)}\,\mathrm{d}x=\frac{\pi}{\sqrt{a^2-b^2}}, a>b$.

15. 证明: $I(a)=\displaystyle\int\frac{\pi}{\sqrt{a^2-b^2}}\,\mathrm{d}a=\pi\ln\left\{a+\sqrt{a^2-b^2}\right\}+C$.

16. 证明: $\displaystyle\int_0^{\pi}\ln\{a+b\cos(x)\}\,\mathrm{d}x=\pi\ln\left\{\frac{a+\sqrt{a^2-b^2}}{2}\right\},\quad a>b$.

第 8 章　柯西–施瓦茨积分不等式及其应用

内容提要

- 离散柯西不等式
- 最值问题
- 拉格朗日 (Lagrange) 恒等式
- 柯西–施瓦茨 (Cauchy-Schwarz) 积分不等式
- 牛顿–莱布尼茨 (Newton-Leibniz) 公式
- 变限积分求导公式
- 与导函数的积分不等式
- 与倒数的积分不等式
- 奥尔 (Opial) 不等式
- 关于绝对值的积分不等式
- 分部积分法
- 构造法

柯西–施瓦茨积分不等式是著名的积分不等式之一. 本章介绍了柯西–施瓦茨积分不等式和相关的不等式问题.

8.1 预备知识

本节先介绍柯西不等式. 柯西不等式给出了这样的结论: 乘积之和的平方不会超过平方之和的乘积. 即

定理 8.1 (柯西不等式)

已知 $a_1, a_2, \cdots, a_n; b_1, b_2, \cdots, b_n$ 均为实数, 则

$$\left(\sum_{i=1}^{n} a_i b_i\right)^2 \leqslant \left(\sum_{i=1}^{n} a_i^2\right) \cdot \left(\sum_{i=1}^{n} b_i^2\right).$$

等式成立的充要条件是 b_i 均为 0 或存在实数 λ 使得 $a_i = \lambda b_i$, $i = 1, 2, \cdots, n$. ♡

柯西不等式有很多种证明方法, 例如, 其中一个简单的证明方法是引入辅助函数, 利用二次函数的判别式进行证明.

证明　法 1: 二次函数的判别式. 设

$$f(t)=\sum_{i=1}^{n}(ta_i+b_i)^2 \geqslant 0, \quad \forall t\in\mathbb{R}.$$

则对于任意的实数 t, 都有

$$\left(\sum_{i=1}^{n}a_i^2\right)t^2+2\left(\sum_{i=1}^{n}a_ib_i\right)t+\sum_{i=1}^{n}b_i^2\geqslant 0.$$

因此关于 t 的二次函数的判别式非正, 即

$$4\left(\sum_{i=1}^{n}a_ib_i\right)^2-4\left(\sum_{i=1}^{n}a_i^2\right)\cdot\left(\sum_{i=1}^{n}b_i^2\right)\leqslant 0.$$

于是得证.

法 2: 由拉格朗日恒等式

$$\begin{aligned}\sum_{i=1}^{n}\sum_{j=1}^{n}(a_ib_j-a_jb_i)^2&=\sum_{i=1}^{n}a_i^2\sum_{j=1}^{n}b_j^2+\sum_{i=1}^{n}b_i^2\sum_{j=1}^{n}a_j^2-2\sum_{i=1}^{n}a_ib_i\sum_{j=1}^{n}b_ja_j\\&=2\left(\sum_{i=1}^{n}a_i^2\right)\left(\sum_{i=1}^{n}b_i^2\right)-2\left(\sum_{i=1}^{n}a_ib_i\right)^2\geqslant 0,\end{aligned}$$

可以直接得到.

法 3: 设

$$A=\sum_{j=1}^{n}a_j^2, \quad B=\sum_{j=1}^{n}b_j^2, \quad C=\sum_{j=1}^{n}a_jb_j.$$

构造

$$\begin{aligned}0\leqslant\sum_{j=1}^{n}(Ba_j-Cb_j)^2&=B^2\sum_{j=1}^{n}a_j^2+C^2\sum_{j=1}^{n}b_j^2-2BC\sum_{j=1}^{n}a_jb_j\\&=B^2A+BC^2-2BC^2\\&=B\left(BA-C^2\right).\end{aligned}$$

可以得到不等式 $C^2\leqslant BA$.

法 4: 利用数学归纳法. 当 $n=1$ 时, 显然成立. 当 $n=2$ 时, 容易验证成立. 假设柯西不等式对于 n 成立, 只需证明 $n+1$ 时也成立.

$$\begin{aligned}
&a_1b_1+a_2b_2+\cdots+a_nb_n+a_{n+1}b_{n+1}\\
=&(a_1b_1+a_2b_2+\cdots+a_nb_n)+a_{n+1}b_{n+1}\\
\leqslant&\left(a_1^2+a_2^2+\cdots+a_n^2\right)^{\frac{1}{2}}\left(b_1^2+b_2^2+\cdots+b_n^2\right)^{\frac{1}{2}}+a_{n+1}b_{n+1}\\
\leqslant&\left(a_1^2+a_2^2+\cdots+a_n^2+a_{n+1}^2\right)^{\frac{1}{2}}\left(b_1^2+b_2^2+\cdots+b_n^2+b_{n+1}^2\right)^{\frac{1}{2}}.
\end{aligned}$$

第一个不等式运用了归纳假设, 第二个不等式运用了 $n=2$ 成立的结论. 于是柯西不等式对于 $n+1$ 是成立的.

例题 8.1 如果 a,b,c 均是正数, 证明:

$$\frac{a}{b+c}+\frac{b}{a+c}+\frac{c}{a+b}\geqslant\frac{3}{2}.$$

证明 该不等式有很多种证明方法. 下面给出柯西不等式的证明方法.

$$a+b+c=\frac{\sqrt{a}}{\sqrt{b+c}}(\sqrt{a}\sqrt{b+c})+\frac{\sqrt{b}}{\sqrt{a+c}}(\sqrt{b}\sqrt{a+c})+\frac{\sqrt{c}}{\sqrt{b+a}}(\sqrt{c}\sqrt{b+a}).$$

根据柯西不等式, 有

$$\begin{aligned}
(a+b+c)^2&\leqslant\left(\frac{a}{b+c}+\frac{b}{a+c}+\frac{c}{a+b}\right)(a(b+c)+b(a+c)+c(a+b))\\
&\leqslant\left(\frac{a}{b+c}+\frac{b}{a+c}+\frac{c}{a+b}\right)(2ab+2ac+2bc).
\end{aligned}$$

于是

$$\frac{a}{b+c}+\frac{b}{a+c}+\frac{c}{a+b}\geqslant\frac{(a+b+c)^2}{2ab+2ac+2bc}=\frac{2(a+b+c)^2}{4(ab+ac+bc)}.$$

运用 $2(a+b+c)^2-6(ab+ac+bc)=(a-b)^2+(a-c)^2+(b-c)^2\geqslant 0$, 即得到不等式.

求解具有约束条件的三元不等式.

✍ **练习 8.1** 设点 (x,y,z) 在单位球面上, 即 $x^2+y^2+z^2=1$, 那么 $2x+3y+5z$ 的最大值是多少?

✍ **练习 8.2** 设 $a,b,c\in(0,1), ab+bc+ca=4abc$, 求证:

$$\sqrt{a+b+c}\geqslant\sqrt{1-a}+\sqrt{1-b}+\sqrt{1-c}.$$

✍ **练习 8.3**　已知 x, y, z 为正实数, 求证:

$$\frac{xyz}{(1+5x)(4x+3y)(5y+6z)(z+18)} \leqslant \frac{1}{5120}.$$

8.2　柯西–施瓦茨积分不等式

与离散柯西不等式相似, 柯西–施瓦茨 (Cauchy-Schwarz) 积分不等式给出了这样的结论: 乘积的定积分的平方不会超过平方的定积分的乘积. 即

定理 8.2 (柯西-施瓦茨积分不等式)

设 $f(x), g(x)$ 均在 $[a, b]$ 上连续, 则

$$\left[\int_a^b f(x)g(x)\,\mathrm{d}x\right]^2 \leqslant \int_a^b f^2(x)\,\mathrm{d}x \cdot \int_a^b g^2(x)\,\mathrm{d}x.$$

等号成立的充分必要条件是存在常数 k 使得 $f(x) = kg(x)$ 或 $g(x) = kf(x)$. ♡

柯西–施瓦茨关于定积分的不等式有很多种证明方法, 其中一个简单的证明方法是引入辅助函数

$$p(t) = \int_a^b (tf(x) + g(x))^2\,\mathrm{d}x \geqslant 0,$$

将其展开为 t 的二次函数, 利用二次函数的判别式进行证明. 下面的方法是利用变上限积分函数求导方法证明.

证明　法 1: 利用函数单调性. 作辅助函数

$$F(t) = \int_a^t f^2(x)\,\mathrm{d}x \cdot \int_a^t g^2(x)\,\mathrm{d}x - \left[\int_a^t f(x)g(x)\,\mathrm{d}x\right]^2.$$

对参数求导得到

$$\begin{aligned}F'(t) &= f^2(t)\int_a^t g^2(x)\,\mathrm{d}x + g^2(t)\int_a^t f^2(x)\,\mathrm{d}x - 2f(t)g(t)\int_a^t f(x)g(x)\,\mathrm{d}x \\ &= \int_a^t (f(t)g(x) - f(x)g(t))^2\,\mathrm{d}x \\ &\geqslant 0, \quad \forall t \in [a, b].\end{aligned}$$

函数 $F(t)$ 是单调不减函数, 于是 $F(b) \geqslant F(a)=0$, 即得到不等式.

法 2: 利用二重积分. 由二重积分交换次序可知

$$\begin{aligned}
&\int_a^b f^2(x)\mathrm{d}x \int_a^b g^2(x)\mathrm{d}x-\left[\int_a^b f(x)g(x)\mathrm{d}x\right]^2\\
=&\int_a^b f^2(x)\mathrm{d}x \int_a^b g^2(y)\mathrm{d}y-\int_a^b f(x)g(x)\mathrm{d}x \int_a^b f(y)g(y)\mathrm{d}y\\
=&\int_a^b \int_a^b \left[f^2(x)g^2(y)-f(x)g(x)f(y)g(y)\right]\mathrm{d}x\mathrm{d}y\\
=&\frac{1}{2}\int_a^b \int_a^b \left[f^2(x)g^2(y)-2f(x)g(x)f(y)g(y)+f^2(y)g^2(x)\right]\mathrm{d}x\mathrm{d}y\\
=&\frac{1}{2}\int_a^b \int_a^b [f(x)g(y)-f(y)g(x)]^2\mathrm{d}x\mathrm{d}y \geqslant 0.
\end{aligned}$$

柯西–施瓦茨积分不等式, 可以将已知函数分离出来, 从而得到某些未知函数的积分不等式.

例题 8.2 设函数 $f(x)$ 为 $[0,1]$ 上的连续函数, 且

$$\int_0^1 f(x)\mathrm{d}x=1, \quad \int_0^1 xf(x)\mathrm{d}x=\frac{27}{2},$$

证明: $\displaystyle\int_0^1 f^2(x)\mathrm{d}x>2021$.

证明 法 1: 由积分的计算性质, 有

$$\int_0^1 f(x)(2x-1)\mathrm{d}x=2\int_0^1 xf(x)\mathrm{d}x-\int_0^1 f(x)\mathrm{d}x=26.$$

由柯西–施瓦茨积分不等式可得

$$26^2 \leqslant \int_0^1 f^2(x)\mathrm{d}x \int_0^1 (2x-1)^2\ \mathrm{d}x=\frac{1}{3}\int_0^1 f^2(x)\mathrm{d}x,$$

于是

$$\int_0^1 f^2(x)\mathrm{d}x \geqslant 3\times 26^2=2028>2021.$$

法 2: 一方面,

$$\int_0^1 (f(x)+ax+b)^2\ \mathrm{d}x=\int_0^1 f^2(x)\mathrm{d}x+\frac{1}{3}a^2+b^2+27a+2b+ab.$$

另一方面, 由柯西–施瓦茨积分不等式知

$$\left(\int_0^1 (f(x)+ax+b)\mathrm{d}x\right)^2 = 1+\frac{a^2}{4}+b^2+a+2b+ab$$
$$\leqslant \int_0^1 (f(x)+ax+b)^2 \cdot \int_0^1 1\ \mathrm{d}x.$$

结合上面的式子, 得到

$$\int_0^1 f^2(x)\mathrm{d}x \geqslant -\frac{a^2}{12}-26a+1 \geqslant -\frac{(-156)^2}{12}+26\times 156+1 = 2029 > 2021.$$

可以改变条件, 得到 $\int_0^1 f^2(x)\mathrm{d}x$ 的一般情形下界.

例题 8.3 已知 $f(x)\geqslant 0$, 且在 $[a,b]$ 上连续, 又 $\int_a^b f(x)\mathrm{d}x = 1, k$ 为任意实数, 证明:

$$\left(\int_a^b f(x)\cos kx\ \mathrm{d}x\right)^2 + \left(\int_a^b f(x)\sin kx\ \mathrm{d}x\right)^2 \leqslant 1.$$

证明 法 1: 利用柯西–施瓦茨积分不等式, 得到

$$\left(\int_a^b f(x)\cos kx\ \mathrm{d}x\right)^2 = \left(\int_a^b \sqrt{f(x)}\cdot\sqrt{f(x)}\cos kx\ \mathrm{d}x\right)^2$$
$$\leqslant \int_a^b (\sqrt{f(x)})^2\ \mathrm{d}x \cdot \int_a^b (\sqrt{f(x)}\cos kx)^2\ \mathrm{d}x$$
$$= \int_a^b f(x)\ \mathrm{d}x \cdot \int_a^b f(x)\cos^2(kx)\ \mathrm{d}x$$
$$= \int_a^b f(x)\cos^2(kx)\ \mathrm{d}x.$$

类似地,

$$\left(\int_a^b f(x)\sin kx\ \mathrm{d}x\right)^2 \leqslant \int_a^b f(x)\sin^2(kx)\ \mathrm{d}x.$$

于是

$$\left(\int_a^b f(x)\cos kx\ \mathrm{d}x\right)^2 + \left(\int_a^b f(x)\sin kx\ \mathrm{d}x\right)^2$$

$$\leqslant \int_a^b f(x)\cos^2(kx)\ \mathrm{d}x + \int_a^b f(x)\sin^2(kx)\ \mathrm{d}x$$
$$= \int_a^b f(x)\ \mathrm{d}x = 1.$$

法 2: 利用重积分

$$\left(\int_a^b f(x)\cos kx\ \mathrm{d}x\right)^2 = \int_a^b f(x)\cos kx\ \mathrm{d}x \int_a^b f(y)\cos ky\ \mathrm{d}y$$
$$= \int_a^b \int_a^b f(x)f(y)\cos kx\cos ky \mathrm{d}x\ \mathrm{d}y.$$
$$\left(\int_a^b f(x)\sin kx\ \mathrm{d}x\right)^2 = \int_a^b f(x)\sin kx\ \mathrm{d}x \int_a^b f(y)\sin ky\ \mathrm{d}y$$
$$= \int_a^b \int_a^b f(x)f(y)\sin kx\sin ky \mathrm{d}x\ \mathrm{d}y.$$

于是

$$\left(\int_a^b f(x)\cos kx\ \mathrm{d}x\right)^2 + \left(\int_a^b f(x)\sin kx \mathrm{d}x\right)^2$$
$$= \int_a^b \int_a^b f(x)f(y)\cos(kx-ky)\mathrm{d}x\ \mathrm{d}y$$
$$\leqslant \int_a^b \int_a^b f(x)f(y)\mathrm{d}x\ \mathrm{d}y \leqslant 1.$$

✍ **练习 8.4** 若 $f(x)$ 在 $[a,b]$ 上有连续的导函数, $f(a)=f(b)=0$ 且 $\int_a^b f^2(x)\ \mathrm{d}x = 1$. 证明:

(1) $\int_a^b xf(x)f'(x)\ \mathrm{d}x = -\dfrac{1}{2}$;

(2) $\int_a^b (f'(x))^2\ \mathrm{d}x \cdot \int_a^b (xf(x))^2\ \mathrm{d}x \geqslant \dfrac{1}{4}$.

8.3 被积函数与其导数平方的积分不等式

本节利用定积分的分部积分公式及柯西–施瓦茨积分不等式, 得到了含有导数的积分不等式.

例题 8.4 设 $f(x)\in C^1[a,b]$, 且 $f(a)=0$, 求证:

$$\int_a^b f^2(x)\,\mathrm{d}x \leqslant \frac{1}{2}(b-a)^2\int_a^b f'^2(x)\,\mathrm{d}x.$$

证明 利用牛顿–莱布尼茨公式, 以及柯西–施瓦茨积分不等式,

$$f^2(x)=\left(f(a)+\int_a^x f'(t)\,\mathrm{d}t\right)^2 \leqslant \int_a^x \mathrm{d}t\int_a^x f'^2(t)\,\mathrm{d}t=(x-a)\int_a^x f'^2(t)\,\mathrm{d}t.$$

于是, $f^2(x)\leqslant (x-a)\int_a^b f'^2(t)\,\mathrm{d}t$. 两边取定积分, 可得

$$\int_a^b f^2(x)\,\mathrm{d}x \leqslant \int_a^b (x-a)\left(\int_a^b f'^2(t)\,\mathrm{d}t\right)\mathrm{d}x=\frac{1}{2}(b-a)^2\int_a^b f'^2(x)\,\mathrm{d}x.$$

结合柯西–施瓦茨积分不等式、牛顿–莱布尼茨公式、分部积分法, 得到某些未知函数的积分不等式. 下面是另外一个类似的估计.

命题 8.1 (被积函数与导数平方的积分不等式)

设函数 $f(x)$ 在 $[a,b]$ 上连续可导, 且 $f(a)=0$ 或 $f(b)=0$, 则有

$$\left(\int_a^b f(x)\mathrm{d}x\right)^2 \leqslant \frac{(b-a)^3}{3}\int_a^b f'^2(x)\mathrm{d}x.$$

♠

证明 不妨设 $f(a)=0$ (对于 $f(b)=0$ 类似地证明), 则

$$\begin{aligned}\int_a^b f(x)\mathrm{d}x &= \int_a^b f(x)\mathrm{d}(x-b)\\ &= f(x)(x-b)\Big|_a^b-\int_a^b (x-b)f'(x)\mathrm{d}x\\ &= \int_a^b (b-x)f'(x)\mathrm{d}x.\end{aligned}$$

再由柯西–施瓦茨积分不等式, 有

$$\left(\int_a^b f(x)\mathrm{d}x\right)^2=\left(\int_a^b (b-x)f'(x)\mathrm{d}x\right)^2$$

$$\leqslant \int_a^b (b-x)^2 \mathrm{~d} x \int_a^b f'^2(x) \mathrm{d} x$$
$$=\frac{(b-a)^3}{3} \int_a^b f'^2(x) \mathrm{d} x .$$

练习 8.5 设函数 $f(x)$ 在 $[0,1]$ 上连续可导, 且 $f(0)=f(1)=0$, 则有

$$\left(\int_0^1 f(x) \mathrm{d} x\right)^2 \leqslant \frac{1}{4} \int_0^1 f'^2(x) \mathrm{d} x .$$

一般地, 我们有下面的结果.

练习 8.6 设函数 $f(x)$ 在 $[a, b]$ 上连续可导, 且 $f(a)=f(b)=0$, 则有

$$\left(\int_a^b f(x) \mathrm{d} x\right)^2 \leqslant \frac{(b-a)^3}{12} \int_a^b f'^2(x) \mathrm{d} x .$$

类似地, 可以证明:

练习 8.7 设函数 $f(x)$ 在 $[a, b]$ 上二阶连续可导, 且 $f(a)=f(b)=0$, 则有

$$\left(\int_a^b f(x) \mathrm{d} x\right)^2 \leqslant \frac{(b-a)^5}{120} \int_a^b f''^2(x) \mathrm{d} x .$$

例题 8.5 设 $f(x)$ 在区间 $[0,1]$ 上连续可导, 且 $f(0)=f(1)=0$. 求证:

$$\left(\int_0^1 x f(x) \mathrm{d} x\right)^2 \leqslant \frac{1}{45} \int_0^1\left(f'(x)\right)^2 \mathrm{~d} x,$$

等号当且仅当 $f(x)=A\left(x-x^3\right)$ 时成立, 其中 A 为常数.

证明 利用分部积分公式可得

$$\int_0^1 x f(x) \mathrm{d} x=\left.\frac{1}{2} x^2 f(x)\right|_0^1-\int_0^1 \frac{1}{2} x^2 f'(x) \mathrm{d} x=-\frac{1}{2} \int_0^1 x^2 f'(x) \mathrm{d} x .$$

因此根据牛顿–莱布尼茨公式可得

$$6 \int_0^1 x f(x) \mathrm{d} x=\int_0^1\left(1-3 x^2\right) f'(x) \mathrm{d} x .$$

再由柯西–施瓦茨积分不等式可得到

$$36\left(\int_0^1 x f(x) \mathrm{d} x\right)^2 \leqslant \int_0^1\left(1-3 x^2\right)^2 \mathrm{~d} x \int_0^1\left(f'(x)\right)^2 \mathrm{~d} x=\frac{4}{5} \int_0^1\left(f'(x)\right)^2 \mathrm{~d} x,$$

由此可得到

$$\left(\int_0^1 xf(x)\mathrm{d}x\right)^2 \leqslant \frac{1}{45}\int_0^1 (f'(x))^2\ \mathrm{d}x,$$

等号成立当且仅当 $f'(x) = A(1-3x^2)$, 从而积分并且由条件 $f(0) = f(1) = 0$ 得到 $f(x) = A(x - x^3)$.

✍ **练习 8.8** 若 $f(x) : [0,1] \to \mathbb{R}$ 是连续可微函数, 且

$$\int_{\frac{1}{2n+1}}^{\frac{2}{2n+1}} f(x)\ \mathrm{d}x = 0 \quad (n \in \mathbb{N}^+),$$

求证:

$$\int_0^1 (f'(x))^2\ \mathrm{d}x \geqslant \frac{3(2n+1)^2}{4n^2-6n+3}\left(\int_0^1 f(x)\ \mathrm{d}x\right)^2.$$

8.4 奥尔不等式

1960 年, 奥尔证明了下面有趣的不等式:

定理 8.3 (奥尔不等式 1)

设 $f(x) \in C^1[0,h]$, 且 $f(0) = f(h) = 0$, 在 $(0,h)$ 上 $f(x) > 0$. 那么

$$\int_0^h |f(x)f'(x)|\ \mathrm{d}x \leqslant \frac{h}{4}\int_0^h f'^2(x)\ \mathrm{d}x,$$

其中常数 $h/4$ 是最佳的. ♡

1965 年, 马洛斯 (Mallows) 给出了一个非常简洁的证明.

定理 8.4 (奥尔不等式 2)

设 $f(x)$ 在 $[0,a]$ 上是绝对连续的, 且 $f(0) = 0$. 那么

$$\int_0^a |f(x)f'(x)|\ \mathrm{d}x \leqslant \frac{a}{2}\int_0^a f'^2(x)\ \mathrm{d}x,$$

等号成立当且仅当 $f(x) = cx$, 这里的 c 是常数. ♡

证明 令 $g(x) = \int_0^x |f'(t)|\ \mathrm{d}t$, 则有 $g'(x) = |f'(x)|$, 又因为

$$|f(x)| = \left|f(0) + \int_0^x f'(t)\ \mathrm{d}t\right| = \left|\int_0^x f'(t)\ \mathrm{d}t\right| \leqslant \int_0^x |f'(t)|\ \mathrm{d}t = g(x),$$

于是

$$\int_0^a |f(x)f'(x)|\ \mathrm{d}x \leqslant \int_0^a g(x)g'(x)\ \mathrm{d}x = \int_0^a g(x)\ \mathrm{d}g(x) = \frac{g^2(a)}{2}.$$

根据柯西–施瓦茨积分不等式, 有

$$\frac{g^2(a)}{2} = \frac{1}{2}\left(\int_0^a |f'(t)|\ \mathrm{d}t\right)^2 \leqslant \frac{1}{2}\int_0^a (f'(x))^2\ \mathrm{d}x \int_0^a 1^2\ \mathrm{d}x = \frac{a}{2}\int_0^a f'^2(x)\ \mathrm{d}x,$$

等号成立当且仅当 $f'(x)$ 是常数.

定理 8.5 (奥尔不等式 3)

设 $f(x)$ 在 $[0,a]$ 上是绝对连续的, 且 $f(0)=f(a)=0$. 那么

$$\int_0^a |f(x)f'(x)|\ \mathrm{d}x \leqslant \frac{a}{4}\int_0^a f'^2(x)\ \mathrm{d}x,$$

等号成立当且仅当 $f(x)=cx,\ 0\leqslant x\leqslant a/2;\ f(x)=c(a-x),\ a/2\leqslant x\leqslant a$. 这里的 c 是常数. ♡

证明 运用定理 8.4, 我们得到

$$\int_0^{a/2} |f(x)f'(x)|\ \mathrm{d}x \leqslant \frac{a}{4}\int_0^{a/2} f'^2(x)\ \mathrm{d}x$$

和

$$\int_0^{a/2} |f(a-x)f'(a-x)|\ \mathrm{d}x \leqslant \frac{a}{4}\int_0^{a/2} f'^2(x-a)\ \mathrm{d}x.$$

在第二个不等式中令 $a-x=t$, 然后加第一个不等式, 即得结果.

8.5 被积函数与其倒数的积分不等式

例题 8.6 设 $f(x)$ 在 $[0,1]$ 上连续, 且 $1\leqslant f(x)\leqslant 3$, 证明:

$$1\leqslant \int_0^1 f(x)\ \mathrm{d}x \int_0^1 \frac{\mathrm{d}x}{f(x)} \leqslant \frac{4}{3}.$$

证明 首先, 利用柯西–施瓦茨积分不等式, 得到

$$\int_0^1 f(x)\ \mathrm{d}x \int_0^1 \frac{\mathrm{d}x}{f(x)} = \int_0^1 (\sqrt{f(x)})^2\ \mathrm{d}x \int_0^1 \frac{\mathrm{d}x}{(\sqrt{f(x)})^2}$$

$$\geqslant \left(\int_0^1 \sqrt{f(x)}\frac{\mathrm{d}x}{\sqrt{f(x)}}\right)^2 = 1.$$

根据 $(f(x)-1)(f(x)-3)\leqslant 0$, 有

$$\begin{aligned}\int_0^1 f(x)\,\mathrm{d}x\int_0^1 \frac{\mathrm{d}x}{f(x)} &\leqslant \frac{1}{12}\left(\int_0^1 f(x)\,\mathrm{d}x + \int_0^1 \frac{3\,\mathrm{d}x}{f(x)}\right)^2\\ &= \frac{1}{12}\left(\int_0^1 \left(f(x)+\frac{3}{f(x)}\right)\,\mathrm{d}x\right)^2\\ &= \frac{1}{12}\left(\int_0^1 \left(\frac{(f(x)-1)(f(x)-3)}{f(x)}+4\right)\,\mathrm{d}x\right)^2\\ &\leqslant \frac{1}{12}\left(\int_0^1 4\,\mathrm{d}x\right)^2\\ &= \frac{4}{3}.\end{aligned}$$

由于两次放缩, 取不到等号.

注　该竞赛题运用了柯西–施瓦茨积分不等式、算术几何平均不等式

$$\sqrt{ab}\leqslant\frac{a+b}{2}.$$

该题可以推广成如下题目.

✍ **练习 8.9**　设 $f(x)$ 在 $[0,1]$ 上连续, 实数 $0<m<M$, 且 $m\leqslant f(x)\leqslant M$, 证明:

$$1\leqslant \int_0^1 f(x)\,\mathrm{d}x\int_0^1\frac{\mathrm{d}x}{f(x)}\leqslant\frac{(M+m)^2}{4Mm}.$$

进一步可以推广如下:

命题 8.2 (被积函数与其倒数的积分不等式)

设 $f(x),g(x)$ 在区间 $[a,b](b>a)$ 上连续, 且 $0<m_1\leqslant f(x)\leqslant M_1, 0<m_2\leqslant g(x)\leqslant M_2$, 则有

$$(b-a)^2\leqslant\int_a^b\frac{f(x)}{g(x)}\mathrm{d}x\int_a^b\frac{g(x)}{f(x)}\mathrm{d}x\leqslant\frac{(b-a)^2}{4}\frac{m_1m_2+M_1M_2}{m_1m_2M_1M_2}.$$ ♠

下面的积分不等式利用了定积分的保号性.

✍ **练习 8.10** 设 $a,b>0$. 设函数 $f\in C[-a,b]$ 在 $[-a,b]$ 是正的, 又 $\int_{-a}^{b} xf(x)\mathrm{d}x=0$. 证明:

$$\int_{-a}^{b} x^2 f(x)\mathrm{d}x \leqslant ab\int_{-a}^{b} f(x)\mathrm{d}x.$$

✍ **练习 8.11** 设函数 f 在 $[0,1]$ 上单调递减, 证明: 对于任意的 $\alpha\in[0,1]$,

$$\int_0^{\alpha} f(x)\mathrm{d}x \geqslant \alpha\int_0^1 f(x)\mathrm{d}x.$$

8.6 利用重积分证明积分不等式

例题 8.7 设 $f(x)\in C^1[0,1]$, $f(1)=0$, 证明:

$$4\int_0^1 x^2\left|f'(x)\right|^2\,\mathrm{d}x \geqslant \int_0^1 |f(x)|^2\,\mathrm{d}x+\left(\int_0^1 |f(x)|\,\mathrm{d}x\right)^2.$$

证明 构造辅助函数 t^{α}, 其中 $1<\alpha<2$. 利用柯西–施瓦茨积分不等式, 得到

$$\begin{aligned}
f^2(x)=\left(\int_x^1 f'(t)\,\mathrm{d}x\right)^2 &\leqslant \int_x^1 t^{\alpha}\cdot\left(f'(t)\right)^2\,\mathrm{d}t\cdot\int_x^1 t^{-\alpha}\,\mathrm{d}t\\
&=\frac{1}{\alpha-1}\left(x^{1-\alpha}-1\right)\cdot\int_x^1 t^{\alpha}\left|f'(t)\right|^2\,\mathrm{d}t.
\end{aligned}$$

一方面, 利用二重积分交换积分次序得到

$$\begin{aligned}
\int_0^1 f^2(x)\,\mathrm{d}x &\leqslant \int_0^1\,\mathrm{d}x\int_x^1\frac{1}{\alpha-1}\left(x^{1-\alpha}-1\right)t^{\alpha}\left|f'(t)\right|^2\,\mathrm{d}t\\
&=\frac{1}{\alpha-1}\int_0^1\,\mathrm{d}t\int_0^t\left(x^{1-\alpha}-1\right)t^{\alpha}\left|f'(t)\right|^2\,\mathrm{d}x\\
&=\frac{1}{\alpha-1}\int_0^1\,\mathrm{d}t\left(\frac{1}{2-\alpha}x^{2-\alpha}\Big|_0^t\cdot t^{\alpha}\left|f'(t)\right|^2-t^{\alpha+1}\left|f'(t)\right|^2\,\mathrm{d}t\right)\\
&=\frac{1}{\alpha-1}\cdot\frac{1}{2-\alpha}\cdot\int_0^1 t^2\left|f'(t)\right|^2\,\mathrm{d}t-\frac{1}{\alpha-1}\int_0^1 t^{\alpha+1}\left|f'(t)\right|^2\,\mathrm{d}t.
\end{aligned}$$

另一方面,

$$\left(\int_0^1 |f(x)|\,\mathrm{d}x\right)^2=\left(\int_0^1\left|\int_x^1 f'(t)\,\mathrm{d}t\right|\,\mathrm{d}x\right)^2$$

$$
\begin{aligned}
&\leqslant\left(\int_0^1 \mathrm{d}x\int_x^1 |f'(t)|\ \mathrm{d}t\right)^2\\
&=\left(\int_0^1 \mathrm{d}t\int_0^t |f'(t)|\ \mathrm{d}x\right)^2\\
&=\left(\int_0^1 t\,|f'(t)|\ \mathrm{d}t\right)^2\\
&\leqslant\int_0^1 t^{\alpha+1}\,|f'(t)|^2\ \mathrm{d}t\cdot\int_0^1 t^{-\alpha}\ \mathrm{d}t\\
&=\frac{1}{\alpha-1}\int_0^1 t^{\alpha+1}\cdot|f'(t)|^2\ \mathrm{d}t.
\end{aligned}
$$

于是

$$\int_0^1 f^2(x)\ \mathrm{d}x+\left(\int_0^1 |f(x)|\ \mathrm{d}x\right)^2\leqslant\frac{1}{(\alpha-1)(2-\alpha)}\int_0^1 t^2\,|f'(t)|^2\ \mathrm{d}t.$$

而

$$\frac{1}{(\alpha-1)(2-\alpha)}\geqslant 4.$$

当 $\alpha=\dfrac{3}{2}$ 时取等号.

第 8 章练习

1. 设函数 $f(x)$ 为 $[a,b]$ 上的连续函数, 且

$$\int_a^b f(x)\mathrm{d}x=c,\quad \int_0^1 xf(x)\mathrm{d}x=d,$$

求 $\displaystyle\int_a^b f^2(x)\mathrm{d}x$ 最小值.

提示: 例题 8.2 的改编.

2. 设 $f(x)$ 在区间 $[0,1]$ 上连续可导, 且 $f(0)=f(1)=0$. 设 $\alpha>0$, 求证:

$$\left(\int_0^1 x^\alpha f(x)\mathrm{d}x\right)^2\leqslant L\int_0^1 (f'(x))^2\ \mathrm{d}x,$$

其中 L 为常数, 求等号成立的条件.

提示: 例题 8.5 的改编.

3. 设 $f(x):[0,1]\to\mathbb{R}$, $\alpha>0$ 且 $\int_0^1 x^\alpha f(x)\mathrm{d}x=0$, 证明: 存在正数 L, 使得

$$\left(\int_0^1 f(x)\mathrm{d}x\right)^2\leqslant L\int_0^1 f^2(x)\mathrm{d}x.$$

提示: 例题 8.2 的改编.

4. 设 $f(x)\in C^1[a,b]$, 且 $f(a)=0$, 求证:

$$\int_a^b |f(x)f'(x)|\ \mathrm{d}x\leqslant\frac{b-a}{2}\int_a^b f'^2(x)\ \mathrm{d}x.$$

5. 设 $f(x)\in C^1[a,b]$, 且 $f(a)=f(b)=0$, 求证:

$$\int_a^b |f(x)f'(x)|\ \mathrm{d}x\leqslant\frac{b-a}{4}\int_a^b f'^2(x)\ \mathrm{d}x.$$

6. 设 $a>0$, 证明:

$$\int_0^\pi xa^{\sin x}\ \mathrm{d}x\int_0^{\frac{\pi}{2}} a^{-\cos x}\ \mathrm{d}x\geqslant\frac{\pi^3}{4}.$$

7. 设函数 $f(x)$ 在 $[a,b]$ 上二阶连续可导, 且 $f(a)=f'(a)=0$ 或 $f(b)=f'(b)=0$, 则

$$\left(\int_a^b f(x)\mathrm{d}x\right)^2\leqslant\frac{(b-a)^5}{20}\int_a^b f''^2(x)\mathrm{d}x.$$

8. 设函数 $f(x)$ 在 $[a,b]$ 上二阶连续可导, 且 $f(a)=f'(a)=f(b)=f'(b)=0$, 则

$$\left(\int_a^b f(x)\mathrm{d}x\right)^2\leqslant\frac{(b-a)^5}{120}\int_a^b f''^2(x)\mathrm{d}x.$$

9. 设 $f\in C^2[a,b], f(a)=f(b)=0, f'(a)=1, f'(b)=0$, 证明:

$$\int_a^b (f''(x))^2\ \mathrm{d}x\geqslant\frac{4}{b-a}.$$

10. 设 $f\in C^1[0,1]$, 且 $\int_0^{\frac{1}{2}} f(x)\mathrm{d}x=0$, 证明:

$$\left(\int_0^1 f(x)\mathrm{d}x\right)^2\leqslant\frac{1}{12}\int_0^1 (f'(x))^2\ \mathrm{d}x.$$

11. 设 $f(x):[0,1]\to\mathbb{R}$ 是可微函数, 且 $f(0)=f(1)=-\dfrac{1}{6}$, 求证:

$$\int_0^1 \left(f'(x)\right)^2\ \mathrm{d}x \geqslant 2\int_0^1 f(x)\mathrm{d}x+\frac{1}{4}.$$

12. 设 $f(x)$ 在区间 $[0,1]$ 上连续, 且 $f(x)>0, x\in[0,1]$, 证明:

$$\frac{\displaystyle\int_0^1 f^3(x)\mathrm{d}x}{\displaystyle\int_0^1 f^2(x)\mathrm{d}x} \geqslant \frac{\displaystyle\int_0^1 f^2(x)\mathrm{d}x}{\displaystyle\int_0^1 f(x)\mathrm{d}x}.$$

13. 设 $f(x)$ 是 $[0,1]\to\mathbb{R}$ 上的连续函数, 且 $\displaystyle\int_0^1 f^3(x)\mathrm{d}x=0$, 求证:

$$\int_0^1 f^4(x)\mathrm{d}x \geqslant \frac{27}{4}\left(\int_0^1 f(x)\mathrm{d}x\right)^4.$$

14. 设函数 f 在 $[0,b]$ 上单调递减, 证明: 对于任意的 $0\leqslant a\leqslant b$,

$$b\int_0^a f(x)\mathrm{d}x \geqslant a\int_0^b f(x)\mathrm{d}x.$$

第 9 章　求级数和的方法

内容提要

- ❑ 无穷级数的和
- ❑ 调和级数
- ❑ 幂级数
- ❑ 交错级数
- ❑ 柯西乘积公式
- ❑ 阿贝尔第二定理
- ❑ 正弦级数
- ❑ 余弦级数
- ❑ 傅里叶级数
- ❑ 巴塞尔 (Basel) 问题
- ❑ 裂项相消法
- ❑ 逐项求导
- ❑ 逐项求积
- ❑ 常微分方程
- ❑ 累次积分
- ❑ 化归思想
- ❑ 狄利克雷收敛定理

级数求和问题是数学竞赛与考研的常见题型. 其中巴塞尔问题是最经典的级数求和问题. 本章总结了六种求级数和的方法.

第一种是裂项相消法, 将级数求和问题转化为数列极限问题.

第二种是用幂级数的和函数, 将变量用不同的特定值代入, 就可以得到无穷多个数项级数的和. 对于收敛区间端点上取值的幂级数的和, 根据阿贝尔第二定理, 利用级数和函数在收敛区间端点上的连续性, 求出数项级数的和.

第三种是用函数项级数的逐项积分或逐项求导方法, 将未知的级数转化为已知的幂级数展开式. 实际上这也是第二种方法的横向拓展.

第四种是用函数项级数的逐项求导方法, 将未知的级数转化为常系数的线性微分方程. 通过求解微分方程, 求解级数和.

第五种是用复数的运算, 将未知的级数转化为已知洛朗 (Laurent) 级数展开式. 通过取实数部分, 得到级数和.

第六种是用傅里叶级数求和, 在已知函数的傅里叶级数展开式的基础上, 将变量用不同的特定值代入, 就可以得到无穷多个数项级数的和.

本章将详细介绍这些方法以及相关的典型例题.

9.1　预备知识

在 1665 年左右, 牛顿将二项式定理推广到允许非负整数以外的实数指数.

定理 9.1 (牛顿二项式定理)

对于 $\alpha \in \mathbb{R}$, 有

$$\begin{aligned}(1+x)^{\alpha} &= 1+\alpha x+\frac{\alpha(\alpha-1)}{2!}x^2+\cdots+\frac{\alpha(\alpha-1)\cdots(\alpha-n+1)}{n!}x^n+\cdots \\ &= \sum_{n=0}^{+\infty} \mathrm{C}_{\alpha}^{n} x^n,\end{aligned}$$

这里 $|x|<1$. 特别地,

$$\sqrt{1+x}=1+\frac{x}{2}-\frac{1}{2\cdot 4}x^2+\frac{1\cdot 3}{2\cdot 4\cdot 6}x^3+\cdots+(-1)^{n-1}\frac{(2n-3)!!}{(2n)!!}x^n+\cdots,$$

$$(1+x)^{\frac{m}{n}}=1+\sum_{k=1}^{+\infty}\frac{\frac{m}{n}\left(\frac{m}{n}-1\right)\cdots\left(\frac{m}{n}-k\right)}{(k+1)!}x^k,$$

$$\frac{1}{\sqrt{1-4x}}=\sum_{k\geqslant 0}\mathrm{C}_{2k}^{k}x^k.$$

♡

基本求和公式:

(1) $\sum\limits_{n=1}^{+\infty} ar^{n-1}=\dfrac{a}{1-r}, |r|<1$.

(2) $\sum\limits_{n=0}^{+\infty} \dfrac{x^n}{n!}=\mathrm{e}^x, x\in(-\infty,+\infty)$.

(3) $\sum\limits_{k=0}^{+\infty} \dfrac{(-1)^k}{(2k+1)!}x^{2k+1}=\sin x, x\in(-\infty,+\infty)$.

(4) $\sum\limits_{k=0}^{+\infty} \dfrac{(-1)^k}{(2k)!}x^{2k}=\cos x, x\in(-\infty,+\infty)$.

(5) $\sum\limits_{n=1}^{+\infty} \dfrac{(-1)^{n-1}}{n}x^n=\ln(1+x), x\in(-1,1]$.

(6) $\sum\limits_{n=1}^{+\infty} \dfrac{(-1)^{n-1}}{n}=\ln 2$.

(7) $\sum\limits_{n=1}^{+\infty} \dfrac{(-1)^n}{2n+1}x^{2n+1}=\arctan x, x\in[-1,1]$.

(8) $\sum\limits_{k=0}^{+\infty}\dfrac{(-1)^k}{2k+1}=\int_0^1\sum\limits_{k=0}^{+\infty}(-1)^k x^{2k}\,\mathrm{d}x=\int_0^1\dfrac{1}{1+x^2}\,\mathrm{d}x=\dfrac{\pi}{4}$.

(9) $1+\dfrac{x}{2}+\sum\limits_{n=2}^{+\infty}(-1)^{n-1}\dfrac{(2n-3)!!}{(2n)!!}x^n=\sqrt{1+x},x\in[-1,1]$.

(10) $1+\sum\limits_{n=1}^{+\infty}(-1)^n\dfrac{(2n-1)!!}{(2n)!!}x^n=\dfrac{1}{\sqrt{1+x}},x\in(-1,1]$.

一些高级求和公式:

(1) $2\sum\limits_{n=1}^{+\infty}\left(1+\dfrac{1}{2}+\dfrac{1}{3}+\cdots+\dfrac{1}{n}\right)\dfrac{x^{n+1}}{n+1}=\ln^2(1-x),x\in[-1,1)$.

(2) $\sum\limits_{n=1}^{+\infty}\dfrac{\sin nx}{n}=\dfrac{\pi-x}{2},0<x<2\pi$.

(3) $\sum\limits_{k=1}^{+\infty}\dfrac{\sin(2k-1)}{2k-1}=\dfrac{\pi}{4}$.

(4) $\sum\limits_{n=1}^{+\infty}\dfrac{\sin 2nx}{2n}=\dfrac{\pi}{4}-\dfrac{x}{2},0<x<\pi$.

(5) $\sum\limits_{n=1}^{+\infty}(-1)^{n-1}\dfrac{\sin nx}{n}=\dfrac{x}{2},-\pi<x<\pi$.

(6) $\sum\limits_{n=1}^{+\infty}(-1)^{n-1}\dfrac{\cos nx}{n}=\ln\left(2\cos\dfrac{x}{2}\right),-\pi<x<\pi$.

(7) $\sum\limits_{n=1}^{+\infty}\dfrac{\cos nx}{n}=-\ln\left(2\sin\dfrac{x}{2}\right),0<x<2\pi$.

(8) $\dfrac{1}{1^1}+\dfrac{1}{2^2}+\dfrac{1}{3^3}+\cdots+\dfrac{1}{n^n}+\cdots=\int_0^1\dfrac{1}{x^x}\,\mathrm{d}x$.

✍ **练习 9.1** 求下列两个级数的和: (1) $\sum\limits_{n=2}^{+\infty}\dfrac{1}{n^3-1}$; (2) $\sum\limits_{n=1}^{+\infty}\dfrac{|\sin n|}{n}$.

✍ **练习 9.2** 证明三角恒等式:

$$\frac{1}{2}+\sum_{n=1}^{N}\cos kx=\frac{\sin\left(N+\dfrac{1}{2}\right)x}{2\sin\dfrac{x}{2}},\quad x\neq 2k\pi;$$

$$\left|\sum_{n=1}^{N}\cos nx\right|=\left|\frac{\sin\left(N+\dfrac{1}{2}\right)x-\sin\dfrac{x}{2}}{2\sin\dfrac{x}{2}}\right|\leqslant\frac{1}{\left|\sin\dfrac{x}{2}\right|},\quad x\neq 2k\pi;$$

$$\left|\sum_{n=1}^{N}\sin nx\right|=\left|\frac{\cos\dfrac{x}{2}-\cos\left(N+\dfrac{1}{2}\right)x}{2\sin\dfrac{x}{2}}\right|\leqslant\frac{1}{\left|\sin\dfrac{x}{2}\right|},\quad x\neq 2k\pi.$$

定义 9.1 (欧拉常数)

欧拉常数

$$\gamma=\lim_{n\to+\infty}\left(\sum_{k=1}^{n}\frac{1}{k}-\ln n\right).$$

♣

定义 9.2 (卡塔兰常数)

卡塔兰常数

$$G=\sum_{n=0}^{+\infty}\frac{(-1)^n}{(2n+1)^2}.$$

♣

定义 9.3 (复函数)

设 $z=x+\mathrm{i}y$. 指数函数:

$$\mathrm{e}^z=\mathrm{e}^x(\cos y+\mathrm{i}\sin y).$$

对数函数:

$$\mathrm{Ln}(z)=\ln|z|+\mathrm{i}\arg z,\quad \ln_k(z)=\ln|z|+\mathrm{i}(\arg z+2k\pi).$$

♣

定理 9.2 (p 级数的收敛性)

(1) 级数 $\sum\limits_{n=1}^{+\infty}\dfrac{1}{n^p}$, 当 $p>1$ 时收敛, 当 $p\leqslant 1$ 时发散.

(2) 级数 $\sum\limits_{n=2}^{+\infty}\dfrac{1}{n(\ln n)^p}$ 收敛当且仅当 $p>1$ 时.

♡

定理 9.3 (阿贝尔第二定理)

对于给定的收敛级数 $\sum\limits_{n=1}^{+\infty}a_n$, 设幂级数 $\sum\limits_{n=1}^{+\infty}a_nx^n$, 它的收敛半径不会小于 1. 若它的和函数为 $S(x)$, 则

$$\sum_{n=1}^{+\infty}a_n=\lim_{x\to1^-}S(x)=S(1).$$

♡

定义 9.4 (双曲函数)

双曲函数 (hyperbolic function) 可借助指数函数定义.

双曲正弦: $\sinh x = \dfrac{e^x - e^{-x}}{2}$.

双曲余弦: $\cosh x = \dfrac{e^x + e^{-x}}{2}$.

双曲正切: $\tanh x = \dfrac{\sinh x}{\cosh x} = \dfrac{e^x - e^{-x}}{e^x + e^{-x}}$.

双曲余切: $\coth x = \dfrac{1}{\tanh x} = \dfrac{e^x + e^{-x}}{e^x - e^{-x}}$.

双曲正割: $\operatorname{sech} x = \dfrac{1}{\cosh x} = \dfrac{2}{e^x + e^{-x}}$.

双曲余割: $\operatorname{csch} x = \dfrac{1}{\sinh x} = \dfrac{2}{e^x - e^{-x}}$. ♣

定义 9.5 (移位阶乘函数)

设 $a \neq 0$ 以及正整数 n, 定义 $(a)_0 = 1$,

$$(a)_n = a(a+1)(a+2)\cdots(a+n-1) = \frac{\Gamma(a+n)}{\Gamma(a)}$$

为移位阶乘函数, 其中伽马函数 $\Gamma(x) = \displaystyle\int_0^{+\infty} t^{x-1}e^{-t}\mathrm{d}t (x > 0)$. ♣

9.2 裂项相消法

裂项相消法在计算中经常用到, 先将算式中的项进行拆分, 拆成两个或多个项的和或差, 拆分后的项可以前后抵消.

定理 9.4 (级数的裂项相消法)

若 $a_k = b_k - b_{k+1}$, $\lim\limits_{n\to+\infty} b_n = b$, 则

$$\sum_{n=1}^{+\infty} a_k = b_1 - b.$$

♡

9.2.1 有理形式

例题 9.1 求级数 $\sum\limits_{n=1}^{+\infty}\dfrac{1}{n(n+1)(n+2)}$ 的和.

解 利用裂项相消法, 得到

$$\begin{aligned}\sum_{n=1}^{+\infty}\frac{1}{n(n+1)(n+2)}&=\lim_{N\to+\infty}\sum_{n=1}^{N}\frac{1}{2}\left[\frac{1}{n(n+1)}-\frac{1}{(n+1)(n+2)}\right]\\&=\lim_{N\to+\infty}\frac{1}{2}\left[\frac{1}{2}-\frac{1}{(N+1)(N+2)}\right]=\frac{1}{4}.\end{aligned}$$

一般地, 设

$$u_n=\frac{1}{a_na_{n+1}\cdots a_{n+p}},$$

其中 $\{a_n\}$ 是以 d 为公差的等差数列, 那么利用

$$u_n=\frac{1}{pd}\left(\frac{1}{a_na_{n+1}\cdots a_{n+p-1}}-\frac{1}{a_{n+1}a_{n+2}\cdots a_{n+p}}\right)$$

便可以裂项相消.

✍ **练习 9.3** 求极限 $\lim\limits_{n\to+\infty}\sum\limits_{k=1}^{n}\dfrac{1}{1^2+2^2+\cdots+k^2}$.

✍ **练习 9.4** 求级数 $\sum\limits_{n=1}^{+\infty}(\sqrt{n+m}-2\sqrt{n+m-1}+\sqrt{n+m-2})$ 的和.

✍ **练习 9.5** 求级数 $\sum\limits_{n=0}^{+\infty}\dfrac{x^{2^n}}{1-x^{2^{n+1}}}(0<x<1)$ 的和.

✍ **练习 9.6** 设 $x>1$, 求 $\dfrac{x}{x+1}+\dfrac{x^2}{(x+1)(x^2+1)}+\dfrac{x^4}{(x+1)(x^2+1)(x^4+1)}+\cdots$ 的和函数.

例题 9.2 求下列级数的和:

$$\frac{1!}{x+1}+\frac{2!}{(x+1)(x+2)}+\cdots+\frac{n!}{(x+1)(x+2)\cdots(x+n)}+\cdots.$$

解 法 1: 裂项相消法. 易见 $x=1$ 时, 级数 $\sum\limits_{k=1}^{+\infty}\dfrac{1}{k+1}$ 发散.

对于 $x\neq 1$, 记级数通项为 a_n, 从前后两项之间的关系式

$$a_n(n+x)=na_{n-1}\quad (a_0=1)$$

出发得到

$$(n+1)a_n+(x-1)a_n=na_{n-1},$$

于是

$$a_n=\frac{1}{x-1}\left[na_{n-1}-(n+1)a_n\right],$$

从而可以得到级数的第 n 个部分和为

$$S_n=\frac{1}{x-1}-\frac{(n+1)!}{(x-1)(x+1)\cdots(x+n)},\quad n=1,2,\cdots.$$

因此问题归结为上式右边第二项的敛散性. 利用拉贝判别法或者萨帕戈夫 (Sapagof) 判别法知第二项当 $x<1$ 时发散, 而当 $x>1$ 时收敛于 0 . 因此级数当 $x\leqslant 1$ 时发散, 而当 $x>1$ 时收敛于和 $\dfrac{1}{x-1}$.

法 2: 逐项积分法. 由敛散性讨论可知只要研究 $x>1$ 的情况. 级数的通项 (差一个因子 x) 可以写为积分形式

$$\frac{n!}{x(x+1)\cdots(x+n)}=\int_0^1(1-t)^{x-1}t^n\ \mathrm{d}t.$$

用逐项积分法计算如下:

$$\begin{aligned}S(x)&=x\int_0^1\sum_{n=1}^{+\infty}(1-t)^{x-1}t^n\ \mathrm{d}t=x\int_0^1(1-t)^{x-2}t\ \mathrm{d}t\\&=\frac{x}{x-1}\int_0^1(1-t)^{x-1}\ \mathrm{d}t=\frac{1}{x-1},\end{aligned}$$

其中逐项积分的依据如下: 当 $x\geqslant 2$ 时, 由迪尼定理得到积分号下的函数项级数 $\sum\limits_{n=1}^{+\infty}(1-t)^{x-1}t^n$ 一致收敛; 当 $1<x<2$ 时, $\displaystyle\int_0^1(1-t)^{x-2}t\ \mathrm{d}t$ 为收敛的瑕积分, 结论仍然成立.

例题 9.3 求极限

$$\lim_{n\to+\infty}\frac{1}{n}\prod_{k=1}^{n}\frac{k+1-\sqrt{k^2+k}}{\sqrt{k}(\sqrt{k+2}-\sqrt{k+1})}.$$

解 法 1: 累乘相消法. 改写通项表达式, 有

$$\lim_{n\to+\infty}\frac{1}{n}\prod_{k=1}^{n}\frac{k+1-\sqrt{k^2+k}}{\sqrt{k}(\sqrt{k+2}-\sqrt{k+1})}$$

$$
\begin{aligned}
&= \lim_{n\to+\infty} \frac{1}{n} \prod_{k=1}^{n} \frac{\sqrt{k+1}(\sqrt{k+1}-\sqrt{k})}{\sqrt{k}(\sqrt{k+2}-\sqrt{k+1})} \\
&= \lim_{n\to+\infty} \frac{1}{n} \prod_{k=1}^{n} \frac{\sqrt{k+1}}{\sqrt{k}} \cdot \prod_{k=1}^{n} \frac{\sqrt{k+1}-\sqrt{k}}{\sqrt{k+2}-\sqrt{k+1}} \\
&= \lim_{n\to+\infty} \left[\frac{1}{n}\frac{\sqrt{2}}{\sqrt{1}} \cdot \frac{\sqrt{3}}{\sqrt{2}} \cdot \ \cdots \ \cdot \frac{\sqrt{n+1}}{\sqrt{2}-\sqrt{1}} \cdot \frac{\sqrt{3}-\sqrt{2}}{\sqrt{3}-\sqrt{3}} \cdot \frac{\sqrt{n+1}-\sqrt{n}}{\sqrt{n+2}-\sqrt{n+1}}\right] \\
&= \lim_{n\to+\infty} \frac{1}{n}\frac{\sqrt{n+1}}{1} \cdot \frac{\sqrt{2}-\sqrt{1}}{\sqrt{n+2}-\sqrt{n+1}} \\
&= (\sqrt{2}-1) \lim_{n\to+\infty} \frac{1}{n}\frac{\sqrt{n+1}}{\sqrt{n+2}-\sqrt{n+1}} \\
&= (\sqrt{2}-1) \lim_{n\to+\infty} \frac{(\sqrt{n+2}+\sqrt{n+1})\sqrt{n+1}}{n} \\
&= 2(\sqrt{2}-1).
\end{aligned}
$$

法 2: 取对数裂项相消法. 改写通项表达式, 有

$$
\begin{aligned}
&\prod_{k=1}^{n} \frac{k+1-\sqrt{k^2+k}}{\sqrt{k}(\sqrt{k+2}-\sqrt{k+1})} \\
&= \exp\left[\ln\left(\prod_{k=1}^{n} \frac{k+1-\sqrt{k^2+k}}{\sqrt{k}(\sqrt{k+2}-\sqrt{k+1})}\right)\right] \\
&= \exp\left[\sum_{k=1}^{n} \ln\left(\frac{k+1-\sqrt{k^2+k}}{\sqrt{k}(\sqrt{k+2}-\sqrt{k+1})}\right)\right] \\
&= \exp\left[\sum_{k=1}^{n} \ln \frac{\sqrt{k+1}(\sqrt{k+1}-\sqrt{k})}{\sqrt{k}(\sqrt{k+2}-\sqrt{k+1})}\right] \\
&= \exp\left\{\begin{aligned} &\sum_{k=1}^{n}(\ln\sqrt{k+1}-\ln\sqrt{k}) \\ &+\sum_{k=1}^{n}[\ln(\sqrt{k+1}-\sqrt{k})-\ln(\sqrt{k+2}-\sqrt{k+1})] \end{aligned}\right\} \\
&= \exp[\ln\sqrt{n+1}+\ln(\sqrt{2}-\sqrt{1})-\ln(\sqrt{n+2}-\sqrt{n+1})] \\
&= \exp\left[\ln\frac{(\sqrt{2}-1)\sqrt{n+1}}{\sqrt{n+2}-\sqrt{n+1}}\right].
\end{aligned}
$$

因此

$$\begin{aligned}
&\lim_{n\to+\infty}\frac{1}{n}\prod_{k=1}^{n}\frac{k+1-\sqrt{k^2+k}}{\sqrt{k}(\sqrt{k+2}-\sqrt{k+1})}\\
=&\lim_{n\to+\infty}\frac{1}{n}\exp\left[\ln\frac{(\sqrt{2}-1)\sqrt{n+1}}{\sqrt{n+2}-\sqrt{n+1}}\right]\\
=&(\sqrt{2}-1)\lim_{n\to+\infty}\frac{\sqrt{n+1}\cdot(\sqrt{n+2}+\sqrt{n+1})}{n(\sqrt{n+2}-\sqrt{n+1})(\sqrt{n+2}+\sqrt{n+1})}\\
=&2(\sqrt{2}-1).
\end{aligned}$$

9.2.2 反正切余切函数

例题 9.4 求级数 $\sum\limits_{n=1}^{+\infty}\arctan\dfrac{1}{2n^2}$ 的和.

解 法 1: 因为

$$\frac{1}{2n^2}=\frac{\dfrac{n}{n+1}-\dfrac{n-1}{n}}{1+\dfrac{n}{n+1}\cdot\dfrac{n-1}{n}}=\tan\left(\arctan\frac{n}{n+1}-\arctan\frac{n-1}{n}\right),$$

$$u_n=\arctan\frac{1}{2n^2}=\arctan\frac{n}{n+1}-\arctan\frac{n-1}{n},$$

于是

$$\begin{aligned}
S_n=&\sum_{k=1}^{n}\arctan\frac{1}{2k^2}=\sum_{k=1}^{n}\left(\arctan\frac{n}{n+1}-\arctan\frac{n-1}{n}\right)\\
=&\arctan\frac{n}{n+1}.
\end{aligned}$$

所以级数的和

$$\sum_{n=1}^{+\infty}\arctan\frac{1}{2n^2}=\lim_{n\to+\infty}S_n=\lim_{n\to+\infty}\arctan\frac{n}{n+1}=\frac{\pi}{4}.$$

法 2: 利用公式

$$\arctan x-\arctan y=\arctan\frac{x-y}{1+xy},$$

得到

$$\arctan\frac{1}{2n^2}=(\arctan(2n+1)-\arctan(2n-1)).$$

于是

$$\begin{aligned}S_n&=\sum_{k=1}^{n}\arctan\frac{1}{2k^2}=\sum_{k=1}^{n}(\arctan(2k+1)-\arctan(2k-1))\\&=\arctan(2n+1)-\arctan 1\\&=\arctan(2n+1)-\frac{\pi}{4}.\end{aligned}$$

所以级数的和

$$\sum_{n=1}^{+\infty}\arctan\frac{1}{2n^2}=\lim_{n\to+\infty}S_n=\lim_{n\to+\infty}\arctan(2n+1)-\frac{\pi}{4}=\frac{\pi}{4}.$$

✍ **练习 9.7**　求级数 $\sum\limits_{n=1}^{+\infty}\arctan\dfrac{1}{n^2+n+1}$ 的和.

✍ **练习 9.8**　求级数 $\sum\limits_{n=0}^{+\infty}\operatorname{arccot}(n^2+n+1)$ 的和.

9.2.3　含有调和数的级数求和

调和数 $H_n=\sum\limits_{k=1}^{n}\dfrac{1}{k}$ 的渐近表达式

$$H_n=\gamma+\ln n+\varepsilon_n\quad\left(\lim_{n\to+\infty}\varepsilon_n=0\right)$$

给我们带来一些计算上的方便, 其中 γ 是欧拉常数, 约为 0.5772. 比如

$$1-\frac{1}{2}+\frac{1}{3}-\cdots+\frac{1}{2n-1}-\frac{1}{2n}=H_{2n}-H_n=\ln 2+\varepsilon_{2n}-\varepsilon_n\to\ln 2\quad(n\to+\infty),$$

$$\left(\frac{1}{2}\right)^{H_n}=\frac{1}{2^\gamma}\cdot\frac{1}{2^{\ln n}}\cdot\frac{1}{2^{\varepsilon_n}}\sim\frac{1}{2^\gamma}\cdot\frac{1}{2^{\ln n}}=\frac{1}{2^\gamma}\cdot\frac{1}{n^{\ln 2}}\quad(n\to+\infty),$$

从而得到级数

$$\sum_{n=1}^{+\infty}\left(\frac{1}{2}\right)^{1+\frac{1}{2}+\cdots+\frac{1}{n}}$$

是发散的.

例题 9.5　计算级数

$$\sum_{n=1}^{+\infty}\frac{1+\dfrac{1}{2}+\dfrac{1}{3}+\cdots+\dfrac{1}{n}}{(n+1)(n+2)}$$

的和.

解 令 $H_n=1+\frac{1}{2}+\frac{1}{3}+\cdots+\frac{1}{n}$, 则 $\frac{H_n}{n}\to 0$. 因为

$$u_n=\frac{H_n}{(n+1)(n+2)}=\frac{H_n}{n+1}-\frac{H_{n+1}-\frac{1}{n+1}}{n+2}=\frac{H_n}{n+1}-\frac{H_{n+1}}{n+2}+\frac{1}{(n+1)(n+2)},$$

所以

$$\begin{aligned}S_n&=\sum_{k=1}^{n}\frac{1+\frac{1}{2}+\frac{1}{3}+\cdots+\frac{1}{k}}{(k+1)(k+2)}\\&=\sum_{k=1}^{n}\left(\frac{H_n}{k+1}-\frac{H_{n+1}}{k+2}+\frac{1}{k+1}-\frac{1}{k+2}\right)\\&=1-\frac{H_{n+1}}{n+2}-\frac{1}{n+2},\end{aligned}$$

取极限得级数的和

$$\sum_{n=1}^{+\infty}\frac{1+\frac{1}{2}+\frac{1}{3}+\cdots+\frac{1}{n}}{(n+1)(n+2)}=\lim_{n\to+\infty}S_n=\lim_{n\to+\infty}\left(1-\frac{H_{n+1}}{n+2}-\frac{1}{n+2}\right)=1.$$

✍ **练习 9.9** 计算级数 $\sum\limits_{n=1}^{+\infty}\frac{1}{n(n+1)}\left(1+\frac{1}{2}+\cdots+\frac{1}{n}\right)$ 的和.

✍ **练习 9.10** 证明级数 $\sum\limits_{n=1}^{+\infty}\frac{1+\frac{1}{2}+\cdots+\frac{1}{n}}{n(n+2)}$ 收敛, 并求其值.

✍ **练习 9.11** 计算级数 $\sum\limits_{n=1}^{+\infty}\frac{H_n}{2^n(n+1)}$ 的值, 其中 $H_n=\sum\limits_{k=1}^{n}\frac{1}{k}$.

提示: 两个求和符号交换次序的运算; 利用一致收敛交换积分与求和的次序.

9.3 用幂级数求和

9.3.1 求数项级数和的方法

利用函数的幂级数展开式在某点的取值, 得到无穷数项级数的值. 利用幂级数求收敛的数项级数 $\sum\limits_{n=1}^{+\infty}u_n$ 和, 通常按如下步骤进行:

(1) 构造一个合适的幂级数 $\sum\limits_{n=1}^{+\infty} a_n x^n$, 使 $a_n x_0^n = u_n$;

(2) 求 $\sum\limits_{n=1}^{+\infty} a_n x^n$ 的收敛域;

(3) 求 $\sum\limits_{n=1} a_n x^n$ 的和函数 $S(x)$;

(4) 求 $S(x_0)$, 则 $\sum\limits_{n=1}^{+\infty} u_n = S(x_0)$.

这种方法的难点在于选出与数项级数对应的且能够求出和函数的幂级数.

例题 9.6　求级数 $\sum\limits_{n=1}^{+\infty} \dfrac{(-1)^n}{n}$ 的和.

解　因为

$$\ln(1+x) = x - \frac{x^2}{2} + \frac{x^3}{3} + \cdots + (-1)^n \frac{x^{n+1}}{n+1} + \cdots, \quad x \in (-1, 1],$$

所以

$$\sum_{n=1}^{+\infty} \frac{(-1)^n}{n} = -\ln(1+x)\Big|_{x=1} = -\ln 2.$$

例题 9.7　求级数 $\sum\limits_{n=1}^{+\infty} \dfrac{n^2+1}{n!}$ 的和.

解　利用逐项求导法求和. 由 $\mathrm{e}^x = \sum\limits_{n=0}^{+\infty} \dfrac{x^n}{n!}$, 以及无穷级数的运算性质, 得

$$\begin{aligned}\sum_{n=1}^{+\infty} \frac{n^2+1}{n!} &= \sum_{n=1}^{+\infty} \frac{n(n-1)+n+1}{n!} \\ &= \sum_{n=2}^{+\infty} \frac{1}{(n-2)!} + \sum_{n=1}^{+\infty} \frac{1}{(n-1)!} + \sum_{n=1}^{+\infty} \frac{1}{n!} \\ &= \mathrm{e} + \mathrm{e} + \mathrm{e} - 1 = 3\mathrm{e} - 1.\end{aligned}$$

✍ **练习 9.12**　求级数 $\sum\limits_{n=0}^{+\infty} (-1)^n \dfrac{n}{(2n+1)!}$ 的和.

✍ **练习 9.13**　求下列级数的和.

(1) $\sum\limits_{n=2}^{+\infty} \dfrac{1}{(n^2-1)\,2^n}$;

(2) $\sum\limits_{n=0}^{+\infty} (-1)^n \dfrac{n^2-n+1}{2^n}$.

9.3.2 利用逐项求积或求导求解

定理 9.5 (逐项求积或求导)

设幂级数

$$S(x)=\sum_{n=0}^{+\infty} a_n (x-x_0)^n$$

的收敛半径为 R, 则在 (x_0-R, x_0+R) 内幂级数可以逐项积分和逐项微分, 即

$$\int_{x_0}^{x} S(x)\mathrm{d}x=\sum_{n=0}^{+\infty}\int_{x_0}^{x} a_n (x-x_0)^n \mathrm{d}x=\sum_{n=0}^{+\infty}\frac{a_n}{n+1}(x-x_0)^{n+1},$$

$$\frac{\mathrm{d}}{\mathrm{d}x}S(x)=\sum_{n=0}^{+\infty}\frac{\mathrm{d}}{\mathrm{d}x}\left[a_n (x-x_0)^n\right]=\sum_{n=0}^{+\infty} n a_n (x-x_0)^{n-1}.$$

并且逐项积分和逐项求导后的级数 (显然) 是幂级数, 其收敛半径仍为 R. ♡

例题 9.8 计算级数 $\sum\limits_{n=2}^{+\infty}(-1)^n\dfrac{x^n}{n(n-1)}$ 之和 $(|x|<1)$.

解 对于 $\forall |x|<1$, 逐项求导

$$S'(x)=\sum_{n=2}^{+\infty}(-1)^n\frac{x^{n-1}}{n-1}.$$

再次导数

$$S''(x)=\sum_{n=2}^{+\infty}(-1)^n x^{n-2}=\frac{1}{1+x},$$

于是 $S'(x)=\ln(1+x)$. 故

$$S(x)=S(0)+\int_0^x S'(t)\mathrm{d}t=\int_0^x \ln(1+t)\mathrm{d}t=(x+1)\ln(x+1)-x.$$

当 $x=-1$ 时, 利用裂项相消法可知级数

$$\sum_{n=2}^{+\infty}(-1)^n\frac{x^n}{n(n-1)}=\sum_{n=2}^{+\infty}\frac{1}{n(n-1)}=1.$$

当 $x=1$ 时, 思考如何计算

$$\sum_{n=2}^{+\infty}(-1)^n\frac{x^n}{n(n-1)}=\sum_{n=2}^{+\infty}\frac{(-1)^n}{n(n-1)}=2\ln 2-1.$$

例题 9.9 求 $\sum\limits_{n=2}^{+\infty} n(n+1)x^n$ 的和函数 $S(x)$.

解 该级数收敛区间为 $(-1,1)$. 对于 $\forall|x|<1$, 逐项积分得

$$\int_0^x S(t)\mathrm{d}t = \sum_{n=1}^{+\infty}\int_0^x n(n+1)t^n\ \mathrm{d}t = \sum_{n=1}^{+\infty} nx^{n+1} = x^2\sum_{n=1}^{+\infty} nx^{n-1}$$

$$= x^2\left(\sum_{n=1}^{+\infty} x^n\right)' = x^2\left(\frac{x}{1-x}\right)' = \frac{x^2}{(1-x)^2},$$

所以

$$S(x) = \frac{\mathrm{d}}{\mathrm{d}x}\int_0^x S(t)\mathrm{d}t = \left[\frac{x^2}{(1-x)^2}\right]' = \frac{2x}{(1-x)^3} \quad (|x|<1).$$

✍ **练习 9.14** 求级数 $\sum\limits_{n=1}^{+\infty}(2n-1)q^{n-1}, |q|<1$ 的和.

✍ **练习 9.15** 计算无穷级数

$$\frac{x^2}{2\cdot 1} - \frac{x^3}{3\cdot 2} + \frac{x^4}{4\cdot 3} - \frac{x^5}{5\cdot 4} + \cdots + (-1)^n\frac{x^n}{n(n-1)} + \cdots$$

的和 $(|x|<1)$.

✍ **练习 9.16** 求极限 $\lim\limits_{n\to+\infty}\left(\frac{1}{a} + \frac{2}{a^2} + \cdots + \frac{n}{a^n}\right)$, 其中 $a>1$.

✍ **练习 9.17** 求级数 $\sum\limits_{n=0}^{+\infty}\frac{(n+1)^2}{4^n n!}$ 的和.

✍ **练习 9.18** 求级数 $\sum\limits_{n=1}^{+\infty}\frac{1}{4^n(2n-1)}$ 的和.

✍ **练习 9.19** 求级数 $\sum\limits_{n=1}^{+\infty}\frac{(-1)^n n(n+1)}{3^n}$ 的和.

✍ **练习 9.20** 求级数 $\sum\limits_{n=1}^{+\infty}\frac{n^2-1}{n\cdot 2^n}$ 的和.

9.3.3 柯西乘积公式求和

下面介绍用柯西乘积公式求和.

定理 9.6 (柯西乘积公式)

设两个级数 $\sum\limits_{n=0}^{+\infty} a_n$, $\sum\limits_{n=0}^{+\infty} b_n$ 绝对收敛, 则

$$\left(\sum_{n=0}^{+\infty} a_n\right)\left(\sum_{n=0}^{+\infty} b_n\right) = \sum_{n=0}^{+\infty}\left(\sum_{m=0}^{n} a_m b_{n-m}\right).$$

♡

例题 9.10 求 $\sum\limits_{n=1}^{+\infty}\left(1+\frac{1}{2}+\frac{1}{3}+\cdots+\frac{1}{n}\right)x^n$ 的和函数.

解 考虑幂级数的系数

$$a_n = 1+\frac{1}{2}+\frac{1}{3}+\cdots+\frac{1}{n}, \quad 1 < a_n < n,$$

由迫敛性知

$$\lim_{n\to+\infty} \sqrt[n]{a_n} = 1,$$

从而收敛半径 $R=1$, 端点 ± 1 处显然发散. 所以级数的收敛域是 $(-1,1)$. 联想级数的乘积公式: $\forall x \in (-1,1)$, 如下的两个幂级数:

$$1+x+x^2+\cdots = \frac{1}{1-x},$$

$$x+\frac{x^2}{2}+\cdots+\frac{x^n}{n}+\cdots = -\ln(1-x)$$

皆绝对收敛 (幂级数的性质), 相乘得

$$\sum_{n=1}^{+\infty}\left(1+\frac{1}{2}+\frac{1}{3}+\cdots+\frac{1}{n}\right)x^n = -\frac{\ln(1-x)}{1-x}.$$

✍ **练习 9.21** 证明:

$$2\sum_{n=1}^{+\infty}\left(1+\frac{1}{2}+\frac{1}{3}+\cdots+\frac{1}{n}\right)\frac{x^{n+1}}{n+1} = \ln^2(1-x), \quad x \in [-1,1).$$

✍ **练习 9.22** 对每个 $k \in \mathbb{N}$, 计算下述幂级数的收敛域与和函数:

$$\sum_{n=k}^{+\infty} \mathrm{C}_n^k \left(1+\frac{1}{2}+\cdots+\frac{1}{n}\right)x^n.$$

9.3.4 利用幂级数证明恒等式

例题 9.11 证明: 对于 $n \geqslant 1$ 且 n 为整数, 等式 $\sum\limits_{k=1}^{n}\frac{1}{k}=\sum\limits_{k=1}^{n}\mathrm{C}_n^k(-1)^{k+1}\frac{1}{k}$ 成立.

证明 构造辅助函数

$$f(x)=\sum_{k=1}^{n}\mathrm{C}_n^k(-1)^{k+1}\frac{x^k}{k}.$$

对 x 求导得到

$$\begin{aligned}f'(x)&=\sum_{k=1}^{n}\mathrm{C}_n^k(-1)^{k+1}x^{k-1}\\&=-\frac{1}{x}(1-x)^n+\frac{1}{x}=\frac{1-(1-x)^n}{1-(1-x)}\\&=1+(1-x)+(1-x)^2+\cdots+(1-x)^{n-1}\\&=\sum_{k=1}^{n}(1-x)^{k-1}.\end{aligned}$$

由于 $f(0)=0$, 因此

$$\begin{aligned}f(x)&=f(0)+\int_0^x f'(t)\mathrm{d}t\\&=\int_0^x\sum_{k=1}^{n}(1-t)^{k-1}\mathrm{d}t\\&=\int_0^x\sum_{k=1}^{n}u^{k-1}\mathrm{d}u\\&=\sum_{k=1}^{n}\frac{x^k}{k}.\end{aligned}$$

于是得到下面的恒等式:

$$\sum_{k=1}^{n}\frac{x^k}{k}=\sum_{k=1}^{n}\mathrm{C}_n^k(-1)^{k+1}\frac{x^k}{k}.$$

当 $x=1$ 时, 立即得到

$$\sum_{k=1}^{n}\frac{1}{k}=\sum_{k=1}^{n}\mathrm{C}_n^k(-1)^{k+1}\frac{1}{k}.$$

练习 9.23 按牛顿二项式展开及代换 $x=\sin t$ 两种方法计算积分 $\int_0^1 \left(1-x^2\right)^n \mathrm{d}x$ (n 为正整数). 并由此说明

$$\sum_{k=0}^{n} \mathrm{C}_n^k(-1)^k \frac{1}{2k+1} = \frac{(2n)!!}{(2n+1)!!}.$$

9.4 交错级数求和

设 $\{u_n\}$ 由等差正整数的倒数构成, 其中 $u_n > 0$, 我们称下面形式的级数为 q 级交错级数.

$$u_1 + u_2 + \cdots + u_q - u_{q+1} - \cdots - u_{2q} + u_{2q+1} + \cdots + u_{3q} - \cdots.$$

本节将利用构造幂级数、求导求积的方法来计算该类型级数的和.

9.4.1 1 级交错级数的定积分表示

由于 q 级交错级数求和均可化归为最简单的 1 级交错级数求和, 因而先考虑 1 级交错级数.

定理 9.7 (1 级交错级数的积分表示)

设 p,q 是自然数, 则

$$\frac{1}{p} - \frac{1}{p+q} + \frac{1}{p+2q} - \cdots = \int_0^1 \frac{t^{p-1}}{1+t^q}\mathrm{d}t.$$

证明 构造幂级数

$$F(t) = \frac{t^p}{p} - \frac{t^{p+q}}{p+q} + \frac{t^{p+2q}}{p+2q} - \cdots + (-1)^n \frac{t^{p+nq}}{p+nq} + \cdots.$$

上式右端幂级数的收敛区间是 $(-1,1]$, 一般情况下, 也至少是在 $[0,1]$ 内收敛, 根据逐项求导的定理得

$$F'(t) = t^{p-1} - t^{(p-1)+q} + t^{(p-1)+2q} - \cdots + (-1)^n t^{p-1+nq} + \cdots = \frac{t^{p-1}}{1+t^q},$$

于是

$$F(1) = F(0) + \int_0^1 F'(t)\mathrm{d}t = \int_0^1 \frac{t^{p-1}}{1+t^q}\mathrm{d}t.$$

练习 9.24 求数项级数 $\frac{1}{2} - \frac{1}{5} + \frac{1}{8} - \frac{1}{11} + \cdots$ 的和.

练习 9.25 求数项级数 $1 - \frac{1}{4} + \frac{1}{7} - \frac{1}{10} + \cdots$ 的和.

9.4.2 q 级交错级数的定积分表示

定理 9.8 (最简 q 级交错级数的定积分表示)

设 q 是自然数, 则

$$1+\frac{1}{2}+\cdots+\frac{1}{q}-\frac{1}{q+1}-\cdots-\frac{1}{2q}+\frac{1}{2q+1}+\cdots$$
$$=\int_0^1\frac{1-t^q}{(1-t)(1+t^q)}\mathrm{d}t.$$

♡

证明 在前一定理中, 分别取 $p=1,2,\cdots,q$, 并把级数的项重新排序得

$$1+\frac{1}{2}+\cdots+\frac{1}{q}-\frac{1}{q+1}-\frac{1}{q+2}-\cdots-\frac{1}{2q}+\frac{1}{2q+1}+\cdots+\frac{1}{3q}-\cdots$$
$$=\left(1-\frac{1}{q+1}+\frac{1}{2q+1}-\cdots\right)+\left(\frac{1}{2}-\frac{1}{q+2}+\frac{1}{2q+2}-\cdots\right)+\cdots$$
$$+\left(\frac{1}{q}-\frac{1}{2q}+\frac{1}{3q}-\cdots\right)$$
$$=\int_0^1\frac{\mathrm{d}t}{1+t^q}+\int_0^1\frac{t\mathrm{d}t}{1+t^q}+\cdots+\int_0^1\frac{t^{q-1}}{1+t^q}\mathrm{d}t$$
$$=\int_0^1\frac{1+t+\cdots+t^{q-1}}{1+t^q}\mathrm{d}t$$
$$=\int_0^1\frac{1-t^q}{(1-t)(1+t^q)}\mathrm{d}t.$$

✍ **练习 9.26** 求级数 $1+\frac{1}{2}-\frac{1}{3}-\frac{1}{4}+\frac{1}{5}+\frac{1}{6}-\frac{1}{7}-\frac{1}{8}+\cdots$ 的和.

✍ **练习 9.27** 求和 $S=1+\frac{1}{2}+\frac{1}{3}-\frac{1}{4}-\frac{1}{5}-\frac{1}{6}+\frac{1}{7}+\frac{1}{8}+\frac{1}{9}-\cdots$.

定理 9.9 (q 级交错级数的积分表示)

设 a,b 是自然数, 则

$$\sum_{n=0}^{+\infty}\sum_{j=0}^{q-1}\frac{(-1)^n}{a+jb+nqb}$$
$$=\frac{1}{a}+\frac{1}{a+b}+\frac{1}{a+2b}+\cdots+\frac{1}{a+(q-1)b}-\frac{1}{a+qb}-\frac{1}{a+(q+1)b}$$

$$
\begin{aligned}
&-\cdots-\frac{1}{a+2qb}+\frac{1}{a+2q+1}+\cdots \\
=&\int_0^1 \frac{t^{a-1}\left(1-t^{qb}\right)}{\left(1-t^b\right)\left(1+t^{qb}\right)}\mathrm{d}t.
\end{aligned}
$$

♡

证明 对于 $j=0,1,2,\cdots,q-1$, 设

$$
S_j=\sum_{n=0}^{+\infty}\frac{(-1)^n}{a+jb+nqb}.
$$

由定理 9.7 知

$$
S_j=\sum_{n=0}^{+\infty}\frac{(-1)^n}{a+jb+nqb}=\int_0^1\frac{t^{(a-1)+jb}}{1+t^{qb}}\mathrm{d}t,
$$

所以

$$
\begin{aligned}
S=&\frac{1}{a}+\frac{1}{a+b}+\frac{1}{a+2b}+\cdots+\frac{1}{a+(q-1)b}-\frac{1}{a+qb}-\frac{1}{a+(q+1)b} \\
&-\cdots-\frac{1}{a+2qb}+\frac{1}{a+2q+1}+\cdots \\
=&\sum_{j=0}^{q-1}\sum_{n=0}^{+\infty}\frac{(-1)^n}{a+jb+nqb} \\
=&S_0+S_1+\cdots+S_{q-1} \\
=&\sum_{j=0}^{q-1}\int_0^1\frac{t^{(a-1)+jb}}{1+t^{qb}}\mathrm{d}t \\
=&\int_0^1\frac{t^{a-1}}{1+t^{qb}}\sum_{j=0}^{q-1}t^{jb}\mathrm{d}t \\
=&\int_0^1 \frac{t^{a-1}\left(1-t^{qb}\right)}{\left(1-t^b\right)\left(1+t^{qb}\right)}\mathrm{d}t.
\end{aligned}
$$

✍ **练习 9.28** 证明 $1+\frac{1}{3}-\frac{1}{5}-\frac{1}{7}+\cdots+\frac{(-1)^{\left[\frac{n-1}{2}\right]}}{2n-1}+\cdots=\frac{\pi}{2\sqrt{2}}$.

9.5 欧拉公式求和

对于三角级数

$$\sum_{n=0}^{+\infty} a_n \cos nx, \quad \sum_{n=0}^{+\infty} a_n \sin nx,$$

可视为复数域内幂级数 $\sum\limits_{n=0}^{+\infty} a_n z^n$ 的和的实部与虚部, 其中 $z = \mathrm{e}^{\mathrm{i}x}$. 求出 $\sum\limits_{n=0}^{+\infty} a_n z^n$, 再根据实虚部的对应关系即可得到相应三角级数的和.

9.5.1 正余弦数列求和

例题 9.12　求 $S = \sum\limits_{k=1}^{+\infty} q^k \cos kx, |q| < 1$.

解　法 1:

$$\begin{aligned}
S &= \mathrm{Re}\left[\sum_{k=1}^{+\infty} q^k (\cos kx + \mathrm{i}\sin kx)\right] \\
&= \mathrm{Re}\left[\sum_{k=1}^{+\infty} q^k \mathrm{e}^{\mathrm{i}kx}\right] \\
&= \mathrm{Re}\left[\sum_{k=1}^{+\infty} \left(q\mathrm{e}^{\mathrm{i}x}\right)^k\right] \\
&= \mathrm{Re}\left[\frac{q\mathrm{e}^{\mathrm{i}x}}{1 - q\mathrm{e}^{\mathrm{i}x}}\right] \\
&= \mathrm{Re}\left[\frac{q\cos x + \mathrm{i}q\sin x}{(1 - q\cos x) - \mathrm{i}q\sin x}\right] \\
&= \mathrm{Re}\left[\frac{(q\cos x - q^2) + \mathrm{i}q\sin x}{1 - 2q\cos x + q^2}\right] \\
&= \frac{q\cos x - q^2}{1 - 2q\cos x + q^2}.
\end{aligned}$$

或者, 令 $z = q(\cos x + \mathrm{i}\sin x) = q\mathrm{e}^{\mathrm{i}x}$, 其中 $\mathrm{i}^2 = -1$, 则 $|z| = |q| < 1$.

$$\sum_{n=0}^{+\infty} z^n = \sum_{n=0}^{+\infty} q^n \cos nx + \mathrm{i}\sum_{n=0}^{+\infty} q^n \sin nx,$$

$$\sum_{n=0}^{+\infty} z^n = \frac{1}{1-z} = \frac{1}{1 - q\cos x - \mathrm{i}q\sin x} = \frac{1 - q\cos x + \mathrm{i}q\sin x}{1 - 2q\cos x + q^2}.$$

因此

$$\sum_{n=1}^{+\infty} q^n \cos nx = \sum_{n=0}^{+\infty} q^n \cos nx - 1 = \frac{1 - q\cos x}{1 - 2q\cos x + q^2} - 1 = \frac{q\cos x - q^2}{1 - 2q\cos x + q^2},$$

$$\sum_{n=1}^{+\infty} q^n \sin nx = \sum_{n=0}^{+\infty} q^n \sin nx = \frac{q \sin x}{1 - 2q\cos x + q^2}.$$

法 2: 设前 n 项和为

$$S_n = q\cos x + q^2 \cos 2x + \cdots + q^n \cos nx = \sum_{k=1}^{n} q^k \cos kx.$$

两边乘以 $2q\cos x$, 得到

$$\begin{aligned}
2q\cos x S_n &= \sum_{n=1}^{n} q^{k+1} \cdot 2\cos kx \cos x = \sum_{n=1}^{n} q^{k+1}[\cos(k+1)x + \cos(k-1)x] \\
&= \sum_{k=1}^{n} q^{k+1} \cos(k+1)x + \sum_{k=1}^{n} q^2 \left[q^{k-1}\cos(k-1)x\right] \\
&= \sum_{k=1}^{n} q^k \cos kx - q\cos x + q^{n+1}\cos(n+1)x + q^2 \sum_{k=1}^{n} \left[q^{k-1}\cos(k-1)x\right] \\
&= S_n - q\cos x + q^{n+1}\cos(n+1)x + q^2 + q^2 \sum_{k=1}^{n} q^k \cos kx - q^{n+2}\cos nx \\
&= \left(1+q^2\right) S_n - q\cos x + q^{n+1}\cos(n+1)x - q^{n+2}\cos nx + q^2,
\end{aligned}$$

于是

$$\begin{aligned}
\lim_{n\to+\infty} S_n &= \lim_{n\to+\infty} \frac{-q\cos x + q^{n+1}\cos(n+1)x - q^{n+2}\cos nx + q^2}{2q\cos x - (1+q^2)} \\
&= \frac{q^2 - q\cos x}{2q\cos x - (1+q^2)}.
\end{aligned}$$

练习 9.29 求 $\sum\limits_{n=1}^{+\infty} q^n \cos(2n-1), -1 < q < 1$.

9.5.2 离散狄利克雷和

定理 9.10 (离散狄利克雷和)

设 $0 < x < 2\pi$, 则

$$\sum_{n=1}^{+\infty} \frac{\sin nx}{n} = \frac{\pi - x}{2},$$

$$\sum_{n=1}^{+\infty}\frac{\cos nx}{n}=-\frac{1}{2}\ln(2-2\cos x)=-\ln 2-\ln\left|\sin\frac{x}{2}\right|.$$

♡

证明 利用复数运算, 令 $z=\mathrm{e}^{\mathrm{i}x}$, 则

$$\sum_{n=1}^{+\infty}\frac{1}{n}(\cos nx+\mathrm{i}\sin nx)=\sum_{n=1}^{+\infty}\frac{\mathrm{e}^{\mathrm{i}nx}}{n}=\sum_{n=1}^{+\infty}\frac{z^n}{n}=\mathrm{Ln}\frac{1}{1-z}$$
$$=\ln\left|\frac{1}{1-z}\right|+\mathrm{i}\arg\left(\frac{1}{1-z}\right).$$

由于

$$\begin{aligned}\arg\left(\frac{1}{1-z}\right)&=\arg\left(\frac{1}{1-\cos x-\mathrm{i}\sin x}\right)\\&=\arg\left(\frac{1-\cos x}{2-2\cos x}+\mathrm{i}\frac{\sin x}{2-2\cos x}\right)\\&=\arctan\frac{\sin x}{1-\cos x}\\&=\arctan\left(\cot\frac{x}{2}\right)=\frac{\pi-x}{2}\quad(0<x<2\pi),\end{aligned}$$

于是

$$\sum_{n=1}^{+\infty}\frac{\sin nx}{n}=\frac{\pi-x}{2}\quad(0<x<2\pi).$$

下面证明第二个结论. 从函数项级数的敛散性判别法可以知道级数在 $x\neq 2k\pi(k\in\mathbb{Z})$ 时收敛, 因此只需求出 $(0,2\pi)$ 上的和函数 $S(x)$. 又从内闭一致收敛知 $S(x)$ 连续. 以 x 为参数, 引入新变量 $t\in(-1,1)$, 由阿贝尔第二定理有

$$S(x)=\lim_{t\to1^-}f(t),$$

其中

$$f(t)=\sum_{n=1}^{+\infty}\frac{\cos nx}{n}t^n.$$

在 $(-1,1)$ 上将此幂级数对 t 逐项求导, 并用欧拉公式计算如下:

$$f'(t)=\sum_{n=1}^{+\infty}t^{n-1}\cos nx=\mathrm{Re}\sum_{n=1}^{+\infty}t^{n-1}\mathrm{e}^{\mathrm{i}nx}=\mathrm{Re}\,\frac{\mathrm{e}^{\mathrm{i}x}}{1-t\mathrm{e}^{\mathrm{i}x}}=\frac{\cos x-t}{1-2t\cos x+t^2},$$

然后再利用 $f(0)=0$ 求积得到

$$f(t)=-\frac{1}{2}\ln\left(1-2t\cos x+t^2\right),\quad -1<t<1.$$

因此

$$S(x)=\sum_{n=1}^{+\infty}\frac{\cos nx}{n}=\lim_{t\to 1^-}f(t)=f(1)=-\frac{1}{2}\ln(2-2\cos x)=-\ln 2-\ln\left|\sin\frac{x}{2}\right|.$$

当 $x=1$ 时, 得

$$\sum_{n=1}^{+\infty}\frac{\cos n}{n}=-\frac{1}{2}\ln(2-2\cos 1).$$

用含参量构造级数, 然后用复数函数的洛朗展开, 比傅里叶级数的方法更加直接一些.

9.6 用傅里叶级数求和

定义 9.6 (傅里叶级数)

设 $p>0$ 为常数, 函数 $f(x)$ 是定义在 $(-p,p)$ 上周期为 $2p$ 的周期函数, 则 $f(x)$ 的傅里叶级数由下面的式子给出:

$$f(x)=\frac{a_0}{2}+\sum_{n=1}^{+\infty}a_n\cos\frac{\pi nx}{p}+\sum_{n=1}^{+\infty}b_n\sin\frac{\pi nx}{p},$$

其中傅里叶系数 a_n 与 b_n 由下面积分定义:

$$a_n=\frac{1}{p}\int_{-p}^{p}f(x)\cos\frac{\pi nx}{p}\mathrm{d}x,\quad b_n=\frac{1}{p}\int_{-p}^{p}f(x)\sin\frac{\pi nx}{p}\mathrm{d}x.$$ ♣

下面是关于傅里叶级数的狄利克雷收敛定理

定理 9.11 (狄利克雷收敛定理)

如果 $f(x)$ 是有界周期函数, 在任何一个周期上至多有有限个极值点和有限个第一类间断点, 则 $f(x)$ 的傅里叶级数在所有连续点收敛到 $f(x)$, 在每个不连续点收敛到 $f(x)$ 在该点左、右极限的算术平均值. ♡

任一分段光滑的有界周期函数 $f(x)$ 都能展开成傅里叶级数, $f(x)$ 的傅里叶级数在 $(-\infty,+\infty)$ 上收敛, 借助傅里叶级数可以解决某些复杂的级数求值问题.

9.6.1 利用二次函数的傅里叶级数求和

例题 9.13 利用 $f(x)=x^2$ 在 $[-\pi,\pi]$ 上的傅里叶级数, 求下列级数的和. $\sum\limits_{n=1}^{+\infty}(-1)^{n-1}\frac{1}{n^2}$; $\sum\limits_{n=1}^{+\infty}\frac{1}{n^2}$; $\sum\limits_{n=1}^{+\infty}\frac{1}{(2n)^2}$; $\sum\limits_{n=1}^{+\infty}\frac{1}{(2n-1)^2}$.

解

$$a_0=\frac{2}{\pi}\int_0^{\pi}x^2\mathrm{d}x=\frac{2\pi^2}{3},$$

$$a_n=\frac{2}{\pi}\int_0^{\pi}x^2\cos nx\mathrm{d}x=4\frac{(-1)^n}{n^2},$$

$$b_n=0,\quad n=1,2,\cdots.$$

因此易得 $f(x)=x^2$ 在 $[-\pi,\pi]$ 的傅里叶展开式

$$x^2=\frac{\pi^2}{3}-4\sum_{n=1}^{+\infty}\frac{(-1)^{n-1}}{n^2}\cos nx,\quad x\in[-\pi,\pi].$$

分别令 $x=0,\pi$, 依次得到

$$\sum_{n=1}^{+\infty}(-1)^{n-1}\frac{1}{n^2}=\frac{\pi^2}{12},\quad \sum_{n=1}^{+\infty}\frac{1}{n^2}=\frac{\pi^2}{6}.$$

进一步, 我们有

$$\sum_{n=1}^{+\infty}\frac{1}{(2n)^2}=\frac{1}{4}\sum_{n=1}^{+\infty}\frac{1}{n^2}=\frac{\pi^2}{24}.$$

又由于

$$\sum_{n=1}^{+\infty}\frac{(-1)^{n-1}}{n^2}=\sum_{n=1}^{+\infty}\frac{1}{(2n-1)^2}-\sum_{n=1}^{+\infty}\frac{1}{(2n)^2}=\sum_{n=1}^{+\infty}\frac{1}{(2n-1)^2}-\frac{1}{4}\sum_{n=1}^{+\infty}\frac{1}{n^2},$$

即得

$$\sum_{n=1}^{+\infty}\frac{1}{(2n-1)^2}=\sum_{n=1}^{+\infty}\frac{(-1)^{n-1}}{n^2}+\frac{1}{4}\sum_{n=1}^{+\infty}\frac{1}{n^2}=\frac{\pi^2}{12}+\frac{1}{4}\times\frac{\pi^2}{6}=\frac{\pi^2}{8}.$$

✍ **练习 9.30**

(1) 将 $f(x)=\begin{cases}0, & x\in[-1,0),\\ x^2, & x\in[0,1)\end{cases}$ 展开为傅里叶级数.

(2) 证明 $\sum\limits_{n=1}^{+\infty}\frac{1}{n^2}=\frac{\pi^2}{6}$.

(3) 求 $\sin x$ 非零的零点的倒数的平方和.

练习 9.31 将 $f(x)=(x-1)^2$ 在 $(0,1)$ 上展开成余弦级数, 并由此证明

$$\sum_{n=1}^{+\infty}\frac{1}{n^2}=\frac{\pi}{6}.$$

9.6.2 利用符号函数的傅里叶级数求和

例题 9.14 将函数 $f(x)=\operatorname{sgn}x,\ x\in(-\pi,\pi)$ 展开成傅里叶级数, 并利用展开式求级数 $\sum\limits_{n=1}^{+\infty}\frac{(-1)^{n-1}}{2n-1}$ 的和.

解 由公式直接得到

$$a_0=\frac{1}{\pi}\int_{-\pi}^{\pi}\operatorname{sgn}x\mathrm{d}x=0,$$

$$a_n=\frac{1}{\pi}\int_{-\pi}^{\pi}\operatorname{sgn}x\cos x\mathrm{d}x=0,$$

$$b_n=\frac{1}{\pi}\int_{-\pi}^{\pi}\operatorname{sgn}x\sin nx\mathrm{d}x=\frac{2}{\pi}\int_{0}^{\pi}\operatorname{sgn}x\sin nx\mathrm{d}x=\frac{2}{\pi}\int_{0}^{\pi}\sin nx\mathrm{d}x$$
$$=\left[-\frac{2}{n\pi}\cos nx\right]\Bigg|_0^{\pi}=\frac{2}{n\pi}\left[1-(-1)^n\right],\quad n=1,2,\cdots.$$

由于函数 $f(x)$ 在 $(-\pi,\pi)$ 上只有第一类间断点, 故其傅里叶级数收敛, 且有

$$\frac{4}{\pi}\sum_{k=1}^{+\infty}\frac{\sin(2k-1)x}{2k-1}=\begin{cases}-1, & -\pi<x<0,\\ 0, & x=0,\\ 1, & 0<x<\pi.\end{cases}$$

分别令 $x=\frac{\pi}{2}$, $x=1$, 则得

$$\sum_{k=1}^{+\infty}\frac{(-1)^{k-1}}{2k-1}=\frac{\pi}{4},\quad \sum_{k=1}^{+\infty}\frac{\sin(2k-1)}{2k-1}=\frac{\pi}{4}.$$

注 思考: 如何计算 $\sum\limits_{k=1}^{+\infty}\frac{\cos(2k-1)}{2k-1}$?

练习 9.32

(1) 将 $f(x)=x,x\in[0,\pi]$ 展开为正弦级数, 并且写出傅里叶级数的和函数.

(2) 求 $\cos x$ 全部零点的倒数的平方和.

9.6.3 利用指数函数的傅里叶级数求和

例题 9.15 设函数 $f(x)$ 是以 2π 为周期的周期函数, 且 $f(x)=e^{\alpha x}(0\leqslant x<2\pi)$, 其中 $\alpha\neq 0$. 试将 $f(x)$ 展开成傅里叶级数, 并求数值级数 $\sum\limits_{n=1}^{+\infty}\dfrac{1}{1+n^2}$ 的和.

解 由于

$$a_0=\frac{1}{\pi}\int_0^{2\pi}e^{\alpha x}\,dx=\frac{1}{\alpha\pi}\left(e^{2\alpha\pi}-1\right),$$

$$a_n=\frac{1}{\pi}\int_0^{2\pi}e^{\alpha x}\cos nx dx=\frac{e^{2\alpha\pi}-1}{\pi}\cdot\frac{\alpha}{\alpha^2+n^2},\quad n=1,2,\cdots,$$

$$b_n=\frac{1}{\pi}\int_0^{2\pi}e^{\alpha x}\sin nx dx=-\frac{e^{2\alpha\pi}-1}{\pi}\cdot\frac{n}{\alpha^2+n^2},\quad n=1,2,\cdots,$$

因此, 由狄利克雷收敛定理知

$$e^{\alpha x}=\frac{e^{2\alpha\pi}-1}{\pi}\left[\frac{1}{2\alpha}+\sum_{n=1}^{+\infty}\frac{\alpha\cos nx-n\sin nx}{a^2+n^2}\right],\quad 0<x<2\pi.$$

令 $\alpha=1,x=0$, 由狄利克雷收敛定理知

$$\frac{e^{2\pi}-1}{\pi}\left[\frac{1}{2}+\sum_{n=1}^{+\infty}\frac{1}{1+n^2}\right]=\frac{f(0)+f(2\pi)}{2}=\frac{e^{2\pi}+1}{2},$$

故

$$\sum_{n=1}^{+\infty}\frac{1}{1+n^2}=\frac{\pi}{2}\frac{e^{2\pi}+1}{e^{2\pi}-1}-\frac{1}{2}.$$

9.7 构造微分方程求解

前面求级数的和, 构造了合适的幂函数, 通过逐项求积或逐项求导等手段, 将待求和问题化为常用幂级数的和函数来实现. 在有些情况下这样的思路行不通, 但是构造微分方程的形式, 容易求解, 而且非常有效. 看下面的例子.

9.7.1 数项级数之和

例题 9.16 求级数

$$\frac{1}{2}-\frac{1}{2\cdot 4}+\frac{1}{2\cdot 4\cdot 6}-\frac{1}{2\cdot 4\cdot 6\cdot 8}+\cdots$$

之和.

解 构造幂级数

$$S(x)=\frac{x^2}{2}-\frac{x^4}{2\cdot 4}+\frac{x^6}{2\cdot 4\cdot 6}-\frac{x^8}{2\cdot 4\cdot 6\cdot 8}+\cdots+(-1)^{n-1}\frac{x^{2n}}{(2n)!!}+\cdots,$$

则

$$\begin{aligned}S'(x)&=x-\frac{x^3}{2}+\frac{x^5}{2\cdot 4}-\frac{x^7}{2\cdot 4\cdot 6}+\cdots+(-1)^{n-1}\frac{x^{2n-1}}{(2(n-1))!!}+\cdots\\&=x\left[1-\left(\frac{x^2}{2}-\frac{x^4}{2\cdot 4}+\frac{x^6}{2\cdot 4\cdot 6}-\frac{x^8}{2\cdot 4\cdot 6\cdot 8}+\cdots\right)\right]\\&=x(1-S(x)).\end{aligned}$$

于是得一阶微分方程:

$$S'(x)=x(1-S(x)),$$

其通解为

$$S(x)=1+C\mathrm{e}^{-\frac{x^2}{2}}.$$

由 $S(0)=0$ 得 $C=-1$. 因此得

$$S(x)=\sum_{n=1}^{+\infty}(-1)^{n-1}\frac{x^{2n}}{(2n)!!}=1-\mathrm{e}^{-\frac{x^2}{2}},$$

从而

$$\frac{1}{2}-\frac{1}{2\cdot 4}+\frac{1}{2\cdot 4\cdot 6}-\frac{1}{2\cdot 4\cdot 6\cdot 8}+\cdots=S(1)=1-\mathrm{e}^{-\frac{1}{2}}.$$

✍ **练习 9.33** 证明正项级数 $\sum\limits_{n=1}^{+\infty}\dfrac{(2n-1)!!}{2n(2n)!!}$ 收敛, 并求出此级数的和.

✍ **练习 9.34** 证明级数 $1+\sum\limits_{n=1}^{+\infty}(-1)^n\dfrac{(2n-1)!!}{(2n)!!}=\dfrac{\sqrt{2}}{2}$.

✍ **练习 9.35** 计算 $\sum\limits_{n=1}^{+\infty}(-1)^{n-1}\dfrac{(2n-1)!!}{(2n)!!}$.

9.7.2 幂级数之和

一般对级数求一次 (或若干次) 导数, 设法回归到原来的级数, 如果能回归到原来的级数, 那么就可以得到和函数的一个微分方程. 然后求解.

例题 9.17

(1) 验证函数

$$y(x)=\sum_{n=0}^{+\infty}\frac{x^{3n}}{(3n)!},\quad -\infty<x<+\infty$$

满足微分方程 $y''+y'+y=\mathrm{e}^x$;

(2) 利用 (1) 的结果求幂级数 $\sum\limits_{n=0}^{+\infty}\frac{x^{3n}}{(3n)!}$ 的和函数.

解 (1) 易验证收敛区间为 $x\in(-\infty,+\infty)$. 在收敛区间上可对幂级数逐项求导两次, 求导后得到的新级数收敛区间不变, 于是

$$y'(x)=\sum_{n=1}^{+\infty}\frac{x^{3n-1}}{(3n-1)!},\quad y''(x)=\sum_{n=1}^{+\infty}\frac{x^{3n-2}}{(3n-2)!},\quad x\in(-\infty,+\infty).$$

因而

$$\begin{aligned}y''(x)+y'(x)+y(x)&=\sum_{n=1}^{+\infty}\frac{x^{3n-2}}{(3n-2)!}+\sum_{n=1}^{+\infty}\frac{x^{3n-1}}{(3n-1)!}+\sum_{n=0}^{+\infty}\frac{x^{3n}}{(3n)!}\\&=1+\sum_{n=1}^{+\infty}\left[\frac{x^{3n-2}}{(3n-2)!}+\frac{x^{3n-1}}{(3n-1)!}+\frac{x^{3n}}{(3n)!}\right]\\&=1+x+\frac{x^2}{2}+\frac{x^3}{3!}+\cdots+\frac{x^n}{n!}+\cdots=\sum_{n=0}^{+\infty}\frac{x^n}{n!}=\mathrm{e}^x.\end{aligned}$$

(2) 因和函数满足方程 $y''+y'+y=\mathrm{e}^x$, 且 $y(0)=1,y'(0)=0$, 解此初值问题就得到级数的和函数. 通过计算知

$$\sum_{n=0}^{+\infty}\frac{x^{3n}}{(3n)!}=\frac{2}{3}\mathrm{e}^{-\frac{x}{2}}\cos\frac{\sqrt{3}}{2}x+\frac{1}{2}\mathrm{e}^x,\quad x\in(-\infty,+\infty).$$

✍ **练习 9.36** 求 $\sum\limits_{n=0}^{+\infty}\frac{x^{4n}}{(4n)!}$ 的和函数 $S(x)$.

✍ **练习 9.37** 求 $x+\frac{2}{3}x^3+\frac{2\cdot 4}{3\cdot 5}x^5+\frac{2\cdot 4\cdot 6}{3\cdot 5\cdot 7}x^7+\cdots$ 的和函数 $S(x)$.

✍ **练习 9.38** 求 $\sum\limits_{n=1}^{+\infty}\frac{a(a+d)(a+2d)\cdots[a+(n-1)d]}{d(2d)\cdots(nd)}x^n$ 的和函数 $S(x)$, 其中 $|x|<1$.

9.7.3 递推数列与生成函数

如果题目给出了系数递推式, 那么要产生出和函数的微分方程就容易多了, 直接根据系数递推式去产生一个微分方程.

例题 9.18 已知 $a_0=1, a_1=\frac{1}{2}$, 且当 $n\geqslant 2$ 时, 有

$$na_n=\left[\frac{1}{2}+(n-1)\right]a_{n-1}.$$

证明当 $|x|<1$ 时, 幂级数 $\sum\limits_{n=1}^{+\infty}a_nx^n$ 收敛, 并求其和函数.

解 由于

$$\lim_{n\to+\infty}\left|\frac{a_{n+1}}{a_n}\right|=\lim_{n\to+\infty}\left|\frac{\left(\frac{1}{2}+n\right)a_n}{na_n}\right|=1,$$

所以当 $|x|<1$ 时, 幂级数收敛. 令 $S(x)=\sum\limits_{n=1}^{+\infty}a_nx^n$, 则

$$\begin{aligned}S'(x)&=a_1+\sum_{n=2}^{+\infty}na_nx^{n-1}=\frac{1}{2}+\sum_{n=2}^{+\infty}\left[\frac{1}{2}+(n-1)\right]a_{n-1}x^{n-1}\\&=\frac{1}{2}+\frac{1}{2}\sum_{n=2}^{+\infty}a_{n-1}x^{n-1}+\sum_{n=2}^{+\infty}(n-1)a_{n-1}x^{n-1}\\&=\frac{1}{2}+\frac{1}{2}\sum_{n=1}^{+\infty}a_nx^n+\sum_{n=1}^{+\infty}na_nx^n\\&=\frac{1}{2}+\frac{1}{2}S(x)+xS'(x),\end{aligned}$$

即和函数 $S(x)$ 满足微分方程

$$(1-x)S'(x)=\frac{1}{2}S(x)+\frac{1}{2},\quad S(0)=0.$$

上述方程为可分离变量方程, 分离变量得通解为 $S(x)=\dfrac{C_1}{\sqrt{2-2x}}-1$, 代入 $S(0)=0$, 得 $C_1=\sqrt{2}$, 所以

$$S(x)=\frac{1}{\sqrt{1-x}}-1.$$

如果题目给出了生成函数, 那么根据表达式, 容易产生出生成函数的系数递推式.

例题 9.19 设函数

$$f(x)=\frac{1}{1-x-x^2},\quad a_n=\frac{1}{n!}f^{(n)}(0),\quad n\geqslant 0.$$

证明级数 $\sum\limits_{n=0}^{+\infty}\frac{a_{n+1}}{a_na_{n+2}}$ 收敛, 并求它的和.

证明 一方面, 设 $\delta>0$, 对于 $\forall|x|<\delta$,

$$\begin{aligned}1&=\left(1-x-x^2\right)f(x)\\&=\left(1-x-x^2\right)\sum_{n=0}^{+\infty}a_nx^n\\&=\sum_{n=0}^{+\infty}a_nx^n-\sum_{n=0}^{+\infty}a_nx^{n+1}-\sum_{n=0}^{+\infty}a_nx^{n+2}\\&=a_0+(a_1-a_0)x+\sum_{n=0}^{+\infty}(a_{n+2}-a_{n+1}-a_n)x^{n+2}.\end{aligned}$$

因此

$$a_0=1,\quad a_1=a_0,\quad a_{n+2}=a_{n+1}+a_n,\quad \forall n\geqslant 0.$$

易见 $a_n\geqslant n$, 于是 $\lim\limits_{n\to+\infty}a_n=+\infty$.

另一方面, 对于 $\forall m\geqslant 2$,

$$\sum_{n=0}^{m}\frac{a_{n+1}}{a_n\cdot a_{n+2}}=\sum_{n=0}^{m}\left(\frac{1}{a_n}-\frac{1}{a_{n+2}}\right)=\frac{1}{a_0}+\frac{1}{a_1}-\frac{1}{a_{m+1}}-\frac{1}{a_{m+2}}.$$

因此级数 $\sum\limits_{n=0}^{+\infty}\frac{a_{n+1}}{a_n\cdot a_{n+2}}$ 收敛且和为 $\frac{1}{a_0}+\frac{1}{a_1}=2$.

✍ **练习 9.39** 设 $a_0=4,a_1=1,a_{n-2}=n(n-1)a_n,n=2,3,\cdots$, 求幂级数 $\sum\limits_{n=0}^{+\infty}a_nx^n$ 的和函数.

✍ **练习 9.40** 设 $a_0=0,a_1=1,n(n+1)a_{n+1}=na_n+a_{n-1},n=1,2,\cdots$, 求幂级数 $\sum\limits_{n=1}^{+\infty}a_nx^n$ 的和函数.

✍ **练习 9.41** 已知 $\{a_n\}$ 满足 $a_0=0, a_1=1, a_{n+2}+2na_{n+1}+\left(n^2-n+\frac{2}{9}\right)a_n=0$, 求 $\sum\limits_{n=1}^{+\infty}a_n\frac{x^n}{n!}$.

9.8 用二重积分计算二重级数

下面利用二重积分来计算二重级数的和.

例题 9.20 计算

$$\sum_{i=1}^{+\infty}\sum_{j=1}^{+\infty}\frac{\pi}{2n^4}i^2\sin\frac{j\pi}{2n}.$$

解 由 $x^2\sin y$ 在区域 $D=\left\{(x,y)\mid 0\leqslant x\leqslant 1, 0\leqslant y\leqslant\frac{\pi}{2}\right\}$ 上连续可积, 知

$$\begin{aligned}\sum_{i=1}^{+\infty}\sum_{j=1}^{+\infty}\frac{\pi}{2n^4}i^2\sin\frac{j\pi}{2n}&=\lim_{n\to+\infty}\sum_{i=1}^{n}\sum_{j=1}^{n}\left(\frac{i}{n}\right)^2\sin\left(\frac{j\pi}{2n}\right)\left(\frac{1}{n}\cdot\frac{\pi}{2n}\right)\\&=\iint_D x^2\sin y\,\mathrm{d}x\,\mathrm{d}y\\&=\int_0^1 x^2\,\mathrm{d}x\int_0^{\frac{\pi}{2}}\sin y\,\mathrm{d}y\\&=\frac{1}{3}.\end{aligned}$$

✍ **练习 9.42** 求极限 $\lim\limits_{n\to+\infty}\frac{1}{n}\sum\limits_{j=1}^{n}\sum\limits_{k=1}^{n}\frac{j}{j^2+k^2}$.

✍ **练习 9.43** 计算级数 $\sum\limits_{m=1}^{+\infty}\sum\limits_{n=1}^{+\infty}\frac{1}{mn(m+n+2)}$.

✍ **练习 9.44** 计算级数 $\sum\limits_{m=1}^{+\infty}\sum\limits_{n=1}^{+\infty}\frac{1}{m(m+n+2)(m+n)}$.

✍ **练习 9.45** 设

$$a_n=\sum_{k_1=1}^{+\infty}\sum_{k_2=1}^{+\infty}\cdots\sum_{k_n=1}^{+\infty}\frac{1}{k_1^2}\frac{1}{k_1^2+k_2^2}\cdots\frac{1}{k_1^2+k_2^2+\cdots+k_n^2},$$

计算 $\sum\limits_{n=1}^{+\infty}a_n$.

例题 9.21 设

$$a_n = 1 - \frac{1}{2} + \frac{1}{3} - \cdots + \frac{(-1)^{n-1}}{n} - \ln 2,$$

证明级数 $\sum\limits_{n=1}^{+\infty} a_n$ 收敛, 并求它的和.

解 由于

$$\sum_{n=1}^{+\infty} \frac{(-1)^{n-1}}{n} = \ln 2,$$

故

$$\begin{aligned} S &= \sum_{n=1}^{+\infty} a_n \\ &= \sum_{n=1}^{+\infty} \left(\sum_{i=1}^{n} \frac{(-1)^{i-1}}{i} - \ln 2 \right) \\ &= \sum_{n=1}^{+\infty} \left(- \sum_{i=n+1}^{+\infty} \frac{(-1)^{i-1}}{i} \right) \\ &= - \sum_{n=1}^{+\infty} \sum_{i=1}^{+\infty} \frac{(-1)^{i+n-1}}{i+n}. \end{aligned}$$

设

$$f(x) = \sum_{n=1}^{+\infty} \sum_{i=1}^{+\infty} \frac{x^{i+n}}{i+n}.$$

易得 $f(0) = 0$, 于是

$$f'(x) = \sum_{n=1}^{+\infty} \sum_{i=1}^{+\infty} x^{i+n-1} = \sum_{n=1}^{+\infty} x^{n-1} \sum_{i=1}^{+\infty} x^i = \frac{1}{1-x} \cdot \frac{x}{1-x} = \frac{x}{(1-x)^2}.$$

所以

$$S = +f(-1) = + \int_{-1}^{0} \frac{x}{(1-x)^2} \, dx = \frac{1}{2} - \ln 2.$$

9.9 复合函数的幂级数展开

函数的幂级数展开问题作为级数求和的反向问题, 其方法与技巧也频频用于级数求和. 下面将通过几个典型的例子展示与前文中级数求和相关的方法与技巧.

9.9.1 直接展开的方法

例题 9.22 将函数 $1/\sqrt{1-x^2}$ 展开成 x 的幂级数, 并指出展开式成立的区间.

解 按二项式 $(1-x^2)^{-1/2}$ 展开, 得到

$$\begin{aligned}\frac{1}{\sqrt{1-x^2}} &= \left(1-x^2\right)^{-1/2} \\ &= 1+\left(-\frac{1}{2}\right)\left(-x^2\right)+\frac{1}{2!}\left(-\frac{1}{2}\right)\left(-\frac{3}{2}\right)\left(-x^2\right)^2+ \\ &\quad +\frac{1}{n!}\left(-\frac{1}{2}\right)\left(-\frac{3}{2}\right)\cdots\left(-\frac{1}{2}-n+1\right)\left(-x^2\right)^n+\cdots \\ &= 1+\frac{1}{2}x^2+\frac{1\cdot 3}{2\cdot 4}x^4+\cdots+\frac{(2n-1)!!}{(2n)!!}x^{2n}+\cdots \\ &= 1+\sum_{n=1}^{+\infty}\frac{(2n-1)!!}{(2n)!!}x^{2n}, \quad -1<x<1.\end{aligned}$$

✍ **练习 9.46** 把函数 $f(x)=\dfrac{\mathrm{d}}{\mathrm{d}x}\left(\dfrac{\mathrm{e}^x-\mathrm{e}}{x-1}\right)$ 展开成 $(x-1)$ 的幂级数.

9.9.2 求导后逐项求积或求积后逐项求导

如果函数 $f(x)$ 不好直接展开成 x 的幂级数, 但是其导函数 $f'(x)$ 好展开, 可以考虑先将其导函数 $f'(x)$ 展开成 x 的幂级数 $\sum\limits_{n=0}^{+\infty} a_n x^n$, 然后利用牛顿–莱布尼茨公式构建 $f(x)$ 与 $f'(x)$ 的联系, 进而得到 $f(x)$ 的展开式.

例题 9.23 将函数

$$f(x)=\arctan\frac{1+x}{1-x}$$

展开成 x 的幂级数.

解 易求得 $f'(x)=\dfrac{1}{1+x^2}$. 先求 $f'(x)$ 的展开式, 再逐项积分, 即可求得 $f(x)$ 的展开式. 事实上,

$$f'(x)=\frac{1}{1+x^2}=\sum_{n=0}^{+\infty}(-1)^n x^{2n}, \quad |x|<1.$$

于是

$$f(x)-f(0)=\int_0^x f'(t)\mathrm{d}t=\int_0^x\left[\sum_{n=0}^{+\infty}(-1)^n t^{2n}\right]\mathrm{d}t=\sum_{n=0}^{+\infty}\frac{(-1)^n}{2n+1}x^{2n+1}.$$

又

$$f(0) = \arctan\left(\frac{1+x}{1-x}\right)\bigg|_{x=0} = \arctan 1 = \frac{\pi}{4},$$

所以

$$f(x) = f(0) + \sum_{n=0}^{+\infty} \frac{(-1)^n}{2n+1} x^{2n+1} = \frac{\pi}{4} + \sum_{n=0}^{+\infty} \frac{(-1)^n}{2n+1} x^{2n+1} \quad (-1 < x < 1).$$

当 $x = 1$ 时, $f(x)$ 无定义, 显然级数发散. 当 $x = -1$ 时, $f(-1) = \arctan 0 = 0$. 故展开式的收敛区间为 $-1 \leqslant x < 1$.

如果函数 $f(x)$ 不好直接展开成 x 的幂级数, 可以考虑先将其原函数 $F(x)$ 展开成幂级数 $\sum\limits_{n=0}^{+\infty} a_n x^n$, 然后求导得到 $f(x)$ 的展开式,

$$f(x) = F'(x) = \left(\sum_{n=0}^{+\infty} a_n x^n\right)' = \sum_{n=1}^{+\infty} n a_n x^{n-1}.$$

例如: (1) 将 $f(x) = \dfrac{2x}{(1+x^2)^2}$ 展开成 x 的幂级数.

(2) 将 $f(x) = \dfrac{1}{(1+x)^2}$ 展开成 x 的幂级数.

9.9.3　求导后利用幂级数法

复合函数的幂级数展开有些情形会很复杂, 下面的例子通过求导, 将其转化为微分方程的幂级数求解问题, 从而简化了求解途径.

例题 9.24　证明: 对于 $|x| < 1$, 有

$$\frac{2x \arcsin x}{\sqrt{1-x^2}} = \sum_{n=1}^{+\infty} \frac{(2x)^{2n}}{n\mathrm{C}_{2n}^n}.$$

证明　设

$$h(x) = \frac{\arcsin x}{\sqrt{1-x^2}}.$$

于是 $h(0) = 0$, 并且

$$\sqrt{1-x^2}\, h(x) = \arcsin x.$$

上面式子两边求导得到

$$\left(1-x^2\right) h'(x) - x h(x) = 1.$$

由于 $h(x)$ 是奇函数, 因此有如下幂级数表达式:

$$h(x)=\sum_{n=0}^{+\infty}a_nx^{2n+1},$$

逐项求导可得

$$h'(x)=\sum_{n=0}^{+\infty}(2n+1)a_nx^{2n}.$$

将 $h'(x)$ 和 $h(x)$ 的幂级数代入前面的微分方程得到

$$a_0+\sum_{n=0}^{+\infty}\left((2n+3)a_{n+1}-2(n+1)a_n\right)x^{2n+2}=1.$$

比较 x^{2n+2} 的系数得到

$$\begin{aligned}a_0&=1,\\a_{n+1}&=2\frac{n+1}{2n+3}a_n,\quad n\geqslant 0.\end{aligned}$$

于是

$$a_n=2^n\cdot\frac{n}{2n+1}\cdot\frac{n-1}{2n-1}\cdot\ \cdots\ \cdot\frac{2}{5}\cdot\frac{1}{3}\cdot 1=2^n\frac{n!}{(2n+1)!!},\quad n\geqslant 0,$$

并且

$$\begin{aligned}h(x)=\frac{\arcsin x}{\sqrt{1-x^2}}&=\sum_{n=0}^{+\infty}2^n\frac{n!}{(2n+1)!!}x^{2n+1}=\sum_{n=1}^{+\infty}2^{n-1}\frac{(n-1)!}{(2n-1)!!}x^{2n-1}\\&=\sum_{n=1}^{+\infty}\frac{n!2^{n-1}}{n(2n-1)!!}x^{2n-1}=\sum_{n=1}^{+\infty}\frac{(2x)^{2n-1}}{n\mathrm{C}_{2n}^n}.\end{aligned}$$

最后一个等式利用了恒等式

$$\mathrm{C}_{2n}^n=\frac{2^n(2n-1)!!}{n!}.$$

✍ **练习 9.47** 设 $r\in(0,1)$, 证明:

$$h(r)=\frac{\sqrt{1-r^2}}{2r}\ln\left(\frac{1+r}{1-r}\right)=\sum_{n=0}^{+\infty}c_nr^{2n},$$

其中, 对于所有 $n \geqslant 1$,

$$c_0 = 1, \quad c_n = \frac{\left(-\frac{1}{2}\right)_n}{(2n+1)n!} + \frac{2(n-1)}{2n+1} c_{n-1}.$$

9.10　综合应用: 解决巴塞尔问题的三种方法

巴塞尔问题是一个著名的数论问题. 这个问题是精确计算所有正整数的平方的倒数和, 也就是以下级数的和:

$$\sum_{n=1}^{+\infty} \frac{1}{n^2} = \lim_{n\to+\infty} \left(1 + \frac{1}{2^2} + \frac{1}{3^2} + \cdots + \frac{1}{n^2}\right).$$

欧拉在他二十八岁时因解决此问题而出名. 该问题是以瑞士的第三大城市巴塞尔命名的, 它是欧拉和伯努利家族的家乡.

对于收敛级数来说, 原则上已经可以通过数值计算来得到级数和的近似值. 但如果能够发现某个级数和可以用已知常数经过简单运算得到, 则当然更好. 由欧拉解决的巴塞尔问题, 即求出

$$1 + \frac{1}{4} + \frac{1}{9} + \cdots + \frac{1}{n^2} + \cdots = \frac{\pi^2}{6},$$

就是级数求和方面的一个经典例子. 在得到这个答案之前, 欧拉已经计算出级数和的近似值 $1.644934\cdots$, 直到 20 位有效数字, 但仍然看不出级数和是什么特殊的常数. 当然没有人想到这里会出现圆周率.

定理 9.12 (欧拉和)

$$\sum_{n=1}^{+\infty} \frac{1}{n^2} = \frac{\pi^2}{6}.$$

♡

证明　巴塞尔问题有很多种证明方法, 本节给出其中三种方法.

法 1: 采用傅里叶级数证明. 将 $f(x) = x, x \in [0, \pi]$ 展开为余弦级数. 我们将函数偶延拓. 这时

$$a_0 = \frac{2}{\pi} \int_0^{\pi} x \mathrm{d}x = \pi,$$

$$a_n = \frac{2}{\pi} \int_0^{\pi} x \cos nx \mathrm{d}x = 2\frac{(-1)^n - 1}{n^2 \pi},$$

$$b_n = 0, \quad n = 1, 2, \cdots.$$

因此

$$f(x) \sim \frac{\pi}{2} - \frac{4}{\pi}\left(\cos x + \frac{\cos 3x}{3^2} + \cdots + \frac{\cos(2k+1)x}{(2k+1)^2} + \cdots\right) = x, \quad x \in [0, \pi].$$

根据连续性, 有

$$f(x) = \frac{\pi}{2} - \frac{4}{\pi}\sum_{k=1}^{+\infty}\frac{1}{(2k-1)^2}\cos(2k-1)x, \quad x \in (-\infty, +\infty).$$

令 $x = 0$, 得

$$f(0) = 0 = \frac{\pi}{2} - \frac{4}{\pi}\sum_{k=1}^{+\infty}\frac{1}{(2k-1)^2},$$

解得

$$\sum_{k=1}^{+\infty}\frac{1}{(2k-1)^2} = \frac{\pi^2}{8}.$$

这就是全体正奇数的平方倒数和.

为了进一步求出全体正整数的平方倒数和, 将全体正整数的平方倒数和看作全体正奇数平方倒数和加上全体正偶数平方倒数和, 即

$$\sum_{k=1}^{+\infty}\frac{1}{k^2} = \sum_{k=1}^{+\infty}\frac{1}{(2k-1)^2} + \sum_{k=1}^{+\infty}\frac{1}{(2k)^2} = \frac{\pi^2}{8} + \frac{1}{4}\sum_{k=1}^{+\infty}\frac{1}{k^2}.$$

于是解得

$$\sum_{k=1}^{+\infty}\frac{1}{k^2} = \frac{\pi^2}{6}.$$

这个结论十分神奇: 所有整数的平方的倒数之和, 只有有理数参与有限次四则运算, 结果亦为有理数; 但是达到无穷次运算后, 出现了 π, 还带着平方.

法 2: 采用幂级数证明. 先证明

$$\sum_{n=1}^{+\infty}\frac{1}{(2n-1)^2} = \frac{\pi^2}{8}.$$

因为反正弦函数 $\arcsin x$ 在 $[-1, 1]$ 的幂级数展开式为

$$\arcsin x = x + \sum_{n=1}^{+\infty}\frac{(2n-1)!!}{(2n)!!}\frac{x^{2n+1}}{2n+1},$$

令 $x=\sin t$, 得到

$$t=\sin t+\sum_{n=1}^{+\infty}\frac{(2n-1)!!}{(2n+1)(2n)!!}\sin^{2n+1}t,\quad -\frac{\pi}{2}\leqslant t\leqslant\frac{\pi}{2}.$$

将上式两端对 t 从 0 到 $\frac{\pi}{2}$ 积分, 并对右端逐项积分, 得到

$$\begin{aligned}\frac{\pi^2}{8}&=1+\sum_{n=1}^{+\infty}\frac{(2n-1)!!}{(2n+1)(2n)!!}\int_0^{\pi/2}\sin^{2n+1}t\,\mathrm{d}t\\&=1+\sum_{n=1}^{+\infty}\frac{(2n-1)!!}{(2n+1)(2n)!!}\cdot\frac{(2n)!!}{(2n+1)!!}\\&=1+\sum_{n=1}^{+\infty}\frac{1}{(2n+1)^2}\\&=\sum_{n=1}^{+\infty}\frac{1}{(2n-1)^2}.\end{aligned}$$

因此 $\sum\limits_{n=1}^{+\infty}\frac{1}{(2n-1)^2}=\frac{\pi^2}{8}$. 由于

$$S=\sum_{n=1}^{+\infty}\frac{1}{n^2}=\sum_{n=1}^{+\infty}\frac{1}{(2n-1)^2}+\sum_{n=1}^{+\infty}\frac{1}{(2n)^2}=\frac{\pi^2}{8}+\frac{S}{4},$$

解得 $S=\frac{\pi^2}{6}$.

下面采用二重积分的方法求巴塞尔问题.

例题 9.25　设

$$R=\{(x,y):0\leqslant x\leqslant 1;0\leqslant y\leqslant 1\},\quad R_\varepsilon=\{(x,y):0\leqslant x\leqslant 1-\varepsilon;0\leqslant y\leqslant 1-\varepsilon\},$$

考虑积分

$$I=\iint_R\frac{\mathrm{d}x\mathrm{d}y}{1-xy}$$

与 $I_\varepsilon=\iint_{R_\varepsilon}\frac{\mathrm{d}x\mathrm{d}y}{1-xy}$, 定义 $I=\lim\limits_{\varepsilon\to0^+}I_\varepsilon$. 证明:

(1) $I=\sum\limits_{n=1}^{+\infty}\frac{1}{n^2}$;

(2) 利用变量替换:

$$\begin{cases} u = \dfrac{1}{2}(x+y), \\ v = \dfrac{1}{2}(y-x) \end{cases}$$

计算积分 I 的值, 并由此推出

$$\frac{\pi^2}{6} = \sum_{n=1}^{+\infty} \frac{1}{n^2}.$$

证明 显然

$$I_\varepsilon = \iint_{R_\varepsilon} \frac{\mathrm{d}x\ \mathrm{d}y}{1-xy} = \iint_{R_\varepsilon} \sum_{n=0}^{+\infty} (xy)^n\ \mathrm{d}x\mathrm{d}y,$$

注意到上述级数在 R_ε 上的一致收敛性, 我们有

$$I_\varepsilon = \sum_{n=0}^{+\infty} \int_0^{1-\varepsilon} x^n\ \mathrm{d}x \int_0^{1-\varepsilon} y^n\ \mathrm{d}y = \sum_{n=0}^{+\infty} \frac{(1-\varepsilon)^{2n}}{n^2}.$$

由于 $\sum\limits_{n=1}^{+\infty} \dfrac{x^{2n}}{n^2}$ 在点 $x=1$ 收敛, 故有

$$I = \lim_{\varepsilon\to 0^+} I_\varepsilon = \sum_{n=1}^{+\infty} \frac{1}{n^2}.$$

下面证明 $I = \dfrac{\pi^2}{6}$. 在给定的变换下, $x = u - v, y = u + v$,

$$\frac{1}{1-xy} = \frac{1}{1-u^2+v^2}.$$

该变换对应的雅可比行列式为

$$J = \frac{\partial(x,y)}{\partial(u,v)} = 2.$$

假定正方形 R 在给定变换下的像为

$$\widetilde{R} = \{(x,y) : 0 \leqslant u+v \leqslant 1; 0 \leqslant u-v \leqslant 1/2\},$$

那么根据 $\widetilde{R}$ 的图像以及被积函数的特征, 我们有

$$I = \lim_{\varepsilon\to 0^+} I_\varepsilon = \iint_R \frac{\mathrm{d}x\ \mathrm{d}y}{1-xy} = 2\iint_{\tilde{R}} \frac{\mathrm{d}u\ \mathrm{d}v}{1-u^2+v^2}$$

$$= 4\int_0^{\frac{1}{2}}\left(\int_0^u \frac{\mathrm{d}v}{1-u^2+v^2}\right)\mathrm{d}u + 4\int_{\frac{1}{2}}^1\left(\int_0^{1-u} \frac{\mathrm{d}v}{1-u^2+v^2}\right)\mathrm{d}u.$$

利用

$$\int \frac{1}{a^2+x^2}\,\mathrm{d}x = \frac{1}{a}\arctan\frac{x}{a} + C \quad (a>0),$$

又得到

$$I = 4\int_0^{\frac{1}{2}} \frac{\arctan\left(\frac{u}{\sqrt{1-u^2}}\right)}{\sqrt{1-u^2}}\,\mathrm{d}u + 4\int_{\frac{1}{2}}^1 \frac{\arctan\left(\frac{1-u}{\sqrt{1-u^2}}\right)}{\sqrt{1-u^2}}\,\mathrm{d}u,$$

令

$$g(u) = \arctan\left(\frac{u}{\sqrt{1-u^2}}\right), \quad h(u) = \arctan\frac{1-u}{\sqrt{1-u^2}} = \arctan\frac{\sqrt{1-u}}{\sqrt{1+u}},$$

那么

$$g'(u) = \frac{1}{\sqrt{1-u^2}}, \quad h'(u) = -\frac{1}{\sqrt{1-u^2}},$$

因此

$$\begin{aligned}
I &= 4\int_0^{\frac{1}{2}} g(u)g'(u)\mathrm{d}u - 8\int_{\frac{1}{2}}^1 h(u)h'(u)\mathrm{d}u \\
&= 2[g(u)]^2\Big|_0^{\frac{1}{2}} - 4[h(u)]^2\Big|_{\frac{1}{2}}^1 \\
&= 2\left(\frac{\pi}{6}\right)^2 - 0 - 0 + 4\left(\frac{\pi}{6}\right)^2 = \frac{\pi^2}{6}.
\end{aligned}$$

定理 9.13 (含参数的巴塞尔问题)

设 $a>0$, 则

$$\sum_{n=1}^{+\infty}\frac{1}{n^2+a^2} = \frac{\pi a\coth(a\pi)-1}{2a^2};$$

$$\sum_{n=1}^{+\infty}\frac{(-1)^n}{n^2+a^2} = \frac{\pi a\,\mathrm{csch}(a\pi)-1}{2a^2}.$$

♡

解 为了计算 $\sum\limits_{n=1}^{+\infty}\dfrac{1}{n^2+a^2}$, 考虑函数 $f(x)=\mathrm{e}^{ax}$ 在 $(-\pi,\pi)$ 上的傅里叶级数, 计算得到

$$
\begin{aligned}
a_0&=\frac{1}{\pi}\int_{-\pi}^{\pi}\mathrm{e}^{ax}\,\mathrm{d}x=\frac{2\sinh(a\pi)}{a\pi},\\
a_n&=\frac{1}{\pi}\int_{-\pi}^{\pi}\mathrm{e}^{ax}\cos nx\,\mathrm{d}x=\frac{2a\sinh(a\pi)}{\pi}\frac{(-1)^n}{n^2+a^2},\\
b_n&=\frac{1}{\pi}\int_{-\pi}^{\pi}\mathrm{e}^{ax}\sin nx\,\mathrm{d}x=\frac{2a\sinh(a\pi)}{\pi}\frac{(-1)^{n+1}n}{n^2+a^2}.
\end{aligned}
$$

因此

$$
f(x)\sim\frac{2a\sinh(a\pi)}{\pi}\left(\frac{1}{2a^2}+\sum_{n=1}^{+\infty}\left(\frac{(-1)^n\cos(nx)}{n^2+a^2}+\frac{(-1)^{n+1}n\sin(nx)}{n^2+a^2}\right)\right).
$$

当 $x=\pi$ 时右边收敛于

$$
\frac{f(-\pi)+f(\pi)}{2}=\cosh(a\pi)=\frac{2a\sinh(a\pi)}{\pi}\left(\frac{1}{2a^2}+\sum_{n=1}^{+\infty}\frac{1}{n^2+a^2}\right),
$$

故

$$
\sum_{n=1}^{+\infty}\frac{1}{n^2+a^2}=\frac{\pi a\coth(a\pi)-1}{2a^2}.
$$

当 $x=0$ 时右边收敛于

$$
1=\frac{2a\sinh(a\pi)}{\pi}\left(\frac{1}{2a^2}+\sum_{n=1}^{+\infty}\frac{(-1)^n}{n^2+a^2}\right),
$$

故

$$
\sum_{n=1}^{+\infty}\frac{(-1)^n}{n^2+a^2}=\frac{\pi a\,\mathrm{csch}(a\pi)-1}{2a^2}.
$$

推论 9.1 (含参数的巴塞尔问题 2)

设 $\alpha>0$, 则

$$
\sum_{n=1}^{+\infty}\frac{1-(-1)^n}{n^2+\alpha^2}=\frac{\pi\left(\mathrm{e}^{\alpha\pi}-1\right)}{2\alpha\left(\mathrm{e}^{\alpha\pi}+1\right)},
$$

$$\sum_{n=1}^{+\infty}\frac{1+(-1)^n}{n^2+\alpha^2}=\frac{\pi\left(e^{\alpha\pi}+1\right)}{2\alpha\left(e^{\alpha\pi}-1\right)}-\frac{1}{\alpha^2},$$

即

$$\sum_{n=1}^{+\infty}\frac{1}{(2n-1)^2+\alpha^2}=\frac{\pi\left(e^{\alpha\pi}-1\right)}{4\alpha\left(e^{\alpha\pi}+1\right)},$$
$$\sum_{n=1}^{+\infty}\frac{1}{(2n)^2+\alpha^2}=\frac{\pi\left(e^{\alpha\pi}+1\right)}{4\alpha\left(e^{\alpha\pi}-1\right)}-\frac{1}{2\alpha^2}.$$

♡

✍ **练习 9.48**　已知

$$f(x)=\frac{\pi}{2}\frac{e^x+e^{-x}}{e^\pi-e^{-\pi}},$$

(1) 在 $[-\pi,\pi]$ 上将 $f(x)$ 展开成傅里叶级数;

(2) 求级数 $\sum\limits_{n=1}^{+\infty}\dfrac{(-1)^n}{1+(2n)^2}$ 的和.

9.11　综合应用: 积分与级数

除了直接用无穷级数定义定积分以外, 还有下面定积分与级数之间不显然的关系.

例题 9.26　验证积分 $\displaystyle\int_0^1 \ln\frac{1+x}{1-x}\frac{dx}{x}$ 存在且等于 $2\sum\limits_{n=1}^{+\infty}\dfrac{1}{(2n-1)^2}$.

解　由

$$(\ln(1-x))'=\frac{-1}{1-x}=-\sum_{n=0}^{+\infty}x^n\quad(|x|<1)$$

得

$$\ln(1-x)=-\sum_{n=0}^{+\infty}\frac{x^{n+1}}{n+1}\quad(-1\leqslant x<1),$$
$$\ln(1+x)=-\sum_{n=0}^{+\infty}\frac{(-1)^{n+1}x^{n+1}}{n+1}\quad(-1<x\leqslant 1),$$
$$\ln\frac{1+x}{1-x}=\ln(1+x)-\ln(1-x)$$

$$= -\sum_{n=0}^{+\infty} \frac{(-1)^{n+1}-1}{n+1} x^{n+1}$$

$$= -\sum_{k=0}^{+\infty} \frac{-2}{2k+1} x^{2k+1}$$

$$= 2\sum_{k=0}^{+\infty} \frac{x^{2k+1}}{2k+1} \quad (-1 < x < 1).$$

于是对 $\forall \varepsilon \in (0,1)$, 有

$$\int_0^{1-\varepsilon} \ln \frac{1+x}{1-x} \cdot \frac{\mathrm{d}x}{x} = 2\int_0^{1-\varepsilon} \sum_{k=0}^{+\infty} \frac{x^{2k}}{2k+1}\, \mathrm{d}x$$

$$= 2\sum_{k=0}^{+\infty} \frac{1}{2k+1} \int_0^{1-\varepsilon} x^{2k}\, \mathrm{d}x$$

$$= 2\sum_{k=0}^{+\infty} \frac{(1-\varepsilon)^{2k+1}}{(2k+1)^2}.$$

因此

$$\int_0^1 \ln \frac{1+x}{1-x} \cdot \frac{\mathrm{d}x}{x} = 2\sum_{k=0}^{+\infty} \frac{1}{(2k+1)^2} = 2\sum_{n=1}^{+\infty} \frac{1}{(2n-1)^2}.$$

下面是含有积分的级数.

✍ **练习 9.49** 设

$$a_n = \int_0^{n\pi} x|\sin x|\mathrm{d}x, \quad n = 1, 2\cdots,$$

求级数 $\sum\limits_{n=1}^{+\infty} \frac{a_n}{2^n}$.

✍ **练习 9.50** 计算级数 $\sum\limits_{n=1}^{+\infty} \frac{1}{n} \int_{2\pi n}^{+\infty} \frac{\sin x}{x}\, \mathrm{d}x$.

✍ **练习 9.51**

(1) 证明: $\int_0^{\frac{\pi}{2}} \frac{x}{\sin x}\, \mathrm{d}x = 2\int_0^1 \frac{\arctan x}{x}\, \mathrm{d}x$;

(2) 用常数项级数和表示 $\int_0^{\frac{\pi}{2}} \frac{x}{\sin x}\, \mathrm{d}x$.

反思处理这些数学问题的过程和经验会发现, 我们常常是将待解决的陌生问题通过转化, 归结为一个比较熟悉的问题; 将较难的问题通过转化, 归结为一个比

较容易的问题; 将较繁杂的问题通过转化, 归结为一个比较简单的问题来解决. 因为这样就可以充分运用已有的知识、经验和方法, 以尽可能简单、容易的方式来解决问题.

将一个问题由难化易、由繁化简的过程称为化归, 它是转化和归结的简称.

化归思维就是在处理和解决数学问题时, 通过不断地转化, 将复杂问题最后转化为简单的问题, 化归不仅是一种解题思想与策略, 更是一种有效的数学思维方法.

从方法论的角度看, 化归是使原问题归结为我们所熟悉或简单的、容易的问题. 从认识论的角度看, 化归是用一种联系、发展、运动变化的观点来认识问题, 通过对原问题的转换, 使之成为另一问题加以认识.

本章以基本初等函数的幂级数展开或傅里叶级数展开为基础, 主要通过化归的思想方法进行求解与证明. 例如, 将未知级数求和问题, 通过构造幂级数、构建微分方程, 转化为求解微分方程的初值问题; 利用逐项求导求积、拆项、组合, 将复杂的级数问题转化为已知初等函数的幂级数展开; 将复杂的 p 级交错级数问题转化为单个、简单的 1 级交错级数问题; 将巴塞尔问题转化为累次积分问题或者某个函数的级数展开问题.

第 9 章练习

第一类: 裂项相消法

1. 求级数 $\sum\limits_{n=1}^{+\infty} \dfrac{n^3+6n^2+11n+5}{(n+3)!}$ 的和.

2. 求级数 $\sum\limits_{n=1}^{+\infty} \dfrac{1}{(n+2)n!}$ 的和.

3. 求 $\sum\limits_{n=1}^{+\infty} \dfrac{1}{(n+1)(n+3)(n+5)(n+7)}$ 的和.

4. 求级数 $\sum\limits_{n=2}^{+\infty} \dfrac{1}{n\left(n^2-1\right)}$ 的和.

5. 求下列级数的和:

(1) $\sum\limits_{n=1}^{+\infty} \arctan \dfrac{1}{2n^2}$;

(2) $\sum\limits_{n=1}^{+\infty} \arctan \dfrac{2}{n^2}$.

6. 设

$$a_n = 1+\frac{1}{2}+\cdots+\frac{1}{n}, \quad n=1,2,\cdots,$$

求 $\sum\limits_{n=1}^{+\infty}\dfrac{a_n}{n(n+1)}$ 的和.

7. 设 $a>1$, 求 $\sum\limits_{n=0}^{+\infty}\dfrac{2^n}{a^{2^n}+1}$ 的和.

第二类: 交错级数求和

8. 求 $1-\dfrac{1}{4}+\dfrac{1}{7}-\dfrac{1}{10}+\cdots$.

9. 求 $\left(1+\dfrac{1}{2}\right)-\left(\dfrac{1}{3}+\dfrac{1}{4}\right)+\left(\dfrac{1}{5}+\dfrac{1}{6}\right)-\left(\dfrac{1}{7}+\dfrac{1}{8}\right)+\cdots$.

10. 求 $1+\dfrac{1}{3}-\dfrac{1}{5}-\dfrac{1}{7}+\dfrac{1}{9}+\dfrac{1}{11}-\cdots$.

11. 求数项级数 $\dfrac{1}{2}-\dfrac{1}{5}+\dfrac{1}{8}-\dfrac{1}{11}+\cdots$ 的和.

第三类: 柯西乘积公式

12. 求 $\sum\limits_{n=1}^{+\infty}\left(1+\dfrac{1}{2!}+\dfrac{1}{3!}+\cdots+\dfrac{1}{n!}\right)x^n$ 的和函数.

13. 求 $\sum\limits_{n=1}^{+\infty}(-1)^n\left(1+\dfrac{1}{2}+\dfrac{1}{3}+\cdots+\dfrac{1}{n}\right)x^n$ 的和函数.

14. 求级数 $\sum\limits_{n=1}^{+\infty}\left(1-\dfrac{1}{2}+\dfrac{1}{3}-\cdots+(-1)^{n-1}\dfrac{1}{n}\right)x^n$ 的收敛域与和函数.

第四类: 用幂级数求和

15. 求级数 $\sum\limits_{n=1}^{+\infty}\dfrac{2n}{3^n}$ 的和.

16. 计算极限 $\lim\limits_{n\to+\infty}\left(\dfrac{1}{2}+\dfrac{3}{2^2}+\dfrac{5}{2^3}+\cdots+\dfrac{2n-1}{2^n}\right)$.

17. 求级数 $\sum\limits_{n=1}^{+\infty}\dfrac{n^3}{n!}$ 的和.

18. 求级数 $\sum\limits_{n=1}^{+\infty}\dfrac{n^k}{n!}$ 的和.

19. 求幂级数 $\sum\limits_{n=1}^{+\infty}n^2x^{n-1}$ 的收敛域, 并求和函数.

提示: 利用收敛半径公式,

$$R=\lim_{n\to+\infty}\left|\frac{a_n}{a_{n+1}}\right|=\lim_{n\to+\infty}\left|\frac{n^2}{(n+1)^2}\right|=1.$$

利用莱布尼茨定理判别法给出收敛域, 再利用逐项求导就和函数.

20. 求下列函数项级数的收敛域.

(1) $\sum\limits_{n=1}^{+\infty}\dfrac{(-1)^{n-1}}{n}x^{3n}$; (2) $\sum\limits_{n=1}^{+\infty}\dfrac{1\cdot 3\cdot\ \cdots\ \cdot(2n-1)}{2\cdot 4\cdot\ \cdots\ \cdot(2n)}\left(\dfrac{2x}{1+x^2}\right)^n$;

(3) $\sum\limits_{n=1}^{+\infty}\dfrac{(-1)^n}{n}\left(\dfrac{1}{1+x}\right)^n$; (4) $\sum\limits_{n=1}^{+\infty}(\ln x)^n$.

21. 求下列幂级数的收敛半径与收敛域.

(1) $\sum\limits_{n=1}^{+\infty}\dfrac{2n-1}{2^n}x^{2n-2}$; (2) $\sum\limits_{n=1}^{+\infty}\dfrac{(x-1)^n}{2^n\cdot n}$;

(3) $\sum\limits_{n=1}^{+\infty}\dfrac{(x-5)^n}{\sqrt{n}}$; (4) $\sum\limits_{n=0}^{+\infty}\dfrac{2+(-1)^n}{2^n}x^n$.

22. 求级数 $\sum\limits_{n=1}^{+\infty}\dfrac{(-1)^n}{n\cdot 2^n}(x-1)^{3n}$ 的收敛域与和函数.

23. 求级数 $\sum\limits_{n=1}^{+\infty}(2n-1)q^{n-1},|q|<1$ 的和.

24. 求级数 $\sum\limits_{n=0}^{+\infty}(-1)^n\dfrac{n}{(2n+1)!}$ 的和.

25. 求级数 $\sum\limits_{n=2}^{+\infty}\dfrac{1}{2^n\left(n^2-1\right)}$ 的和.

26. 求级数 $\sum\limits_{n=1}^{+\infty}\dfrac{x^{2n}}{8n^2+2n-1}$ 在收敛区间内的和函数.

27. 求 $\sum\limits_{n=2}^{+\infty}\left(1+\dfrac{1}{n}\right)^{n(n+1)}x^n$ 的收敛区域.

28. 计算无穷级数

$$\frac{x^2}{2\cdot 1}-\frac{x^3}{3\cdot 2}+\frac{x^4}{4\cdot 3}-\frac{x^5}{5\cdot 4}+\cdots+(-1)^n\frac{x^n}{n(n-1)}+\cdots$$

的和 $(x<1)$.

29. 求幂级数 $\sum\limits_{n=1}^{+\infty}(-1)^n\left[1+\dfrac{1}{n(2n-1)}\right]x^{2n}$ 的和函数 $S(x)$.

30. 求幂级数 $\sum\limits_{n=1}^{+\infty}(-1)^n\dfrac{x^{n+1}}{n^2-1}$ 的和函数.

31. 证明 $\sum\limits_{n=1}^{+\infty}\dfrac{x^n}{n}=\ln\frac{1}{1-x},-1\leqslant x<1$.

32. 证明 $\sum\limits_{n=1}^{+\infty}\dfrac{(-1)^{n+1}}{n}=\ln 2$.

33. 展开 $\dfrac{\mathrm{d}}{\mathrm{d}x}\left(\dfrac{\mathrm{e}^x-1}{x}\right)$ 为 x 的幂级数, 并求其收敛区间, 利用上述展开式求

级数 $\sum\limits_{n=1}^{+\infty}\dfrac{n}{(n+1)!}$ 的和.

第五类: 构造幂级数, 利用微分与积分求和

34. 求级数 $\sum\limits_{n=1}^{+\infty}\dfrac{n2^n}{3^n}$ 的和.

35. 求级数 $\sum\limits_{n=1}^{+\infty}(-1)^{n-1}\dfrac{1}{n(2n-1)}$ 的和.

36. 证明:

$$\int_0^x \frac{\arctan t}{t}\ln\frac{x}{t}\ \mathrm{d}t=\sum_{n=0}^{+\infty}\frac{(-1)^n x^{2n+1}}{(2n+1)^2}\quad (|x|\leqslant 1).$$

37. 求 $\sum\limits_{n=0}^{+\infty}\dfrac{2^n(n+1)}{n!}$ 的和.

第六类: 用微分方程求解

38. 设级数 $\sum\limits_{n=0}^{+\infty}a_n x^n$ 在 $(-\infty,+\infty)$ 内收敛, 其和函数 $y(x)$ 满足 $y''-2xy-4y=0, y(0)=0, y'(0)=1$.

(1) 证明 $a_{n+2}=\dfrac{2}{n+1}a_n,\quad n=1,2,\cdots$;

(2) 求 $y(x)$ 的表达式.

39. 求级数 $\sum\limits_{n=0}^{+\infty}\dfrac{1}{(4n)!}$ 的和函数.

40. 求级数 $\sum\limits_{n=0}^{+\infty}\dfrac{1}{(3n)!}$ 的和.

41. 求级数 $\sum\limits_{n=0}^{+\infty}(-1)^{n-1}\dfrac{n}{(2n+1)!}$ 的和.

第七类: 用傅里叶级数求和

42. 将 $f(x)=(x-1)^2$ 在 $(0,1)$ 上展开余弦级数, 并证明 $\sum\limits_{n=1}^{+\infty}\dfrac{1}{n^2}=\dfrac{\pi^2}{6}$.

43. 求 $\sum\limits_{n=1}^{+\infty}\dfrac{(-1)^n}{n^2}$ 的和.

44. 证明: $\sum\limits_{n=1}^{+\infty}\dfrac{(-1)^{n+1}}{n^2}=\dfrac{\pi^2}{12}$.

45. 求三角级数 $\sum\limits_{n=1}^{+\infty}\dfrac{\sin(2n-1)x}{2n-1}$ 的和函数.

46. 证明: $\sum\limits_{n=0}^{+\infty}\dfrac{1}{1+n^2}=\dfrac{(\pi\coth(\pi)-1)}{2}$.

第八类: 积分与级数

47. 设 $F(x)$ 是 $f(x)$ 的一个原函数, 且

$$F(0)=1,\quad F(x)f(x)=\cos 2x,\quad a_n=\int_0^{n\pi}|f(x)|\mathrm{d}x,\quad n=1,2,\cdots.$$

(1) 求 a_n;

(2) 求幂级数 $\sum\limits_{n=2}^{+\infty}\frac{a_n}{n^2-1}x^n$ 的收敛域与和函数.

第 10 章　渐近幂级数的复合及其应用

内容提要

- 渐近幂级数
- 乘法公式
- 复合运算
- 二项式级数
- 三角函数
- 求导
- 三角恒等式
- 方程根的渐近性
- 反函数的拉格朗日中值定理
- 高阶导数
- 递推关系
- 介值定理

设 f 和 g 有形式级数展开, 即

$$f(x)=\sum_{i=0}^{+\infty}a_ix^i,\quad g(x)=\sum_{j=0}^{+\infty}b_jx^j.$$

则复合函数 $g\circ f$ 有下面的形式级数展开:

$$\begin{aligned}g(f(x))&=\sum_{j=0}^{+\infty}b_jf(x)^j\\&=\sum_{j=0}^{+\infty}b_j\left(\sum_{i=1}^{+\infty}a_ix^i\right)^j\\&=\sum_{m=0}^{+\infty}x^m\sum_{j=0}^{+\infty}b_j\sum_{n_1+n_2+\cdots+n_j=m}a_{n_1}a_{n_2}\cdots a_{n_j}.\end{aligned}$$

上面公式形式上给出了复合函数形式的级数展开, 但是求和涉及整数划分问题, 因此计算非常复杂. 对于数值计算而言, 利用递推算法则较为方便.

本章主要利用递推的方法来计算复合函数渐近幂级数的相关问题.

10.1　预 备 知 识

本节先介绍渐近展开与渐近幂级数这两个概念.

定义 10.1 (渐近展开)

一个函数列 $\{\phi_n\}_{n=0}^{+\infty}$ 称为渐近序列, 如果对于每个 $n=0,1,\cdots$, 当 $x\to x_0$ 时, $\phi_{n+1}(x)=o(\phi_n(x))$. 一个形式级数 $\sum\limits_{n=0}^{+\infty} a_n\phi_n(x)$ 称为函数 f 的渐近展开, 如果对于每个 $N=0,1,2,\cdots$, 有

$$f(x)=\sum_{n=0}^{N} a_n\phi_n(x)+o(\phi_N(x)), \quad 当x\to x_0.$$

f 有上述渐近展开, 我们简记为

$$f(x)\sim\sum_{n=0}^{+\infty} a_n\phi_n(x), \quad 当x\to x_0.$$

♣

定义 10.2 (渐近幂级数)

具有如下形式的渐近展开:

$$f(x)\sim\sum_{n=0}^{+\infty} a_n x^{-n}, \quad x\to+\infty,$$

称为渐近幂级数.

♣

设 f 和 g 有渐近展开

$$f(x)\sim\sum_{n=0}^{+\infty} a_n x^{-n}, \quad g(x)\sim\sum_{n=0}^{+\infty} b_n x^{-n}.$$

则渐近级数加减乘除满足

$$f(x)\pm g(x)\sim\sum_{n=0}^{+\infty}(a_n\pm b_n)x^{-n},$$

$$f(x)\cdot g(x)\sim\sum_{n=0}^{+\infty}\left(\sum_{i=0}^{n} a_i b_{n-i}\right)x^{-n},$$

$$\frac{f(x)}{g(x)}\sim\sum_{n=0}^{+\infty} d_n x^{-n},$$

其中

$$d_n=\frac{a_n}{b_0}-\frac{a_n}{b_0}\sum_{k=1}^{n} b_k d_{n-k}, \quad b_0\neq 0.$$

10.2 关于指数、对数、幂函数复合的渐近幂级数展开

指数、对数、幂函数复合的渐近幂级数展开的问题有如下结论.

引理 10.1 (形式级数的指数展开)

设 f 可微, $f'(x)$ 具有渐近展开, 且 f 有渐近幂级数展开

$$f(x) \sim \sum_{n=0}^{+\infty} a_n x^{-n},$$

则复合函数 $g(x) = \exp(f(x))$ 有如下的渐近幂级数展开:

$$g(x) \sim \sum_{n=0}^{+\infty} b_n x^{-n},$$

其中

$$b_0 = \exp(a_0), \quad b_n = \frac{1}{n}\sum_{k=1}^{n} k a_k b_{n-k}, \quad n \geqslant 1.$$

♡

证明 当 x 趋于正无穷大时, 可得 $b_0 = \exp(a_0)$.

对方程 $g(x) = \exp f(x)$ 两边求导, 得到

$$g'(x) = f'(x)\exp f(x) = f'(x)g(x).$$

故 $g'(x)$ 有渐近展开, 于是

$$\begin{aligned} g'(x) &\sim \left(\sum_{n=1}^{+\infty} a_n(-n)x^{-n-1}\right)\left(\sum_{n=0}^{+\infty} b_n x^{-n}\right) \\ &\sim \sum_{n=0}^{+\infty}\left(\sum_{k=0}^{n}(-k)a_k b_{n-k}\right)x^{-n-1}. \end{aligned}$$

同时 $g'(x)$ 满足 $g'(x) \sim \sum\limits_{n=0}^{+\infty} b_n(-n)x^{-n-1}$, 于是, 对于 $n \geqslant 1$ 有

$$b_n = \frac{1}{n}\sum_{k=1}^{n} k a_k b_{n-k}.$$

引理 10.2 (形式级数的对数展开)

设 g 有渐近幂级数展开

$$g(x) \sim \sum_{n=0}^{+\infty} b_n x^{-n}, \quad b_0 > 0.$$

则复合函数 $f(x) = \ln(g(x))$ 有如下的渐近幂级数展开:

$$f(x) \sim \sum_{n=0}^{+\infty} a_n x^{-n},$$

其中

$$a_0 = \ln b_0, \quad a_n = \frac{b_n}{b_0} - \frac{1}{nb_0}\sum_{k=1}^{n-1} k a_k b_{n-k}, \quad n \geqslant 1.$$

♡

证明 由于 $g(x) = \exp f(x)$, 由形式级数的指数展开反推即可得到.

特别地, 当 $b_0 = 1$ 时, 有

引理 10.3 (形式级数的对数展开)

设 $b_0 = 1$, 设 g 有渐近幂级数展开

$$g(x) \sim \sum_{n=0}^{+\infty} b_n x^{-n}.$$

则复合函数 $f(x) = \ln(g(x))$ 有如下的渐近幂级数展开:

$$f(x) \sim \sum_{n=1}^{+\infty} a_n x^{-n},$$

其中

$$a_n = b_n - \frac{1}{n}\sum_{k=1}^{n-1} k a_k b_{n-k}, \quad n \geqslant 1.$$

♡

引理 10.4 (形式级数的幂展开)

设 $a_0 \neq 0$, f 有渐近幂级数展开

$$f(x) \sim \sum_{n=0}^{+\infty} a_n x^{-n}, \quad x \to +\infty.$$

则对于所有实数 p, 有

$$[f(x)]^p \sim \sum_{n=0}^{+\infty} c_n x^{-n},$$

其中

$$c_0 = a_0^p, \quad c_n = \frac{1}{na_0}\sum_{k=1}^{n}[k(p+1)-n]a_k c_{n-k} \ (n=1,2,\cdots).$$

♡

证明 记 $h(x) = [f(x)]^p$, 则

$$h(x) = \exp[p\ln(f(x))].$$

其渐近展开是存在的, 如果 $h(x)$ 可微且 $h'(x)$ 有渐近展开, 那么对于 $p \neq 0$, 下式成立:

$$ph(x)f'(x) = h'(x)f(x).$$

因此

$$p\left(\sum_{k=0}^{+\infty} c_k x^{-k}\right)\left(\sum_{j=0}^{+\infty}(-j)a_j x^{-j-1}\right) = \left(\sum_{k=0}^{+\infty}(-k)c_k x^{-k-1}\right)\left(\sum_{j=0}^{+\infty} a_j x^{-j}\right).$$

比较系数, 得到

$$p\sum_{k=0}^{n} k a_k c_{n-k} = \sum_{k=0}^{n}(n-k)a_k c_{n-k},$$

于是

$$\sum_{k=0}^{n}[k(p+1)-n]a_k c_{n-k} = 0, \quad n \geqslant 0.$$

如果 $a_0 \neq 0$, 得到

$$c_n = \frac{1}{na_0}\sum_{k=1}^{n}[k(p+1)-n]a_k c_{n-k}.$$

于是得到系数之间的关系. 容易验证 $c_n(p)$ 对于 $p=0$ 也适用. 特别地, 对于 $p=-1$, 有 $\dfrac{1}{f(x)} \sim \sum\limits_{n=0}^{+\infty} c_n x^{-n}$, 其中

$$c_0 = \frac{1}{a_0}, \quad c_n = -\frac{1}{a_0}\sum_{i=1}^{n} a_i c_{n-i}.$$

特别地, 当 $a_0 = 1$ 时, 有

引理 10.5 (形式级数的幂展开)

设 $a_0 = 1$, f 有渐近幂级数展开

$$f(x) \sim \sum_{n=0}^{+\infty} a_n x^{-n}, \quad x \to +\infty.$$

则对于所有实数 p, 有

$$[f(x)]^p \sim \sum_{n=0}^{+\infty} c_n x^{-n},$$

其中

$$c_0 = 1, \quad c_n = \frac{1}{n} \sum_{k=1}^{n} [k(p+1) - n] a_k c_{n-k}.$$

♡

10.3 三角函数复合的渐近幂级数展开

本节考虑三角函数复合的渐近幂级数展开. 先求导数, 利用三角恒等式, 转化为形式级数, 再通过比较系数, 得到渐近幂级数展开系数之间的递推关系. 从而计算出来三角函数复合的渐近幂级数展开.

引理 10.6 (形式级数的正切展开)

设 g 有渐近幂级数展开

$$g(x) \sim \sum_{n=0}^{+\infty} b_n x^{-n}.$$

则复合函数 $f(x) = \tan(g(x))$ 有如下的渐近幂级数展开:

$$f(x) \sim \sum_{n=0}^{+\infty} a_n x^{-n},$$

其中

$$a_0 = \tan(b_0), \quad a_n = \frac{1}{n} \sum_{k=1}^{n} k b_k c_{n-k}, \quad n \geqslant 1.$$

$$c_0 = 1 + a_0^2, \quad c_n = \sum_{k=0}^{n} a_k a_{n-k}, \quad n \geqslant 1.$$

♡

证明 对 $f(x)=\tan(g(x))$ 两边求导, 利用恒等式 $\sec^2(g(x))=1+\tan^2(g(x))$ 得到

$$f'(x)=\left(1+f^2(x)\right)g'(x).$$

设 $1+f^2(x)\sim\sum\limits_{n=0}^{+\infty}c_nx^{-n}$, 则

$$c_0=1+a_0^2,\quad c_n=\sum_{k=0}^{n}a_ka_{n-k},\quad n\geqslant 1.$$

又因为

$$f'(x)\sim\sum_{n=0}^{+\infty}(-n)a_nx^{-n-1},\quad g'(x)\sim\sum_{n=0}^{+\infty}(-n)b_nx^{-n-1},$$

所以

$$\begin{aligned}\left(\sum_{n=1}^{+\infty}(-n)b_nx^{-n-1}\right)\left(\sum_{n=0}^{+\infty}c_nx^{-n}\right)&=\sum_{n=1}^{+\infty}\sum_{k=1}^{n}(-k)b_kc_{n-k}x^{-n-1}\\&=\sum_{n=1}^{+\infty}(-n)a_nx^{-n-1}.\end{aligned}$$

由此, 当 $n\geqslant 1$ 时,

$$na_n=\sum_{k=1}^{n}kb_kc_{n-k}.$$

当 $n=1$ 时, 有 $a_1=b_1c_0=b_1(1+a_0^2)$; 当 $n=2$ 时, 有 $a_2=b_1^2a_0^3+b_2a_0^2+b_1^2a_0+b_2$. 因此归纳得到, 当 $n\geqslant 1$ 时, 有

$$a_n=\frac{1}{n}\sum_{k=1}^{n}kb_kc_{n-k}.$$

当 $n=0$ 时, 直接计算有

$$a_0=\tan b_0.$$

✍ **练习 10.1** 设 g 有渐近幂级数展开

$$g(x)\sim\sum_{n=0}^{+\infty}b_nx^{-n}.$$

则复合函数 $f(x)=\arctan(g(x))$ 有如下的渐近幂级数展开:

$$f(x)\sim\sum_{n=0}^{+\infty}a_nx^{-n},$$

其中

$$a_0=\arctan(b_0),\quad a_1=\frac{b_1}{1+b_0^2},\quad a_n=\frac{b_n}{1+b_0^2}-\frac{1}{n(1+b_0^2)}\sum_{k=1}^{n-1}ka_kc_{n-k},\quad n\geqslant 2,$$

$$c_0=1+b_0^2,\quad c_n=\sum_{k=0}^{n}b_kb_{n-k},\quad n\geqslant 1.$$

特别地, 当 $b_0=1$ 时, 有如下的结论.

练习 10.2　设 $b_0=1$, g 有渐近幂级数展开

$$g(x)\sim\sum_{n=0}^{+\infty}b_nx^{-n}.$$

则复合函数 $f(x)=\arctan(g(x))$ 有如下的渐近幂级数展开:

$$f(x)\sim\sum_{n=0}^{+\infty}a_nx^{-n},$$

其中

$$a_0=\frac{\pi}{4},\quad a_1=\frac{b_1}{2},\quad a_n=\frac{b_n}{2}-\frac{1}{2n}\sum_{k=1}^{n-1}ka_kc_{n-k},\quad n\geqslant 2,$$

$$c_0=2,\quad c_n=\sum_{k=0}^{n}b_kb_{n-k},\quad n\geqslant 1.$$

类似地, 我们考虑余切或反余切函数复合的渐近幂级数展开.

练习 10.3　设 g 有渐近幂级数展开

$$g(x)\sim\sum_{n=0}^{+\infty}b_nx^{-n},$$

则复合函数 $f(x)=\cot(g(x))$ 有如下的渐近幂级数展开:

$$f(x)\sim\sum_{n=0}^{+\infty}a_nx^{-n},$$

其中

$$a_0=\cot(b_0),\quad a_n=-\frac{1}{n}\sum_{k=1}^{n}kb_kc_{n-k},\quad n\geqslant 1.$$

$$c_0=1+a_0^2,\quad c_n=\sum_{k=0}^{n}a_ka_{n-k},\quad n\geqslant 1.$$

✍ **练习 10.4** 设 g 有渐近幂级数展开

$$g(x)\sim\sum_{n=0}^{+\infty}b_nx^{-n},$$

则复合函数 $f(x)=\operatorname{arccot}(g(x))$ 有如下的渐近幂级数展开:

$$f(x)\sim\sum_{n=0}^{+\infty}a_nx^{-n}=\sin(b_0)+\frac{\cos(b_0)b_1}{x}+\frac{-\dfrac{b_1^2\sin(b_0)}{2}+\cos(b_0)b_2}{x^2}$$
$$+\frac{-b_2b_1\sin(b_0)+\cos(b_0)\left(b_3-\dfrac{b_1^3}{6}\right)}{x^3}+o\left(\frac{1}{x^3}\right),$$

其中

$$a_0=\operatorname{arccot}(b_0),\quad a_1=-\frac{b_1}{1+b_0^2},$$

$$a_n=-\frac{b_n}{1+b_0^2}-\frac{1}{n(1+b_0^2)}\sum_{k=1}^{n-1}ka_kc_{n-k},\quad n\geqslant 2,$$

$$c_0=1+b_0^2,\quad c_n=\sum_{k=0}^{n}b_kb_{n-k},\quad n\geqslant 1.$$

下面给出正弦函数复合的渐近幂级数展开.

引理 10.7 (形式级数的正弦展开)

设 g 有渐近幂级数展开

$$g(x)\sim\sum_{n=0}^{+\infty}b_nx^{-n},$$

并且 $\cos(g(x))>0$. 则复合函数 $f(x)=\sin(g(x))$ 有如下的渐近幂级数

展开:

$$f(x) \sim \sum_{n=0}^{+\infty} a_n x^{-n},$$

其中

$$a_0 = \sin b_0, \quad a_n = \frac{1}{n}\sum_{k=1}^{n} k b_k d_{n-k}, \quad n \geqslant 1,$$

$$d_0 = \sqrt{1-a_0^2}, \quad d_n = \frac{1}{nc_0}\sum_{k=1}^{n}\left(\frac{3k}{2}-n\right) c_k d_{n-k}, \quad n \geqslant 1,$$

$$c_0 = 1-a_0^2, \quad c_n = -\sum_{k=0}^{n} a_k a_{n-k}, \quad n \geqslant 1.$$

♡

证明　由 $f(x)=\sin(g(x))$ 以及 $\cos^2(g(x))+\sin^2(g(x))=1$, 两边求导得

$$g'(x)\sqrt{1-f^2(x)} = f'(x).$$

由于

$$g'(x) \sim \sum_{n=1}^{+\infty}(-n) b_n x^{-n-1}, \quad f'(x) \sim \sum_{n=1}^{+\infty} a_n(-n) x^{-n-1},$$

以及

$$(f(x))^2 \sim \left(\sum_{n=0}^{+\infty} a_n x^{-n}\right)\left(\sum_{n=0}^{+\infty} a_n x^{-n}\right) \sim \sum_{n=0}^{+\infty}\sum_{k=0}^{n} a_k a_{n-k} x^{-n},$$

设 $1-(f(x))^2 \sim \sum\limits_{n=0}^{+\infty} c_n x^{-n}$, 则

$$c_0 = 1-a_0^2, \quad c_n = -\sum_{k=0}^{n} a_k a_{n-k}, \quad n \geqslant 1.$$

设 $(1-(f(x))^2)^{\frac{1}{2}} \sim \sum\limits_{n=0}^{+\infty} d_n x^{-n}$, 则

$$d_0 = \sqrt{1-a_0^2}, \quad d_n = \frac{1}{nc_0}\sum_{k=1}^{n}\left(\frac{3k}{2}-n\right) c_k d_{n-k}, \quad n \geqslant 1.$$

根据 $g'(x)\sqrt{1-f^2(x)}=f'(x)$, 得到

$$\sum_{n=1}^{+\infty}(-n)b_nx^{-n-1}\sum_{n=0}^{+\infty}d_nx^{-n}=\sum_{n=1}^{+\infty}(-n)a_nx^{-n-1},$$

比较系数有

$$\sum_{k=1}^{n}kb_kd_{n-k}=na_n,$$

解得

$$a_n=\frac{1}{n}\sum_{k=1}^{n}kb_kd_{n-k},\quad n\geqslant 1.$$

当 $n=0$ 时, 直接令 $x\to+\infty$ 有

$$a_0=\sin b_0.$$

读者可以练习形式级数的反正弦展开.

✍ **练习 10.5** 设 g 有渐近幂级数展开

$$g(x)\sim\sum_{n=0}^{+\infty}b_nx^{-n},$$

则复合函数 $f(x)=\arcsin(g(x))$ 有如下的渐近幂级数展开:

$$f(x)\sim\sum_{n=0}^{+\infty}a_nx^{-n},$$

其中

$$a_0=\arcsin b_0,\quad a_1=\frac{b_1}{\sqrt{1-b_0^2}},\quad a_n=\frac{b_n}{d_0}-\frac{1}{nd_0}\sum_{k=1}^{n-1}ka_kd_{n-k},\quad n\geqslant 2,$$

$$d_0=\sqrt{1-b_0^2},\quad d_n=\frac{1}{nc_0}\sum_{k=1}^{n}\left(\frac{3k}{2}-n\right)c_kd_{n-k},\quad n\geqslant 1,$$

$$c_0=1-b_0^2,\quad c_n=-\sum_{k=0}^{n}b_kb_{n-k},\quad n\geqslant 1.$$

读者可以练习余弦或反余弦函数复合的渐近幂级数展开.

✍ **练习 10.6** 设 g 有渐近幂级数展开

$$g(x) \sim \sum_{n=0}^{+\infty} b_n x^{-n},$$

并且 $\sin(g(x)) > 0$. 则复合函数 $f(x) = \cos(g(x))$ 有如下的渐近幂级数展开:

$$f(x) \sim \sum_{n=0}^{+\infty} a_n x^{-n},$$

其中

$$a_0 = \cos b_0, \quad a_n = -\frac{1}{n}\sum_{k=1}^{n} k b_k d_{n-k}, \quad n \geqslant 1,$$

$$d_0 = \sqrt{1-a_0^2}, \quad d_n = \frac{1}{nc_0}\sum_{k=1}^{n}\left(\frac{3k}{2}-n\right)c_k d_{n-k}, \quad n \geqslant 1,$$

$$c_0 = 1-a_0^2, \quad c_n = -\sum_{k=0}^{n} a_k a_{n-k}, \quad n \geqslant 1.$$

✍ **练习 10.7**　设 g 有渐近幂级数展开

$$g(x) \sim \sum_{n=0}^{+\infty} b_n x^{-n},$$

则复合函数 $f(x) = \arccos(g(x))$ 有如下的渐近幂级数展开:

$$f(x) \sim \sum_{n=0}^{+\infty} a_n x^{-n},$$

其中

$$a_0 = \arccos b_0, \quad a_1 = \frac{b_1}{\sqrt{1-b_0^2}}, \quad a_n = -\frac{b_n}{d_0} - \frac{1}{nd_0}\sum_{k=1}^{n-1} k a_k d_{n-k}, \quad n \geqslant 2,$$

$$d_0 = \sqrt{1-b_0^2}, \quad d_n = \frac{1}{nc_0}\sum_{k=1}^{n}\left(\frac{3k}{2}-n\right)c_k d_{n-k}, \quad n \geqslant 1,$$

$$c_0 = 1-b_0^2, \quad c_n = -\sum_{k=0}^{n} b_k b_{n-k}, \quad n \geqslant 1.$$

10.4　复指数函数复合的渐近幂级数展开

另外, 可以用复变函数求导, 得到正弦或余弦复合的渐近幂级数展开. 这样证明更加简洁.

引理 10.8 (形式级数的正弦展开)

设 g 有渐近幂级数展开

$$g(x) \sim \sum_{n=0}^{+\infty} b_n x^{-n},$$

则复合函数 $f(x) = \cos(g(x))$ 和 $h(x) = \sin(g(x))$ 有如下的渐近幂级数展开:

$$f(x) = \cos(g(x)) \sim \sum_{n=0}^{+\infty} \mathrm{Re} z_n x^{-n}, \quad h(x) = \sin(g(x)) \sim \sum_{n=0}^{+\infty} \mathrm{Im} z_n x^{-n},$$

其中

$$z_0 = \exp(\mathrm{i}b_0) = \cos(b_0) + \mathrm{i}\sin(b_0), \quad z_n = \frac{\mathrm{i}}{n}\sum_{k=1}^{n} k b_k z_{n-k}.$$

♡

证明 设 $F(x) = f(x) + \mathrm{i}h(x) = \cos(g(x)) + \mathrm{i}\sin(g(x)) = \exp(\mathrm{i}g(x))$, 且

$$F(x) \sim \sum_{n=0}^{+\infty} z_n x^{-n},$$

得到

$$F'(x) \sim \sum_{n=0}^{+\infty} -n z_n x^{-n-1}.$$

由于

$$\mathrm{i}g(x) \sim \sum_{n=0}^{+\infty} \mathrm{i}b_n x^{-n},$$

因此, 当 x 趋于正无穷大时, 可得 $z_0 = \exp(\mathrm{i}b_0) = \cos(b_0) + \mathrm{i}\sin(b_0)$. 假设 $f(x), h(x), g(x)$ 可微且它们的导数具有渐近展开, 则对方程 $F(x) = \exp(\mathrm{i}g(x))$ 两边求导, 得到

$$F'(x) = \mathrm{i}g'(x)\exp(\mathrm{i}g(x)) = \mathrm{i}g'(x)F(x),$$

故 $F'(x)$ 有渐近展开, 于是

$$F'(x) \sim \left(\sum_{n=0}^{+\infty} b_n(-n\mathrm{i})x^{-n-1}\right)\left(\sum_{n=0}^{+\infty} z_n x^{-n}\right)$$

$$\sim \sum_{n=0}^{+\infty}\left(\sum_{k=0}^{n}(-k\mathrm{i})b_k z_{n-k}\right)x^{-n-1}.$$

则对于 $n \geqslant 1$ 有

$$z_n = \frac{\mathrm{i}}{n}\sum_{k=1}^{n} k b_k z_{n-k}.$$

于是

$$f(x) = \cos(g(x)) \sim \sum_{n=0}^{+\infty} \mathrm{Re} z_n x^{-n};\quad h(x) = \sin(g(x)) \sim \sum_{n=0}^{+\infty} \mathrm{Im} z_n x^{-n}.$$

10.5 方程根的渐近分析

下面的例子, 我们用渐近幂级数复合的方法不仅解决了方程根的渐近展开问题, 而且利用递推关系解决了高阶导数的求解问题.

例题 10.1 (1) 证明: 方程 $\tan x = x$ 在 $\left(n\pi, n\pi + \dfrac{\pi}{2}\right)$ 内存在实根 ζ_n, $n = 1, 2, \cdots$.

(2) 求极限: $\lim\limits_{n\to+\infty}(\zeta_{n+1} - \zeta_n)$.

解 (1) 设 $f(x) = \tan x - x$, $x \in \left(n\pi, n\pi + \dfrac{\pi}{2}\right)$. 则 $f'(x) = \sec^2 x - 1 < 0$, 因此 f 严格单调递减, 并且 $f(n\pi) = -n\pi < 0$. 另外, $f\left(n\pi + \dfrac{\pi}{4}\right) = 1 - \dfrac{\pi}{4} > 0$, 根据介值定理, 存在 $\zeta_n \in \left(n\pi, n\pi + \dfrac{\pi}{2}\right)$, 使得 $f(\zeta_n) = 0$.

(2) 因为 $\tan\zeta_n = \zeta_n$, $\zeta_n \in \left(n\pi, n\pi + \dfrac{\pi}{2}\right)$, 而 $\tan\zeta_n = \tan(\zeta_n - n\pi)$, 所以 $\tan(\zeta_n - n\pi) = \zeta_n$. 当 $n \to +\infty$ 时, $\zeta_n = +\infty$. 因此 $\lim\limits_{n+\infty}\tan(\zeta_n - n\pi) = +\infty$. 由于 $\zeta_n - n\pi \in \left(0, \dfrac{\pi}{2}\right)$, 于是 $\lim\limits_{n\to+\infty}(\zeta_n - n\pi) = \dfrac{\pi}{2}$. 因此

$$\begin{aligned}\lim_{n\to+\infty}(\zeta_{n+1} - \zeta_n) &= \lim_{n\to+\infty}\{[\zeta_{n+1} - (n+1)\pi] - [\zeta_n - n\pi] + \pi\}\\ &= \frac{\pi}{2} - \frac{\pi}{2} + \pi\\ &= \pi.\end{aligned}$$

例题 10.2 设方程 $x = \cot x$ 的根是 $x_1, x_2, x_3, \cdots$, 试寻求 x_n 当 $n \to +\infty$ 时的渐近展开.

解 法 1: 从 $y=x$ 与 $y=\cot x$ 的图像中可以看出, 方程 $x=\cot x$ 确有无穷多个根, 而且

$$x_n \in (n\pi,(n+1)\pi), \quad n=\pm 1,\pm 2,\pm 3,\cdots.$$

不妨设 $x_n>0$, $n\pi<x_n<(n+1)\pi$, 则

$$x_n=\cot x_n=\cot(x_n-n\pi).$$

但是 $x_n\to+\infty$, 所以必有 $x_n-n\pi\to 0$. 令

$$x_n=n\pi+z, \quad n\pi=\omega,$$

则由原方程可以得到

$$\omega+z=\cot z,$$

$$\frac{1}{\omega}=f(z)=\frac{\sin z}{\cos z-z\sin z}.$$

利用反函数的拉格朗日中值定理, 得

$$\begin{aligned} z=\varphi(\omega^{-1})&=\sum_{n=1}^{+\infty}\frac{1}{n!}\frac{\mathrm{d}^{n-1}}{\mathrm{d}\zeta^{n-1}}\left\{\left(\frac{\zeta(\cos\zeta-\zeta\sin\zeta)}{\sin\zeta}\right)^n\right\}_{\zeta=0}\omega^{-n}\\ &=\omega^{-1}+b_2\omega^{-2}+b_3\omega^{-3}+\cdots. \end{aligned}$$

回到原来的变量, 就得到

$$x_n=n\pi+z=n\pi+\frac{1}{n\pi}+\frac{b_2}{(n\pi)^2}+\cdots=n\pi+\frac{1}{n\pi}+O\left(\frac{1}{n^2}\right).$$

对于 $x_n<0$ 的情形, 用同样的方法处理.

利用 Maple 软件计算得到

$$b_1=1;\quad b_2=b_4=b_6=b_8=b_{10}=0;$$

$$b_3=-\frac{4}{3};\quad b_5=\frac{53}{15};\quad b_7=-\frac{1226}{105};\quad b_9=\frac{13597}{315};\quad b_{11}=-\frac{65782}{385}.$$

法 2: 现设 $\omega=n\pi$, $z=\sum\limits_{n=1}^{+\infty}b_n\omega^{-n}$, 则

$$\tan(z)=\sum_{n=1}^{+\infty}a_n\omega^{-n},$$

其中

$$b_0=0,\quad a_0=0,\quad c_0=1,\quad b_1=1,$$

$$a_n=\frac{1}{n}\sum_{k=1}^{n}kb_kc_{n-k},\quad c_n=\sum_{k=0}^{n}a_ka_{n-k},\quad n\geqslant 1.$$

根据 $(\omega+z)\tan(\omega+z)=(\omega+z)\tan(z)=1$, 得到

$$\begin{aligned}&\sum_{n=1}^{+\infty}a_nx^{-n+1}+\left(\sum_{n=1}^{+\infty}b_nx^{-n}\right)\left(\sum_{n=1}^{+\infty}a_nx^{-n}\right)\\=&\sum_{n=0}^{+\infty}a_{n+1}x^{-n}+\sum_{n=1}^{+\infty}\sum_{k=1}^{+\infty}a_kb_{n-k}x^{-n}=1,\end{aligned}$$

其中 $b_0=1,a_1=1$. 于是

$$\sum_{n=1}^{+\infty}a_{n+1}x^{-n}+\sum_{n=1}^{+\infty}\sum_{k=1}^{n}a_kb_{n-k}x^{-n}=0.$$

比较系数得到

$$a_{n+1}=-\sum_{k=1}^{n}a_kb_{n-k},$$

于是

$$\begin{aligned}\frac{1}{n+1}\sum_{k=1}^{n+1}kb_kc_{n+1-k}&=b_{n+1}c_0+\frac{1}{n+1}\sum_{k=1}^{n}kb_kc_{n+1-k}\\&=-\sum_{k=1}^{n}a_kb_{n-k},\end{aligned}$$

因此

$$b_{n+1}=-\frac{1}{n+1}\sum_{k=1}^{n}kb_kc_{n+1-k}-\sum_{k=1}^{n}a_kb_{n-k},$$

其中

$$b_0=0,\quad a_0=0,\quad c_0=1,\quad b_1=1,\quad a_1=1,\quad c_1=0,$$

$$a_n=\frac{1}{n}\sum_{k=1}^{n}kb_kc_{n-k},\quad c_n=\sum_{k=0}^{n}a_ka_{n-k},\quad n\geqslant 1.$$

利用 MATLAB 软件得到

$$b_1=1;\quad b_{2n}=0;$$

$$b_3=-\frac{4}{3};\quad b_5=\frac{53}{15};\quad b_7=-\frac{1226}{105};\quad b_9=\frac{13597}{315};\quad b_{11}=-\frac{65782}{385};$$

$$b_{13}=\frac{478551932}{675675};\quad b_{15}=-\frac{6152345618}{2027025};\quad b_{17}=\frac{3217326704057}{241215975}.$$

通过比较发现, 我们的递推方法比求高阶导数的方法更加便捷.

练习 10.8 设 $\{a_n\}$ 是实数列, 满足

$$\mathrm{e}^{a_n}+na_n=2.$$

(1) 证明 $\{a_n\}$ 极限存在.

(2) 证明

$$\lim_{n\to+\infty}a_n=0.$$

(3) 若非零常数 A,B,C 满足

$$\lim_{n\to+\infty}n\left(A-n^Ba_n\right)=C,$$

求 $A+B+C$.

练习 10.9 正整数 $n\geqslant 1$, 设

$$f_n(x)=\mathrm{e}^x+x^{2n+1}.$$

(1) 证明 $f_n(x)$ 在实数上有唯一的根 x_n.

(2) 求 $\lim\limits_{n\to+\infty}x_n$.

(3) 设 $A=\lim\limits_{n\to+\infty}x_n$, 求 $\lim\limits_{n\to+\infty}n\left(x_n-A\right)$.

10.6 移位渐近幂级数的展开

引理 10.9 (向前移位渐近幂级数的展开)

设 x_{n+1} 有关于 $(n+1)^{-k}$ 渐近幂级数展开

$$x_{n+1}\sim\sum_{k=1}^{+\infty}\frac{a_k}{(n+1)^k},\quad x\to+\infty,$$

则 x_{n+1} 展开为 n^{-k} 的级数为

$$x_{n+1} \sim \sum_{k=1}^{+\infty} \frac{a_k}{(n+1)^k} = \sum_{k=1}^{+\infty}\sum_{j=1}^{k} a_j(-1)^{k-j}\mathrm{C}_{k-1}^{k-j}\frac{1}{n^k}.$$

♡

证明

$$\sum_{i=1}^{+\infty}\frac{a_i}{(n+1)^i} = \sum_{i=2}^{+\infty}\frac{a_i}{n^i}\left(1+\frac{1}{n}\right)^{-i} = \sum_{i=1}^{+\infty}\frac{a_i}{n^i}\sum_{j=0}^{+\infty}\mathrm{C}_{-i}^{j}\frac{1}{n^j}.$$

又因为

$$\begin{aligned}\mathrm{C}_{-i}^{j} &= \frac{(-i)(-i-1)\cdots(-i-(j-1))}{j!}\\ &= (-1)^j\frac{(i)(i+1)\cdots(i+j-1)}{j!}\\ &= (-1)^j\frac{(i+j-1)!}{j!(j-1)!}\\ &= (-1)^j\mathrm{C}_{i+j-1}^{j},\end{aligned}$$

所以

$$\begin{aligned}\sum_{i=1}^{+\infty}\frac{a_i}{n^i}\sum_{j=0}^{+\infty}\mathrm{C}_{-i}^{j}\frac{1}{n^j} &= \sum_{i=1}^{+\infty}\frac{a_i}{n^i}\sum_{j=0}^{+\infty}(-1)^j\mathrm{C}_{i+j-1}^{j}\frac{1}{n^j}\\ &= \sum_{k=1}^{+\infty}\sum_{j=1}^{k}a_j(-1)^{k-j}\mathrm{C}_{k-1}^{k-j}\frac{1}{n^k}.\end{aligned}$$

于是

$$\sum_{k=1}^{+\infty}\frac{a_k}{(n+1)^k} = \sum_{k=1}^{+\infty}\sum_{j=1}^{k}a_j(-1)^{k-j}\mathrm{C}_{k-1}^{k-j}\frac{1}{n^k}.$$

✍ **练习 10.10**　设 x_{n-1} 关于 $(n-1)^{-k}$ 渐近幂级数展开

$$x_{n-1} \sim \sum_{k=1}^{+\infty}\frac{a_k}{(n-1)^k}, \quad x \to +\infty,$$

则 x_{n-1} 展开为 n^{-k} 的级数为

$$\sum_{k=1}^{+\infty}\frac{a_k}{(n-1)^k} = \sum_{k=1}^{+\infty}\sum_{j=1}^{k}a_j\mathrm{C}_{k-1}^{k-j}\frac{1}{n^k}.$$

第 10 章练习

1. 设

$$f_n(x) = x^n + nx - 2.$$

(1) 证明 $f_n(x) = 0$ 有唯一正根 a_n;

(2) 求极限 $\lim\limits_{n\to+\infty} (1 + a_n)^n$.

2. 已知数列 $\{a_n\}$ 满足方程

$$\mathrm{e}^{a_n} + na_n = k + 1 \quad \left(k \in \mathbb{N}^+\right),$$

计算 $\lim\limits_{n\to+\infty} n\left(n\left(k - na_n\right) - k\right)$.

3. 设 x_n 为方程 $x^n + \dfrac{x}{n} = 1$ 的正根. 求 $x_n \to 1(n \to +\infty)$ 的速度.

4. 设 x_n 是 $x^n + 2x = 1$ 的正根. 求 x_n 的收敛速度.

5. 设 x_n 是方程 $x^n + x = n$ 的正根. 求 x_n 的渐近性.

6. 设方程 $x^n + x = 1$ 在 $(0, 1)$ 中的根为 $a_n\,(n \in \mathbb{N}^+)$.

(1) 求证: 数列 $\{a_n\}$ 单调递增;

(2) 求证: $\lim\limits_{n\to+\infty} a_n = 1$;

(3) 求证: $\lim\limits_{n\to+\infty} \dfrac{n}{\ln n}(1 - a_n) = 1$;

(4) 求极限 $\lim\limits_{n\to+\infty} \dfrac{n}{\ln(\ln n)}\left(1 - a_n - \dfrac{\ln n}{n}\right)$ 的值.

7. 给出积分序列 $I_n = \displaystyle\int_0^{\frac{\pi}{2}} \sin^n x\,\mathrm{d}x$ 的渐近展开公式.

8. 给出积分序列 $J_n = \displaystyle\int_0^{+\infty} \frac{1}{(1+t^2)^n}\,\mathrm{d}t$ 的渐近展开公式.

9. 给出序列 $x_n = \left(1 + \dfrac{1}{n}\right)^n$ 的渐近展开公式.

10. 给出序列 $\left(1 - \dfrac{1}{n^2}\right)^n$ 的渐近展开公式.

11. 给出序列 $x_n = \displaystyle\sum_{k=1}^{n} \frac{1}{k} - \ln n$ 的渐近展开公式.

12. 给出序列 $x_n = n!$ 的渐近展开公式.

参 考 文 献

陈启浩. 2011. 大学生数学竞赛辅导: 高等数学精题 · 精讲 · 精练 (本科 非数学类)[M]. 北京: 机械工业出版社.

陈兆斗, 黄光东, 赵琳琳, 等. 2016. 大学生数学竞赛习题精讲 [M]. 2 版. 北京: 清华大学出版社.

陈挚, 郑言. 2021. 大学生数学竞赛十八讲 [M]. 北京: 清华大学出版社.

斐礼文. 2022. 数学分析中的典型问题与方法 [M]. 3 版. 北京: 高等教育出版社.

高等学校工科数学课程教学指导委员会科组. 1992. 高等数学释疑解难 [M]. 北京: 高等教育出版社.

李傅山. 2016. 数学分析中的问题与方法 [M]. 北京: 科学出版社.

李心灿, 季文铎, 余仁胜, 等. 2005. 大学生数学竞赛试题研究生入学考试难题解析选编 [M]. 北京: 机械工业出版社.

楼红卫. 2009. 微积分进阶 [M]. 北京: 科学出版社.

楼红卫. 2020. 数学分析: 要点 · 难点 · 拓展 [M]. 北京: 高等教育出版社.

欧阳资考, 刁琴, 石勇国, 等. 2024. 一道 2021 年全国大学生数学竞赛关于曲面积分题的研究与推广 [J]. 高等数学研究, 27(2): 76-78.

欧阳资考, 石勇国, 廖为, 等. 2022. 一类含未知函数重积分竞赛题的研究与推广 [J]. 内江师范学院学报, 37(12): 45-48.

潘承洞, 于秀源. 2015. 阶的估计基础 [M]. 北京: 高等教育出版社.

蒲和平. 2014. 大学生数学竞赛教程 [M]. 北京: 电子工业出版社.

石勇国, 李娜, 魏思玫. 2020. 计算定积分的方法——以一道经典定积分为例 [J]. 内江师范学院学报, 35(10): 42-45.

石勇国, 宋涓, 王巧玲, 等. 2022. 计算圆周率方法的数值实验比较 [J]. 高等数学研究, 25(4): 24-27.

舒阳春. 2005. 高等数学中的若干问题解析 [M]. 北京: 科学出版社.

苏化明. 2015. 高等数学中的若干问题与方法 [M]. 哈尔滨: 哈尔滨工业大学出版社.

孙本旺, 汪浩. 1981. 数学分析中的典型例题和解题方法 [M]. 长沙: 湖南科学技术出版社: 1-27.

肖水晶. 2020. 大学生数学竞赛指导全书 (数学类)[M]. 北京: 科学出版社.

杨传林. 2008. 数学分析解题思想与方法 [M]. 杭州: 浙江大学出版社.

尹逊波, 杨国俅. 2012. 全国大学生数学竞赛辅导教程 [M]. 哈尔滨: 哈尔滨工业大学出版社.

张天德, 窦慧, 崔玉泉. 2014. 全国大学生数学竞赛辅导指南 [M]. 北京: 清华大学出版社.

朱尧辰. 2017. 大学生数学竞赛题选解 [M]. 合肥: 中国科学技术大学出版社.

Apostol T M. 1983. A proof that Euler missed: Evaluating $\zeta(2)$ the easy way [J]. The Mathematical Intelligencer, 5(3): 59-60.

Beckenbach E, Bellman R. 1961. An Introduction to Inequalities [M]. Washington: Mathematical Association of America.

Choi J S, Srivastava H M. 2005. A family of log-gamma integrals and associated results [J]. Journal of Mathematical Analysis and Applications, 303(2): 436-449.

Choudary A D R. 2014. Constantin Niculescu: Real Analysis on Intervals [M]. Heidelberg: Springer: 59-62.

de Bruijn G. 1961. Asymptotic Methods in Analysis [M]. New York: John Wiley and Sons, Inc.

Gradshteyn I S, Ryzhik I M. 2007. Tables of Integrals, Series and Products [M]. 7 th ed. Amsterdom: Academic Press.

Mureşan M. 2008. A Concrete Approach to Classical Analysis [M]. Berlin: Springer: 85-88.

Nahin P J. 2015. Inside Interesting Integrals [M]. New York: Springer-Verlag.

Radulescu T L, Radulescu V D, Andreescu T. 2009. Problems in Real Analysis: Advanced calculus on the real axis [M]. New York: Springer Science & Business Media.

Sofo A. 2003. Computational Techniques for the Summation of Series [M]. New York: Springer Science & Business Media.

Steele M J. 2004. The Cauchy-Schwarz Master Class: An Introduction to the Art of Mathematical Inequalities [M]. New York: Cambridge University Press (USA).

Venkatachala B J. 2009. Inequalities: An Approach through Problems [M]. New Delhi: Hindustan Book Agency (lndia).